大气环境管理工作手册

（上册）

环境保护部　编

中国环境出版社·北京

图书在版编目（CIP）数据

大气环境管理工作手册. 上册/环境保护部编. —北京：中国环境出版社，2014.12
ISBN 978-7-5111-1037-4

Ⅰ．①大…　Ⅱ．①环…　Ⅲ．①大气环境—环境管理—工作—中国—手册　Ⅳ．①X51-62

中国版本图书馆 CIP 数据核字（2014）第 000393 号

出 版 人	王新程
责任编辑	赵惠芬
责任校对	唐丽虹
封面设计	彭　杉

出版发行　中国环境出版社
　　　　　（100062　北京市东城区广渠门内大街 16 号）
　　　　　网　　址：http://www.cesp.com.cn
　　　　　电子邮箱：bjgl@cesp.com.cn
　　　　　联系电话：010-67112765（编辑管理部）
　　　　　发行热线：010-67125803，010-67113405（传真）

印　　刷	北京中科印刷有限公司
经　　销	各地新华书店
版　　次	2014 年 12 月第 1 版
印　　次	2014 年 12 月第 1 次印刷
开　　本	787×960　1/16
印　　张	29.25
字　　数	558 千字
定　　价	90.00 元

前　言

　　大气污染问题一直是中国环境保护的一项重点工作。"十一五"以来，通过加大结构调整力度、严格环境准入、强化末端治理、深化城市大气环境综合整治工作等措施，我国大气污染防治工作取得显著成效。在国内生产总值年均增长高达 11.2%，煤炭消费总量增长超过 10 亿吨的情况下，主要大气污染物排放量大幅度下降，大气环境质量得到显著改善。

　　但是，我们需要认识到在全球性金融危机的严峻形势下，我国面临前所未有的环境形势和经济发展压力。我国正处于工业化中后期和城镇化加速发展的阶段，人口总量仍将持续增长，资源能源消耗仍将快速上升，大气污染防治工作仍面临十分严峻的形势。据统计，70% 左右的城市不能达到新的环境空气质量标准，细颗粒物是影响城市空气质量的首要污染物；而且，随着重化工业的快速发展、能源消费和机动车保有量的快速增长，排放的大量二氧化硫、氮氧化物与挥发性有机物导致 $PM_{2.5}$、臭氧、酸雨等二次污染呈加剧态势。复合型大气污染导致能见度大幅度下降，2013 年 1 月份以来，我国中东部地区出现长时间、大范围、高强度的雾霾天气，严重影响人民群众生产生活，国内外反应强烈。

　　当前，我国正处于全面建设小康社会的关键时期，大气污染问题已经成为当前十分突出的环境问题。党中央国务院对此高度重视，作出了一系列重要指示和批示。习近平总书记对大气污染防治工作作出重要批示，要求务必高度重视，加强领导，下定决心，坚决治理。2013年5月24日中央政治局集体学习时的重要讲话中指出，要着力推进重点行业和重点区域大气污染治理，着力推进颗粒物污染防治，集中力量优先解决好细颗粒物等损害群众健康的突出环境问题。以国务院批复《大气污染防治行动计划》为标志，全国大气污染防治工作进入一个崭新阶段。必须以细颗粒物污染防控为重点，全力推进大气污染防治，由被动应对向主动防控的战略转变，从生产、生活和生态方面采取综合措施，合理控制城市人口，优化城市空间布局，调整产业和能源结构，协同控制各类污染物，全面削减二氧化硫、氮氧化物、工业烟粉尘、工地扬尘和挥发性有机物；积极探索代价小、效益好、排放低、可持续的环境保护新道路，实现经济效益、社会效益、资源环境效益的多赢，促进经济长期平稳较快发展的社会和谐进步。

目　录

第一篇　大气污染防治相关法律

中华人民共和国环境保护法......3
中华人民共和国大气污染防治法......13
中华人民共和国清洁生产促进法......24
中华人民共和国煤炭法......30
中华人民共和国可再生能源法......38
中华人民共和国节约能源法......45

第二篇　加强大气污染防治相关政策

国务院关于落实科学发展观　加强环境保护的决定......59
国务院关于印发"十二五"节能减排综合性工作方案的通知......69
国务院关于加强环境保护重点工作的意见......85
国务院关于印发国家环境保护"十二五"规划的通知......91
国务院关于印发节能减排"十二五"规划的通知......111
国务院关于重点区域大气污染防治"十二五"规划的批复......132
国务院关于印发大气污染防治行动计划的通知......165
国务院办公厅关于印发大气污染防治行动计划重点工作部门分工方案的
　　通知......176
国务院办公厅关于印发大气污染防治行动计划实施情况考核办法
　　（试行）的通知......185
国务院办公厅关于印发2014—2015年节能减排低碳发展行动方案的
　　通知......189

第三篇　大气污染防治部门落实文件

京津冀及周边地区落实大气污染防治行动计划实施细则......203

大气污染防治行动计划实施情况考核办法（试行）实施细则 210

大气污染防治年度实施计划编制指南（试行） 226

关于在化解产能严重过剩矛盾过程中加强环保管理的通知 231

燃煤发电机组环保电价及环保设施运行监管办法 243

关于落实大气污染防治行动计划严格环境影响评价准入的通知 247

京津冀及周边地区重污染天气监测预警方案（试行） 250

关于做好空气重污染监测预警信息发布和报送工作的通知 255

京津冀及周边地区重点行业大气污染限期治理方案 257

能源行业加强大气污染防治工作方案 260

国家发展改革委关于调整可再生能源电价附加标准与环保电价有关
事项的通知 274

大气污染防治成品油质量升级行动计划 275

关于深入推进大气污染防治重点地区及粮棉主产区秸秆综合利用的
通知 302

国家发展改革委、工业和信息化部关于电解铝企业用电实行阶梯电价
政策的通知 305

京津冀地区散煤清洁化治理工作方案 308

煤炭经营监管办法 314

国家发展改革委 工业和信息化部 质检总局 关于运用价格手段促进
水泥行业产业结构调整有关事项的通知 318

工业和信息化部关于印发《京津冀及周边地区重点工业企业清洁生产
水平提升计划》的通知 320

关于印发《机动车环保检验管理规定》的通知 324

关于印发全国机动车环境管理能力建设标准的通知 329

关于印发新生产机动车环保达标监管工作方案的通知 337

关于进一步做好新能源汽车推广应用工作的通知 341

关于严格控制重点区域燃煤发电项目规划建设有关要求的通知 343

国家能源局 环境保护部关于开展生物质成型燃料锅炉供热示范项目
建设的通知 345

关于印发《煤电节能减排升级与改造行动计划（2014—2020 年）》的
通知 355

商品煤质量管理暂行办法 370

第四篇　大气污染防治地方法规规章

北京市大气污染防治条例...375

上海市大气污染防治条例...392

陕西省大气污染防治条例...410

天津市煤炭经营使用监督管理规定.....................................423

重庆市主城区尘污染防治办法...427

江苏省大气颗粒物污染防治管理办法.................................432

辽宁省扬尘污染防治管理办法...439

浙江省机动车排气污染防治条例.......................................444

辽宁省机动车污染防治条例...451

山东省机动车排气污染防治规定.......................................456

后记...458

第一篇

大气污染防治相关法律

中华人民共和国环境保护法

（1989 年 12 月 26 日第七届全国人民代表大会常务委员会
第十一次会议通过，2014 年 4 月 24 日第十二届全国人民代表
大会常务委员会第八次会议修订）

目　录

第一章　总则
第二章　监督管理
第三章　保护和改善环境
第四章　防治污染和其他公害
第五章　信息公开和公众参与
第六章　法律责任
第七章　附则

第一章　总　则

第一条　为保护和改善环境，防治污染和其他公害，保障公众健康，推进生态文明建设，促进经济社会可持续发展，制定本法。

第二条　本法所称环境，是指影响人类生存和发展的各种天然的和经过人工改造的自然因素的总体，包括大气、水、海洋、土地、矿藏、森林、草原、湿地、野生生物、自然遗迹、人文遗迹、自然保护区、风景名胜区、城市和乡村等。

第三条　本法适用于中华人民共和国领域和中华人民共和国管辖的其他海域。

第四条　保护环境是国家的基本国策。

国家采取有利于节约和循环利用资源、保护和改善环境、促进人与自然和谐的经济、技术政策和措施，使经济社会发展与环境保护相协调。

第五条　环境保护坚持保护优先、预防为主、综合治理、公众参与、损害担责的原则。

第六条 一切单位和个人都有保护环境的义务。

地方各级人民政府应当对本行政区域的环境质量负责。

企业事业单位和其他生产经营者应当防止、减少环境污染和生态破坏，对所造成的损害依法承担责任。

公民应当增强环境保护意识，采取低碳、节俭的生活方式，自觉履行环境保护义务。

第七条 国家支持环境保护科学技术研究、开发和应用，鼓励环境保护产业发展，促进环境保护信息化建设，提高环境保护科学技术水平。

第八条 各级人民政府应当加大保护和改善环境、防治污染和其他公害的财政投入，提高财政资金的使用效益。

第九条 各级人民政府应当加强环境保护宣传和普及工作，鼓励基层群众性自治组织、社会组织、环境保护志愿者开展环境保护法律法规和环境保护知识的宣传，营造保护环境的良好风气。

教育行政部门、学校应当将环境保护知识纳入学校教育内容，培养学生的环境保护意识。

新闻媒体应当开展环境保护法律法规和环境保护知识的宣传，对环境违法行为进行舆论监督。

第十条 国务院环境保护主管部门，对全国环境保护工作实施统一监督管理；县级以上地方人民政府环境保护主管部门，对本行政区域环境保护工作实施统一监督管理。

县级以上人民政府有关部门和军队环境保护部门，依照有关法律的规定对资源保护和污染防治等环境保护工作实施监督管理。

第十一条 对保护和改善环境有显著成绩的单位和个人，由人民政府给予奖励。

第十二条 每年 6 月 5 日为环境日。

第二章　监督管理

第十三条 县级以上人民政府应当将环境保护工作纳入国民经济和社会发展规划。

国务院环境保护主管部门会同有关部门，根据国民经济和社会发展规划编制国家环境保护规划，报国务院批准并公布实施。

县级以上地方人民政府环境保护主管部门会同有关部门，根据国家环境保护规划的要求，编制本行政区域的环境保护规划，报同级人民政府批准并公布实施。

环境保护规划的内容应当包括生态保护和污染防治的目标、任务、保障措施等，并与主体功能区规划、土地利用总体规划和城乡规划等相衔接。

第十四条　国务院有关部门和省、自治区、直辖市人民政府组织制定经济、技术政策，应当充分考虑对环境的影响，听取有关方面和专家的意见。

第十五条　国务院环境保护主管部门制定国家环境质量标准。

省、自治区、直辖市人民政府对国家环境质量标准中未作规定的项目，可以制定地方环境质量标准；对国家环境质量标准中已作规定的项目，可以制定严于国家环境质量标准的地方环境质量标准。地方环境质量标准应当报国务院环境保护主管部门备案。

国家鼓励开展环境基准研究。

第十六条　国务院环境保护主管部门根据国家环境质量标准和国家经济、技术条件，制定国家污染物排放标准。

省、自治区、直辖市人民政府对国家污染物排放标准中未作规定的项目，可以制定地方污染物排放标准；对国家污染物排放标准中已作规定的项目，可以制定严于国家污染物排放标准的地方污染物排放标准。地方污染物排放标准应当报国务院环境保护主管部门备案。

第十七条　国家建立、健全环境监测制度。国务院环境保护主管部门制定监测规范，会同有关部门组织监测网络，统一规划国家环境质量监测站（点）的设置，建立监测数据共享机制，加强对环境监测的管理。

有关行业、专业等各类环境质量监测站（点）的设置应当符合法律法规规定和监测规范的要求。

监测机构应当使用符合国家标准的监测设备，遵守监测规范。监测机构及其负责人对监测数据的真实性和准确性负责。

第十八条　省级以上人民政府应当组织有关部门或者委托专业机构，对环境状况进行调查、评价，建立环境资源承载能力监测预警机制。

第十九条　编制有关开发利用规划，建设对环境有影响的项目，应当依法进行环境影响评价。

未依法进行环境影响评价的开发利用规划，不得组织实施；未依法进行环境影响评价的建设项目，不得开工建设。

第二十条　国家建立跨行政区域的重点区域、流域环境污染和生态破坏联合防治协调机制，实行统一规划、统一标准、统一监测、统一的防治措施。

前款规定以外的跨行政区域的环境污染和生态破坏的防治，由上级人民政府协调解决，或者由有关地方人民政府协商解决。

第二十一条　国家采取财政、税收、价格、政府采购等方面的政策和措施，鼓励和支持环境保护技术装备、资源综合利用和环境服务等环境保护产业的发展。

第二十二条　企业事业单位和其他生产经营者，在污染物排放符合法定要求的基础上，进一步减少污染物排放的，人民政府应当依法采取财政、税收、价格、政府采购等方面的政策和措施予以鼓励和支持。

第二十三条　企业事业单位和其他生产经营者，为改善环境，依照有关规定转产、搬迁、关闭的，人民政府应当予以支持。

第二十四条　县级以上人民政府环境保护主管部门及其委托的环境监察机构和其他负有环境保护监督管理职责的部门，有权对排放污染物的企业事业单位和其他生产经营者进行现场检查。被检查者应当如实反映情况，提供必要的资料。实施现场检查的部门、机构及其工作人员应当为被检查者保守商业秘密。

第二十五条　企业事业单位和其他生产经营者违反法律法规规定排放污染物，造成或者可能造成严重污染的，县级以上人民政府环境保护主管部门和其他负有环境保护监督管理职责的部门，可以查封、扣押造成污染物排放的设施、设备。

第二十六条　国家实行环境保护目标责任制和考核评价制度。县级以上人民政府应当将环境保护目标完成情况纳入对本级人民政府负有环境保护监督管理职责的部门及其负责人和下级人民政府及其负责人的考核内容，作为对其考核评价的重要依据。考核结果应当向社会公开。

第二十七条　县级以上人民政府应当每年向本级人民代表大会或者人民代表大会常务委员会报告环境状况和环境保护目标完成情况，对发生的重大环境事件应当及时向本级人民代表大会常务委员会报告，依法接受监督。

第三章　保护和改善环境

第二十八条　地方各级人民政府应当根据环境保护目标和治理任务，采取有效措施，改善环境质量。

未达到国家环境质量标准的重点区域、流域的有关地方人民政府，应当制定限期达标规划，并采取措施按期达标。

第二十九条　国家在重点生态功能区、生态环境敏感区和脆弱区等区域划定生态保护红线，实行严格保护。

各级人民政府对具有代表性的各种类型的自然生态系统区域，珍稀、濒危的野生动植物自然分布区域，重要的水源涵养区域，具有重大科学文化价值的地质构造、著名溶洞和化石分布区、冰川、火山、温泉等自然遗迹，以及人文遗迹、古树名木，应当采取措施予以保护，严禁破坏。

第三十条　开发利用自然资源，应当合理开发，保护生物多样性，保障生态安全，依法制定有关生态保护和恢复治理方案并予以实施。

引进外来物种以及研究、开发和利用生物技术，应当采取措施，防止对生物多样性的破坏。

第三十一条　国家建立、健全生态保护补偿制度。

国家加大对生态保护地区的财政转移支付力度。有关地方人民政府应当落实生态保护补偿资金，确保其用于生态保护补偿。

国家指导受益地区和生态保护地区人民政府通过协商或者按照市场规则进行生态保护补偿。

第三十二条　国家加强对大气、水、土壤等的保护，建立和完善相应的调查、监测、评估和修复制度。

第三十三条　各级人民政府应当加强对农业环境的保护，促进农业环境保护新技术的使用，加强对农业污染源的监测预警，统筹有关部门采取措施，防治土壤污染和土地沙化、盐渍化、贫瘠化、石漠化、地面沉降以及防治植被破坏、水土流失、水体富营养化、水源枯竭、种源灭绝等生态失调现象，推广植物病虫害的综合防治。

县级、乡级人民政府应当提高农村环境保护公共服务水平，推动农村环境综合整治。

第三十四条　国务院和沿海地方各级人民政府应当加强对海洋环境的保护。向海洋排放污染物、倾倒废弃物，进行海岸工程和海洋工程建设，应当符合法律法规规定和有关标准，防止和减少对海洋环境的污染损害。

第三十五条　城乡建设应当结合当地自然环境的特点，保护植被、水域和自然景观，加强城市园林、绿地和风景名胜区的建设与管理。

第三十六条　国家鼓励和引导公民、法人和其他组织使用有利于保护环境的产品和再生产品，减少废弃物的产生。

国家机关和使用财政资金的其他组织应当优先采购和使用节能、节水、节材等有利于保护环境的产品、设备和设施。

第三十七条　地方各级人民政府应当采取措施，组织对生活废弃物的分类处置、回收利用。

第三十八条　公民应当遵守环境保护法律法规，配合实施环境保护措施，按照规定对生活废弃物进行分类放置，减少日常生活对环境造成的损害。

第三十九条　国家建立、健全环境与健康监测、调查和风险评估制度；鼓励和组织开展环境质量对公众健康影响的研究，采取措施预防和控制与环境污染有关的疾病。

第四章　防治污染和其他公害

第四十条　国家促进清洁生产和资源循环利用。

国务院有关部门和地方各级人民政府应当采取措施，推广清洁能源的生产和使用。

企业应当优先使用清洁能源，采用资源利用率高、污染物排放量少的工艺、设备以及废弃物综合利用技术和污染物无害化处理技术，减少污染物的产生。

第四十一条　建设项目中防治污染的设施，应当与主体工程同时设计、同时施工、同时投产使用。防治污染的设施应当符合经批准的环境影响评价文件的要求，不得擅自拆除或者闲置。

第四十二条　排放污染物的企业事业单位和其他生产经营者，应当采取措施，防治在生产建设或者其他活动中产生的废气、废水、废渣、医疗废物、粉尘、恶臭气体、放射性物质以及噪声、振动、光辐射、电磁辐射等对环境的污染和危害。

排放污染物的企业事业单位，应当建立环境保护责任制度，明确单位负责人和相关人员的责任。

重点排污单位应当按照国家有关规定和监测规范安装使用监测设备，保证监测设备正常运行，保存原始监测记录。

严禁通过暗管、渗井、渗坑、灌注或者篡改、伪造监测数据，或者不正常运行防治污染设施等逃避监管的方式违法排放污染物。

第四十三条　排放污染物的企业事业单位和其他生产经营者，应当按照国家有关规定缴纳排污费。排污费应当全部专项用于环境污染防治，任何单位和个人不得截留、挤占或者挪作他用。

依照法律规定征收环境保护税的，不再征收排污费。

第四十四条　国家实行重点污染物排放总量控制制度。重点污染物排放总量控制指标由国务院下达，省、自治区、直辖市人民政府分解落实。企业事业单位在执行国家和地方污染物排放标准的同时，应当遵守分解落实到本单位的重点污染物排放总量控制指标。

对超过国家重点污染物排放总量控制指标或者未完成国家确定的环境质量目标的地区，省级以上人民政府环境保护主管部门应当暂停审批其新增重点污染物排放总量的建设项目环境影响评价文件。

第四十五条　国家依照法律规定实行排污许可管理制度。

实行排污许可管理的企业事业单位和其他生产经营者应当按照排污许可证的要求排放污染物；未取得排污许可证的，不得排放污染物。

第四十六条　国家对严重污染环境的工艺、设备和产品实行淘汰制度。任何单位和个人不得生产、销售或者转移、使用严重污染环境的工艺、设备和产品。

禁止引进不符合我国环境保护规定的技术、设备、材料和产品。

第四十七条　各级人民政府及其有关部门和企业事业单位，应当依照《中华人民共和国突发事件应对法》的规定，做好突发环境事件的风险控制、应急准备、应急处置和事后恢复等工作。

县级以上人民政府应当建立环境污染公共监测预警机制，组织制定预警方案；环境受到污染，可能影响公众健康和环境安全时，依法及时公布预警信息，启动应急措施。

企业事业单位应当按照国家有关规定制定突发环境事件应急预案，报环境保护主管部门和有关部门备案。在发生或者可能发生突发环境事件时，企业事业单位应当立即采取措施处理，及时通报可能受到危害的单位和居民，并向环境保护主管部门和有关部门报告。

突发环境事件应急处置工作结束后，有关人民政府应当立即组织评估事件造成的环境影响和损失，并及时将评估结果向社会公布。

第四十八条　生产、储存、运输、销售、使用、处置化学物品和含有放射性物质的物品，应当遵守国家有关规定，防止污染环境。

第四十九条　各级人民政府及其农业等有关部门和机构应当指导农业生产经营者科学种植和养殖，科学合理施用农药、化肥等农业投入品，科学处置农用薄膜、农作物秸秆等农业废弃物，防止农业面源污染。

禁止将不符合农用标准和环境保护标准的固体废物、废水施入农田。施用农药、化肥等农业投入品及进行灌溉，应当采取措施，防止重金属和其他有毒有害物质污染环境。

畜禽养殖场、养殖小区、定点屠宰企业等的选址、建设和管理应当符合有关法律法规规定。从事畜禽养殖和屠宰的单位和个人应当采取措施，对畜禽粪便、尸体和污水等废弃物进行科学处置，防止污染环境。

县级人民政府负责组织农村生活废弃物的处置工作。

第五十条　各级人民政府应当在财政预算中安排资金，支持农村饮用水水源地保护、生活污水和其他废弃物处理、畜禽养殖和屠宰污染防治、土壤污染防治和农村工矿污染治理等环境保护工作。

第五十一条　各级人民政府应当统筹城乡建设污水处理设施及配套管网，固体废物的收集、运输和处置等环境卫生设施，危险废物集中处置设施、场所以及其他环境保护公共设施，并保障其正常运行。

第五十二条　国家鼓励投保环境污染责任保险。

第五章　信息公开和公众参与

第五十三条　公民、法人和其他组织依法享有获取环境信息、参与和监督环境保护的权利。

各级人民政府环境保护主管部门和其他负有环境保护监督管理职责的部门，应当依法公开环境信息、完善公众参与程序，为公民、法人和其他组织参与和监督环境保护提供便利。

第五十四条　国务院环境保护主管部门统一发布国家环境质量、重点污染源监测信息及其他重大环境信息。省级以上人民政府环境保护主管部门定期发布环境状况公报。

县级以上人民政府环境保护主管部门和其他负有环境保护监督管理职责的部门，应当依法公开环境质量、环境监测、突发环境事件以及环境行政许可、行政处罚、排污费的征收和使用情况等信息。

县级以上地方人民政府环境保护主管部门和其他负有环境保护监督管理职责的部门，应当将企业事业单位和其他生产经营者的环境违法信息记入社会诚信档案，及时向社会公布违法者名单。

第五十五条　重点排污单位应当如实向社会公开其主要污染物的名称、排放方式、排放浓度和总量、超标排放情况，以及防治污染设施的建设和运行情况，接受社会监督。

第五十六条　对依法应当编制环境影响报告书的建设项目，建设单位应当在编制时向可能受影响的公众说明情况，充分征求意见。

负责审批建设项目环境影响评价文件的部门在收到建设项目环境影响报告书后，除涉及国家秘密和商业秘密的事项外，应当全文公开；发现建设项目未充分征求公众意见的，应当责成建设单位征求公众意见。

第五十七条　公民、法人和其他组织发现任何单位和个人有污染环境和破坏生态行为的，有权向环境保护主管部门或者其他负有环境保护监督管理职责的部门举报。

公民、法人和其他组织发现地方各级人民政府、县级以上人民政府环境保护主管部门和其他负有环境保护监督管理职责的部门不依法履行职责的，有权向其上级机关或者监察机关举报。

接受举报的机关应当对举报人的相关信息予以保密，保护举报人的合法权益。

第五十八条　对污染环境、破坏生态，损害社会公共利益的行为，符合下列条件的社会组织可以向人民法院提起诉讼：

（一）依法在设区的市级以上人民政府民政部门登记；

（二）专门从事环境保护公益活动连续五年以上且无违法记录。

符合前款规定的社会组织向人民法院提起诉讼，人民法院应当依法受理。

提起诉讼的社会组织不得通过诉讼牟取经济利益。

第六章　法律责任

第五十九条　企业事业单位和其他生产经营者违法排放污染物，受到罚款处罚，被责令改正，拒不改正的，依法作出处罚决定的行政机关可以自责令改正之日的次日起，按照原处罚数额按日连续处罚。

前款规定的罚款处罚，依照有关法律法规按照防治污染设施的运行成本、违法行为造成的直接损失或者违法所得等因素确定的规定执行。

地方性法规可以根据环境保护的实际需要，增加第一款规定的按日连续处罚的违法行为的种类。

第六十条　企业事业单位和其他生产经营者超过污染物排放标准或者超过重点污染物排放总量控制指标排放污染物的，县级以上人民政府环境保护主管部门可以责令其采取限制生产、停产整治等措施；情节严重的，报经有批准权的人民政府批准，责令停业、关闭。

第六十一条　建设单位未依法提交建设项目环境影响评价文件或者环境影响评价文件未经批准，擅自开工建设的，由负有环境保护监督管理职责的部门责令停止建设，处以罚款，并可以责令恢复原状。

第六十二条　违反本法规定，重点排污单位不公开或者不如实公开环境信息的，由县级以上地方人民政府环境保护主管部门责令公开，处以罚款，并予以公告。

第六十三条　企业事业单位和其他生产经营者有下列行为之一，尚不构成犯罪的，除依照有关法律法规规定予以处罚外，由县级以上人民政府环境保护主管部门或者其他有关部门将案件移送公安机关，对其直接负责的主管人员和其他直接责任人员，处十日以上十五日以下拘留；情节较轻的，处五日以上十日以下拘留：

（一）建设项目未依法进行环境影响评价，被责令停止建设，拒不执行的；

（二）违反法律规定，未取得排污许可证排放污染物，被责令停止排污，拒不执行的；

（三）通过暗管、渗井、渗坑、灌注或者篡改、伪造监测数据，或者不正常运行防治污染设施等逃避监管的方式违法排放污染物的；

（四）生产、使用国家明令禁止生产、使用的农药，被责令改正，拒不改正的。

第六十四条　因污染环境和破坏生态造成损害的，应当依照《中华人民共和国侵权责任法》的有关规定承担侵权责任。

第六十五条　环境影响评价机构、环境监测机构以及从事环境监测设备和防治污染设施维护、运营的机构，在有关环境服务活动中弄虚作假，对造成的环境污染和生态破坏负有责任的，除依照有关法律法规规定予以处罚外，还应当与造成环境污染和生态破坏的其他责任者承担连带责任。

第六十六条　提起环境损害赔偿诉讼的时效期间为三年，从当事人知道或者应当知道其受到损害时起计算。

第六十七条　上级人民政府及其环境保护主管部门应当加强对下级人民政府及其有关部门环境保护工作的监督。发现有关工作人员有违法行为，依法应当给予处分的，应当向其任免机关或者监察机关提出处分建议。

依法应当给予行政处罚，而有关环境保护主管部门不给予行政处罚的，上级人民政府环境保护主管部门可以直接作出行政处罚的决定。

第六十八条　地方各级人民政府、县级以上人民政府环境保护主管部门和其他负有环境保护监督管理职责的部门有下列行为之一的，对直接负责的主管人员和其他直接责任人员给予记过、记大过或者降级处分；造成严重后果的，给予撤职或者开除处分，其主要负责人应当引咎辞职：

（一）不符合行政许可条件准予行政许可的；

（二）对环境违法行为进行包庇的；

（三）依法应当作出责令停业、关闭的决定而未作出的；

（四）对超标排放污染物、采用逃避监管的方式排放污染物、造成环境事故以及不落实生态保护措施造成生态破坏等行为，发现或者接到举报未及时查处的；

（五）违反本法规定，查封、扣押企业事业单位和其他生产经营者的设施、设备的；

（六）篡改、伪造或者指使篡改、伪造监测数据的；

（七）应当依法公开环境信息而未公开的；

（八）将征收的排污费截留、挤占或者挪作他用的；

（九）法律法规规定的其他违法行为。

第六十九条　违反本法规定，构成犯罪的，依法追究刑事责任。

第七章　附　则

第七十条　本法自 2015 年 1 月 1 日起施行。

中华人民共和国大气污染防治法

（《中华人民共和国大气污染防治法》已由中华人民共和国第九届全国人民代表大会常务委员会第十五次会议于 2000 年 4 月 29 日修订通过，自 2000 年 9 月 1 日起施行）

第一章　总　　则
第二章　大气污染防治的监督管理
第三章　防治燃煤产生的大气污染
第四章　防治机动车船排放污染
第五章　防治废气、尘和恶臭污染
第六章　法律责任
第七章　附　　则

第一章　总　　则

第一条　为防治大气污染，保护和改善生活环境和生态环境，保障人体健康，促进经济和社会的可持续发展，制定本法。

第二条　国务院和地方各级人民政府，必须将大气环境保护工作纳入国民经济和社会发展计划，合理规划工业布局，加强防治大气污染的科学研究，采取防治大气污染的措施，保护和改善大气环境。

第三条　国家采取措施，有计划地控制或者逐步削减各地方主要大气污染物的排放总量。

地方各级人民政府对本辖区的大气环境质量负责，制定规划，采取措施，使本辖区的大气环境质量达到规定的标准。

第四条　县级以上人民政府环境保护行政主管部门对大气污染防治实施统一监督管理。

各级公安、交通、铁道、渔业管理部门根据各自的职责，对机动车船污染大气实施监督管理。

县级以上人民政府其他有关主管部门在各自职责范围内对大气污染防治实施监督管理。

第五条　任何单位和个人都有保护大气环境的义务，并有权对污染大气环境的单位和个人进行检举和控告。

第六条　国务院环境保护行政主管部门制定国家大气环境质量标准。省、自治区、直辖市人民政府对国家大气环境质量标准中未作规定的项目，可以制定地方标准，并报国务院环境保护行政主管部门备案。

第七条　国务院环境保护行政主管部门根据国家大气环境质量标准和国家经济、技术条件制定国家大气污染物排放标准。

省、自治区、直辖市人民政府对国家大气污染物排放标准中未作规定的项目，可以制定地方排放标准；对国家大气污染物排放标准中已作规定的项目，可以制定严于国家排放标准的地方排放标准。地方排放标准须报国务院环境保护行政主管部门备案。

省、自治区、直辖市人民政府制定机动车船大气污染物地方排放标准严于国家排放标准的，须报经国务院批准。

凡是向已有地方排放标准的区域排放大气污染物的，应当执行地方排放标准。

第八条　国家采取有利于大气污染防治以及相关的综合利用活动的经济、技术政策和措施。

在防治大气污染、保护和改善大气环境方面成绩显著的单位和个人，由各级人民政府给予奖励。

第九条　国家鼓励和支持大气污染防治的科学技术研究，推广先进适用的大气污染防治技术；鼓励和支持开发、利用太阳能、风能、水能等清洁能源。

国家鼓励和支持环境保护产业的发展。

第十条　各级人民政府应当加强植树种草、城乡绿化工作，因地制宜地采取有效措施做好防沙治沙工作，改善大气环境质量。

第二章　大气污染防治的监督管理

第十一条　新建、扩建、改建向大气排放污染物的项目，必须遵守国家有关建设项目环境保护管理的规定。

建设项目的环境影响报告书，必须对建设项目可能产生的大气污染和对生态环境的影响作出评价，规定防治措施，并按照规定的程序报环境保护行政主管部门审查批准。

建设项目投入生产或者使用之前，其大气污染防治设施必须经过环境保护行政主管部门验收,达不到国家有关建设项目环境保护管理规定的要求的建设项目,不得投入生产或者使用。

第十二条　向大气排放污染物的单位,必须按照国务院环境保护行政主管部门的规定向所在地的环境保护行政主管部门申报拥有的污染物排放设施、处理设施和在正常作业条件下排放污染物的种类、数量、浓度,并提供防治大气污染方面的有关技术资料。

前款规定的排污单位排放大气污染物的种类、数量、浓度有重大改变的,应当及时申报;其大气污染物处理设施必须保持正常使用,拆除或者闲置大气污染物处理设施的,必须事先报经所在地的县级以上地方人民政府环境保护行政主管部门批准。

第十三条　向大气排放污染物的,其污染物排放浓度不得超过国家和地方规定的排放标准。

第十四条　国家实行按照向大气排放污染物的种类和数量征收排污费的制度,根据加强大气污染防治的要求和国家的经济、技术条件合理制定排污费的征收标准。

征收排污费必须遵守国家规定的标准,具体办法和实施步骤由国务院规定。

征收的排污费一律上缴财政,按照国务院的规定用于大气污染防治,不得挪作他用,并由审计机关依法实施审计监督。

第十五条　国务院和省、自治区、直辖市人民政府对尚未达到规定的大气环境质量标准的区域和国务院批准划定的酸雨控制区、二氧化硫污染控制区,可以划定为主要大气污染物排放总量控制区。主要大气污染物排放总量控制的具体办法由国务院规定。

大气污染物总量控制区内有关地方人民政府依照国务院规定的条件和程序,按照公开、公平、公正的原则,核定企业事业单位的主要大气污染物排放总量,核发主要大气污染物排放许可证。

有大气污染物总量控制任务的企业事业单位,必须按照核定的主要大气污染物排放总量和许可证规定的排放条件排放污染物。

第十六条　在国务院和省、自治区、直辖市人民政府划定的风景名胜区、自然保护区、文物保护单位附近地区和其他需要特别保护的区域内,不得建设污染环境的工业生产设施;建设其他设施,其污染物排放不得超过规定的排放标准。在本法施行前企业事业单位已经建成的设施,其污染物排放超过规定的排放标准的,依照本法第四十八条的规定限期治理。

第十七条　国务院按照城市总体规划、环境保护规划目标和城市大气环境质量状况，划定大气污染防治重点城市。

直辖市、省会城市、沿海开放城市和重点旅游城市应当列入大气污染防治重点城市。

未达到大气环境质量标准的大气污染防治重点城市，应当按照国务院或者国务院环境保护行政主管部门规定的期限，达到大气环境质量标准。该城市人民政府应当制定限期达标规划，并可以根据国务院的授权或者规定，采取更加严格的措施，按期实现达标规划。

第十八条　国务院环境保护行政主管部门会同国务院有关部门，根据气象、地形、土壤等自然条件，可以对已经产生、可能产生酸雨的地区或者其他二氧化硫污染严重的地区，经国务院批准后，划定为酸雨控制区或者二氧化硫污染控制区。

第十九条　企业应当优先采用能源利用效率高、污染物排放量少的清洁生产工艺，减少大气污染物的产生。

国家对严重污染大气环境的落后生产工艺和严重污染大气环境的落后设备实行淘汰制度。

国务院经济综合主管部门会同国务院有关部门公布限期禁止采用的严重污染大气环境的工艺名录和限期禁止生产、禁止销售、禁止进口、禁止使用的严重污染大气环境的设备名录。

生产者、销售者、进口者或者使用者必须在国务院经济综合主管部门会同国务院有关部门规定的期限内分别停止生产、销售、进口或者使用列入前款规定的名录中的设备。生产工艺的采用者必须在国务院经济综合主管部门会同国务院有关部门规定的期限内停止采用列入前款规定的名录中的工艺。

依照前两款规定被淘汰的设备，不得转让给他人使用。

第二十条　单位因发生事故或者其他突然性事件，排放和泄漏有毒有害气体和放射性物质，造成或者可能造成大气污染事故、危害人体健康的，必须立即采取防治大气污染危害的应急措施，通报可能受到大气污染危害的单位和居民，并报告当地环境保护行政主管部门，接受调查处理。

在大气受到严重污染，危害人体健康和安全的紧急情况下，当地人民政府应当及时向当地居民公告，采取强制性应急措施，包括责令有关排污单位停止排放污染物。

第二十一条　环境保护行政主管部门和其他监督管理部门有权对管辖范围内的排污单位进行现场检查，被检查单位必须如实反映情况，提供必要的资料。检查部门有义务为被检查单位保守技术秘密和业务秘密。

第二十二条 国务院环境保护行政主管部门建立大气污染监测制度，组织监测网络，制定统一的监测方法。

第二十三条 大、中城市人民政府环境保护行政主管部门应当定期发布大气环境质量状况公报，并逐步开展大气环境质量预报工作。

大气环境质量状况公报应当包括城市大气环境污染特征、主要污染物的种类及污染危害程度等内容。

第三章 防治燃煤产生的大气污染

第二十四条 国家推行煤炭洗选加工，降低煤的硫分和灰分，限制高硫分、高灰分煤炭的开采。新建的所采煤炭属于高硫分、高灰分的煤矿，必须建设配套的煤炭洗选设施，使煤炭中的含硫分、含灰分达到规定的标准。

对已建成的所采煤炭属于高硫分、高灰分的煤矿，应当按照国务院批准的规划，限期建成配套的煤炭洗选设施。

禁止开采含放射性和砷等有毒有害物质超过规定标准的煤炭。

第二十五条 国务院有关部门和地方各级人民政府应当采取措施，改进城市能源结构，推广清洁能源的生产和使用。

大气污染防治重点城市人民政府可以在本辖区内划定禁止销售、使用国务院环境保护行政主管部门规定的高污染燃料的区域。该区域内的单位和个人应当在当地人民政府规定的期限内停止燃用高污染燃料，改用天然气、液化石油气、电或者其他清洁能源。

第二十六条 国家采取有利于煤炭清洁利用的经济、技术政策和措施，鼓励和支持使用低硫分、低灰分的优质煤炭，鼓励和支持洁净煤技术的开发和推广。

第二十七条 国务院有关主管部门应当根据国家规定的锅炉大气污染物排放标准，在锅炉产品质量标准中规定相应的要求；达不到规定要求的锅炉，不得制造、销售或者进口。

第二十八条 城市建设应当统筹规划，在燃煤供热地区，统一解决热源，发展集中供热。在集中供热管网覆盖的地区，不得新建燃煤供热锅炉。

第二十九条 大、中城市人民政府应当制定规划，对饮食服务企业限期使用天然气、液化石油气、电或者其他清洁能源。

对未划定为禁止使用高污染燃料区域的大、中城市市区内的其他民用炉灶，限期改用固硫型煤或者使用其他清洁能源。

第三十条 新建、扩建排放二氧化硫的火电厂和其他大中型企业，超过规定的污染物排放标准或者总量控制指标的，必须建设配套脱硫、除尘装置或者采取其他控制二氧化硫排放、除尘的措施。

在酸雨控制区和二氧化硫污染控制区内，属于已建企业超过规定的污染物排放标准排放大气污染物的，依照本法第四十八条的规定限期治理。

国家鼓励企业采用先进的脱硫、除尘技术。

企业应当对燃料燃烧过程中产生的氮氧化物采取控制措施。

第三十一条 在人口集中地区存放煤炭、煤矸石、煤渣、煤灰、砂石、灰土等物料，必须采取防燃、防尘措施，防止污染大气。

第四章 防治机动车船排放污染

第三十二条 机动车船向大气排放污染物不得超过规定的排放标准。

任何单位和个人不得制造、销售或者进口污染物排放超过规定排放标准的机动车船。

第三十三条 在用机动车不符合制造当时的在用机动车污染物排放标准的，不得上路行驶。

省、自治区、直辖市人民政府规定对在用机动车实行新的污染物排放标准并对其进行改造的，须报经国务院批准。

机动车维修单位，应当按照防治大气污染的要求和国家有关技术规范进行维修，使在用机动车达到规定的污染物排放标准。

第三十四条 国家鼓励生产和消费使用清洁能源的机动车船。

国家鼓励和支持生产、使用优质燃料油，采取措施减少燃料油中有害物质对大气环境的污染。单位和个人应当按照国务院规定的期限，停止生产、进口、销售含铅汽油。

第三十五条 省、自治区、直辖市人民政府环境保护行政主管部门可以委托已取得公安机关资质认定的承担机动车年检的单位，按照规范对机动车排气污染进行年度检测。

交通、渔政等有监督管理权的部门可以委托已取得有关主管部门资质认定的承担机动船舶年检的单位，按照规范对机动船舶排气污染进行年度检测。

县级以上地方人民政府环境保护行政主管部门可以在机动车停放地对在用机动车的污染物排放状况进行监督抽测。

第五章 防治废气、尘和恶臭污染

第三十六条 向大气排放粉尘的排污单位，必须采取除尘措施。

严格限制向大气排放含有毒物质的废气和粉尘；确需排放的，必须经过净化处理，不超过规定的排放标准。

第三十七条 工业生产中产生的可燃性气体应当回收利用，不具备回收利用条件而向大气排放的，应当进行防治污染处理。

向大气排放转炉气、电石气、电炉法黄磷尾气、有机烃类尾气的，须报经当地环境保护行政主管部门批准。

可燃性气体回收利用装置不能正常作业的，应当及时修复或者更新。在回收利用装置不能正常作业期间确需排放可燃性气体的，应当将排放的可燃性气体充分燃烧或者采取其他减轻大气污染的措施。

第三十八条 炼制石油、生产合成氨、煤气和燃煤焦化、有色金属冶炼过程中排放含有硫化物气体的，应当配备脱硫装置或者采取其他脱硫措施。

第三十九条 向大气排放含放射性物质的气体和气溶胶，必须符合国家有关放射性防护的规定，不得超过规定的排放标准。

第四十条 向大气排放恶臭气体的排污单位，必须采取措施防止周围居民区受到污染。

第四十一条 在人口集中地区和其他依法需要特殊保护的区域内，禁止焚烧沥青、油毡、橡胶、塑料、皮革、垃圾以及其他产生有毒有害烟尘和恶臭气体的物质。

禁止在人口集中地区、机场周围、交通干线附近以及当地人民政府划定的区域露天焚烧秸秆、落叶等产生烟尘污染的物质。

除前两款外，城市人民政府还可以根据实际情况，采取防治烟尘污染的其他措施。

第四十二条 运输、装卸、贮存能够散发有毒有害气体或者粉尘物质的，必须采取密闭措施或者其他防护措施。

第四十三条 城市人民政府应当采取绿化责任制、加强建设施工管理、扩大地面铺装面积、控制渣土堆放和清洁运输等措施，提高人均占有绿地面积，减少市区裸露地面和地面尘土，防治城市扬尘污染。

在城市市区进行建设施工或者从事其他产生扬尘污染活动的单位，必须按照当地环境保护的规定，采取防治扬尘污染的措施。

国务院有关行政主管部门应当将城市扬尘污染的控制状况作为城市环境综合整治考核的依据之一。

第四十四条 城市饮食服务业的经营者，必须采取措施，防治油烟对附近居民的居住环境造成污染。

第四十五条 国家鼓励、支持消耗臭氧层物质替代品的生产和使用，逐步减少消耗臭氧层物质的产量，直至停止消耗臭氧层物质的生产和使用。

在国家规定的期限内，生产、进口消耗臭氧层物质的单位必须按照国务院有关行政主管部门核定的配额进行生产、进口。

第六章　法律责任

第四十六条　违反本法规定，有下列行为之一的，环境保护行政主管部门或者本法第四条第二款规定的监督管理部门可以根据不同情节，责令停止违法行为，限期改正，给予警告或者处以五万元以下罚款：

（一）拒报或者谎报国务院环境保护行政主管部门规定的有关污染物排放申报事项的；

（二）拒绝环境保护行政主管部门或者其他监督管理部门现场检查或者在被检查时弄虚作假的；

（三）排污单位不正常使用大气污染物处理设施，或者未经环境保护行政主管部门批准，擅自拆除、闲置大气污染物处理设施的；

（四）未采取防燃、防尘措施，在人口集中地区存放煤炭、煤矸石、煤渣、煤灰、砂石、灰土等物料的。

第四十七条　违反本法第十一条规定，建设项目的大气污染防治设施没有建成或者没有达到国家有关建设项目环境保护管理的规定的要求，投入生产或者使用的，由审批该建设项目的环境影响报告书的环境保护行政主管部门责令停止生产或者使用，可以并处一万元以上十万元以下罚款。

第四十八条　违反本法规定，向大气排放污染物超过国家和地方规定排放标准的，应当限期治理，并由所在地县级以上地方人民政府环境保护行政主管部门处一万元以上十万元以下罚款。限期治理的决定权限和违反限期治理要求的行政处罚由国务院规定。

第四十九条　违反本法第十九条规定，生产、销售、进口或者使用禁止生产、销售、进口、使用的设备，或者采用禁止采用的工艺的，由县级以上人民政府经济综合主管部门责令改正；情节严重的，由县级以上人民政府经济综合主管部门提出意见，报请同级人民政府按照国务院规定的权限责令停业、关闭。

将淘汰的设备转让给他人使用的，由转让者所在地县级以上地方人民政府环境保护行政主管部门或者其他依法行使监督管理权的部门没收转让者的违法所得，并处违法所得两倍以下罚款。

第五十条　违反本法第二十四条第三款规定，开采含放射性和砷等有毒有害物质超过规定标准的煤炭的，由县级以上人民政府按照国务院规定的权限责令关闭。

第五十一条 违反本法第二十五条第二款或者第二十九条第一款的规定，在当地人民政府规定的期限届满后继续燃用高污染燃料的，由所在地县级以上地方人民政府环境保护行政主管部门责令拆除或者没收燃用高污染燃料的设施。

第五十二条 违反本法第二十八条规定，在城市集中供热管网覆盖地区新建燃煤供热锅炉的，由县级以上地方人民政府环境保护行政主管部门责令停止违法行为或者限期改正，可以处五万元以下罚款。

第五十三条 违反本法第三十二条规定，制造、销售或者进口超过污染物排放标准的机动车船的，由依法行使监督管理权的部门责令停止违法行为，没收违法所得，可以并处违法所得一倍以下的罚款；对无法达到规定的污染物排放标准的机动车船，没收销毁。

第五十四条 违反本法第三十四条第二款规定，未按照国务院规定的期限停止生产、进口或者销售含铅汽油的，由所在地县级以上地方人民政府环境保护行政主管部门或者其他依法行使监督管理权的部门责令停止违法行为，没收所生产、进口、销售的含铅汽油和违法所得。

第五十五条 违反本法第三十五条第一款或者第二款规定，未取得所在地省、自治区、直辖市人民政府环境保护行政主管部门或者交通、渔政等依法行使监督管理权的部门的委托进行机动车船排气污染检测的，或者在检测中弄虚作假的，由县级以上人民政府环境保护行政主管部门或者交通、渔政等依法行使监督管理权的部门责令停止违法行为，限期改正，可以处五万元以下罚款；情节严重的，由负责资质认定的部门取消承担机动车船年检的资格。

第五十六条 违反本法规定，有下列行为之一的，由县级以上地方人民政府环境保护行政主管部门或者其他依法行使监督管理权的部门责令停止违法行为，限期改正，可以处五万元以下罚款：

（一）未采取有效污染防治措施，向大气排放粉尘、恶臭气体或者其他含有有毒物质气体的；

（二）未经当地环境保护行政主管部门批准，向大气排放转炉气、电石气、电炉法黄磷尾气、有机烃类尾气的；

（三）未采取密闭措施或者其他防护措施，运输、装卸或者贮存能够散发有毒有害气体或者粉尘物质的；

（四）城市饮食服务业的经营者未采取有效污染防治措施，致使排放的油烟对附近居民的居住环境造成污染的。

第五十七条 违反本法第四十一条第一款规定，在人口集中地区和其他依法需要特殊保护的区域内，焚烧沥青、油毡、橡胶、塑料、皮革、垃圾以及其他产生有毒有害烟尘和恶臭气体的物质的，由所在地县级以上地方人民政府环境保护行政主管部门责令停止违法行为，处二万元以下罚款。

违反本法第四十一条第二款规定，在人口集中地区、机场周围、交通干线附近以及当地人民政府划定的区域内露天焚烧秸秆、落叶等产生烟尘污染的物质的，由所在地县级以上地方人民政府环境保护行政主管部门责令停止违法行为；情节严重的，可以处二百元以下罚款。

第五十八条　违反本法第四十三条第二款规定，在城市市区进行建设施工或者从事其他产生扬尘污染的活动，未采取有效扬尘防治措施，致使大气环境受到污染的，限期改正，处二万元以下罚款；对逾期仍未达到当地环境保护规定要求的，可以责令其停工整顿。

前款规定的对因建设施工造成扬尘污染的处罚，由县级以上地方人民政府建设行政主管部门决定；对其他造成扬尘污染的处罚，由县级以上地方人民政府指定的有关主管部门决定。

第五十九条　违反本法第四十五条第二款规定，在国家规定的期限内，生产或者进口消耗臭氧层物质超过国务院有关行政主管部门核定配额的，由所在地省、自治区、直辖市人民政府有关行政主管部门处二万元以上二十万元以下罚款；情节严重的，由国务院有关行政主管部门取消生产、进口配额。

第六十条　违反本法规定，有下列行为之一的，由县级以上人民政府环境保护行政主管部门责令限期建设配套设施，可以处二万元以上二十万元以下罚款：

（一）新建的所采煤炭属于高硫分、高灰分的煤矿，不按照国家有关规定建设配套的煤炭洗选设施的；

（二）排放含有硫化物气体的石油炼制、合成氨生产、煤气和燃煤焦化以及有色金属冶炼的企业，不按照国家有关规定建设配套脱硫装置或者未采取其他脱硫措施的。

第六十一条　对违反本法规定，造成大气污染事故的企业事业单位，由所在地县级以上地方人民政府环境保护行政主管部门根据所造成的危害后果处直接经济损失百分之五十以下罚款，但最高不超过五十万元；情节较重的，对直接负责的主管人员和其他直接责任人员，由所在单位或者上级主管机关依法给予行政处分或者纪律处分；造成重大大气污染事故，导致公私财产重大损失或者人身伤亡的严重后果，构成犯罪的，依法追究刑事责任。

第六十二条　造成大气污染危害的单位，有责任排除危害，并对直接遭受损失的单位或者个人赔偿损失。

赔偿责任和赔偿金额的纠纷，可以根据当事人的请求，由环境保护行政主管部门调解处理；调解不成的，当事人可以向人民法院起诉。当事人也可以直接向人民法院起诉。

第六十三条　完全由于不可抗拒的自然灾害，并经及时采取合理措施，仍然不能避免造成大气污染损失的，免于承担责任。

第六十四条　环境保护行政主管部门或者其他有关部门违反本法第十四条第三款的规定，将征收的排污费挪作他用的，由审计机关或者监察机关责令退回挪用款项或者采取其他措施予以追回，对直接负责的主管人员和其他直接责任人员依法给予行政处分。

第六十五条　环境保护监督管理人员滥用职权、玩忽职守的，给予行政处分；构成犯罪的，依法追究刑事责任。

第七章　附　则

第六十六条　本法自 2000 年 9 月 1 日起施行。

中华人民共和国清洁生产促进法

（2002 年 6 月 29 日第九届全国人民代表大会常务委员会
第二十八次会议通过，2012 年 2 月 29 日第十一届全国人民代表
大会常务委员会第二十五次会议修订）

目　录

第一章　总则
第二章　清洁生产的推行
第三章　清洁生产的实施
第四章　鼓励措施
第五章　法律责任
第六章　附则

第一章　总　则

第一条　为了促进清洁生产，提高资源利用效率，减少和避免污染物的产生，保护和改善环境，保障人体健康，促进经济与社会可持续发展，制定本法。

第二条　本法所称清洁生产，是指不断采取改进设计、使用清洁的能源和原料、采用先进的工艺技术与设备、改善管理、综合利用等措施，从源头削减污染，提高资源利用效率，减少或者避免生产、服务和产品使用过程中污染物的产生和排放，以减轻或者消除对人类健康和环境的危害。

第三条　在中华人民共和国领域内，从事生产和服务活动的单位以及从事相关管理活动的部门依照本法规定，组织、实施清洁生产。

第四条　国家鼓励和促进清洁生产。国务院和县级以上地方人民政府，应当将清洁生产纳入国民经济和社会发展计划以及环境保护、资源利用、产业发展、区域开发等规划。

第五条　国务院经济贸易行政主管部门负责组织、协调全国的清洁生产促进

工作。国务院环境保护、计划、科学技术、农业、建设、水利和质量技术监督等行政主管部门，按照各自的职责，负责有关的清洁生产促进工作。

县级以上地方人民政府负责领导本行政区域内的清洁生产促进工作。县级以上地方人民政府经济贸易行政主管部门负责组织、协调本行政区域内的清洁生产促进工作。县级以上地方人民政府环境保护、计划、科学技术、农业、建设、水利和质量技术监督等行政主管部门，按照各自的职责，负责有关的清洁生产促进工作。

第六条 国家鼓励开展有关清洁生产的科学研究、技术开发和国际合作，组织宣传、普及清洁生产知识，推广清洁生产技术。

国家鼓励社会团体和公众参与清洁生产的宣传、教育、推广、实施及监督。

第二章 清洁生产的推行

第七条 国务院应当制定有利于实施清洁生产的财政税收政策。

国务院及其有关行政主管部门和省、自治区、直辖市人民政府，应当制定有利于实施清洁生产的产业政策、技术开发和推广政策。

第八条 县级以上人民政府经济贸易行政主管部门，应当会同环境保护、计划、科学技术、农业、建设、水利等有关行政主管部门制定清洁生产的推行规划。

第九条 县级以上地方人民政府应当合理规划本行政区域的经济布局，调整产业结构，发展循环经济，促进企业在资源和废物综合利用等领域进行合作，实现资源的高效利用和循环使用。

第十条 国务院和省、自治区、直辖市人民政府的经济贸易、环境保护、计划、科学技术、农业等有关行政主管部门，应当组织和支持建立清洁生产信息系统和技术咨询服务体系，向社会提供有关清洁生产方法和技术、可再生利用的废物供求以及清洁生产政策等方面的信息和服务。

第十一条 国务院经济贸易行政主管部门会同国务院有关行政主管部门定期发布清洁生产技术、工艺、设备和产品导向目录。

国务院和省、自治区、直辖市人民政府的经济贸易行政主管部门和环境保护、农业、建设等有关行政主管部门组织编制有关行业或者地区的清洁生产指南和技术手册，指导实施清洁生产。

第十二条 国家对浪费资源和严重污染环境的落后生产技术、工艺、设备和产品实行限期淘汰制度。国务院经济贸易行政主管部门会同国务院有关行政主管部门制定并发布限期淘汰的生产技术、工艺、设备以及产品的名录。

第十三条 国务院有关行政主管部门可以根据需要批准设立节能、节水、废物再生利用等环境与资源保护方面的产品标志，并按照国家规定制定相应标准。

第十四条 县级以上人民政府科学技术行政主管部门和其他有关行政主管部门，应当指导和支持清洁生产技术和有利于环境与资源保护的产品的研究、开发以及清洁生产技术的示范和推广工作。

第十五条 国务院教育行政主管部门，应当将清洁生产技术和管理课程纳入有关高等教育、职业教育和技术培训体系。

县级以上人民政府有关行政主管部门组织开展清洁生产的宣传和培训，提高国家工作人员、企业经营管理者和公众的清洁生产意识，培养清洁生产管理和技术人员。

新闻出版、广播影视、文化等单位和有关社会团体，应当发挥各自优势做好清洁生产宣传工作。

第十六条 各级人民政府应当优先采购节能、节水、废物再生利用等有利于环境与资源保护的产品。

各级人民政府应当通过宣传、教育等措施，鼓励公众购买和使用节能、节水、废物再生利用等有利于环境与资源保护的产品。

第十七条 省、自治区、直辖市人民政府环境保护行政主管部门，应当加强对清洁生产实施的监督；可以按照促进清洁生产的需要，根据企业污染物的排放情况，在当地主要媒体上定期公布污染物超标排放或者污染物排放总量超过规定限额的污染严重企业的名单，为公众监督企业实施清洁生产提供依据。

第三章　清洁生产的实施

第十八条 新建、改建和扩建项目应当进行环境影响评价，对原料使用、资源消耗、资源综合利用以及污染物产生与处置等进行分析论证，优先采用资源利用率高以及污染物产生量少的清洁生产技术、工艺和设备。

第十九条 企业在进行技术改造过程中，应当采取以下清洁生产措施：

（一）采用无毒、无害或者低毒、低害的原料，替代毒性大、危害严重的原料；

（二）采用资源利用率高、污染物产生量少的工艺和设备，替代资源利用率低、污染物产生量多的工艺和设备；

（三）对生产过程中产生的废物、废水和余热等进行综合利用或者循环使用；

（四）采用能够达到国家或者地方规定的污染物排放标准和污染物排放总量控制指标的污染防治技术。

第二十条 产品和包装物的设计，应当考虑其在生命周期中对人类健康和环境的影响，优先选择无毒、无害、易于降解或者便于回收利用的方案。

企业应当对产品进行合理包装，减少包装材料的过度使用和包装性废物的产生。

第二十一条　生产大型机电设备、机动运输工具以及国务院经济贸易行政主管部门指定的其他产品的企业，应当按照国务院标准化行政主管部门或者其授权机构制定的技术规范，在产品的主体构件上注明材料成分的标准牌号。

第二十二条　农业生产者应当科学地使用化肥、农药、农用薄膜和饲料添加剂，改进种植和养殖技术，实现农产品的优质、无害和农业生产废物的资源化，防止农业环境污染。

禁止将有毒、有害废物用作肥料或者用于造田。

第二十三条　餐饮、娱乐、宾馆等服务性企业，应当采用节能、节水和其他有利于环境保护的技术和设备，减少使用或者不使用浪费资源、污染环境的消费品。

第二十四条　建筑工程应当采用节能、节水等有利于环境与资源保护的建筑设计方案、建筑和装修材料、建筑构配件及设备。

建筑和装修材料必须符合国家标准。禁止生产、销售和使用有毒、有害物质超过国家标准的建筑和装修材料。

第二十五条　矿产资源的勘查、开采，应当采用有利于合理利用资源、保护环境和防止污染的勘查、开采方法和工艺技术，提高资源利用水平。

第二十六条　企业应当在经济技术可行的条件下对生产和服务过程中产生的废物、余热等自行回收利用或者转让给有条件的其他企业和个人利用。

第二十七条　生产、销售被列入强制回收目录的产品和包装物的企业，必须在产品报废和包装物使用后对该产品和包装物进行回收。强制回收的产品和包装物的目录和具体回收办法，由国务院经济贸易行政主管部门制定。

国家对列入强制回收目录的产品和包装物，实行有利于回收利用的经济措施；县级以上地方人民政府经济贸易行政主管部门应当定期检查强制回收产品和包装物的实施情况，并及时向社会公布检查结果。具体办法由国务院经济贸易行政主管部门制定。

第二十八条　企业应当对生产和服务过程中的资源消耗以及废物的产生情况进行监测，并根据需要对生产和服务实施清洁生产审核。

污染物排放超过国家和地方规定的排放标准或者超过经有关地方人民政府核定的污染物排放总量控制指标的企业，应当实施清洁生产审核。

使用有毒、有害原料进行生产或者在生产中排放有毒、有害物质的企业，应当定期实施清洁生产审核，并将审核结果报告所在地的县级以上地方人民政府环境保护行政主管部门和经济贸易行政主管部门。

清洁生产审核办法，由国务院经济贸易行政主管部门会同国务院环境保护行政主管部门制定。

第二十九条 企业在污染物排放达到国家和地方规定的排放标准的基础上，可以自愿与有管辖权的经济贸易行政主管部门和环境保护行政主管部门签订进一步节约资源、削减污染物排放量的协议。该经济贸易行政主管部门和环境保护行政主管部门应当在当地主要媒体上公布该企业的名称以及节约资源、防治污染的成果。

第三十条 企业可以根据自愿原则，按照国家有关环境管理体系认证的规定，向国家认证认可监督管理部门授权的认证机构提出认证申请，通过环境管理体系认证，提高清洁生产水平。

第三十一条 根据本法第十七条规定，列入污染严重企业名单的企业，应当按照国务院环境保护行政主管部门的规定公布主要污染物的排放情况，接受公众监督。

第四章 鼓励措施

第三十二条 国家建立清洁生产表彰奖励制度。对在清洁生产工作中做出显著成绩的单位和个人，由人民政府给予表彰和奖励。

第三十三条 对从事清洁生产研究、示范和培训，实施国家清洁生产重点技术改造项目和本法第二十九条规定的自愿削减污染物排放协议中载明的技术改造项目，列入国务院和县级以上地方人民政府同级财政安排的有关技术进步专项资金的扶持范围。

第三十四条 在依照国家规定设立的中小企业发展基金中，应当根据需要安排适当数额用于支持中小企业实施清洁生产。

第三十五条 对利用废物生产产品的和从废物中回收原料的，税务机关按照国家有关规定，减征或者免征增值税。

第三十六条 企业用于清洁生产审核和培训的费用，可以列入企业经营成本。

第五章 法律责任

第三十七条 违反本法第二十一条规定，未标注产品材料的成分或者不如实标注的，由县级以上地方人民政府质量技术监督行政主管部门责令限期改正；拒不改正的，处以五万元以下的罚款。

第三十八条 违反本法第二十四条第二款规定，生产、销售有毒、有害物质超过国家标准的建筑和装修材料的，依照产品质量法和有关民事、刑事法律的规定，追究行政、民事、刑事法律责任。

第三十九条　违反本法第二十七条第一款规定，不履行产品或者包装物回收义务的，由县级以上地方人民政府经济贸易行政主管部门责令限期改正；拒不改正的，处以十万元以下的罚款。

第四十条　违反本法第二十八条第三款规定，不实施清洁生产审核或者虽经审核但不如实报告审核结果的，由县级以上地方人民政府环境保护行政主管部门责令限期改正；拒不改正的，处以十万元以下的罚款。

第四十一条　违反本法第三十一条规定，不公布或者未按规定要求公布污染物排放情况的，由县级以上地方人民政府环境保护行政主管部门公布，可以并处十万元以下的罚款。

第六章　附　则

第四十二条　本法自 2003 年 1 月 1 日起施行。

中华人民共和国煤炭法

（1996 年 8 月 29 日第八届全国人民代表大会常务委员会
第二十一次会议通过，2009 年 8 月 27 日第十一届全国人民代表大会
常务委员会第十次会议第一次修订，2011 年 4 月 22 日第十一届全国
人民代表大会常务委员会第二十次会议第二次修订，2013 年 6 月 29 日
第十二届全国人民代表大会常务委员会第三次会议第三次修订）

目　录

第一章　　总则
第二章　　煤炭生产开发规划与煤矿建设
第三章　　煤炭生产与煤矿安全
第四章　　煤炭经营
第五章　　煤矿矿区保护
第六章　　监督检查
第七章　　法律责任
第八章　　附则

第一章　总　则

第一条　为了合理开发利用和保护煤炭资源，规范煤炭生产、经营活动，促进和保障煤炭行业的发展，制定本法。

第二条　在中华人民共和国领域和中华人民共和国管辖的其他海域从事煤炭生产、经营活动，适用本法。

第三条　煤炭资源属于国家所有。地表或者地下的煤炭资源的国家所有权，不因其依附的土地的所有权或者使用权的不同而改变。

第四条　国家对煤炭开发实行统一规划、合理布局、综合利用的方针。

第五条　国家依法保护煤炭资源，禁止任何乱采、滥挖破坏煤炭资源的行为。

第六条　国家保护依法投资开发煤炭资源的投资者的合法权益。

国家保障国有煤矿的健康发展。

国家对乡镇煤矿采取扶持、改造、整顿、联合、提高的方针，实行正规合理开发和有序发展。

第七条　煤矿企业必须坚持安全第一、预防为主的安全生产方针，建立健全安全生产的责任制度和群防群治制度。

第八条　各级人民政府及其有关部门和煤矿企业必须采取措施加强劳动保护，保障煤矿职工的安全和健康。

国家对煤矿井下作业的职工采取特殊保护措施。

第九条　国家鼓励和支持在开发利用煤炭资源过程中采用先进的科学技术和管理方法。

煤矿企业应当加强和改善经营管理，提高劳动生产率和经济效益。

第十条　国家维护煤矿矿区的生产秩序、工作秩序，保护煤矿企业设施。

第十一条　开发利用煤炭资源，应当遵守有关环境保护的法律、法规，防治污染和其他公害，保护生态环境。

第十二条　国务院煤炭管理部门依法负责全国煤炭行业的监督管理。国务院有关部门在各自的职责范围内负责煤炭行业的监督管理。

县级以上地方人民政府煤炭管理部门和有关部门依法负责本行政区域内煤炭行业的监督管理。

第十三条　煤炭矿务局是国有煤矿企业，具有独立法人资格。

矿务局和其他具有独立法人资格的煤矿企业、煤炭经营企业依法实行自主经营、自负盈亏、自我约束、自我发展。

第二章　煤炭生产开发规划与煤矿建设

第十四条　国务院煤炭管理部门根据全国矿产资源勘查规划编制全国煤炭资源勘查规划。

第十五条　国务院煤炭管理部门根据全国矿产资源规划规定的煤炭资源，组织编制和实施煤炭生产开发规划。

省、自治区、直辖市人民政府煤炭管理部门根据全国矿产资源规划规定的煤炭资源，组织编制和实施本地区煤炭生产开发规划，并报国务院煤炭管理部门备案。

第十六条　煤炭生产开发规划应当根据国民经济和社会发展的需要制定，并纳入国民经济和社会发展计划。

第十七条   国家制定优惠政策，支持煤炭工业发展，促进煤矿建设。

煤矿建设项目应当符合煤炭生产开发规划和煤炭产业政策。

第十八条   开办煤矿企业，应当具备下列条件：

（一）有煤矿建设项目可行性研究报告或者开采方案；

（二）有计划开采的矿区范围、开采范围和资源综合利用方案；

（三）有开采所需的地质、测量、水文资料和其他资料；

（四）有符合煤矿安全生产和环境保护要求的矿山设计；

（五）有合理的煤矿矿井生产规模和与其相适应的资金、设备和技术人员；

（六）法律、行政法规规定的其他条件。

第十九条   开办煤矿企业，必须依法向煤炭管理部门提出申请；依照本法规定的条件和国务院规定的分级管理的权限审查批准。

审查批准煤矿企业，须由地质矿产主管部门对其开采范围和资源综合利用方案进行复核并签署意见。

经批准开办的煤矿企业，凭批准文件由地质矿产主管部门颁发采矿许可证。

第二十条   煤矿建设使用土地，应当依照有关法律、行政法规的规定办理。征收土地的，应当依法支付土地补偿费和安置补偿费，做好迁移居民的安置工作。

煤矿建设应当贯彻保护耕地、合理利用土地的原则。

地方人民政府对煤矿建设依法使用土地和迁移居民，应当给予支持和协助。

第二十一条   煤矿建设应当坚持煤炭开发与环境治理同步进行。煤矿建设项目的环境保护设施必须与主体工程同时设计、同时施工、同时验收、同时投入使用。

第三章   煤炭生产与煤矿安全

第二十二条   煤矿投入生产前，煤矿企业应当依照有关安全生产的法律、行政法规的规定取得安全生产许可证。未取得安全生产许可证的，不得从事煤炭生产。

第二十三条   对国民经济具有重要价值的特殊煤种或者稀缺煤种，国家实行保护性开采。

第二十四条   开采煤炭资源必须符合煤矿开采规程，遵守合理的开采顺序，达到规定的煤炭资源回采率。

煤炭资源回采率由国务院煤炭管理部门根据不同的资源和开采条件确定。

国家鼓励煤矿企业进行复采或者开采边角残煤和极薄煤。

第二十五条   煤矿企业应当加强煤炭产品质量的监督检查和管理。煤炭产品质量应当按照国家标准或者行业标准分等论级。

第二十六条　煤炭生产应当依法在批准的开采范围内进行，不得超越批准的开采范围越界、越层开采。

采矿作业不得擅自开采保安煤柱，不得采用可能危及相邻煤矿生产安全的决水、爆破、贯通巷道等危险方法。

第二十七条　因开采煤炭压占土地或者造成地表土地塌陷、挖损，由采矿者负责进行复垦，恢复到可供利用的状态；造成他人损失的，应当依法给予补偿。

第二十八条　关闭煤矿和报废矿井，应当依照有关法律、法规和国务院煤炭管理部门的规定办理。

第二十九条　国家建立煤矿企业积累煤矿衰老期转产资金的制度。

国家鼓励和扶持煤矿企业发展多种经营。

第三十条　国家提倡和支持煤矿企业和其他企业发展煤电联产、炼焦、煤化工、煤建材等，进行煤炭的深加工和精加工。

国家鼓励煤矿企业发展煤炭洗选加工，综合开发利用煤层气、煤矸石、煤泥、石煤和泥炭。

第三十一条　国家发展和推广洁净煤技术。

国家采取措施取缔土法炼焦。禁止新建土法炼焦窑炉；现有的土法炼焦限期改造。

第三十二条　县级以上各级人民政府及其煤炭管理部门和其他有关部门，应当加强对煤矿安全生产工作的监督管理。

第三十三条　煤矿企业的安全生产管理，实行矿务局长、矿长负责制。

第三十四条　矿务局长、矿长及煤矿企业的其他主要负责人必须遵守有关矿山安全的法律、法规和煤炭行业安全规章、规程，加强对煤矿安全生产工作的管理，执行安全生产责任制度，采取有效措施，防止伤亡和其他安全生产事故的发生。

第三十五条　煤矿企业应当对职工进行安全生产教育、培训；未经安全生产教育、培训的，不得上岗作业。

煤矿企业职工必须遵守有关安全生产的法律、法规、煤炭行业规章、规程和企业规章制度。

第三十六条　在煤矿井下作业中，出现危及职工生命安全并无法排除的紧急情况时，作业现场负责人或者安全管理人员应当立即组织职工撤离危险现场，并及时报告有关方面负责人。

第三十七条　煤矿企业工会发现企业行政方面违章指挥、强令职工冒险作业或者生产过程中发现明显重大事故隐患，可能危及职工生命安全的情况，有权提出解决问题的建议，煤矿企业行政方面必须及时作出处理决定。企业行政方面拒不处理的，工会有权提出批评、检举和控告。

第三十八条　煤矿企业必须为职工提供保障安全生产所需的劳动保护用品。

第三十九条　煤矿企业应当依法为职工参加工伤保险缴纳工伤保险费。鼓励企业为井下作业职工办理意外伤害保险，支付保险费。

第四十条　煤矿企业使用的设备、器材、火工产品和安全仪器，必须符合国家标准或者行业标准。

第四章　煤炭经营

第四十一条　煤炭经营企业从事煤炭经营，应当遵守有关法律、法规的规定，改善服务，保障供应。禁止一切非法经营活动。

第四十二条　煤炭经营应当减少中间环节和取消不合理的中间环节，提倡有条件的煤矿企业直销。

煤炭用户和煤炭销区的煤炭经营企业有权直接从煤矿企业购进煤炭。在煤炭产区可以组成煤炭销售、运输服务机构，为中小煤矿办理经销、运输业务。

禁止行政机关违反国家规定擅自设立煤炭供应的中间环节和额外加收费用。

第四十三条　从事煤炭运输的车站、港口及其他运输企业不得利用其掌握的运力作为参与煤炭经营、谋取不正当利益的手段。

第四十四条　国务院物价行政主管部门会同国务院煤炭管理部门和有关部门对煤炭的销售价格进行监督管理。

第四十五条　煤矿企业和煤炭经营企业供应用户的煤炭质量应当符合国家标准或者行业标准，质级相符，质价相符。用户对煤炭质量有特殊要求的，由供需双方在煤炭购销合同中约定。

煤矿企业和煤炭经营企业不得在煤炭中掺杂、掺假，以次充好。

第四十六条　煤矿企业和煤炭经营企业供应用户的煤炭质量不符合国家标准或者行业标准，或者不符合合同约定，或者质级不符、质价不符，给用户造成损失的，应当依法给予赔偿。

第四十七条　煤矿企业、煤炭经营企业、运输企业和煤炭用户应当依照法律、国务院有关规定或者合同约定供应、运输和接卸煤炭。

运输企业应当将承运的不同质量的煤炭分装、分堆。

第四十八条　煤炭的进出口依照国务院的规定，实行统一管理。

具备条件的大型煤矿企业经国务院对外经济贸易主管部门依法许可，有权从事煤炭出口经营。

第四十九条　煤炭经营管理办法，由国务院依照本法制定。

第五章　煤矿矿区保护

第五十条　任何单位或者个人不得危害煤矿矿区的电力、通讯、水源、交通及其他生产设施。

禁止任何单位和个人扰乱煤矿矿区的生产秩序和工作秩序。

第五十一条　对盗窃或者破坏煤矿矿区设施、器材及其他危及煤矿矿区安全的行为，一切单位和个人都有权检举、控告。

第五十二条　未经煤矿企业同意，任何单位或者个人不得在煤矿企业依法取得土地使用权的有效期间内在该土地上种植、养殖、取土或者修建建筑物、构筑物。

第五十三条　未经煤矿企业同意，任何单位或者个人不得占用煤矿企业的铁路专用线、专用道路、专用航道、专用码头、电力专用线、专用供水管路。

第五十四条　任何单位或者个人需要在煤矿采区范围内进行可能危及煤矿安全的作业时，应当经煤矿企业同意，报煤炭管理部门批准，并采取安全措施后，方可进行作业。

在煤矿矿区范围内需要建设公用工程或者其他工程的，有关单位应当事先与煤矿企业协商并达成协议后，方可施工。

第六章　监督检查

第五十五条　煤炭管理部门和有关部门依法对煤矿企业和煤炭经营企业执行煤炭法律、法规的情况进行监督检查。

第五十六条　煤炭管理部门和有关部门的监督检查人员应当熟悉煤炭法律、法规，掌握有关煤炭专业技术，公正廉洁，秉公执法。

第五十七条　煤炭管理部门和有关部门的监督检查人员进行监督检查时，有权向煤矿企业、煤炭经营企业或者用户了解有关执行煤炭法律、法规的情况，查阅有关资料，并有权进入现场进行检查。

煤矿企业、煤炭经营企业和用户对依法执行监督检查任务的煤炭管理部门和有关部门的监督检查人员应当提供方便。

第五十八条　煤炭管理部门和有关部门的监督检查人员对煤矿企业和煤炭经营企业违反煤炭法律、法规的行为，有权要求其依法改正。

煤炭管理部门和有关部门的监督检查人员进行监督检查时，应当出示证件。

第七章　法律责任

第五十九条　违反本法第二十九条的规定，开采煤炭资源未达到国务院煤炭管理部门规定的煤炭资源回采率的，由煤炭管理部门责令限期改正；逾期仍达不到规定的回采率的，责令停止生产。

第六十条　违反本法第三十一条的规定，擅自开采保安煤柱或者采用危及相邻煤矿生产安全的危险方法进行采矿作业的，由劳动行政主管部门会同煤炭管理部门责令停止作业；由煤炭管理部门没收违法所得，并处违法所得一倍以上五倍以下的罚款；构成犯罪的，由司法机关依法追究刑事责任；造成损失的，依法承担赔偿责任。

第六十一条　违反本法第五十三条的规定，在煤炭产品中掺杂、掺假，以次充好的，责令停止销售，没收违法所得，并处违法所得一倍以上五倍以下的罚款；构成犯罪的，由司法机关依法追究刑事责任。

第六十二条　违反本法第六十条的规定，未经煤矿企业同意，在煤矿企业依法取得土地使用权的有效期间内在该土地上修建建筑物、构筑物的，由当地人民政府动员拆除；拒不拆除的，责令拆除。

第六十三条　违反本法第六十一条的规定，未经煤矿企业同意，占用煤矿企业的铁路专用线、专用道路、专用航道、专用码头、电力专用线、专用供水管路的，由县级以上地方人民政府责令限期改正；逾期不改正的，强制清除，可以并处五万元以下的罚款；造成损失的，依法承担赔偿责任。

第六十四条　违反本法第六十二条的规定，未经批准或者未采取安全措施，在煤矿采区范围内进行危及煤矿安全作业的，由煤炭管理部门责令停止作业，可以并处五万元以下的罚款；造成损失的，依法承担赔偿责任。

第六十五条　有下列行为之一的，由公安机关依照治安管理处罚法的有关规定处罚；构成犯罪的，由司法机关依法追究刑事责任：

（一）阻碍煤矿建设，致使煤矿建设不能正常进行的；

（二）故意损坏煤矿矿区的电力、通讯、水源、交通及其他生产设施的；

（三）扰乱煤矿矿区秩序，致使生产、工作不能正常进行的；

（四）拒绝、阻碍监督检查人员依法执行职务的。

第六十六条　煤矿企业的管理人员违章指挥、强令职工冒险作业，发生重大伤亡事故的，依照刑法有关规定追究刑事责任。

第六十七条　煤矿企业的管理人员对煤矿事故隐患不采取措施予以消除，发生重大伤亡事故的，依照刑法有关规定追究刑事责任。

第六十八条　煤炭管理部门和有关部门的工作人员玩忽职守、徇私舞弊、滥用职权的，依法给予行政处分；构成犯罪的，由司法机关依法追究刑事责任。

第八章　附　则

第六十九条　本法自 1996 年 12 月 1 日起施行。

中华人民共和国可再生能源法

（2005 年 2 月 28 日第十届全国人民代表大会常务委员会
第十四次会议通过，2009 年 12 月 26 日第十一届全国人民代表
大会常务委员会第十二次会议修订）

目　录

第一章　总　则
第二章　资源调查与发展规划
第三章　产业指导与技术支持
第四章　推广与应用
第五章　价格管理与费用补偿
第六章　经济激励与监督措施
第七章　法律责任
第八章　附　则

第一章　总　则

第一条　为了促进可再生能源的开发利用，增加能源供应，改善能源结构，保障能源安全，保护环境，实现经济社会的可持续发展，制定本法。

第二条　本法所称可再生能源，是指风能、太阳能、水能、生物质能、地热能、海洋能等非化石能源。

水力发电对本法的适用，由国务院能源主管部门规定，报国务院批准。

通过低效率炉灶直接燃烧方式利用秸秆、薪柴、粪便等，不适用本法。

第三条　本法适用于中华人民共和国领域和管辖的其他海域。

第四条　国家将可再生能源的开发利用列为能源发展的优先领域，通过制定可再生能源开发利用总量目标和采取相应措施，推动可再生能源市场的建立和发展。

国家鼓励各种所有制经济主体参与可再生能源的开发利用，依法保护可再生能源开发利用者的合法权益。

第五条　国务院能源主管部门对全国可再生能源的开发利用实施统一管理。国务院有关部门在各自的职责范围内负责有关的可再生能源开发利用管理工作。

县级以上地方人民政府管理能源工作的部门负责本行政区域内可再生能源开发利用的管理工作。县级以上地方人民政府有关部门在各自的职责范围内负责有关的可再生能源开发利用管理工作。

第二章　资源调查与发展规划

第六条　国务院能源主管部门负责组织和协调全国可再生能源资源的调查，并会同国务院有关部门组织制定资源调查的技术规范。

国务院有关部门在各自的职责范围内负责相关可再生能源资源的调查，调查结果报国务院能源主管部门汇总。

可再生能源资源的调查结果应当公布；但是，国家规定需要保密的内容除外。

第七条　国务院能源主管部门根据全国能源需求与可再生能源资源实际状况，制定全国可再生能源开发利用中长期总量目标，报国务院批准后执行，并予公布。

国务院能源主管部门根据前款规定的总量目标和省、自治区、直辖市经济发展与可再生能源资源实际状况，会同省、自治区、直辖市人民政府确定各行政区域可再生能源开发利用中长期目标，并予公布。

第八条　国务院能源主管部门会同国务院有关部门，根据全国可再生能源开发利用中长期总量目标和可再生能源技术发展状况，编制全国可再生能源开发利用规划，报国务院批准后实施。

国务院有关部门应当制定有利于促进全国可再生能源开发利用中长期总量目标实现的相关规划。

省、自治区、直辖市人民政府管理能源工作的部门会同本级人民政府有关部门，依据全国可再生能源开发利用规划和本行政区域可再生能源开发利用中长期目标，编制本行政区域可再生能源开发利用规划，经本级人民政府批准后，报国务院能源主管部门和国家电力监管机构备案，并组织实施。

经批准的规划应当公布；但是，国家规定需要保密的内容除外。

经批准的规划需要修改的，须经原批准机关批准。

第九条　编制可再生能源开发利用规划，应当遵循因地制宜、统筹兼顾、合理布局、有序发展的原则，对风能、太阳能、水能、生物质能、地热能、海洋能等可再生能源的开发利用作出统筹安排。规划内容应当包括发展目标、主要任务、区域布局、重点项目、实施进度、配套电网建设、服务体系和保障措施等。

组织编制机关应当征求有关单位、专家和公众的意见，进行科学论证。

第三章　产业指导与技术支持

第十条　国务院能源主管部门根据全国可再生能源开发利用规划，制定、公布可再生能源产业发展指导目录。

第十一条　国务院标准化行政主管部门应当制定、公布国家可再生能源电力的并网技术标准和其他需要在全国范围内统一技术要求的有关可再生能源技术和产品的国家标准。

对前款规定的国家标准中未作规定的技术要求，国务院有关部门可以制定相关的行业标准，并报国务院标准化行政主管部门备案。

第十二条　国家将可再生能源开发利用的科学技术研究和产业化发展列为科技发展与高技术产业发展的优先领域，纳入国家科技发展规划和高技术产业发展规划，并安排资金支持可再生能源开发利用的科学技术研究、应用示范和产业化发展，促进可再生能源开发利用的技术进步，降低可再生能源产品的生产成本，提高产品质量。

国务院教育行政部门应当将可再生能源知识和技术纳入普通教育、职业教育课程。

第四章　推广与应用

第十三条　国家鼓励和支持可再生能源并网发电。

建设可再生能源并网发电项目，应当依照法律和国务院的规定取得行政许可或者报送备案。

建设应当取得行政许可的可再生能源并网发电项目，有多人申请同一项目许可的，应当依法通过招标确定被许可人。

第十四条　国家实行可再生能源发电全额保障性收购制度。

国务院能源主管部门会同国家电力监管机构和国务院财政部门，按照全国可再生能源开发利用规划，确定在规划期内应当达到的可再生能源发电量占全部发电量的比重，制定电网企业优先调度和全额收购可再生能源发电的具体办法，并由国务院能源主管部门会同国家电力监管机构在年度中督促落实。

电网企业应当与按照可再生能源开发利用规划建设，依法取得行政许可或者报送备案的可再生能源发电企业签订并网协议，全额收购其电网覆盖范围内符合并网技术标准的可再生能源并网发电项目的上网电量。发电企业有义务配合电网企业保障电网安全。

电网企业应当加强电网建设，扩大可再生能源电力配置范围，发展和应用智能电网、储能等技术，完善电网运行管理，提高吸纳可再生能源电力的能力，为可再生能源发电提供上网服务。

第十五条　国家扶持在电网未覆盖的地区建设可再生能源独立电力系统，为当地生产和生活提供电力服务。

第十六条　国家鼓励清洁、高效地开发利用生物质燃料，鼓励发展能源作物。

利用生物质资源生产的燃气和热力，符合城市燃气管网、热力管网的入网技术标准的，经营燃气管网、热力管网的企业应当接收其入网。

国家鼓励生产和利用生物液体燃料。石油销售企业应当按照国务院能源主管部门或者省级人民政府的规定，将符合国家标准的生物液体燃料纳入其燃料销售体系。

第十七条　国家鼓励单位和个人安装和使用太阳能热水系统、太阳能供热采暖和制冷系统、太阳能光伏发电系统等太阳能利用系统。

国务院建设行政主管部门会同国务院有关部门制定太阳能利用系统与建筑结合的技术经济政策和技术规范。

房地产开发企业应当根据前款规定的技术规范，在建筑物的设计和施工中，为太阳能利用提供必备条件。

对已建成的建筑物，住户可以在不影响其质量与安全的前提下安装符合技术规范和产品标准的太阳能利用系统；但是，当事人另有约定的除外。

第十八条　国家鼓励和支持农村地区的可再生能源开发利用。

县级以上地方人民政府管理能源工作的部门会同有关部门，根据当地经济社会发展、生态保护和卫生综合治理需要等实际情况，制定农村地区可再生能源发展规划，因地制宜地推广应用沼气等生物质资源转化、户用太阳能、小型风能、小型水能等技术。

县级以上人民政府应当对农村地区的可再生能源利用项目提供财政支持。

第五章　价格管理与费用补偿

第十九条　可再生能源发电项目的上网电价，由国务院价格主管部门根据不同类型可再生能源发电的特点和不同地区的情况，按照有利于促进可再生能源开发利用和经济合理的原则确定，并根据可再生能源开发利用技术的发展适时调整。上网电价应当公布。

依照本法第十三条第三款规定实行招标的可再生能源发电项目的上网电价，按照中标确定的价格执行；但是，不得高于依照前款规定确定的同类可再生能源发电项目的上网电价水平。

第二十条　电网企业依照本法第十九条规定确定的上网电价收购可再生能源电量所发生的费用，高于按照常规能源发电平均上网电价计算所发生费用之间的差额，由在全国范围对销售电量征收可再生能源电价附加补偿。

第二十一条　电网企业为收购可再生能源电量而支付的合理的接网费用以及其他合理的相关费用，可以计入电网企业输电成本，并从销售电价中回收。

第二十二条　国家投资或者补贴建设的公共可再生能源独立电力系统的销售电价，执行同一地区分类销售电价，其合理的运行和管理费用超出销售电价的部分，依照本法第二十条的规定补偿。

第二十三条　进入城市管网的可再生能源热力和燃气的价格，按照有利于促进可再生能源开发利用和经济合理的原则，根据价格管理权限确定。

第六章　经济激励与监督措施

第二十四条　国家财政设立可再生能源发展基金，资金来源包括国家财政年度安排的专项资金和依法征收的可再生能源电价附加收入等。

可再生能源发展基金用于补偿本法第二十条、第二十二条规定的差额费用，并用于支持以下事项：

（一）可再生能源开发利用的科学技术研究、标准制定和示范工程；

（二）农村、牧区的可再生能源利用项目；

（三）偏远地区和海岛可再生能源独立电力系统建设；

（四）可再生能源的资源勘查、评价和相关信息系统建设；

（五）促进可再生能源开发利用设备的本地化生产。

本法第二十一条规定的接网费用以及其他相关费用，电网企业不能通过销售电价回收的，可以申请可再生能源发展基金补助。

可再生能源发展基金征收使用管理的具体办法，由国务院财政部门会同国务院能源、价格主管部门制定。

第二十五条　对列入国家可再生能源产业发展指导目录、符合信贷条件的可再生能源开发利用项目，金融机构可以提供有财政贴息的优惠贷款。

第二十六条　国家对列入可再生能源产业发展指导目录的项目给予税收优惠。具体办法由国务院规定。

第二十七条　电力企业应当真实、完整地记载和保存可再生能源发电的有关资料，并接受电力监管机构的检查和监督。

电力监管机构进行检查时，应当依照规定的程序进行，并为被检查单位保守商业秘密和其他秘密。

第七章　法律责任

第二十八条　国务院能源主管部门和县级以上地方人民政府管理能源工作的部门和其他有关部门在可再生能源开发利用监督管理工作中，违反本法规定，有下列行为之一的，由本级人民政府或者上级人民政府有关部门责令改正，对负有责任的主管人员和其他直接责任人员依法给予行政处分；构成犯罪的，依法追究刑事责任：

（一）不依法作出行政许可决定的；

（二）发现违法行为不予查处的；

（三）有不依法履行监督管理职责的其他行为的。

第二十九条　违反本法第十四条规定，电网企业未按照规定完成收购可再生能源电量，造成可再生能源发电企业经济损失的，应当承担赔偿责任，并由国家电力监管机构责令限期改正；拒不改正的，处以可再生能源发电企业经济损失额一倍以下的罚款。

第三十条　违反本法第十六条第二款规定，经营燃气管网、热力管网的企业不准许符合入网技术标准的燃气、热力入网，造成燃气、热力生产企业经济损失的，应当承担赔偿责任，并由省级人民政府管理能源工作的部门责令限期改正；拒不改正的，处以燃气、热力生产企业经济损失额一倍以下的罚款。

第三十一条　违反本法第十六条第三款规定，石油销售企业未按照规定将符合国家标准的生物液体燃料纳入其燃料销售体系，造成生物液体燃料生产企业经济损失的，应当承担赔偿责任，并由国务院能源主管部门或者省级人民政府管理能源工作的部门责令限期改正；拒不改正的，处以生物液体燃料生产企业经济损失额一倍以下的罚款。

第八章　附　则

第三十二条　本法中下列用语的含义：

（一）生物质能，是指利用自然界的植物、粪便以及城乡有机废物转化成的能源。

（二）可再生能源独立电力系统，是指不与电网连接的单独运行的可再生能源电力系统。

（三）能源作物，是指经专门种植，用以提供能源原料的草本和木本植物。

（四）生物液体燃料，是指利用生物质资源生产的甲醇、乙醇和生物柴油等液体燃料。

第三十三条 本法自 2006 年 1 月 1 日起施行。

中华人民共和国节约能源法

（1997 年 11 月 1 日第八届全国人民代表大会常务委员会
第二十八次会议通过，2007 年 10 月 28 日第十届全国人民代表
大会常务委员会第三十次会议修订）

目　录

第一章　总　　则
第二章　节能管理
第三章　合理使用与节约能源
第一节　一般规定
第二节　工业节能
第三节　建筑节能
第四节　交通运输节能
第五节　公共机构节能
第六节　重点用能单位节能
第四章　节能技术进步
第五章　激励措施
第六章　法律责任
第七章　附　　则

第一章　总　　则

第一条　为了推动全社会节约能源，提高能源利用效率，保护和改善环境，促进经济社会全面协调可持续发展，制定本法。

第二条　本法所称能源，是指煤炭、石油、天然气、生物质能和电力、热力以及其他直接或者通过加工、转换而取得有用能的各种资源。

第三条　本法所称节约能源（以下简称节能），是指加强用能管理，采取技术

上可行、经济上合理以及环境和社会可以承受的措施，从能源生产到消费的各个环节，降低消耗、减少损失和污染物排放、制止浪费，有效、合理地利用能源。

第四条 节约资源是我国的基本国策。国家实施节约与开发并举、把节约放在首位的能源发展战略。

第五条 国务院和县级以上地方各级人民政府应当将节能工作纳入国民经济和社会发展规划、年度计划，并组织编制和实施节能中长期专项规划、年度节能计划。

国务院和县级以上地方各级人民政府每年向本级人民代表大会或者其常务委员会报告节能工作。

第六条 国家实行节能目标责任制和节能考核评价制度，将节能目标完成情况作为对地方人民政府及其负责人考核评价的内容。

省、自治区、直辖市人民政府每年向国务院报告节能目标责任的履行情况。

第七条 国家实行有利于节能和环境保护的产业政策，限制发展高耗能、高污染行业，发展节能环保型产业。

国务院和省、自治区、直辖市人民政府应当加强节能工作，合理调整产业结构、企业结构、产品结构和能源消费结构，推动企业降低单位产值能耗和单位产品能耗，淘汰落后的生产能力，改进能源的开发、加工、转换、输送、储存和供应，提高能源利用效率。

国家鼓励、支持开发和利用新能源、可再生能源。

第八条 国家鼓励、支持节能科学技术的研究、开发、示范和推广，促进节能技术创新与进步。

国家开展节能宣传和教育，将节能知识纳入国民教育和培训体系，普及节能科学知识，增强全民的节能意识，提倡节约型的消费方式。

第九条 任何单位和个人都应当依法履行节能义务，有权检举浪费能源的行为。

新闻媒体应当宣传节能法律、法规和政策，发挥舆论监督作用。

第十条 国务院管理节能工作的部门主管全国的节能监督管理工作。国务院有关部门在各自的职责范围内负责节能监督管理工作，并接受国务院管理节能工作的部门的指导。

县级以上地方各级人民政府管理节能工作的部门负责本行政区域内的节能监督管理工作。县级以上地方各级人民政府有关部门在各自的职责范围内负责节能监督管理工作，并接受同级管理节能工作的部门的指导。

第二章 节能管理

第十一条 国务院和县级以上地方各级人民政府应当加强对节能工作的领

导，部署、协调、监督、检查、推动节能工作。

第十二条 县级以上人民政府管理节能工作的部门和有关部门应当在各自的职责范围内，加强对节能法律、法规和节能标准执行情况的监督检查，依法查处违法用能行为。

履行节能监督管理职责不得向监督管理对象收取费用。

第十三条 国务院标准化主管部门和国务院有关部门依法组织制定并适时修订有关节能的国家标准、行业标准，建立健全节能标准体系。

国务院标准化主管部门会同国务院管理节能工作的部门和国务院有关部门制定强制性的用能产品、设备能源效率标准和生产过程中耗能高的产品的单位产品能耗限额标准。

国家鼓励企业制定严于国家标准、行业标准的企业节能标准。

省、自治区、直辖市制定严于强制性国家标准、行业标准的地方节能标准，由省、自治区、直辖市人民政府报经国务院批准；本法另有规定的除外。

第十四条 建筑节能的国家标准、行业标准由国务院建设主管部门组织制定，并依照法定程序发布。

省、自治区、直辖市人民政府建设主管部门可以根据本地实际情况，制定严于国家标准或者行业标准的地方建筑节能标准，并报国务院标准化主管部门和国务院建设主管部门备案。

第十五条 国家实行固定资产投资项目节能评估和审查制度。不符合强制性节能标准的项目，依法负责项目审批或者核准的机关不得批准或者核准建设；建设单位不得开工建设；已经建成的，不得投入生产、使用。具体办法由国务院管理节能工作的部门会同国务院有关部门制定。

第十六条 国家对落后的耗能过高的用能产品、设备和生产工艺实行淘汰制度。淘汰的用能产品、设备、生产工艺的目录和实施办法，由国务院管理节能工作的部门会同国务院有关部门制定并公布。

生产过程中耗能高的产品的生产单位，应当执行单位产品能耗限额标准。对超过单位产品能耗限额标准用能的生产单位，由管理节能工作的部门按照国务院规定的权限责令限期治理。

对高耗能的特种设备，按照国务院的规定实行节能审查和监管。

第十七条 禁止生产、进口、销售国家明令淘汰或者不符合强制性能源效率标准的用能产品、设备；禁止使用国家明令淘汰的用能设备、生产工艺。

第十八条 国家对家用电器等使用面广、耗能量大的用能产品，实行能源效率标识管理。实行能源效率标识管理的产品目录和实施办法，由国务院管理节能工作的部门会同国务院产品质量监督部门制定并公布。

第十九条 生产者和进口商应当对列入国家能源效率标识管理产品目录的用能产品标注能源效率标识，在产品包装物上或者说明书中予以说明，并按照规定报国务院产品质量监督部门和国务院管理节能工作的部门共同授权的机构备案。

生产者和进口商应当对其标注的能源效率标识及相关信息的准确性负责。禁止销售应当标注而未标注能源效率标识的产品。

禁止伪造、冒用能源效率标识或者利用能源效率标识进行虚假宣传。

第二十条 用能产品的生产者、销售者，可以根据自愿原则，按照国家有关节能产品认证的规定，向经国务院认证认可监督管理部门认可的从事节能产品认证的机构提出节能产品认证申请；经认证合格后，取得节能产品认证证书，可以在用能产品或者其包装物上使用节能产品认证标志。

禁止使用伪造的节能产品认证标志或者冒用节能产品认证标志。

第二十一条 县级以上各级人民政府统计部门应当会同同级有关部门，建立健全能源统计制度，完善能源统计指标体系，改进和规范能源统计方法，确保能源统计数据真实、完整。

国务院统计部门会同国务院管理节能工作的部门，定期向社会公布各省、自治区、直辖市以及主要耗能行业的能源消费和节能情况等信息。

第二十二条 国家鼓励节能服务机构的发展，支持节能服务机构开展节能咨询、设计、评估、检测、审计、认证等服务。

国家支持节能服务机构开展节能知识宣传和节能技术培训，提供节能信息、节能示范和其他公益性节能服务。

第二十三条 国家鼓励行业协会在行业节能规划、节能标准的制定和实施、节能技术推广、能源消费统计、节能宣传培训和信息咨询等方面发挥作用。

第三章　合理使用与节约能源

第一节　一般规定

第二十四条 用能单位应当按照合理用能的原则，加强节能管理，制定并实施节能计划和节能技术措施，降低能源消耗。

第二十五条 用能单位应当建立节能目标责任制，对节能工作取得成绩的集体、个人给予奖励。

第二十六条 用能单位应当定期开展节能教育和岗位节能培训。

第二十七条 用能单位应当加强能源计量管理，按照规定配备和使用经依法检定合格的能源计量器具。

用能单位应当建立能源消费统计和能源利用状况分析制度，对各类能源的消费实行分类计量和统计，并确保能源消费统计数据真实、完整。

第二十八条　能源生产经营单位不得向本单位职工无偿提供能源。任何单位不得对能源消费实行包费制。

第二节　工业节能

第二十九条　国务院和省、自治区、直辖市人民政府推进能源资源优化开发利用和合理配置，推进有利于节能的行业结构调整，优化用能结构和企业布局。

第三十条　国务院管理节能工作的部门会同国务院有关部门制定电力、钢铁、有色金属、建材、石油加工、化工、煤炭等主要耗能行业的节能技术政策，推动企业节能技术改造。

第三十一条　国家鼓励工业企业采用高效、节能的电动机、锅炉、窑炉、风机、泵类等设备，采用热电联产、余热余压利用、洁净煤以及先进的用能监测和控制等技术。

第三十二条　电网企业应当按照国务院有关部门制定的节能发电调度管理的规定，安排清洁、高效和符合规定的热电联产、利用余热余压发电的机组以及其他符合资源综合利用规定的发电机组与电网并网运行，上网电价执行国家有关规定。

第三十三条　禁止新建不符合国家规定的燃煤发电机组、燃油发电机组和燃煤热电机组。

第三节　建筑节能

第三十四条　国务院建设主管部门负责全国建筑节能的监督管理工作。

县级以上地方各级人民政府建设主管部门负责本行政区域内建筑节能的监督管理工作。

县级以上地方各级人民政府建设主管部门会同同级管理节能工作的部门编制本行政区域内的建筑节能规划。建筑节能规划应当包括既有建筑节能改造计划。

第三十五条　建筑工程的建设、设计、施工和监理单位应当遵守建筑节能标准。

不符合建筑节能标准的建筑工程，建设主管部门不得批准开工建设；已经开工建设的，应当责令停止施工、限期改正；已经建成的，不得销售或者使用。

建设主管部门应当加强对在建建筑工程执行建筑节能标准情况的监督检查。

第三十六条　房地产开发企业在销售房屋时，应当向购买人明示所售房屋的节能措施、保温工程保修期等信息，在房屋买卖合同、质量保证书和使用说明书中载明，并对其真实性、准确性负责。

第三十七条 使用空调采暖、制冷的公共建筑应当实行室内温度控制制度。具体办法由国务院建设主管部门制定。

第三十八条 国家采取措施，对实行集中供热的建筑分步骤实行供热分户计量、按照用热量收费的制度。新建建筑或者对既有建筑进行节能改造，应当按照规定安装用热计量装置、室内温度调控装置和供热系统调控装置。具体办法由国务院建设主管部门会同国务院有关部门制定。

第三十九条 县级以上地方各级人民政府有关部门应当加强城市节约用电管理，严格控制公用设施和大型建筑物装饰性景观照明的能耗。

第四十条 国家鼓励在新建建筑和既有建筑节能改造中使用新型墙体材料等节能建筑材料和节能设备，安装和使用太阳能等可再生能源利用系统。

第四节 交通运输节能

第四十一条 国务院有关交通运输主管部门按照各自的职责负责全国交通运输相关领域的节能监督管理工作。

国务院有关交通运输主管部门会同国务院管理节能工作的部门分别制定相关领域的节能规划。

第四十二条 国务院及其有关部门指导、促进各种交通运输方式协调发展和有效衔接，优化交通运输结构，建设节能型综合交通运输体系。

第四十三条 县级以上地方各级人民政府应当优先发展公共交通，加大对公共交通的投入，完善公共交通服务体系，鼓励利用公共交通工具出行；鼓励使用非机动交通工具出行。

第四十四条 国务院有关交通运输主管部门应当加强交通运输组织管理，引导道路、水路、航空运输企业提高运输组织化程度和集约化水平，提高能源利用效率。

第四十五条 国家鼓励开发、生产、使用节能环保型汽车、摩托车、铁路机车车辆、船舶和其他交通运输工具，实行老旧交通运输工具的报废、更新制度。

国家鼓励开发和推广应用交通运输工具使用的清洁燃料、石油替代燃料。

第四十六条 国务院有关部门制定交通运输营运车船的燃料消耗量限值标准；不符合标准的，不得用于营运。

国务院有关交通运输主管部门应当加强对交通运输营运车船燃料消耗检测的监督管理。

第五节　公共机构节能

第四十七条　公共机构应当厉行节约，杜绝浪费，带头使用节能产品、设备，提高能源利用效率。

本法所称公共机构，是指全部或者部分使用财政性资金的国家机关、事业单位和团体组织。

第四十八条　国务院和县级以上地方各级人民政府管理机关事务工作的机构会同同级有关部门制定和组织实施本级公共机构节能规划。公共机构节能规划应当包括公共机构既有建筑节能改造计划。

第四十九条　公共机构应当制定年度节能目标和实施方案，加强能源消费计量和监测管理，向本级人民政府管理机关事务工作的机构报送上年度的能源消费状况报告。

国务院和县级以上地方各级人民政府管理机关事务工作的机构会同同级有关部门按照管理权限，制定本级公共机构的能源消耗定额，财政部门根据该定额制定能源消耗支出标准。

第五十条　公共机构应当加强本单位用能系统管理，保证用能系统的运行符合国家相关标准。

公共机构应当按照规定进行能源审计，并根据能源审计结果采取提高能源利用效率的措施。

第五十一条　公共机构采购用能产品、设备，应当优先采购列入节能产品、设备政府采购名录中的产品、设备。禁止采购国家明令淘汰的用能产品、设备。

节能产品、设备政府采购名录由省级以上人民政府的政府采购监督管理部门会同同级有关部门制定并公布。

第六节　重点用能单位节能

第五十二条　国家加强对重点用能单位的节能管理。

下列用能单位为重点用能单位：

（一）年综合能源消费总量一万吨标准煤以上的用能单位；

（二）国务院有关部门或者省、自治区、直辖市人民政府管理节能工作的部门指定的年综合能源消费总量五千吨以上不满一万吨标准煤的用能单位。

重点用能单位节能管理办法，由国务院管理节能工作的部门会同国务院有关部门制定。

第五十三条　重点用能单位应当每年向管理节能工作的部门报送上年度的能

源利用状况报告。能源利用状况包括能源消费情况、能源利用效率、节能目标完成情况和节能效益分析、节能措施等内容。

第五十四条　管理节能工作的部门应当对重点用能单位报送的能源利用状况报告进行审查。对节能管理制度不健全、节能措施不落实、能源利用效率低的重点用能单位，管理节能工作的部门应当开展现场调查，组织实施用能设备能源效率检测，责令实施能源审计，并提出书面整改要求，限期整改。

第五十五条　重点用能单位应当设立能源管理岗位，在具有节能专业知识、实际经验以及中级以上技术职称的人员中聘任能源管理负责人，并报管理节能工作的部门和有关部门备案。

能源管理负责人负责组织对本单位用能状况进行分析、评价，组织编写本单位能源利用状况报告，提出本单位节能工作的改进措施并组织实施。

能源管理负责人应当接受节能培训。

第四章　节能技术进步

第五十六条　国务院管理节能工作的部门会同国务院科技主管部门发布节能技术政策大纲，指导节能技术研究、开发和推广应用。

第五十七条　县级以上各级人民政府应当把节能技术研究开发作为政府科技投入的重点领域，支持科研单位和企业开展节能技术应用研究，制定节能标准，开发节能共性和关键技术，促进节能技术创新与成果转化。

第五十八条　国务院管理节能工作的部门会同国务院有关部门制定并公布节能技术、节能产品的推广目录，引导用能单位和个人使用先进的节能技术、节能产品。

国务院管理节能工作的部门会同国务院有关部门组织实施重大节能科研项目、节能示范项目、重点节能工程。

第五十九条　县级以上各级人民政府应当按照因地制宜、多能互补、综合利用、讲求效益的原则，加强农业和农村节能工作，增加对农业和农村节能技术、节能产品推广应用的资金投入。

农业、科技等有关主管部门应当支持、推广在农业生产、农产品加工储运等方面应用节能技术和节能产品，鼓励更新和淘汰高耗能的农业机械和渔业船舶。

国家鼓励、支持在农村大力发展沼气，推广生物质能、太阳能和风能等可再生能源利用技术，按照科学规划、有序开发的原则发展小型水力发电，推广节能型的农村住宅和炉灶等，鼓励利用非耕地种植能源植物，大力发展薪炭林等能源林。

第五章　激励措施

第六十条　中央财政和省级地方财政安排节能专项资金，支持节能技术研究开发、节能技术和产品的示范与推广、重点节能工程的实施、节能宣传培训、信息服务和表彰奖励等。

第六十一条　国家对生产、使用列入本法第五十八条规定的推广目录的需要支持的节能技术、节能产品，实行税收优惠等扶持政策。

国家通过财政补贴支持节能照明器具等节能产品的推广和使用。

第六十二条　国家实行有利于节约能源资源的税收政策，健全能源矿产资源有偿使用制度，促进能源资源的节约及其开采利用水平的提高。

第六十三条　国家运用税收等政策，鼓励先进节能技术、设备的进口，控制在生产过程中耗能高、污染重的产品的出口。

第六十四条　政府采购监督管理部门会同有关部门制定节能产品、设备政府采购名录，应当优先列入取得节能产品认证证书的产品、设备。

第六十五条　国家引导金融机构增加对节能项目的信贷支持，为符合条件的节能技术研究开发、节能产品生产以及节能技术改造等项目提供优惠贷款。

国家推动和引导社会有关方面加大对节能的资金投入，加快节能技术改造。

第六十六条　国家实行有利于节能的价格政策，引导用能单位和个人节能。

国家运用财税、价格等政策，支持推广电力需求侧管理、合同能源管理、节能自愿协议等节能办法。

国家实行峰谷分时电价、季节性电价、可中断负荷电价制度，鼓励电力用户合理调整用电负荷；对钢铁、有色金属、建材、化工和其他主要耗能行业的企业，分淘汰、限制、允许和鼓励类实行差别电价政策。

第六十七条　各级人民政府对在节能管理、节能科学技术研究和推广应用中有显著成绩以及检举严重浪费能源行为的单位和个人，给予表彰和奖励。

第六章　法律责任

第六十八条　负责审批或者核准固定资产投资项目的机关违反本法规定，对不符合强制性节能标准的项目予以批准或者核准建设的，对直接负责的主管人员和其他直接责任人员依法给予处分。

固定资产投资项目建设单位开工建设不符合强制性节能标准的项目或者将该项目投入生产、使用的，由管理节能工作的部门责令停止建设或者停止生产、使用，限期改造；不能改造或者逾期不改造的生产性项目，由管理节能工作的部门报请本级人民政府按照国务院规定的权限责令关闭。

第六十九条   生产、进口、销售国家明令淘汰的用能产品、设备的，使用伪造的节能产品认证标志或者冒用节能产品认证标志的，依照《中华人民共和国产品质量法》的规定处罚。

第七十条   生产、进口、销售不符合强制性能源效率标准的用能产品、设备的，由产品质量监督部门责令停止生产、进口、销售，没收违法生产、进口、销售的用能产品、设备和违法所得，并处违法所得一倍以上五倍以下罚款；情节严重的，由工商行政管理部门吊销营业执照。

第七十一条   使用国家明令淘汰的用能设备或者生产工艺的，由管理节能工作的部门责令停止使用，没收国家明令淘汰的用能设备；情节严重的，可以由管理节能工作的部门提出意见，报请本级人民政府按照国务院规定的权限责令停业整顿或者关闭。

第七十二条   生产单位超过单位产品能耗限额标准用能，情节严重，经限期治理逾期不治理或者没有达到治理要求的，可以由管理节能工作的部门提出意见，报请本级人民政府按照国务院规定的权限责令停业整顿或者关闭。

第七十三条   违反本法规定，应当标注能源效率标识而未标注的，由产品质量监督部门责令改正，处三万元以上五万元以下罚款。

违反本法规定，未办理能源效率标识备案，或者使用的能源效率标识不符合规定的，由产品质量监督部门责令限期改正；逾期不改正的，处一万元以上三万元以下罚款。

伪造、冒用能源效率标识或者利用能源效率标识进行虚假宣传的，由产品质量监督部门责令改正，处五万元以上十万元以下罚款；情节严重的，由工商行政管理部门吊销营业执照。

第七十四条   用能单位未按照规定配备、使用能源计量器具的，由产品质量监督部门责令限期改正；逾期不改正的，处一万元以上五万元以下罚款。

第七十五条   瞒报、伪造、篡改能源统计资料或者编造虚假能源统计数据的，依照《中华人民共和国统计法》的规定处罚。

第七十六条   从事节能咨询、设计、评估、检测、审计、认证等服务的机构提供虚假信息的，由管理节能工作的部门责令改正，没收违法所得，并处五万元以上十万元以下罚款。

第七十七条   违反本法规定，无偿向本单位职工提供能源或者对能源消费实行包费制的，由管理节能工作的部门责令限期改正；逾期不改正的，处五万元以上二十万元以下罚款。

第七十八条　电网企业未按照本法规定安排符合规定的热电联产和利用余热余压发电的机组与电网并网运行，或者未执行国家有关上网电价规定的，由国家电力监管机构责令改正；造成发电企业经济损失的，依法承担赔偿责任。

第七十九条　建设单位违反建筑节能标准的，由建设主管部门责令改正，处二十万元以上五十万元以下罚款。

设计单位、施工单位、监理单位违反建筑节能标准的，由建设主管部门责令改正，处十万元以上五十万元以下罚款；情节严重的，由颁发资质证书的部门降低资质等级或者吊销资质证书；造成损失的，依法承担赔偿责任。

第八十条　房地产开发企业违反本法规定，在销售房屋时未向购买人明示所售房屋的节能措施、保温工程保修期等信息的，由建设主管部门责令限期改正，逾期不改正的，处三万元以上五万元以下罚款；对以上信息作虚假宣传的，由建设主管部门责令改正，处五万元以上二十万元以下罚款。

第八十一条　公共机构采购用能产品、设备，未优先采购列入节能产品、设备政府采购名录中的产品、设备，或者采购国家明令淘汰的用能产品、设备的，由政府采购监督管理部门给予警告，可以并处罚款；对直接负责的主管人员和其他直接责任人员依法给予处分，并予通报。

第八十二条　重点用能单位未按照本法规定报送能源利用状况报告或者报告内容不实的，由管理节能工作的部门责令限期改正；逾期不改正的，处一万元以上五万元以下罚款。

第八十三条　重点用能单位无正当理由拒不落实本法第五十四条规定的整改要求或者整改没有达到要求的，由管理节能工作的部门处十万元以上三十万元以下罚款。

第八十四条　重点用能单位未按照本法规定设立能源管理岗位，聘任能源管理负责人，并报管理节能工作的部门和有关部门备案的，由管理节能工作的部门责令改正；拒不改正的，处一万元以上三万元以下罚款。

第八十五条　违反本法规定，构成犯罪的，依法追究刑事责任。

第八十六条　国家工作人员在节能管理工作中滥用职权、玩忽职守、徇私舞弊，构成犯罪的，依法追究刑事责任；尚不构成犯罪的，依法给予处分。

第七章　附　则

第八十七条　本法自 2008 年 4 月 1 日起施行。

第二篇
加强大气污染防治相关政策

国务院关于落实科学发展观
加强环境保护的决定

国发[2005]39 号
（2005 年 12 月 3 日）

各省、自治区、直辖市人民政府，国务院各部委、各直属机构：

为全面落实科学发展观，加快构建社会主义和谐社会，实现全面建设小康社会的奋斗目标，必须把环境保护摆在更加重要的战略位置。现作出如下决定：

一、充分认识做好环境保护工作的重要意义

（一）环境保护工作取得积极进展。党中央、国务院高度重视环境保护，采取了一系列重大政策措施，各地区、各部门不断加大环境保护工作力度，在国民经济快速增长、人民群众消费水平显著提高的情况下，全国环境质量基本稳定，部分城市和地区环境质量有所改善，多数主要污染物排放总量得到控制，工业产品的污染排放强度下降，重点流域、区域环境治理不断推进，生态保护和治理得到加强，核与辐射监管体系进一步完善，全社会的环境意识和人民群众的参与度明显提高，我国认真履行国际环境公约，树立了良好的国际形象。

（二）环境形势依然十分严峻。我国环境保护虽然取得了积极进展，但环境形势严峻的状况仍然没有改变。主要污染物排放量超过环境承载能力，流经城市的河段普遍受到污染，许多城市空气污染严重，酸雨污染加重，持久性有机污染物的危害开始显现，土壤污染面积扩大，近岸海域污染加剧，核与辐射环境安全存在隐患。生态破坏严重，水土流失量大面广，石漠化、草原退化加剧，生物多样性减少，生态系统功能退化。发达国家上百年工业化过程中分阶段出现的环境问题，在我国近 20 多年来集中出现，呈现结构型、复合型、压缩型的特点。环境污染和生态破坏造成了巨大经济损失，危害群众健康，影响社会稳定和环境安全。

未来 15 年我国人口将继续增加，经济总量将再翻两番，资源、能源消耗持续增长，环境保护面临的压力越来越大。

（三）环境保护的法规、制度、工作与任务要求不相适应。目前一些地方重 GDP 增长、轻环境保护。环境保护法制不够健全，环境立法未能完全适应形势需要，有法不依、执法不严现象较为突出。环境保护机制不完善，投入不足，历史欠账多，污染治理进程缓慢，市场化程度偏低。环境管理体制未完全理顺，环境管理效率有待提高。监管能力薄弱，国家环境监测、信息、科技、宣教和综合评估能力不足，部分领导干部环境保护意识和公众参与水平有待增强。

（四）把环境保护摆上更加重要的战略位置。加强环境保护是落实科学发展观的重要举措，是全面建设小康社会的内在要求，是坚持执政为民、提高执政能力的实际行动，是构建社会主义和谐社会的有力保障。加强环境保护，有利于促进经济结构调整和增长方式转变，实现更快更好地发展；有利于带动环保和相关产业发展，培育新的经济增长点和增加就业；有利于提高全社会的环境意识和道德素质，促进社会主义精神文明建设；有利于保障人民群众身体健康，提高生活质量和延长人均寿命；有利于维护中华民族的长远利益，为子孙后代留下良好的生存和发展空间。因此，必须用科学发展观统领环境保护工作，痛下决心解决环境问题。

二、用科学发展观统领环境保护工作

（五）指导思想。以邓小平理论和"三个代表"重要思想为指导，认真贯彻党的十六届五中全会精神，按照全面落实科学发展观、构建社会主义和谐社会的要求，坚持环境保护基本国策，在发展中解决环境问题。积极推进经济结构调整和经济增长方式的根本性转变，切实改变"先污染后治理、边治理边破坏"的状况，依靠科技进步，发展循环经济，倡导生态文明，强化环境法治，完善监管体制，建立长效机制，建设资源节约型和环境友好型社会，努力让人民群众喝上干净的水、呼吸清洁的空气、吃上放心的食物，在良好的环境中生产生活。

（六）基本原则。

——协调发展，互惠共赢。正确处理环境保护与经济发展和社会进步的关系，在发展中落实保护，在保护中促进发展，坚持节约发展、安全发展、清洁发展，实现可持续的科学发展。

——强化法治，综合治理。坚持依法行政，不断完善环境法律法规，严格环境执法；坚持环境保护与发展综合决策，科学规划，突出预防为主的方针，从源头防治污染和生态破坏，综合运用法律、经济、技术和必要的行政手段解决环境问题。

——不欠新账，多还旧账。严格控制污染物排放总量；所有新建、扩建和改建项目必须符合环保要求，做到增产不增污，努力实现增产减污；积极解决历史遗留的环境问题。

——依靠科技，创新机制。大力发展环境科学技术，以技术创新促进环境问题的解决；建立政府、企业、社会多元化投入机制和部分污染治理设施市场化运营机制，完善环保制度，健全统一、协调、高效的环境监管体制。

——分类指导，突出重点。因地制宜，分区规划，统筹城乡发展，分阶段解决制约经济发展和群众反映强烈的环境问题，改善重点流域、区域、海域、城市的环境质量。

（七）环境目标。到 2010 年，重点地区和城市的环境质量得到改善，生态环境恶化趋势基本遏制。主要污染物的排放总量得到有效控制，重点行业污染物排放强度明显下降，重点城市空气质量、城市集中饮用水水源和农村饮水水质、全国地表水水质和近岸海域海水水质有所好转，草原退化趋势有所控制，水土流失治理和生态修复面积有所增加，矿山环境明显改善，地下水超采及污染趋势减缓，重点生态功能保护区、自然保护区等的生态功能基本稳定，村镇环境质量有所改善，确保核与辐射环境安全。

到 2020 年，环境质量和生态状况明显改善。

三、经济社会发展必须与环境保护相协调

（八）促进地区经济与环境协调发展。各地区要根据资源禀赋、环境容量、生态状况、人口数量以及国家发展规划和产业政策，明确不同区域的功能定位和发展方向，将区域经济规划和环境保护目标有机结合起来。在环境容量有限、自然资源供给不足而经济相对发达的地区实行优化开发，坚持环境优先，大力发展高新技术，优化产业结构，加快产业和产品的升级换代，同时率先完成排污总量削减任务，做到增产减污。在环境仍有一定容量、资源较为丰富、发展潜力较大的地区实行重点开发，加快基础设施建设，科学合理利用环境承载能力，推进工业化和城镇化，同时严格控制污染物排放总量，做到增产不增污。在生态环境脆弱的地区和重要生态功能保护区实行限制开发，在坚持保护优先的前提下，合理选择发展方向，发展特色优势产业，确保生态功能的恢复与保育，逐步恢复生态平衡。在自然保护区和具有特殊保护价值的地区实行禁止开发，依法实施保护，严

禁不符合规定的任何开发活动。要认真做好生态功能区划工作，确定不同地区的主导功能，形成各具特色的发展格局。必须依照国家规定对各类开发建设规划进行环境影响评价。对环境有重大影响的决策，应当进行环境影响论证。

（九）大力发展循环经济。各地区、各部门要把发展循环经济作为编制各项发展规划的重要指导原则，制订和实施循环经济推进计划，加快制定促进发展循环经济的政策、相关标准和评价体系，加强技术开发和创新体系建设。要按照"减量化、再利用、资源化"的原则，根据生态环境的要求，进行产品和工业区的设计与改造，促进循环经济的发展。在生产环节，要严格排放强度准入，鼓励节能降耗，实行清洁生产并依法强制审核；在废物产生环节，要强化污染预防和全过程控制，实行生产者责任延伸，合理延长产业链，强化对各类废物的循环利用；在消费环节，要大力倡导环境友好的消费方式，实行环境标识、环境认证和政府绿色采购制度，完善再生资源回收利用体系。大力推行建筑节能，发展绿色建筑。推进污水再生利用和垃圾处理与资源化回收，建设节水型城市。推动生态省（市、县）、环境保护模范城市、环境友好企业和绿色社区、绿色学校等创建活动。

（十）积极发展环保产业。要加快环保产业的国产化、标准化、现代化产业体系建设。加强政策扶持和市场监管，按照市场经济规律，打破地方和行业保护，促进公平竞争，鼓励社会资本参与环保产业的发展。重点发展具有自主知识产权的重要环保技术装备和基础装备，在立足自主研发的基础上，通过引进消化吸收，努力掌握环保核心技术和关键技术。大力提高环保装备制造企业的自主创新能力，推进重大环保技术装备的自主制造。培育一批拥有著名品牌、核心技术能力强、市场占有率高、能够提供较多就业机会的优势环保企业。加快发展环保服务业，推进环境咨询市场化，充分发挥行业协会等中介组织的作用。

四、切实解决突出的环境问题

（十一）以饮水安全和重点流域治理为重点，加强水污染防治。要科学划定和调整饮用水水源保护区，切实加强饮用水水源保护，建设好城市备用水源，解决好农村饮水安全问题。坚决取缔水源保护区内的直接排污口，严防养殖业污染水源，禁止有毒有害物质进入饮用水水源保护区，强化水污染事故的预防和应急处理，确保群众饮水安全。把淮河、海河、辽河、松花江、三峡水库库区及上游，黄河小浪底水库库区及上游，南水北调水源地及沿线，太湖、滇池、巢湖作为流域水污染治理的重点。把渤海等重点海域和河口地区作为海洋环保工作重点。严禁直接向江河湖海排放超标的工业污水。

（十二）以强化污染防治为重点，加强城市环境保护。要加强城市基础设施建设，到 2010 年，全国设市城市污水处理率不低于 70%，生活垃圾无害化处理率不低于 60%；着力解决颗粒物、噪声和餐饮业污染，鼓励发展节能环保型汽车。对污染企业搬迁后的原址进行土壤风险评估和修复。城市建设应注重自然和生态条件，尽可能保留天然林草、河湖水系、滩涂湿地、自然地貌及野生动物等自然遗产，努力维护城市生态平衡。

（十三）以降低二氧化硫排放总量为重点，推进大气污染防治。加快原煤洗选步伐，降低商品煤含硫量。加强燃煤电厂二氧化硫治理，新（扩）建燃煤电厂除燃用特低硫煤的坑口电厂外，必须同步建设脱硫设施或者采取其他降低二氧化硫排放量的措施。在大中城市及其近郊，严格控制新（扩）建除热电联产外的燃煤电厂，禁止新（扩）建钢铁、冶炼等高耗能企业。2004 年年底前投运的二氧化硫排放超标的燃煤电厂，应在 2010 年底前安装脱硫设施；要根据环境状况，确定不同区域的脱硫目标，制订并实施酸雨和二氧化硫污染防治规划。对投产 20 年以上或装机容量 10 万千瓦以下的电厂，限期改造或者关停。制订燃煤电厂氮氧化物治理规划，开展试点示范。加大烟尘、粉尘治理力度。采取节能措施，提高能源利用效率；大力发展风能、太阳能、地热、生物质能等新能源，积极发展核电，有序开发水能，提高清洁能源比重，减少大气污染物排放。

（十四）以防治土壤污染为重点，加强农村环境保护。结合社会主义新农村建设，实施农村小康环保行动计划。开展全国土壤污染状况调查和超标耕地综合治理，污染严重且难以修复的耕地应依法调整；合理使用农药、化肥，防治农用薄膜对耕地的污染；积极发展节水农业与生态农业，加大规模化养殖业污染治理力度。推进农村改水、改厕工作，搞好作物秸秆等资源化利用，积极发展农村沼气，妥善处理生活垃圾和污水，解决农村环境"脏、乱、差"问题，创建环境优美乡镇、文明生态村。发展县域经济要选择适合本地区资源优势和环境容量的特色产业，防止污染向农村转移。

（十五）以促进人与自然和谐为重点，强化生态保护。坚持生态保护与治理并重，重点控制不合理的资源开发活动。优先保护天然植被，坚持因地制宜，重视自然恢复；继续实施天然林保护、天然草原植被恢复、退耕还林、退牧还草、退田还湖、防沙治沙、水土保持和防治石漠化等生态治理工程；严格控制土地退化和草原沙化。经济社会发展要与水资源条件相适应，统筹生活、生产和生态用水，建设节水型社会；发展适应抗灾要求的避灾经济；水资源开发利用活动，要充分考虑生态用水。加强生态功能保护区和自然保护区的建设与管理。加强矿产资源和旅游开发的环境监管。做好红树林、滨海湿地、珊瑚礁、海岛等海洋、海岸带典型生态系统的保护工作。

（十六）以核设施和放射源监管为重点，确保核与辐射环境安全。全面加强核安全与辐射环境管理，国家对核设施的环境保护实行统一监管。核电发展的规划和建设要充分考虑核安全、环境安全和废物处理处置等问题；加强在建和在役核设施的安全监管，加快核设施退役和放射性废物处理处置步伐；加强电磁辐射和伴生放射性矿产资源开发的环境监督管理；健全放射源安全监管体系。

（十七）以实施国家环保工程为重点，推动解决当前突出的环境问题。国家环保重点工程是解决环境问题的重要举措，从"十一五"开始，要将国家重点环保工程纳入国民经济和社会发展规划及有关专项规划，认真组织落实。国家重点环保工程包括：危险废物处置工程、城市污水处理工程、垃圾无害化处理工程、燃煤电厂脱硫工程、重要生态功能保护区和自然保护区建设工程、农村小康环保行动工程、核与辐射环境安全工程、环境管理能力建设工程。

五、建立和完善环境保护的长效机制

（十八）健全环境法规和标准体系。要抓紧拟订有关土壤污染、化学物质污染、生态保护、遗传资源、生物安全、臭氧层保护、核安全、循环经济、环境损害赔偿和环境监测等方面的法律法规草案，配合做好《中华人民共和国环境保护法》的修改工作。通过认真评估环境立法和各地执法情况，完善环境法律法规，作出加大对违法行为处罚的规定，重点解决"违法成本低、守法成本高"的问题。完善环境技术规范和标准体系，科学确定环境基准，努力使环境标准与环保目标相衔接。

（十九）严格执行环境法律法规。要强化依法行政意识，加大环境执法力度，对不执行环境影响评价、违反建设项目环境保护设施"三同时"制度（同时设计、同时施工、同时投产使用）、不正常运转治理设施、超标排污、不遵守排污许可证规定、造成重大环境污染事故，在自然保护区内违法开发建设和开展旅游或者违规采矿造成生态破坏等违法行为，予以重点查处。加大对各类工业开发区的环境监管力度，对达不到环境质量要求的，要限期整改。加强部门协调，完善联合执法机制。规范环境执法行为，实行执法责任追究制，加强对环境执法活动的行政监察。完善对污染受害者的法律援助机制，研究建立环境民事和行政公诉制度。

（二十）完善环境管理体制。按照区域生态系统管理方式，逐步理顺部门职责分工，增强环境监管的协调性、整体性。建立健全国家监察、地方监管、单位负责的环境监管体制。国家加强对地方环保工作的指导、支持和监督，健全区域环境督查派出机构，协调跨省域环境保护，督促检查突出的环境问题。地方人民政府对本行政区域环境质量负责，监督下一级人民政府的环保工作和重点单位的环境行为，并建立相应的环保监管机制。法人和其他组织负责解决所辖范围有关的环境问题。建立企业环境监督员制度，实行职业资格管理。县级以上地方人民政府要加强环保机构建设，落实职能、编制和经费。进一步总结和探索设区城市环保派出机构监管模式，完善地方环境管理体制。各级环保部门要严格执行各项环境监管制度，责令严重污染单位限期治理和停产整治，负责召集有关部门专家和代表提出开发建设规划环境影响评价的审查意见。完善环境犯罪案件的移送程序，配合司法机关办理各类环境案件。

（二十一）加强环境监管制度。要实施污染物总量控制制度，将总量控制指标逐级分解到地方各级人民政府并落实到排污单位。推行排污许可证制度，禁止无证或超总量排污。严格执行环境影响评价和"三同时"制度，对超过污染物总量控制指标、生态破坏严重或者尚未完成生态恢复任务的地区，暂停审批新增污染物排放总量和对生态有较大影响的建设项目；建设项目未履行环评审批程序即擅自开工建设或者擅自投产的，责令其停建或者停产，补办环评手续，并追究有关人员的责任。对生态治理工程实行充分论证和后评估。要结合经济结构调整，完善强制淘汰制度，根据国家产业政策，及时制订和调整强制淘汰污染严重的企业和落后的生产能力、工艺、设备与产品目录。强化限期治理制度，对不能稳定达标或超总量的排污单位实行限期治理，治理期间应予限产、限排，并不得建设增加污染物排放总量的项目；逾期未完成治理任务的，责令其停产整治。完善环境监察制度，强化现场执法检查。严格执行突发环境事件应急预案，地方各级人民政府要按照有关规定全面负责突发环境事件应急处置工作，环保总局及国务院相关部门根据情况给予协调支援。建立跨省界河流断面水质考核制度，省级人民政府应当确保出境水质达到考核目标。国家加强跨省界环境执法及污染纠纷的协调，上游省份排污对下游省份造成污染事故的，上游省级人民政府应当承担赔付补偿责任，并依法追究相关单位和人员的责任。赔付补偿的具体办法由环保总局会同有关部门拟定。

（二十二）完善环境保护投入机制。创造良好的生态环境是各级人民政府的重要职责，各级人民政府要将环保投入列入本级财政支出的重点内容并逐年增加。要加大对污染防治、生态保护、环保试点示范和环保监管能力建设的资金投入。当前，地方政府投入重点解决污水管网和生活垃圾收运设施的配套和完善，国家继续安排投资予以支持。各级人民政府要严格执行国家定员定额标准，确保环保行政管理、监察、监测、信息、宣教等行政和事业经费支出，切实解决"收支两条线"问题。要引导社会资金参与城乡环境保护基础设施和有关工作的投入，完善政府、企业、社会多元化环保投融资机制。

（二十三）推行有利于环境保护的经济政策。建立健全有利于环境保护的价格、税收、信贷、贸易、土地和政府采购等政策体系。政府定价要充分考虑资源的稀缺性和环境成本，对市场调节的价格也要进行有利于环保的指导和监管。对可再生能源发电厂和垃圾焚烧发电厂实行有利于发展的电价政策，对可再生能源发电项目的上网电量实行全额收购政策。对不符合国家产业政策和环保标准的企业，不得审批用地，并停止信贷，不予办理工商登记或者依法取缔。对通过境内非营利社会团体、国家机关向环保事业的捐赠依法给予税收优惠。要完善生态补偿政策，尽快建立生态补偿机制。中央和地方财政转移支付应考虑生态补偿因素，国家和地方可分别开展生态补偿试点。建立遗传资源惠益共享机制。

（二十四）运用市场机制推进污染治理。全面实施城市污水、生活垃圾处理收费制度，收费标准要达到保本微利水平，凡收费不到位的地方，当地财政要对运营成本给予补助。鼓励社会资本参与污水、垃圾处理等基础设施的建设和运营。推动城市污水和垃圾处理单位加快转制改企，采用公开招标方式，择优选择投资主体和经营单位，实行特许经营，并强化监管。对污染处理设施建设运营的用地、用电、设备折旧等实行扶持政策，并给予税收优惠。生产者要依法负责或委托他人回收和处置废弃产品，并承担费用。推行污染治理工程的设计、施工和运营一体化模式，鼓励排污单位委托专业化公司承担污染治理或设施运营。有条件的地区和单位可实行二氧化硫等排污权交易。

（二十五）推动环境科技进步。强化环保科技基础平台建设，将重大环保科研项目优先列入国家科技计划。开展环保战略、标准、环境与健康等研究，鼓励对水体、大气、土壤、噪声、固体废物、农业面源等污染防治，以及生态保护、资源循环利用、饮水安全、核安全等领域的研究，组织对污水深度处理、燃煤电厂脱硫脱硝、洁净煤、汽车尾气净化等重点难点技术的攻关，加快高新技术在环保领域的应用。积极开展技术示范和成果推广，提高自主创新能力。

（二十六）加强环保队伍和能力建设。健全环境监察、监测和应急体系。规范环保人员管理，强化培训，提高素质，建设一支思想好、作风正、懂业务、会管理的环保队伍。各级人民政府要选派政治觉悟高、业务素质强的领导干部充实环保部门。下级环保部门负责人的任免，应当事先征求上级环保部门的意见。按照政府机构改革与事业单位改革的总体思路和有关要求，研究解决环境执法人员纳入公务员序列问题。要完善环境监测网络，建设"金环工程"，实现"数字环保"，加快环境与核安全信息系统建设，实行信息资源共享机制。建立环境事故应急监控和重大环境突发事件预警体系。

（二十七）健全社会监督机制。实行环境质量公告制度，定期公布各省（区、市）有关环境保护指标，发布城市空气质量、城市噪声、饮用水水源水质、流域水质、近岸海域水质和生态状况评价等环境信息，及时发布污染事故信息，为公众参与创造条件。公布环境质量不达标的城市，并实行投资环境风险预警机制。发挥社会团体的作用，鼓励检举和揭发各种环境违法行为，推动环境公益诉讼。企业要公开环境信息。对涉及公众环境权益的发展规划和建设项目，通过听证会、论证会或社会公示等形式，听取公众意见，强化社会监督。

（二十八）扩大国际环境合作与交流。要积极引进国外资金、先进环保技术与管理经验，提高我国环保的技术、装备和管理水平。积极宣传我国环保工作的成绩和举措，参与气候变化、生物多样性保护、荒漠化防治、湿地保护、臭氧层保护、持久性有机污染物控制、核安全等国际公约和有关贸易与环境的谈判，履行相应的国际义务，维护国家环境与发展权益。努力控制温室气体排放，加快消耗臭氧层物质的淘汰进程。要完善对外贸易产品的环境标准，建立环境风险评估机制和进口货物的有害物质监控体系，既要合理引进可利用再生资源和物种资源，又要严格防范污染转入、废物非法进口、有害外来物种入侵和遗传资源流失。

六、加强对环境保护工作的领导

（二十九）落实环境保护领导责任制。地方各级人民政府要把思想统一到科学发展观上来，充分认识保护环境就是保护生产力，改善环境就是发展生产力，增强环境忧患意识和做好环保工作的责任意识，抓住制约环境保护的难点问题和影响群众健康的重点问题，一抓到底，抓出成效。地方人民政府主要领导和有关部门主要负责人是本行政区域和本系统环境保护的第一责任人，政府和部门都要有一位领导分管环保工作，确保认识到位、责任到位、措施到位、投入到位。地方人民政府要定期听取汇报，研究部署环保工作，制订并组织实施环保规划，检查落实情况，及时解决问题，确保实现环境目标。各级人民政府要向同级人大、政协报告或通报环保工作，并接受监督。

（三十）科学评价发展与环境保护成果。研究绿色国民经济核算方法，将发展过程中的资源消耗、环境损失和环境效益逐步纳入经济发展的评价体系。要把环境保护纳入领导班子和领导干部考核的重要内容，并将考核情况作为干部选拔任用和奖惩的依据之一。坚持和完善地方各级人民政府环境目标责任制，对环境保护主要任务和指标实行年度目标管理，定期进行考核，并公布考核结果。评优创先活动要实行环保一票否决。对环保工作作出突出贡献的单位和个人应给予表彰和奖励。建立问责制，切实解决地方保护主义干预环境执法的问题。对因决策失误造成重大环境事故、严重干扰正常环境执法的领导干部和公职人员，要追究责任。

（三十一）深入开展环境保护宣传教育。保护环境是全民族的事业，环境宣传教育是实现国家环境保护意志的重要方式。要加大环境保护基本国策和环境法制的宣传力度，弘扬环境文化，倡导生态文明，以环境补偿促进社会公平，以生态平衡推进社会和谐，以环境文化丰富精神文明。新闻媒体要大力宣传科学发展观对环境保护的内在要求，把环保公益宣传作为重要任务，及时报道党和国家环保政策措施，宣传环保工作中的新进展新经验，努力营造节约资源和保护环境的舆论氛围。各级干部培训机构要加强对领导干部、重点企业负责人的环保培训。加强环保人才培养，强化青少年环境教育，开展全民环保科普活动，提高全民保护环境的自觉性。

（三十二）健全环境保护协调机制。建立环境保护综合决策机制，完善环保部门统一监督管理、有关部门分工负责的环境保护协调机制，充分发挥全国环境保护部际联席会议的作用。国务院环境保护行政主管部门是环境保护的执法主体，要会同有关部门健全国家环境监测网络，规范环境信息的发布。抓紧编制全国生态功能区划并报国务院批准实施。经济综合和有关主管部门要制定有利于环境保护的财政、税收、金融、价格、贸易、科技等政策。建设、国土、水利、农业、林业、海洋等有关部门要依法做好各自领域的环境保护和资源管理工作。宣传教育部门要积极开展环保宣传教育，普及环保知识。充分发挥人民解放军在环境保护方面的重要作用。

各省、自治区、直辖市人民政府和国务院各有关部门要按照本决定的精神，制定措施，抓好落实。环保总局要会同监察部监督检查本决定的贯彻执行情况，每年向国务院作出报告。

国务院关于印发"十二五"节能减排
综合性工作方案的通知

国发[2011]26 号
（2011 年 8 月 31 日）

各省、自治区、直辖市人民政府，国务院各部委、各直属机构：

现将《"十二五"节能减排综合性工作方案》印发给你们，请结合本地区、本部门实际，认真贯彻执行。

一、"十一五"时期，各地区、各部门认真贯彻落实党中央、国务院的决策部署，把节能减排作为调整经济结构、转变经济发展方式、推动科学发展的重要抓手和突破口，取得了显著成效。全国单位国内生产总值能耗降低 19.1%，二氧化硫、化学需氧量排放总量分别下降 14.29% 和 12.45%，基本实现了"十一五"规划纲要确定的约束性目标，扭转了"十五"后期单位国内生产总值能耗和主要污染物排放总量大幅上升的趋势，为保持经济平稳较快发展提供了有力支撑，为应对全球气候变化作出了重要贡献，也为实现"十二五"节能减排目标奠定了坚实基础。

二、充分认识做好"十二五"节能减排工作的重要性、紧迫性和艰巨性。"十二五"时期，我国发展仍处于可以大有作为的重要战略机遇期。随着工业化、城镇化进程加快和消费结构持续升级，我国能源需求呈刚性增长，受国内资源保障能力和环境容量制约以及全球性能源安全和应对气候变化影响，资源环境约束日趋强化，"十二五"时期节能减排形势仍然十分严峻，任务十分艰巨。特别是我国节能减排工作还存在责任落实不到位、推进难度增大、激励约束机制不健全、基础工作薄弱、能力建设滞后、监管不力等问题。这种状况如不及时改变，不但"十二五"节能减排目标难以实现，还将严重影响经济结构调整和经济发展方式转变。

各地区、各部门要真正把思想和行动统一到中央的决策部署上来，切实增强全局意识、危机意识和责任意识，树立绿色、低碳发展理念，进一步把节能减排作为落实科学发展观、加快转变经济发展方式的重要抓手，作为检验经济是否实现又好又快发展的重要标准，下更大决心，用更大气力，采取更加有力的政策措施，大力推进节能减排，加快形成资源节约、环境友好的生产方式和消费模式，增强可持续发展能力。

三、严格落实节能减排目标责任，进一步形成政府为主导、企业为主体、市场有效驱动、全社会共同参与的推进节能减排工作格局。要切实发挥政府主导作用，综合运用经济、法律、技术和必要的行政手段，加强节能减排统计、监测和考核体系建设，着力健全激励和约束机制，进一步落实地方各级人民政府对本行政区域节能减排负总责、政府主要领导是第一责任人的工作要求。要进一步明确企业的节能减排主体责任，严格执行节能环保法律法规和标准，细化和完善管理措施，落实目标任务。要进一步发挥市场机制作用，加大节能减排市场化机制推广力度，真正把节能减排转化为企业和各类社会主体的内在要求。要进一步增强全体公民的资源节约和环境保护意识，深入推进节能减排全民行动，形成全社会共同参与、共同促进节能减排的良好氛围。

四、要全面加强对节能减排工作的组织领导，狠抓监督检查，严格考核问责。发展改革委负责承担国务院节能减排工作领导小组的具体工作，切实加强节能减排工作的综合协调，组织推动节能降耗工作；环境保护部为主承担污染减排方面的工作；统计局负责加强能源统计和监测工作；其他各有关部门要切实履行职责，密切协调配合。各省级人民政府要立即部署本地区"十二五"节能减排工作，进一步明确相关部门责任、分工和进度要求。

各地区、各部门和中央企业要按照本通知的要求，结合实际抓紧制定具体实施方案，明确目标责任，狠抓贯彻落实，坚决防止出现节能减排工作前松后紧的问题，确保实现"十二五"节能减排目标。

"十二五"节能减排综合性工作方案

一、节能减排总体要求和主要目标

（一）总体要求。以邓小平理论和"三个代表"重要思想为指导，深入贯彻落实科学发展观，坚持降低能源消耗强度、减少主要污染物排放总量、合理控制能源消费总量相结合，形成加快转变经济发展方式的倒逼机制；坚持强化责任、健全法制、完善政策、加强监管相结合，建立健全激励和约束机制；坚持优化产业结构、推动技术进步、强化工程措施、加强管理引导相结合，大幅度提高能源利用效率，显著减少污染物排放；进一步形成政府为主导、企业为主体、市场有效驱动、全社会共同参与的推进节能减排工作格局，确保实现"十二五"节能减排约束性目标，加快建设资源节约型、环境友好型社会。

（二）主要目标。到 2015 年，全国万元国内生产总值能耗下降到 0.869 吨标准煤（按 2005 年价格计算），比 2010 年的 1.034 吨标准煤下降 16%，比 2005 年的 1.276 吨标准煤下降 32%；"十二五"期间，实现节约能源 6.7 亿吨标准煤。2015 年，全国化学需氧量和二氧化硫排放总量分别控制在 2 347.6 万吨、2 086.4 万吨，比 2010 年的 2 551.7 万吨、2 267.8 万吨分别下降 8%；全国氨氮和氮氧化物排放总量分别控制在 238.0 万吨、2 046.2 万吨，比 2010 年的 264.4 万吨、2 273.6 万吨分别下降 10%。

二、强化节能减排目标责任

（三）合理分解节能减排指标。综合考虑经济发展水平、产业结构、节能潜力、环境容量及国家产业布局等因素，将全国节能减排目标合理分解到各地区、各行业。各地区要将国家下达的节能减排指标层层分解落实，明确下一级政府、有关部门、重点用能单位和重点排污单位的责任。

（四）健全节能减排统计、监测和考核体系。加强能源生产、流通、消费统计，建立和完善建筑、交通运输、公共机构能耗统计制度以及分地区单位国内生产总值能耗指标季度统计制度，完善统计核算与监测方法，提高能源统计的准确性和及时性。修订完善减排统计监测和核查核算办法，统一标准和分析方法，实现监测数据共享。加强氨氮、氮氧化物排放统计监测，建立农业源和机动车排放统计监测指标体系。完善节能减排考核办法，继续做好全国和各地区单位国内生产总值能耗、主要污染物排放指标公报工作。

（五）加强目标责任评价考核。把地区目标考核与行业目标评价相结合，把落实五年目标与完成年度目标相结合，把年度目标考核与进度跟踪相结合。省级人民政府每年要向国务院报告节能减排目标完成情况。有关部门每年要向国务院报告节能减排措施落实情况。国务院每年组织开展省级人民政府节能减排目标责任评价考核，考核结果向社会公告。强化考核结果运用，将节能减排目标完成情况和政策措施落实情况作为领导班子和领导干部综合考核评价的重要内容，纳入政府绩效和国有企业业绩管理，实行问责制和"一票否决"制，并对成绩突出的地区、单位和个人给予表彰奖励。

三、调整优化产业结构

（六）抑制高耗能、高排放行业过快增长。严格控制高耗能、高排放和产能过剩行业新上项目，进一步提高行业准入门槛，强化节能、环保、土地、安全等指标约束，依法严格节能评估审查、环境影响评价、建设用地审查，严格贷款审批。建立健全项目审批、核准、备案责任制，严肃查处越权审批、分拆审批、未批先建、边批边建等行为，依法追究有关人员责任。严格控制高耗能、高排放产品出口。中西部地区承接产业转移必须坚持高标准，严禁污染产业和落后生产能力转入。

（七）加快淘汰落后产能。抓紧制定重点行业"十二五"淘汰落后产能实施方案，将任务按年度分解落实到各地区。完善落后产能退出机制，指导、督促淘汰落后产能企业做好职工安置工作。地方各级人民政府要积极安排资金，支持淘汰落后产能工作。中央财政统筹支持各地区淘汰落后产能工作，对经济欠发达地区通过增加转移支付加大支持和奖励力度。完善淘汰落后产能公告制度，对未按期完成淘汰任务的地区，严格控制国家安排的投资项目，暂停对该地区重点行业建设项目办理核准、审批和备案手续；对未按期淘汰的企业，依法吊销排污许可证、生产许可证和安全生产许可证；对虚假淘汰行为，依法追究企业负责人和地方政府有关人员的责任。

（八）推动传统产业改造升级。严格落实《产业结构调整指导目录》。加快运用高新技术和先进适用技术改造提升传统产业，促进信息化和工业化深度融合，重点支持对产业升级带动作用大的重点项目和重污染企业搬迁改造。调整《加工贸易禁止类商品目录》，提高加工贸易准入门槛，促进加工贸易转型升级。合理引导企业兼并重组，提高产业集中度。

（九）调整能源结构。在做好生态保护和移民安置的基础上发展水电，在确保安全的基础上发展核电，加快发展天然气，因地制宜大力发展风能、太阳能、生物质能、地热能等可再生能源。到 2015 年，非化石能源占一次能源消费总量比重达到 11.4%。

（十）提高服务业和战略性新兴产业在国民经济中的比重。到 2015 年，服务业增加值和战略性新兴产业增加值占国内生产总值比重分别达到 47% 和 8% 左右。

四、实施节能减排重点工程

（十一）实施节能重点工程。实施锅炉窑炉改造、电机系统节能、能量系统优化、余热余压利用、节约替代石油、建筑节能、绿色照明等节能改造工程，以及节能技术产业化示范工程、节能产品惠民工程、合同能源管理推广工程和节能能力建设工程。到 2015 年，工业锅炉、窑炉平均运行效率比 2010 年分别提高 5 个和 2 个百分点，电机系统运行效率提高 2～3 个百分点，新增余热余压发电能力 2 000 万千瓦，北方采暖地区既有居住建筑供热计量和节能改造 4 亿平方米以上，夏热冬冷地区既有居住建筑节能改造 5 000 万平方米，公共建筑节能改造 6 000 万平方米，高效节能产品市场份额大幅度提高。"十二五"时期，形成 3 亿吨标准煤的节能能力。

（十二）实施污染物减排重点工程。推进城镇污水处理设施及配套管网建设，改造提升现有设施，强化脱氮除磷，大力推进污泥处理处置，加强重点流域区域污染综合治理。到 2015 年，基本实现所有县和重点建制镇具备污水处理能力，全国新增污水日处理能力 4 200 万吨，新建配套管网约 16 万公里，城市污水处理率达到 85%，形成化学需氧量和氨氮削减能力 280 万吨、30 万吨。实施规模化畜禽养殖场污染治理工程，形成化学需氧量和氨氮削减能力 140 万吨、10 万吨。实施脱硫脱硝工程，推动燃煤电厂、钢铁行业烧结机脱硫，形成二氧化硫削减能力 277 万吨；推动燃煤电厂、水泥等行业脱硝，形成氮氧化物削减能力 358 万吨。

（十三）实施循环经济重点工程。实施资源综合利用、废旧商品回收体系、"城市矿产"示范基地、再制造产业化、餐厨废弃物资源化、产业园区循环化改造、资源循环利用技术示范推广等循环经济重点工程，建设 100 个资源综合利用示范基地、80 个废旧商品回收体系示范城市、50 个"城市矿产"示范基地、5 个再制造产业集聚区、100 个城市餐厨废弃物资源化利用和无害化处理示范工程。

（十四）多渠道筹措节能减排资金。节能减排重点工程所需资金主要由项目实施主体通过自有资金、金融机构贷款、社会资金解决，各级人民政府应安排一定的资金予以支持和引导。地方各级人民政府要切实承担城镇污水处理设施和配套管网建设的主体责任，严格城镇污水处理费征收和管理，国家对重点建设项目给予适当支持。

五、加强节能减排管理

（十五）合理控制能源消费总量。建立能源消费总量控制目标分解落实机制，制定实施方案，把总量控制目标分解落实到地方政府，实行目标责任管理，加大考核和监督力度。将固定资产投资项目节能评估审查作为控制地区能源消费增量和总量的重要措施。建立能源消费总量预测预警机制，跟踪监测各地区能源消费总量和高耗能行业用电量等指标，对能源消费总量增长过快的地区及时预警调控。在工业、建筑、交通运输、公共机构以及城乡建设和消费领域全面加强用能管理，切实改变敞开口子供应能源、无节制使用能源的现象。在大气联防联控重点区域开展煤炭消费总量控制试点。

（十六）强化重点用能单位节能管理。依法加强年耗能万吨标准煤以上用能单位节能管理，开展万家企业节能低碳行动，实现节能 2.5 亿吨标准煤。落实目标责任，实行能源审计制度，开展能效水平对标活动，建立健全企业能源管理体系，扩大能源管理师试点；实行能源利用状况报告制度，加快实施节能改造，提高能源管理水平。地方节能主管部门每年组织对进入万家企业节能低碳行动的企业节能目标完成情况进行考核，公告考核结果。对未完成年度节能任务的企业，强制进行能源审计，限期整改。中央企业要接受所在地区节能主管部门的监管，争当行业节能减排的排头兵。

（十七）加强工业节能减排。重点推进电力、煤炭、钢铁、有色金属、石油石化、化工、建材、造纸、纺织、印染、食品加工等行业节能减排，明确目标任务，加强行业指导，推动技术进步，强化监督管理。发展热电联产，推广分布式能源。开展智能电网试点。推广煤炭清洁利用，提高原煤入洗比例，加快煤层气开发利用。实施工业和信息产业能效提升计划。推动信息数据中心、通信机房和基站节能改造。实行电力、钢铁、造纸、印染等行业主要污染物排放总量控制。新建燃煤机组全部安装脱硫脱硝设施，现役燃煤机组必须安装脱硫设施，不能稳定达标排放的要进行更新改造，烟气脱硫设施要按照规定取消烟气旁路。单机容量 30 万千瓦及以上燃煤机组全部加装脱硝设施。钢铁行业全面实施烧结机烟气脱硫，新建烧结机配套安装脱硫脱硝设施。石油石化、有色金属、建材等重点行业实施脱硫改造。新型干法水泥窑实施低氮燃烧技术改造，配套建设脱硝设施。加强重点区域、重点行业和重点企业重金属污染防治，以湘江流域为重点开展重金属污染治理与修复试点示范。

（十八）推动建筑节能。制定并实施绿色建筑行动方案，从规划、法规、技术、标准、设计等方面全面推进建筑节能。新建建筑严格执行建筑节能标准，提高标准执行率。推进北方采暖地区既有建筑供热计量和节能改造，实施"节能暖房"工程，改造供热老旧管网，实行供热计量收费和能耗定额管理。做好夏热冬冷地区建筑节能改造。推动可再生能源与建筑一体化应用，推广使用新型节能建材和再生建材，继续推广散装水泥。加强公共建筑节能监管体系建设，完善能源审计、能效公示，推动节能改造与运行管理。研究建立建筑使用全寿命周期管理制度，严格建筑拆除管理。加强城市照明管理，严格防止和纠正过度装饰和亮化。

（十九）推进交通运输节能减排。加快构建综合交通运输体系，优化交通运输结构。积极发展城市公共交通，科学合理配置城市各种交通资源，有序推进城市轨道交通建设。提高铁路电气化比重。实施低碳交通运输体系建设城市试点，深入开展"车船路港"千家企业低碳交通运输专项行动，推广公路甩挂运输，全面推行不停车收费系统，实施内河船型标准化，优化航路航线，推进航空、远洋运输业节能减排。开展机场、码头、车站节能改造。加速淘汰老旧汽车、机车、船舶，基本淘汰2005年以前注册运营的"黄标车"，加快提升车用燃油品质。实施第四阶段机动车排放标准，在有条件的重点城市和地区逐步实施第五阶段排放标准。全面推行机动车环保标志管理，探索城市调控机动车保有总量，积极推广节能与新能源汽车。

（二十）促进农业和农村节能减排。加快淘汰老旧农用机具，推广农用节能机械、设备和渔船。推进节能型住宅建设，推动省柴节煤灶更新换代，开展农村水电增效扩容改造。发展户用沼气和大中型沼气，加强运行管理和维护服务。治理农业面源污染，加强农村环境综合整治，实施农村清洁工程，规模化养殖场和养殖小区配套建设废弃物处理设施的比例达到50%以上，鼓励污染物统一收集、集中处理。因地制宜推进农村分布式、低成本、易维护的污水处理设施建设。推广测土配方施肥，鼓励使用高效、安全、低毒农药，推动有机农业发展。

（二十一）推动商业和民用节能。在零售业等商贸服务和旅游业开展节能减排行动，加快设施节能改造，严格用能管理，引导消费行为。宾馆、商厦、写字楼、机场、车站等要严格执行夏季、冬季空调温度设置标准。在居民中推广使用高效节能家电、照明产品，鼓励购买节能环保型汽车，支持乘用公共交通，提倡绿色出行。减少一次性用品使用，限制过度包装，抑制不合理消费。

（二十二）加强公共机构节能减排。公共机构新建建筑实行更加严格的建筑节能标准。加快公共机构办公区节能改造，完成办公建筑节能改造6 000万平方米。国家机关供热实行按热量收费。开展节约型公共机构示范单位创建活动，创建2 000家示范单位。推进公务用车制度改革，严格用车油耗定额管理，提高节能与新能源汽车比例。建立完善公共机构能源审计、能效公示和能耗定额管理制度，加强能耗监测平台和节能监管体系建设。支持军队重点用能设施设备节能改造。

六、大力发展循环经济

（二十三）加强对发展循环经济的宏观指导。研究提出进一步加快发展循环经济的意见。编制全国循环经济发展规划和重点领域专项规划，指导各地做好规划编制和实施工作。研究制定循环经济发展的指导目录。制定循环经济专项资金使用管理办法及实施方案。深化循环经济示范试点，推广循环经济典型模式。建立完善循环经济统计评价制度。

（二十四）全面推行清洁生产。编制清洁生产推行规划，制（修）订清洁生产评价指标体系，发布重点行业清洁生产推行方案。重点围绕主要污染物减排和重金属污染治理，全面推进农业、工业、建筑、商贸服务等领域清洁生产示范，从源头和全过程控制污染物产生和排放，降低资源消耗。发布清洁生产审核方案，公布清洁生产强制审核企业名单。实施清洁生产示范工程，推广应用清洁生产技术。

（二十五）推进资源综合利用。加强共伴生矿产资源及尾矿综合利用，建设绿色矿山。推动煤矸石、粉煤灰、工业副产石膏、冶炼和化工废渣、建筑和道路废弃物以及农作物秸秆综合利用、农林废物资源化利用，大力发展利废新型建筑材料。废弃物实现就地消化，减少转移。到 2015 年，工业固体废物综合利用率达到 72%以上。

（二十六）加快资源再生利用产业化。加快"城市矿产"示范基地建设，推进再生资源规模化利用。培育一批汽车零部件、工程机械、矿山机械、办公用品等再制造示范企业，发布再制造产品目录，完善再制造旧件回收体系和再制造产品标准体系，推动再制造的规模化、产业化发展。加快建设城市社区和乡村回收站点、分拣中心、集散市场"三位一体"的再生资源回收体系。

（二十七）促进垃圾资源化利用。健全城市生活垃圾分类回收制度，完善分类回收、密闭运输、集中处理体系。鼓励开展垃圾焚烧发电和供热、填埋气体发电、餐厨废弃物资源化利用。鼓励在工业生产过程中协同处理城市生活垃圾和污泥。

（二十八）推进节水型社会建设。确立用水效率控制红线，实施用水总量控制和定额管理，制定区域、行业和产品用水效率指标体系。推广普及高效节水灌溉技术。加快重点用水行业节水技术改造，提高工业用水循环利用率。加强城乡生活节水，推广应用节水器具。推进再生水、矿井水、海水等非传统水资源利用。

建设海水淡化及综合利用示范工程，创建示范城市。到 2015 年，实现单位工业增加值用水量下降 30%。

七、加快节能减排技术开发和推广应用

（二十九）加快节能减排共性和关键技术研发。在国家、部门和地方相关科技计划和专项中，加大对节能减排科技研发的支持力度，完善技术创新体系。继续推进节能减排科技专项行动，组织高效节能、废物资源化以及小型分散污水处理、农业面源污染治理等共性、关键和前沿技术攻关。组建一批国家级节能减排工程实验室及专家队伍。推动组建节能减排技术与装备产业联盟，继续通过国家工程（技术）研究中心加大节能减排科技研发力度。加强资源环境高技术领域创新团队和研发基地建设。

（三十）加大节能减排技术产业化示范。实施节能减排重大技术与装备产业化工程，重点支持稀土永磁无铁芯电机、半导体照明、低品位余热利用、地热和浅层地温能应用、生物脱氮除磷、烧结机烟气脱硫脱硝一体化、高浓度有机废水处理、污泥和垃圾渗滤液处理处置、废弃电器电子产品资源化、金属无害化处理等关键技术与设备产业化，加快产业化基地建设。

（三十一）加快节能减排技术推广应用。编制节能减排技术政策大纲。继续发布国家重点节能技术推广目录、国家鼓励发展的重大环保技术装备目录，建立节能减排技术遴选、评定及推广机制。重点推广能量梯级利用、低温余热发电、先进煤气化、高压变频调速、干熄焦、蓄热式加热炉、吸收式热泵供暖、冰蓄冷、高效换热器，以及干法和半干法烟气脱硫、膜生物反应器、选择性催化还原氮氧化物控制等节能减排技术。加强与有关国际组织、政府在节能环保领域的交流与合作，积极引进、消化、吸收国外先进节能环保技术，加大推广力度。

八、完善节能减排经济政策

（三十二）推进价格和环保收费改革。深化资源性产品价格改革，理顺煤、电、油、气、水、矿产等资源性产品价格关系。推行居民用电、用水阶梯价格。完善电力峰谷分时电价政策。深化供热体制改革，全面推行供热计量收费。对能源消耗超过国家和地区规定的单位产品能耗（电耗）限额标准的企业和产品，实行惩罚性电价。各地可在国家规定基础上，按程序加大差别电价、惩罚性电价实施力度。严格落实脱硫电价，研究制定燃煤电厂烟气脱硝电价政策。进一步完善污水

处理费政策，研究将污泥处理费用逐步纳入污水处理成本问题。改革垃圾处理收费方式，加大征收力度，降低征收成本。

（三十三）完善财政激励政策。加大中央预算内投资和中央财政节能减排专项资金的投入力度，加快节能减排重点工程实施和能力建设。深化"以奖代补"、"以奖促治"以及采用财政补贴方式推广高效节能家用电器、照明产品、节能汽车、高效电机产品等支持机制，强化财政资金的引导作用。国有资本经营预算要继续支持企业实施节能减排项目。地方各级人民政府要加大对节能减排的投入。推行政府绿色采购，完善强制采购和优先采购制度，逐步提高节能环保产品比重，研究实行节能环保服务政府采购。

（三十四）健全税收支持政策。落实国家支持节能减排所得税、增值税等优惠政策。积极推进资源税费改革，将原油、天然气和煤炭资源税计征办法由从量征收改为从价征收并适当提高税负水平，依法清理取消涉及矿产资源的不合理收费基金项目。积极推进环境税费改革，选择防治任务重、技术标准成熟的税目开征环境保护税，逐步扩大征收范围。完善和落实资源综合利用和可再生能源发展的税收优惠政策。调整进出口税收政策，遏制高耗能、高排放产品出口。对用于制造大型环保及资源综合利用设备确有必要进口的关键零部件及原材料，抓紧研究制定税收优惠政策。

（三十五）强化金融支持力度。加大各类金融机构对节能减排项目的信贷支持力度，鼓励金融机构创新适合节能减排项目特点的信贷管理模式。引导各类创业投资企业、股权投资企业、社会捐赠资金和国际援助资金增加对节能减排领域的投入。提高高耗能、高排放行业贷款门槛，将企业环境违法信息纳入人民银行企业征信系统和银监会信息披露系统，与企业信用等级评定、贷款及证券融资联动。推行环境污染责任保险，重点区域涉重金属企业应当购买环境污染责任保险。建立银行绿色评级制度，将绿色信贷成效与银行机构高管人员履职评价、机构准入、业务发展相挂钩。

九、强化节能减排监督检查

（三十六）健全节能环保法律法规。推进环境保护法、大气污染防治法、清洁生产促进法、建设项目环境保护管理条例的修订工作，加快制定城镇排水与污水处理条例、排污许可证管理条例、畜禽养殖污染防治条例、机动车污染防治条例等行政法规。修订重点用能单位节能管理办法、能效标识管理办法、节能产品认证管理办法等部门规章。

（三十七）严格节能评估审查和环境影响评价制度。把污染物排放总量指标作为环评审批的前置条件，对年度减排目标未完成、重点减排项目未按目标责任书落实的地区和企业，实行阶段性环评限批。对未通过能评、环评审查的投资项目，有关部门不得审批、核准、批准开工建设，不得发放生产许可证、安全生产许可证、排污许可证，金融机构不得发放贷款，有关单位不得供水、供电。加强能评和环评审查的监督管理，严肃查处各种违规审批行为。能评费用由节能审查机关同级财政部门安排。

（三十八）加强重点污染源和治理设施运行监管。严格排污许可证管理。强化重点流域、重点地区、重点行业污染源监管，适时发布主要污染物超标严重的国家重点环境监控企业名单。列入国家重点环境监控范围的电力、钢铁、造纸、印染等重点行业的企业，要安装运行管理监控平台和污染物排放自动监控系统，定期报告运行情况及污染物排放信息，推动污染源自动监控数据联网共享。加强城市污水处理厂监控平台建设，提高污水收集率，做好运行和污染物削减评估考核，考核结果作为核拨污水处理费的重要依据。对城市污水处理设施建设严重滞后、收费政策不落实、污水处理厂建成后一年内实际处理水量达不到设计能力60%，以及已建成污水处理设施但无故不运行的地区，暂缓审批该城市项目环评，暂缓下达有关项目的国家建设资金。

（三十九）加强节能减排执法监督。各级人民政府要组织开展节能减排专项检查，督促各项措施落实，严肃查处违法违规行为。加大对重点用能单位和重点污染源的执法检查力度，加大对高耗能特种设备节能标准和建筑施工阶段标准执行情况、国家机关办公建筑和大型公共建筑节能监管体系建设情况，以及节能环保产品质量和能效标识的监督检查力度。对严重违反节能环保法律法规，未按要求淘汰落后产能、违规使用明令淘汰用能设备、虚标产品能效标识、减排设施未按要求运行等行为，公开通报或挂牌督办，限期整改，对有关责任人进行严肃处理。实行节能减排执法责任制，对行政不作为、执法不严等行为，严肃追究有关主管部门和执法机构负责人的责任。

十、推广节能减排市场化机制

（四十）加大能效标识和节能环保产品认证实施力度。扩大终端用能产品能效标识实施范围，加强宣传和政策激励，引导消费者购买高效节能产品。继续推进节能产品、环境标志产品、环保装备认证，规范认证行为，扩展认证范围，建立有效的国际协调互认机制。加强标识、认证质量的监管。

（四十一）建立"领跑者"标准制度。研究确定高耗能产品和终端用能产品的能效先进水平，制定"领跑者"能效标准，明确实施时限。将"领跑者"能效标准与新上项目能评审查、节能产品推广应用相结合，推动企业技术进步，加快标准的更新换代，促进能效水平快速提升。

（四十二）加强节能发电调度和电力需求侧管理。改革发电调度方式，电网企业要按照节能、经济的原则，优先调度水电、风电、太阳能发电、核电以及余热余压、煤层气、填埋气、煤矸石和垃圾等发电上网，优先安排节能、环保、高效火电机组发电上网。研究推行发电权交易。电网企业要及时、真实、准确、完整地公布节能发电调度信息，电力监管部门要加强对节能发电调度工作的监督。落实电力需求侧管理办法，制定配套政策，规范有序用电。以建设技术支撑平台为基础，开展城市综合试点，推广能效电厂。

（四十三）加快推行合同能源管理。落实财政、税收和金融等扶持政策，引导专业化节能服务公司采用合同能源管理方式为用能单位实施节能改造，扶持壮大节能服务产业。研究建立合同能源管理项目节能量审核和交易制度，培育第三方审核评估机构。鼓励大型重点用能单位利用自身技术优势和管理经验，组建专业化节能服务公司。引导和支持各类融资担保机构提供风险分担服务。

（四十四）推进排污权和碳排放权交易试点。完善主要污染物排污权有偿使用和交易试点，建立健全排污权交易市场，研究制定排污权有偿使用和交易试点的指导意见。开展碳排放交易试点，建立自愿减排机制，推进碳排放权交易市场建设。

（四十五）推行污染治理设施建设运行特许经营。总结燃煤电厂烟气脱硫特许经营试点经验，完善相关政策措施。鼓励采用多种建设运营模式开展城镇污水垃圾处理、工业园区污染物集中治理，确保处理设施稳定高效运行。实行环保设施运营资质许可制度，推进环保设施的专业化、社会化运营服务。完善市场准入机制，规范市场行为，打破地方保护，为企业创造公平竞争的市场环境。

十一、加强节能减排基础工作和能力建设

（四十六）加快节能环保标准体系建设。加快制（修）订重点行业单位产品能耗限额、产品能效和污染物排放等强制性国家标准，以及建筑节能标准和设计规范，提高准入门槛。制定和完善环保产品及装备标准。完善机动车燃油消耗量限值标准、低速汽车排放标准。制（修）订轻型汽车第五阶段排放标准，颁布实施第四、第五阶段车用燃油国家标准。建立满足氨氮、氮氧化物控制目标要求的排

放标准。鼓励地方依法制定更加严格的节能环保地方标准。

（四十七）强化节能减排管理能力建设。建立健全节能管理、监察、服务"三位一体"的节能管理体系，加强政府节能管理能力建设，完善机构，充实人员。加强节能监察机构能力建设，配备监测和检测设备，加强人员培训，提高执法能力，完善覆盖全国的省、市、县三级节能监察体系。继续推进能源统计能力建设。推动重点用能单位按要求配备计量器具，推行能源计量数据在线采集、实时监测。开展城市能源计量建设示范。加强减排监管能力建设，推进环境监管机构标准化，提高污染源监测、机动车污染监控、农业源污染检测和减排管理能力，建立健全国家、省、市三级减排监控体系，加强人员培训和队伍建设。

十二、动员全社会参与节能减排

（四十八）加强节能减排宣传教育。把节能减排纳入社会主义核心价值观宣传教育体系以及基础教育、高等教育、职业教育体系。组织好全国节能宣传周、世界环境日等主题宣传活动，加强日常性节能减排宣传教育。新闻媒体要积极宣传节能减排的重要性、紧迫性以及国家采取的政策措施和取得的成效，宣传先进典型，普及节能减排知识和方法，加强舆论监督和对外宣传，积极为节能减排营造良好的国内和国际环境。

（四十九）深入开展节能减排全民行动。抓好家庭社区、青少年、企业、学校、军营、农村、政府机构、科技、科普和媒体十个节能减排专项行动，通过典型示范、专题活动、展览展示、岗位创建、合理化建议等多种形式，广泛动员全社会参与节能减排，发挥职工节能减排义务监督员队伍作用，倡导文明、节约、绿色、低碳的生产方式、消费模式和生活习惯。

（五十）政府机关带头节能减排。各级人民政府机关要将节能减排作为机关工作的一项重要任务来抓，健全规章制度，落实岗位责任，细化管理措施，树立节约意识，践行节约行动，作节能减排的表率。

附件：1."十二五"各地区节能目标
　　　2."十二五"各地区化学需氧量排放总量控制计划（略）
　　　3."十二五"各地区氨氮排放总量控制计划（略）
　　　4."十二五"各地区二氧化硫排放总量控制计划
　　　5."十二五"各地区氮氧化物排放总量控制计划

附件 1

"十二五"各地区节能目标

地区	单位国内生产总值能耗降低率/%		
	"十一五"时期	"十二五"时期	2006—2015 年累计
全国	19.06	16	32.01
北京	26.59	17	39.07
天津	21.00	18	35.22
河北	20.11	17	33.69
山西	22.66	16	35.03
内蒙古	22.62	15	34.23
辽宁	20.01	17	33.61
吉林	22.04	16	34.51
黑龙江	20.79	16	33.46
上海	20.00	18	34.40
江苏	20.45	18	34.77
浙江	20.01	18	34.41
安徽	20.36	16	33.10
福建	16.45	16	29.82
江西	20.04	16	32.83
山东	22.09	17	35.33
河南	20.12	16	32.90
湖北	21.67	16	34.20
湖南	20.43	16	33.16
广东	16.42	18	31.46
广西	15.22	15	27.94
海南	12.14	10	20.93
重庆	20.95	16	33.60
四川	20.31	16	33.06
贵州	20.06	15	32.05
云南	17.41	15	29.80
西藏	12.00	10	20.80
陕西	20.25	16	33.01
甘肃	20.26	15	32.22
青海	17.04	10	25.34
宁夏	20.09	15	32.08
新疆	8.91	10	18.02

备注："十一五"各地区单位国内生产总值能耗降低率除新疆外均为国家统计局最终公布数据，新疆为初步核实数据。

附件4

"十二五"各地区二氧化硫排放总量控制计划

单位：万吨

地区	2010年排放量	2015年控制量	2015年比2010年/%
北京	10.4	9.0	−13.4
天津	23.8	21.6	−9.4
河北	143.8	125.5	−12.7
山西	143.8	127.6	−11.3
内蒙古	139.7	134.4	−3.8
辽宁	117.2	104.7	−10.7
吉林	41.7	40.6	−2.7
黑龙江	51.3	50.3	−2.0
上海	25.5	22.0	−13.7
江苏	108.6	92.5	−14.8
浙江	68.4	59.3	−13.3
安徽	53.8	50.5	−6.1
福建	39.3	36.5	−7.0
江西	59.4	54.9	−7.5
山东	188.1	160.1	−14.9
河南	144.0	126.9	−11.9
湖北	69.5	63.7	−8.3
湖南	71.0	65.1	−8.3
广东	83.9	71.5	−14.8
广西	57.2	52.7	−7.9
海南	3.1	4.2	34.9
重庆	60.9	56.6	−7.1
四川	92.7	84.4	−9.0
贵州	116.2	106.2	−8.6
云南	70.4	67.6	−4.0
西藏	0.4	0.4	0
陕西	94.8	87.3	−7.9
甘肃	62.2	63.4	2.0
青海	15.7	18.3	16.7
宁夏	38.3	36.9	−3.6
新疆	63.1	63.1	0
新疆生产建设兵团	9.6	9.6	0
合计	2 267.8	2 067.4	−8.8

备注：全国二氧化硫排放量削减8%的总量控制目标为2 086.4万吨，实际分配给各地区2 067.4万吨，国家预留19.0万吨，用于二氧化硫排污权有偿分配和交易试点工作。

附件 5

"十二五"各地区氮氧化物排放总量控制计划

单位：万吨

地区	2010 年排放量	2015 年控制量	2015 年比 2010 年/%
北京	19.8	17.4	−12.3
天津	34.0	28.8	−15.2
河北	171.3	147.5	−13.9
山西	124.1	106.9	−13.9
内蒙古	131.4	123.8	−5.8
辽宁	102.0	88.0	−13.7
吉林	58.2	54.2	−6.9
黑龙江	75.3	73.0	−3.1
上海	44.3	36.5	−17.5
江苏	147.2	121.4	−17.5
浙江	85.3	69.9	−18.0
安徽	90.9	82.0	−9.8
福建	44.8	40.9	−8.6
江西	58.2	54.2	−6.9
山东	174.0	146.0	−16.1
河南	159.0	135.6	−14.7
湖北	63.1	58.6	−7.2
湖南	60.4	55.0	−9.0
广东	132.3	109.9	−16.9
广西	45.1	41.1	−8.8
海南	8.0	9.8	22.3
重庆	38.2	35.6	−6.9
四川	62.0	57.7	−6.9
贵州	49.3	44.5	−9.8
云南	52.0	49.0	−5.8
西藏	3.8	3.8	0
陕西	76.6	69.0	−9.9
甘肃	42.0	40.7	−3.1
青海	11.6	13.4	15.3
宁夏	41.8	39.9	−4.9
新疆	58.8	58.8	0
新疆生产建设兵团	8.8	8.8	0
合计	2 273.6	2 021.6	−11.1

备注：全国氮氧化物排放量削减 10%的总量控制目标为 2 046.2 万吨，实际分配给各地区 2 021.6 万吨，国家预留 24.6 万吨，用于氮氧化物排污权有偿分配和交易试点工作。

国务院关于加强环境保护重点工作的意见

国发[2011]35 号
（2011 年 10 月 17 日）

各省、自治区、直辖市人民政府，国务院各部委、各直属机构：

多年来，我国积极实施可持续发展战略，将环境保护放在重要的战略位置，不断加大解决环境问题的力度，取得了明显成效。但由于产业结构和布局仍不尽合理，污染防治水平仍然较低，环境监管制度尚不完善等原因，环境保护形势依然十分严峻。为深入贯彻落实科学发展观，加快推动经济发展方式转变，提高生态文明建设水平，现就加强环境保护重点工作提出如下意见：

一、全面提高环境保护监督管理水平

（一）严格执行环境影响评价制度。凡依法应当进行环境影响评价的重点流域、区域开发和行业发展规划以及建设项目，必须严格履行环境影响评价程序，并把主要污染物排放总量控制指标作为新改扩建项目环境影响评价审批的前置条件。环境影响评价过程要公开透明，充分征求社会公众意见。建立健全规划环境影响评价和建设项目环境影响评价的联动机制。对环境影响评价文件未经批准即擅自开工建设、建设过程中擅自作出重大变更、未经环境保护验收即擅自投产等违法行为，要依法追究管理部门、相关企业和人员的责任。

（二）继续加强主要污染物总量减排。完善减排统计、监测和考核体系，鼓励各地区实施特征污染物排放总量控制。对造纸、印染和化工行业实行化学需氧量和氨氮排放总量控制。加强污水处理设施、污泥处理处置设施、污水再生利用设施和垃圾渗滤液处理设施建设。对现有污水处理厂进行升级改造。完善城镇污水收集管网，推进雨、污分流改造。强化城镇污水、垃圾处理设施运行监管。对电力行业实行二氧化硫和氮氧化物排放总量控制，继续加强燃煤电厂脱硫，全面推行燃煤电厂脱硝，新建燃煤机组应同步建设脱硫脱硝设施。对钢铁行业实行二氧化硫排放总量控制，强化水泥、石化、煤化工等行业二氧化硫和氮氧化物治理。在大气污染联防联控重点区域开展煤炭消费总量控制试点。开展机动车船尾气氮氧化物治理。提高重点行业环境准入和排放标准。促进农业和农村污染减排，着力抓好规模化畜禽养殖污染防治。

（三）强化环境执法监管。抓紧推动制定和修订相关法律法规，为环境保护提供更加完备、有效的法制保障。健全执法程序，规范执法行为，建立执法责任制。加强环境保护日常监管和执法检查。继续开展整治违法排污企业保障群众健康环保专项行动，对环境法律法规执行和环境问题整改情况进行后督察。建立建设项目全过程环境监管制度以及农村和生态环境监察制度。完善跨行政区域环境执法合作机制和部门联动执法机制。依法处置环境污染和生态破坏事件。执行流域、区域、行业限批和挂牌督办等督查制度。对未完成环保目标任务或发生重特大突发环境事件负有责任的地方政府领导进行约谈，落实整改措施。推行生产者责任延伸制度。深化企业环境监督员制度，实行资格化管理。建立健全环境保护举报制度，广泛实行信息公开，加强环境保护的社会监督。

（四）有效防范环境风险和妥善处置突发环境事件。完善以预防为主的环境风险管理制度，实行环境应急分级、动态和全过程管理，依法科学妥善处置突发环境事件。建设更加高效的环境风险管理和应急救援体系，提高环境应急监测处置能力。制定切实可行的环境应急预案，配备必要的应急救援物资和装备，加强环境应急管理、技术支撑和处置救援队伍建设，定期组织培训和演练。开展重点流域、区域环境与健康调查研究。全力做好污染事件应急处置工作，及时准确发布信息，减少人民群众生命财产损失和生态环境损害。健全责任追究制度，严格落实企业环境安全主体责任，强化地方政府环境安全监管责任。

二、着力解决影响科学发展和损害群众健康的突出环境问题

（五）切实加强重金属污染防治。对重点防控的重金属污染地区、行业和企业进行集中治理。合理调整涉重金属企业布局，严格落实卫生防护距离，坚决禁止在重点防控区域新改扩建增加重金属污染物排放总量的项目。加强重金属相关企业的环境监管，确保达标排放。对造成污染的重金属污染企业，加大处罚力度，采取限期整治措施，仍然达不到要求的，依法关停取缔。规范废弃电器电子产品的回收处理活动，建设废旧物品回收体系和集中加工处理园区。积极妥善处理重金属污染历史遗留问题。

（六）严格化学品环境管理。对化学品项目布局进行梳理评估，推动石油、

化工等项目科学规划和合理布局。对化学品生产经营企业进行环境隐患排查，对海洋、江河湖泊沿岸化工企业进行综合整治，强化安全保障措施。把环境风险评估作为危险化学品项目评估的重要内容，提高化学品生产的环境准入条件和建设标准，科学确定并落实化学品建设项目环境安全防护距离。依法淘汰高毒、难降解、高环境危害的化学品，限制生产和使用高环境风险化学品。推行工业产品生态设计。健全化学品全过程环境管理制度。加强持久性有机污染物排放重点行业监督管理。建立化学品环境污染责任终身追究制和全过程行政问责制。

（七）确保核与辐射安全。以运行核设施为监管重点，强化对新建、扩建核设施的安全审查和评估，推进老旧核设施退役和放射性废物治理。加强对核材料、放射性物品生产、运输、贮存等环节的安全管理和辐射防护，促进铀矿和伴生放射性矿环境保护。强化放射源、射线装置、高压输变电及移动通信工程等辐射环境管理。完善核与辐射安全审评方法，健全辐射环境监测监督体系，推动国家核与辐射安全监管技术研发基地建设，构建监管技术支撑平台。

（八）深化重点领域污染综合防治。严格饮用水水源保护区划分与管理，定期开展水质全分析，实施水源地环境整治、恢复和建设工程，提高水质达标率。开展地下水污染状况调查、风险评估、修复示范。继续推进重点流域水污染防治，完善考核机制。加强鄱阳湖、洞庭湖、洪泽湖等湖泊污染治理。加大对水质良好或生态脆弱湖泊的保护力度。禁止在可能造成生态严重失衡的地方进行围填海活动，加强入海河流污染治理与入海排污口监督管理，重点改善渤海和长江、黄河、珠江等河口海域环境质量。修订环境空气质量标准，增加大气污染物监测指标，改进环境质量评价方法。健全重点区域大气污染联防联控机制，实施多种污染物协同控制，严格控制挥发性有机污染物排放。加强恶臭、噪声和餐饮油烟污染控制。加大城市生活垃圾无害化处理力度。加强工业固体废物污染防治，强化危险废物和医疗废物管理。被污染场地再次进行开发利用的，应进行环境评估和无害化治理。推行重点企业强制性清洁生产审核。推进污染企业环境绩效评估，严格上市企业环保核查。深入开展城市环境综合整治和环境保护模范城市创建活动。

（九）大力发展环保产业。加大政策扶持力度，扩大环保产业市场需求。鼓励多渠道建立环保产业发展基金，拓宽环保产业发展融资渠道。实施环保先进适用技术研发应用、重大环保技术装备及产品产业化示范工程。着重发展环保设施社会化运营、环境咨询、环境监理、工程技术设计、认证评估等环境服务业。鼓励使用环境标志、环保认证和绿色印刷产品。开展污染减排技术攻关，实施水体污染控制与治理等科技重大专项。制定环保产业统计标准。加强环境基准研究，推进国家环境保护重点实验室、工程技术中心建设。加强高等院校环境学科和专业建设。

（十）加快推进农村环境保护。实行农村环境综合整治目标责任制。深化"以奖促治"和"以奖代补"政策，扩大连片整治范围，集中整治存在突出环境问题的村庄和集镇，重点治理农村土壤和饮用水水源地污染。继续开展土壤环境调查，进行土壤污染治理与修复试点示范。推动环境保护基础设施和服务向农村延伸，加强农村生活垃圾和污水处理设施建设。发展生态农业和有机农业，科学使用化肥、农药和农膜，切实减少面源污染。严格农作物秸秆禁烧管理，推进农业生产废弃物资源化利用。加强农村人畜粪便和农药包装无害化处理。加大农村地区工矿企业污染防治力度，防止污染向农村转移。开展农业和农村环境统计。

（十一）加大生态保护力度。国家编制环境功能区划，在重要生态功能区、陆地和海洋生态环境敏感区、脆弱区等区域划定生态红线，对各类主体功能区分别制定相应的环境标准和环境政策。加强青藏高原生态屏障、黄土高原—川滇生态屏障、东北森林带、北方防沙带和南方丘陵山地带以及大江大河重要水系的生态环境保护。推进生态修复，让江河湖泊等重要生态系统休养生息。强化生物多样性保护，建立生物多样性监测、评估与预警体系以及生物遗传资源获取与惠益共享制度，有效防范物种资源丧失和流失。加强自然保护区综合管理。开展生态系统状况评估。加强矿产、水电、旅游资源开发和交通基础设施建设中的生态保护。推进生态文明建设试点，进一步开展生态示范创建活动。

三、改革创新环境保护体制机制

（十二）继续推进环境保护历史性转变。坚持在发展中保护，在保护中发展，不断强化并综合运用法律、经济、技术和必要的行政手段，以改革创新为动力，积极探索代价小、效益好、排放低、可持续的环境保护新道路，建立与我国国情相适应的环境保护宏观战略体系、全面高效的污染防治体系、健全的环境质量评价体系、完善的环境保护法规政策和科技标准体系、完备的环境管理和执法监督体系、全民参与的社会行动体系。

（十三）实施有利于环境保护的经济政策。把环境保护列入各级财政年度预算并逐步增加投入。适时增加同级环保能力建设经费安排。加大对重点流域水污染防治的投入力度，完善重点流域水污染防治专项资金管理办法。完善中央财政转移支付制度，加大对中西部地区、民族自治地方和重点生态功能区环境保护的转移支付力度。加快建立生态补偿机制和国家生态补偿专项资金，扩大生态补偿范围。积极推进环境税费改革，研究开征环境保护税。对生产符合下一阶段标准车用燃油的企业，在消费税政策上予以优惠。制定和完善环境保护综合名录。对"高污染、高环境风险"产品，研究调整进出口关税政策。支持符合条件的企业发行债券用于环境保护项目。加大对符合环保要求和信贷原则的企业和项目的信贷支持。建立企业环境行为信用评价制度。健全环境污染责任保险制度，开展环境污染强制责任保险试点。严格落实燃煤电厂烟气脱硫电价政策，制定脱硝电价政策。对可再生能源发电、余热发电和垃圾焚烧发电实行优先上网等政策支持。对高耗能、高污染行业实行差别电价，对污水处理、污泥无害化处理设施、非电力行业脱硫脱硝和垃圾处理设施等鼓励类企业实行政策优惠。按照污泥、垃圾和医疗废物无害化处置的要求，完善收费标准，推进征收方式改革。推行排污许可证制度，开展排污权有偿使用和交易试点，建立国家排污权交易中心，发展排污权交易市场。

（十四）不断增强环境保护能力。全面推进监测、监察、宣教、信息等环境保护能力标准化建设。完善地级以上城市空气质量、重点流域、地下水、农产品产地国家重点监控点位和自动监测网络，扩大监测范围，建设国家环境监测网。推进环境专用卫星建设及其应用，提高遥感监测能力。加强污染源自动监控系统建设、监督管理和运行维护。开展全民环境宣传教育行动计划，培育壮大环保志愿者队伍，引导和支持公众及社会组织开展环保活动。增强环境信息基础能力、统计能力和业务应用能力。建设环境信息资源中心，加强物联网在污染源自动监控、环境质量实时监测、危险化学品运输等领域的研发应用，推动信息资源共享。

（十五）健全环境管理体制和工作机制。构建环境保护工作综合决策机制。完善环境监测和督查体制机制，加强国家环境监察职能。继续实行环境保护部门领导干部双重管理体制。鼓励有条件的地区开展环境保护体制综合改革试点。结合地方人民政府机构改革和乡镇机构改革，探索实行设区城市环境保护派出机构监管模式，完善基层环境管理体制。加强核与辐射安全监管职能和队伍建设。实施生态环境保护人才发展中长期规划。

（十六）强化对环境保护工作的领导和考核。地方各级人民政府要切实把环境保护放在全局工作的突出位置，列入重要议事日程，明确目标任务，完善政策措施，组织实施国家重点环保工程。制定生态文明建设的目标指标体系，纳入地方各级人民政府绩效考核，考核结果作为领导班子和领导干部综合考核评价的重要内容，作为干部选拔任用、管理监督的重要依据，实行环境保护一票否决制。对未完成目标任务考核的地方实施区域限批，暂停审批该地区除民生工程、节能减排、生态环境保护和基础设施建设以外的项目，并追究有关领导责任。

各地区、各部门要加强协调配合，明确责任、分工和进度要求，认真落实本意见。环境保护部要会同有关部门加强对本意见落实情况的监督检查，重大情况向国务院报告。

国务院关于印发国家环境保护
"十二五"规划的通知

国发[2011]42 号
（2011 年 12 月 15 日）

各省、自治区、直辖市人民政府，国务院各部委、各直属机构：

　　现将《国家环境保护"十二五"规划》印发给你们，请认真贯彻执行。

国家环境保护"十二五"规划

　　保护环境是我国的基本国策。为推进"十二五"期间环境保护事业的科学发展，加快资源节约型、环境友好型社会建设，制定本规划。

一、环境形势

　　党中央、国务院高度重视环境保护工作，将其作为贯彻落实科学发展观的重要内容，作为转变经济发展方式的重要手段，作为推进生态文明建设的根本措施。"十一五"期间，国家将主要污染物排放总量显著减少作为经济社会发展的约束性指标，着力解决突出环境问题，在认识、政策、体制和能力等方面取得重要进展。化学需氧量、二氧化硫排放总量比 2005 年分别下降 12.45%、14.29%，超额完成减排任务。污染治理设施快速发展，设市城市污水处理率由 2005 年的 52%提高到72%，火电脱硫装机比重由 12%提高到 82.6%。让江河湖泊休养生息全面推进，重点流域、区域污染防治不断深化，环境质量有所改善，全国地表水国控断面水质优于III类的比重提高到 51.9%，全国城市空气二氧化硫平均浓度下降 26.3%。环境执法监管力度不断加大，农村环境综合整治成效明显，生态保护切实加强，核与辐射安全可控，全社会环境意识不断增强，人民群众参与程度进一步提高，"十一五"环境保护目标和重点任务全面完成。

当前，我国环境状况总体恶化的趋势尚未得到根本遏制，环境矛盾凸显，压力继续加大。一些重点流域、海域水污染严重，部分区域和城市大气灰霾现象突出，许多地区主要污染物排放量超过环境容量。农村环境污染加剧，重金属、化学品、持久性有机污染物以及土壤、地下水等污染显现。部分地区生态损害严重，生态系统功能退化，生态环境比较脆弱。核与辐射安全风险增加。人民群众环境诉求不断提高，突发环境事件的数量居高不下，环境问题已成为威胁人体健康、公共安全和社会稳定的重要因素之一。生物多样性保护等全球性环境问题的压力不断加大。环境保护法制尚不完善，投入仍然不足，执法力量薄弱，监管能力相对滞后。同时，随着人口总量持续增长，工业化、城镇化快速推进，能源消费总量不断上升，污染物产生量将继续增加，经济增长的环境约束日趋强化。

二、指导思想、基本原则和主要目标

（一）指导思想。

以邓小平理论和"三个代表"重要思想为指导，深入贯彻落实科学发展观，努力提高生态文明水平，切实解决影响科学发展和损害群众健康的突出环境问题，加强体制机制创新和能力建设，深化主要污染物总量减排，努力改善环境质量，防范环境风险，全面推进环境保护历史性转变，积极探索代价小、效益好、排放低、可持续的环境保护新道路，加快建设资源节约型、环境友好型社会。

（二）基本原则。

——科学发展，强化保护。坚持科学发展，加快转变经济发展方式，以资源环境承载力为基础，在保护中发展，在发展中保护，促进经济社会与资源环境协调发展。

——环保惠民，促进和谐。坚持以人为本，将喝上干净水、呼吸清洁空气、吃上放心食物等摆上更加突出的战略位置，切实解决关系民生的突出环境问题。逐步实现环境保护基本公共服务均等化，维护人民群众环境权益，促进社会和谐稳定。

——预防为主，防治结合。坚持从源头预防，把环境保护贯穿于规划、建设、生产、流通、消费各环节，提升可持续发展能力。提高治污设施建设和运行水平，加强生态保护与修复。

——全面推进，重点突破。坚持将解决全局性、普遍性环境问题与集中力量解决重点流域、区域、行业环境问题相结合，建立与我国国情相适应的环境保护战略体系、全面高效的污染防治体系、健全的环境质量评价体系、完善的环境保护法规政策和科技标准体系、完备的环境管理和执法监督体系、全民参与的社会行动体系。

——分类指导，分级管理。坚持因地制宜，在不同地区和行业实施有差别的环境政策。鼓励有条件的地区采取更加积极的环境保护措施。健全国家监察、地方监管、单位负责的环境监管体制，落实环境保护目标责任制。

——政府引导，协力推进。坚持政府引导，明确企业主体责任，加强部门协调配合。加强环境信息公开和舆论监督，动员全社会参与环境保护。探索以市场化手段推进环境保护。

（三）主要目标。

到 2015 年，主要污染物排放总量显著减少；城乡饮用水水源地环境安全得到有效保障，水质大幅提高；重金属污染得到有效控制，持久性有机污染物、危险化学品、危险废物等污染防治成效明显；城镇环境基础设施建设和运行水平得到提升；生态环境恶化趋势得到扭转；核与辐射安全监管能力明显增强，核与辐射安全水平进一步提高；环境监管体系得到健全。

专栏 1　"十二五"环境保护主要指标

序号	指　标	2010 年	2015 年	2015 年比 2010 年增长
1	化学需氧量排放总量/万吨	2 551.7	2 347.6	−8%
2	氨氮排放总量/万吨	264.4	238.0	−10%
3	二氧化硫排放总量/万吨	2 267.8	2 086.4	−8%
4	氮氧化物排放总量/万吨	2 273.6	2 046.2	−10%
5	地表水国控断面劣 V 类水质的比例/%	17.7	<15	−2.7 个百分点
	七大水系国控断面水质好于 III 类的比例/%	55	>60	5 个百分点
6	地级以上城市空气质量达到二级标准以上的比例/%	72	≥80	8 个百分点

注：① 化学需氧量和氨氮排放总量包括工业、城镇生活和农业源排放总量，依据 2010 年污染源普查动态更新结果核定。

② "十二五"期间，地表水国控断面个数由 759 个增加到 970 个，其中七大水系国控断面个数由 419 个增加到 574 个；同时，将评价因子由 12 项增加到 21 项。据此测算，2010 年全国地表水国控断面劣 V 类水质比例为 17.7%，七大水系国控断面好于 III 类水质的比例为 55%。

③ "十二五"期间，空气环境质量评价范围由 113 个重点城市增加到 333 个全国地级以上城市，按照可吸入颗粒物、二氧化硫、二氧化氮的年均值测算，2010 年地级以上城市空气质量达到二级标准以上的比例为 72%。

三、推进主要污染物减排

（一）加大结构调整力度。

加快淘汰落后产能。严格执行《产业结构调整指导目录》、《部分工业行业淘汰落后生产工艺装备和产品指导目录》。加大钢铁、有色、建材、化工、电力、煤炭、造纸、印染、制革等行业落后产能淘汰力度。制定年度实施方案，将任务分解落实到地方、企业，并向社会公告淘汰落后产能企业名单。建立新建项目与污染减排、淘汰落后产能相衔接的审批机制，落实产能等量或减量置换制度。重点行业新建、扩建项目环境影响审批要将主要污染物排放总量指标作为前置条件。

着力减少新增污染物排放量。合理控制能源消费总量，促进非化石能源发展，到 2015 年，非化石能源占一次能源消费比重达到 11.4%。提高煤炭洗选加工水平。增加天然气、煤层气供给，降低煤炭在一次能源消费中的比重。在大气联防联控重点区域开展煤炭消费总量控制试点。进一步提高高耗能、高排放和产能过剩行业准入门槛。探索建立单位产品污染物产生强度评价制度。积极培育节能环保、新能源等战略性新兴产业，鼓励发展节能环保型交通运输方式。

大力推行清洁生产和发展循环经济。提高造纸、印染、化工、冶金、建材、有色、制革等行业污染物排放标准和清洁生产评价指标，鼓励各地制定更加严格的污染物排放标准。全面推行排污许可证制度。推进农业、工业、建筑、商贸服务等领域清洁生产示范。深化循环经济示范试点，加快资源再生利用产业化，推进生产、流通、消费各环节循环经济发展，构建覆盖全社会的资源循环利用体系。

（二）着力削减化学需氧量和氨氮排放量。

加大重点地区、行业水污染物减排力度。在已富营养化的湖泊水库和东海、渤海等易发生赤潮的沿海地区实施总氮或总磷排放总量控制。在重金属污染综合防治重点区域实施重点重金属污染物排放总量控制。推进造纸、印染和化工等行业化学需氧量和氨氮排放总量控制，削减比例较 2010 年不低于 10%。严格控制长三角、珠三角等区域的造纸、印染、制革、农药、氮肥等行业新建单纯扩大产能项目。禁止在重点流域江河源头新建有色、造纸、印染、化工、制革等项目。

提升城镇污水处理水平。加大污水管网建设力度，推进雨、污分流改造，加快县城和重点建制镇污水处理厂建设，到 2015 年，全国新增城镇污水管网约 16

万公里，新增污水日处理能力 4 200 万吨，基本实现所有县和重点建制镇具备污水处理能力，污水处理设施负荷率提高到 80%以上，城市污水处理率达到 85%。推进污泥无害化处理处置和污水再生利用。加强污水处理设施运行和污染物削减评估考核，推进城市污水处理厂监控平台建设。滇池、巢湖、太湖等重点流域和沿海地区城镇污水处理厂要提高脱氮除磷水平。

推动规模化畜禽养殖污染防治。优化养殖场布局，合理确定养殖规模，改进养殖方式，推行清洁养殖，推进养殖废弃物资源化利用。严格执行畜禽养殖业污染物排放标准，对养殖小区、散养密集区污染物实行统一收集和治理。到 2015 年，全国规模化畜禽养殖场和养殖小区配套建设固体废物和污水贮存处理设施的比例达到 50%以上。

（三）加大二氧化硫和氮氧化物减排力度。

持续推进电力行业污染减排。新建燃煤机组要同步建设脱硫脱硝设施，未安装脱硫设施的现役燃煤机组要加快淘汰或建设脱硫设施，烟气脱硫设施要按照规定取消烟气旁路。加快燃煤机组低氮燃烧技术改造和烟气脱硝设施建设，单机容量 30 万千瓦以上（含）的燃煤机组要全部加装脱硝设施。加强对脱硫脱硝设施运行的监管，对不能稳定达标排放的，要限期进行改造。

加快其他行业脱硫脱硝步伐。推进钢铁行业二氧化硫排放总量控制，全面实施烧结机烟气脱硫，新建烧结机应配套建设脱硫脱硝设施。加强水泥、石油石化、煤化工等行业二氧化硫和氮氧化物治理。石油石化、有色、建材等行业的工业窑炉要进行脱硫改造。新型干法水泥窑要进行低氮燃烧技术改造，新建水泥生产线要安装效率不低于 60%的脱硝设施。因地制宜开展燃煤锅炉烟气治理，新建燃煤锅炉要安装脱硫脱硝设施，现有燃煤锅炉要实施烟气脱硫，东部地区的现有燃煤锅炉还应安装低氮燃烧装置。

开展机动车船氮氧化物控制。实施机动车环境保护标志管理。加速淘汰老旧汽车、机车、船舶，到 2015 年，基本淘汰 2005 年以前注册运营的"黄标车"。提高机动车环境准入要求，加强生产一致性检查，禁止不符合排放标准的车辆生产、销售和注册登记。鼓励使用新能源车。全面实施国家第四阶段机动车排放标准，在有条件的地区实施更严格的排放标准。提升车用燃油品质，鼓励使用新型清洁燃料，在全国范围供应符合国家第四阶段标准的车用燃油。积极发展城市公共交通，探索调控特大型和大型城市机动车保有总量。

四、切实解决突出环境问题

（一）改善水环境质量。

严格保护饮用水水源地。全面完成城市集中式饮用水水源保护区审批工作，取缔水源保护区内违法建设项目和排污口。推进水源地环境整治、恢复和规范化建设。加强对水源保护区外汇水区有毒有害物质的监管。地级以上城市集中式饮用水水源地要定期开展水质全分析。健全饮用水水源环境信息公开制度，加强风险防范和应急预警。

深化重点流域水污染防治。明确各重点流域的优先控制单元，实行分区控制。淮河流域要突出抓好氨氮控制，重点推进淮河干流及郑州、开封、淮北、淮南、蚌埠、亳州、菏泽、济宁、枣庄、临沂、徐州等城市水污染防治，干流水质基本达到Ⅲ类。海河流域要加强水资源利用与水污染防治统筹，以饮用水安全保障、城市水环境改善和跨界水污染协同治理为重点，大幅减少污染负荷，实现劣Ⅴ类水质断面比重明显下降。辽河流域要加强城市水系环境综合整治，推进辽河保护区建设，实现辽河干流以及招苏台河、条子河、大辽河等支流水质明显好转。三峡库区及其上游要加强污染治理、水生态保护及水源涵养，确保上游及库区水质保持优良。松花江流域要加强城市水系环境综合整治和面源污染治理，国控断面水质基本消除劣Ⅴ类。黄河中上游要重点推进渭河、汾河、湟水河等支流水污染防治，加强宁东、鄂尔多斯和陕北等能源化工基地的环境风险防控，加强河套灌区农业面源污染防治，实现支流水质大幅改善，干流稳定达到使用功能要求。太湖流域要着力降低入湖总氮、总磷等污染负荷，湖体水质由劣Ⅴ类提高到Ⅴ类，富营养化趋势得到遏制。巢湖流域要加强养殖和入湖污染控制，削减氨氮、总氮和总磷污染负荷，加强湖区生态修复，遏制湖体富营养化趋势，主要入湖支流基本消除劣Ⅴ类水质。滇池流域要综合推进湖体、生态防护区域、引导利用区域和水源涵养区域的水污染防治，改善入湖河流和湖体水质。南水北调中线丹江口库区及上游要加强水污染防治和水土流失治理，推进农业面源污染治理，实现水质全面达标；东线水源区及沿线要进一步深化污染治理，确保调水水质。

抓好其他流域水污染防治。加大长江中下游、珠江流域污染防治力度，实现水质稳定并有所好转。将西南诸河、西北内陆诸河、东南诸河，鄱阳湖、洞庭湖、洪泽湖、抚仙湖、梁子湖、博斯腾湖、艾比湖、微山湖、青海湖和洱海等作为保障和提升水生态安全的重点地区，探索建立水生态环境质量评价指标体系，开展水生态安全综合评估，落实水污染防治和水生态安全保障措施。加强湖北省长湖、三湖、白露湖、洪湖和云南省异龙湖等综合治理。加大对黑龙江、乌苏里江、图们江、额尔齐斯河、伊犁河等河流的环境监管和污染防治力度。加大对水质良好或生态脆弱湖泊的保护力度。

综合防控海洋环境污染和生态破坏。坚持陆海统筹、河海兼顾，推进渤海等重点海域综合治理。落实重点海域排污总量控制制度。加强近岸海域与流域污染防治的衔接。加强对海岸工程、海洋工程、海洋倾废和船舶污染的环境监管，在生态敏感地区严格控制围填海活动。降低海水养殖污染物排放强度。加强海岸防护林建设，保护和恢复滨海湿地、红树林、珊瑚礁等典型海洋生态系统。加强海洋生物多样性保护。在重点海域逐步增加生物、赤潮和溢油监测项目，强化海上溢油等事故应急处置。建立海洋环境监测数据共享机制。到2015年，近岸海域水质总体保持稳定，长江、黄河、珠江等河口和渤海等重点海湾的水质有所改善。

推进地下水污染防控。开展地下水污染状况调查和评估，划定地下水污染治理区、防控区和一般保护区。加强重点行业地下水环境监管。取缔渗井、渗坑等地下水污染源，切断废弃钻井、矿井等污染途径。防范地下工程设施、地下勘探、采矿活动污染地下水。控制危险废物、城镇污染、农业面源污染对地下水的影响。严格防控污染土壤和污水灌溉对地下水的污染。在地下水污染突出区域进行修复试点，重点加强华北地区地下水污染防治。开展海水入侵综合防治示范。

（二）实施多种大气污染物综合控制。

深化颗粒物污染控制。加强工业烟粉尘控制，推进燃煤电厂、水泥厂除尘设施改造，钢铁行业现役烧结（球团）设备要全部采用高效除尘器，加强工艺过程除尘设施建设。20蒸吨（含）以上的燃煤锅炉要安装高效除尘器，鼓励其他中小型燃煤工业锅炉使用低灰分煤或清洁能源。加强施工工地、渣土运输及道路等扬尘控制。

加强挥发性有机污染物和有毒废气控制。加强石化行业生产、输送和存储过程挥发性有机污染物排放控制。鼓励使用水性、低毒或低挥发性的有机溶剂，推进精细化工行业有机废气污染治理，加强有机废气回收利用。实施加油站、油库和油罐车的油气回收综合治理工程。开展挥发性有机污染物和有毒废气监测，完善重点行业污染物排放标准。严格污染源监管，减少含汞、铅和二噁英等有毒有害废气排放。

推进城市大气污染防治。在大气污染联防联控重点区域，建立区域空气环境质量评价体系，开展多种污染物协同控制，实施区域大气污染物特别排放限值，对火电、钢铁、有色、石化、建材、化工等行业进行重点防控。在京津冀、长三角和珠三角等区域开展臭氧、细颗粒物（PM$_{2.5}$）等污染物监测，开展区域联合执法检查，到 2015 年，上述区域复合型大气污染得到控制，所有城市空气环境质量达到或好于国家二级标准，酸雨、灰霾和光化学烟雾污染明显减少。实施城市清洁空气行动，加强乌鲁木齐等城市大气污染防治。实行城市空气质量分级管理，尚未达到标准的城市要制定并实施达标方案。加强餐饮油烟污染控制和恶臭污染治理。

加强城乡声环境质量管理。加大交通、施工、工业、社会生活等领域噪声污染防治力度。划定或调整声环境功能区，强化城市声环境达标管理，扩大达标功能区面积。做好重点噪声源控制，解决噪声扰民问题。强化噪声监管能力建设。

（三）加强土壤环境保护。

加强土壤环境保护制度建设。完善土壤环境质量标准，制定农产品产地土壤环境保护监督管理办法和技术规范。研究建立建设项目用地土壤环境质量评估与备案制度及污染土壤调查、评估和修复制度，明确治理、修复的责任主体和要求。

强化土壤环境监管。深化土壤环境调查，对粮食、蔬菜基地等敏感区和矿产资源开发影响区进行重点调查。开展农产品产地土壤污染评估与安全等级划分试点。加强城市和工矿企业污染场地环境监管，开展污染场地再利用的环境风险评估，将场地环境风险评估纳入建设项目环境影响评价，禁止未经评估和无害化治理的污染场地进行土地流转和开发利用。经评估认定对人体健康有严重影响的污染场地，应采取措施防止污染扩散，且不得用于住宅开发，对已有居民要实施搬迁。

推进重点地区污染场地和土壤修复。以大中城市周边、重污染工矿企业、集中治污设施周边、重金属污染防治重点区域、饮用水水源地周边、废弃物堆存场地等典型污染场地和受污染农田为重点，开展污染场地、土壤污染治理与修复试点示范。对责任主体灭失等历史遗留场地土壤污染要加大治理修复的投入力度。

（四）强化生态保护和监管。

强化生态功能区保护和建设。加强大小兴安岭森林、长白山森林等 25 个国家重点生态功能区的保护和管理，制定管理办法，完善管理机制。加强生态环境监测与评估体系建设，开展生态系统结构和功能的连续监测和定期评估。实施生态保护和修复工程。严格控制重点生态功能区污染物排放总量和产业准入环境标准。

提升自然保护区建设与监管水平。开展自然保护区基础调查与评估，统筹完善全国自然保护区发展规划。加强自然保护区建设和管理，严格控制自然保护区范围和功能分区的调整，严格限制涉及自然保护区的开发建设活动，规范自然保护区内土地和海域管理。加强国家级自然保护区规范化建设。优化自然保护区空间结构和布局，重点加强西南高山峡谷区、中南西部山地丘陵区、近岸海域等区域和河流水生生态系统自然保护区建设力度。抢救性保护中东部地区人类活动稠密区域残存的自然生境。到 2015 年，陆地自然保护区面积占国土面积的比重稳定在 15%。

加强生物多样性保护。继续实施《中国生物多样性保护战略与行动计划（2011—2030 年）》，加大生物多样性保护优先区域的保护力度，完成 8 至 10 个优先区域生物多样性本底调查与评估。开展生物多样性监测试点以及生物多样性保护示范区、恢复示范区等建设。推动重点地区和行业的种质资源库建设。加强生物物种资源出入境监管。研究建立生物遗传资源获取与惠益共享制度。研究制定防止外来物种入侵和加强转基因生物安全管理的法规。强化对转基因生物体环境释放和环境改善用途微生物利用的监管，开展外来有害物种防治。发布受威胁动植物和外来入侵物种名录。到 2015 年，90% 的国家重点保护物种和典型生态系统得到保护。

推进资源开发生态环境监管。落实生态功能区划，规范资源开发利用活动。加强矿产、水电、旅游资源开发和交通基础设施建设中的生态监管，落实相关企业在生态保护与恢复中的责任。实施矿山环境治理和生态恢复保证金制度。

五、加强重点领域环境风险防控

（一）推进环境风险全过程管理。

开展环境风险调查与评估。以排放重金属、危险废物、持久性有机污染物和生产使用危险化学品的企业为重点，全面调查重点环境风险源和环境敏感点，建立环境风险源数据库。研究环境风险的产生、传播、防控机制。开展环境污染与健康损害调查，建立环境与健康风险评估体系。

完善环境风险管理措施。完善以预防为主的环境风险管理制度，落实企业主体责任。制定环境风险评估规范，完善相关技术政策、标准、工程建设规范。建设项目环境影响评价审批要对防范环境风险提出明确要求。建立企业突发环境事件报告与应急处理制度、特征污染物监测报告制度。对重点风险源、重要和敏感区域定期进行专项检查，对高风险企业要予以挂牌督办、限期整改或搬迁，对不具备整改条件的，应依法予以关停。建立环境应急救援网络，完善环境应急预案，定期开展环境事故应急演练。完善突发环境事件应急救援体系，构建政府引导、部门协调、分级负责、社会参与的环境应急救援机制，依法科学妥善处置突发环境事件。

建立环境事故处置和损害赔偿恢复机制。将有效防范和妥善应对重大突发环境事件作为地方人民政府的重要任务，纳入环境保护目标责任制。推进环境污染损害鉴定评估机构建设，建立鉴定评估工作机制，完善损害赔偿制度。建立损害评估、损害赔偿以及损害修复技术体系。健全环境污染责任保险制度，研究建立重金属排放等高环境风险企业强制保险制度。

（二）加强核与辐射安全管理。

提高核能与核技术利用安全水平。加强重大自然灾害对核设施影响的分析和预测预警。进一步提高核安全设备设计、制造、安装、运行的可靠性。加强研究堆和核燃料循环设施的安全整改，对不能满足安全要求的设施要限制运行或逐步关停。规范核技术利用行为，开展核技术利用单位综合安全检查，对安全隐患大的核技术利用项目实施强制退役。

加强核与辐射安全监管。完善核与辐射安全审评方法。加强运行核设施安全监管，强化对在建、拟建核设施的安全分析和评估，完善核安全许可证制度。完善早期核设施的安全管理。加强对核材料、放射性物品生产、运输、存储等环节的安全监管。加强核技术利用安全监管，完善核技术利用辐射安全管理信息系统。加强辐射环境质量监测和核设施流出物监督性监测。完善核与辐射安全监管国际合作机制，加强核安全宣传和科普教育。

加强放射性污染防治。推进早期核设施退役和放射性污染治理。开展民用辐射照射装置退役和废源回收工作。加快放射性废物贮存、处理和处置能力建设，基本消除历史遗留中低放废液的安全风险。加快铀矿、伴生放射性矿污染治理，关停不符合安全要求的铀矿冶设施，建立铀矿冶退役治理工程长期监护机制。

（三）遏制重金属污染事件高发态势。

加强重点行业和区域重金属污染防治。以有色金属矿（含伴生矿）采选业、有色金属冶炼业、铅蓄电池制造业、皮革及其制品业、化学原料及化学制品制造业等行业为重点，加大防控力度，加快重金属相关企业落后产能淘汰步伐。合理调整重金属相关企业布局，逐步提高行业准入门槛，严格落实卫生防护距离。坚持新增产能与淘汰产能等量置换或减量置换，禁止在重点区域新改扩建增加重金属污染物排放量的项目。鼓励各省（区、市）在其非重点区域内探索重金属排放量置换、交易试点。制定并实施重点区域、行业重金属污染物特别排放限值。加强湘江等流域、区域重金属污染综合治理。到2015年，重点区域内重点重金属污染物排放量比2007年降低15%，非重点区域重点重金属污染物排放量不超过2007年水平。

实施重金属污染源综合防治。将重金属相关企业作为重点污染源进行管理，建立重金属污染物产生、排放台账，强化监督性监测和检查制度。对重点企业每两年进行一次强制清洁生产审核。推动重金属相关产业技术进步，鼓励企业开展深度处理。鼓励铅蓄电池制造业、有色金属冶炼业、皮革及其制品业、电镀等行业实施同类整合、园区化管理，强化园区的环境保护要求。健全重金属污染健康危害监测与诊疗体系。

（四）推进固体废物安全处理处置。

加强危险废物污染防治。落实危险废物全过程管理制度，确定重点监管的危险废物产生单位清单，加强危险废物产生单位和经营单位规范化管理，杜绝危险废物非法转移。对企业自建的利用处置设施进行排查、评估，促进危险废物利用和处置产业化、专业化和规模化发展。控制危险废物填埋量。取缔废弃铅酸蓄电池非法加工利用设施。规范实验室等非工业源危险废物管理。加快推进历史堆存铬渣的安全处置，确保新增铬渣得到无害化利用处置。加强医疗废物全过程管理和无害化处置设施建设，因地制宜推进农村、乡镇和偏远地区医疗废物无害化管理，到 2015 年，基本实现地级以上城市医疗废物得到无害化处置。

加大工业固体废物污染防治力度。完善鼓励工业固体废物利用和处置的优惠政策，强化工业固体废物综合利用和处置技术开发，加强煤矸石、粉煤灰、工业副产石膏、冶炼和化工废渣等大宗工业固体废物的污染防治，到 2015 年，工业固体废物综合利用率达到 72%。推行生产者责任延伸制度，规范废弃电器电子产品的回收处理活动，建设废旧物品回收体系和集中加工处理园区，推进资源综合利用。加强进口废物圈区管理。

提高生活垃圾处理水平。加快城镇生活垃圾处理设施建设，到 2015 年，全国城市生活垃圾无害化处理率达到 80%，所有县具有生活垃圾无害化处理能力。健全生活垃圾分类回收制度，完善分类回收、密闭运输、集中处理体系，加强设施运行监管。对垃圾简易处理或堆放设施和场所进行整治，对已封场的垃圾填埋场和旧垃圾场要进行生态修复、改造。鼓励垃圾厌氧制气、焚烧发电和供热、填埋气发电、餐厨废弃物资源化利用。推进垃圾渗滤液和垃圾焚烧飞灰处置工程建设。开展工业生产过程协同处理生活垃圾和污泥试点。

（五）健全化学品环境风险防控体系。

严格化学品环境监管。完善危险化学品环境管理登记及新化学物质环境管理登记制度。制定有毒有害化学品淘汰清单，依法淘汰高毒、难降解、高环境危害的化学品。制定重点环境管理化学品清单，限制生产和使用高环境风险化学品。完善相关行业准入标准、环境质量标准、排放标准和监测技术规范，推行排放、转移报告制度，开展强制清洁生产审核。健全化学品环境管理机构。建立化学品环境污染责任终身追究制和全过程行政问责制。

加强化学品风险防控。加强化工园区环境管理，严格新建化工园区的环境影响评价审批，加强现有化工企业集中区的升级改造。新建涉及危险化学品的项目应进入化工园区或化工聚集区，现有化工园区外的企业应逐步搬迁入园。制定化工园区环境保护设施建设标准，完善园区相关设施和环境应急体系建设。加强重点环境管理类危险化学品废弃物和污染场地的管理与处置。推进危险化学品企业废弃危险化学品暂存库建设和处理处置能力建设。以铁矿石烧结、电弧炉炼钢、再生有色金属生产、废弃物焚烧等行业为重点，加强二噁英污染防治，建立完善的二噁英污染防治体系和长效监管机制；到 2015 年，重点行业二噁英排放强度降低 10%。

六、完善环境保护基本公共服务体系

（一）推进环境保护基本公共服务均等化。

制定国家环境功能区划。根据不同地区主要环境功能差异，以维护环境健康、保育自然生态安全、保障食品产地环境安全等为目标，结合全国主体功能区规划，编制国家环境功能区划，在重点生态功能区、陆地和海洋生态环境敏感区、脆弱区等区域划定"生态红线"，制定不同区域的环境目标、政策和环境标准，实行分类指导、分区管理。

加大对优化开发和重点开发地区的环境治理力度，结合环境容量实施严格的污染物排放标准，大幅度削减污染物排放总量，加强环境风险防范，保护和扩大生态空间。加强对农产品主产区的环境监管，加强土壤侵蚀和养殖污染防治。对自然文化资源保护区依法实施强制性保护，维护自然生态和文化遗产的原真性、完整性，依法关闭或迁出污染企业，实现污染物"零排放"。严格能源基地和矿产资源基地等区域环境准入，引导自然资源合理有序开发。

实施区域环境保护战略。西部地区要坚持生态优先，加强水能、矿产等资源能源开发活动的环境监管，保护和提高其生态服务功能，构筑国家生态安全屏障。三江源地区要深入推进生态保护综合试验区建设。塔里木河流域要加强生态治理和荒漠化防治。呼包鄂榆、关中—天水、兰州—西宁、宁夏沿黄、天山北坡等区域要严格限制高耗水行业发展，提高水资源利用水平，控制采暖期煤烟型大气污染。成渝、黔中、滇中、藏中南等区域要强化酸雨污染防治，加强石漠化治理和高原湖泊保护。

东北地区要加强森林等生态系统保护，开展三江平原、松嫩平原湿地修复，强化黑土地水土流失和荒漠化综合治理，加强东北平原农产品产地土壤环境保护。

辽中南、长吉图、哈大齐和牡绥等区域要加强采暖期城市大气污染治理，推进松花江、辽河流域和近岸海域污染防治，加强采煤沉陷区综合治理和矿山环境修复，强化对石油等资源开发活动的生态环境监管。

中部地区要有效维护区域资源环境承载能力，提高城乡环境基础设施建设水平，维持环境质量总体稳定。太原城市群、中原经济区要加强区域大气污染治理合作，严格限制高耗水行业发展，加强采煤沉陷区的生态恢复。武汉城市圈、环长株潭城市群、皖江城市带等区域要把区域资源承载力和生态环境容量作为承接产业转移的重要依据，严格资源节约和环保准入门槛，统筹城乡环境保护，加快推进资源节约型、环境友好型社会建设。加强鄱阳湖生态经济区生态环境保护。

东部地区要大幅度削减污染物排放总量，加快推进经济发展方式转变，化解资源环境瓶颈制约。京津冀、长三角、珠三角等区域要加快环境管理体制机制创新，有效控制区域性复合型大气污染。河北沿海、江苏沿海、浙江舟山群岛新区、海峡西岸、山东半岛等区域要进一步提高资源能源利用效率，保护海岸带和生物多样性。加快推进海南国际旅游岛环境基础设施建设。

推进区域环境保护基本公共服务均等化。合理确定环境保护基本公共服务的范围和标准，加强城乡和区域统筹，健全环境保护基本公共服务体系。中央财政通过一般性转移支付和生态补偿等措施，加大对西部地区、禁止开发区域和限制开发区域、特殊困难地区的支持力度，提高环境保护基本公共服务供给水平。地方各级人民政府要保障环境保护基本公共服务支出，加强基层环境监管能力建设。

（二）提高农村环境保护工作水平。

保障农村饮用水安全。开展农村饮用水水源地调查评估，推进农村饮用水水源保护区或保护范围的划定工作。强化饮用水水源环境综合整治。建立和完善农村饮用水水源地环境监管体系，加大执法检查力度。开展环境保护宣传教育，提高农村居民水源保护意识。在有条件的地区推行城乡供水一体化。

提高农村生活污水和垃圾处理水平。鼓励乡镇和规模较大村庄建设集中式污水处理设施，将城市周边村镇的污水纳入城市污水收集管网统一处理，居住分散的村庄要推进分散式、低成本、易维护的污水处理设施建设。加强农村生活垃圾的收集、转运、处置设施建设，统筹建设城市和县城周边的村镇无害化处理设施和收运系统；交通不便的地区要探索就地处理模式，引导农村生活垃圾实现源头分类、就地减量、资源化利用。

提高农村种植、养殖业污染防治水平。引导农民使用生物农药或高效、低毒、低残留农药，农药包装应进行无害化处理。大力推进测土配方施肥。推动生态农业和有机农业发展。加强废弃农膜、秸秆等农业生产废弃物资源化利用。开展水产养殖污染调查，减少太湖、巢湖、洪泽湖等湖泊的水产养殖面积和投饵数量。

改善重点区域农村环境质量。实行农村环境综合整治目标责任制，实施农村清洁工程，开发推广适用的综合整治模式与技术，着力解决环境污染问题突出的村庄和集镇，到2015年，完成6万个建制村的环境综合整治任务。优化农村地区工业发展布局，严格工业项目环境准入，防止城市和工业污染向农村转移。对农村地区化工、电镀等企业搬迁和关停后的遗留污染要进行综合治理。

（三）加强环境监管体系建设。

以基础、保障、人才等工程为重点，推进环境监管基本公共服务均等化建设，到2015年，基本形成污染源与总量减排监管体系、环境质量监测与评估考核体系、环境预警与应急体系，初步建成环境监管基本公共服务体系。

完善污染减排统计、监测、考核体系。加强污染源自动监控系统建设、监督管理和运行维护。加强农村和机动车减排监管能力建设。全面推进监测、监察、宣教、统计、信息等环境保护能力标准化建设，大幅提升市县环境基础监管能力。在京津冀、长三角、珠三角等经济发达地区和重污染地区，以及其他有条件的地区，将环境监察队伍向乡镇、街道延伸。以中西部地区县级和部分地市级监测监察机构为重点，推进基层环境监测执法业务用房建设。开展农业和农村环境统计。开展面源污染物排放总量控制研究，探索建立面源污染减排核证体系。

推进环境质量监测与评估考核体系建设。优化国家环境监测断面（点位），建设环境质量评价、考核与预警网络。在重点地区建设环境监测国家站点，提升国家监测网自动监测水平。提升区域特征污染物监测能力，开展重金属、挥发性有机物等典型环境问题特征污染因子排放源的监测，鼓励将特征污染物监测纳入地方日常监测范围。开展农村饮用水源地、村庄河流（水库）水质监测试点，推进典型农村地区空气背景站或区域站建设，加强流动监测能力建设，提高农村地区环境监测覆盖率，启动农村环境质量调查评估。开展生物监测。推进环境专用卫星建设及其应用，建立卫星遥感监测和地面监测相结合的国家生态环境监测网络，开展生态环境质量监测与评估。建设全国辐射环境监测网络。

加强环境预警与应急体系建设。加快国家、省、市三级自动监控系统建设，建立预警监测系统。提高环境信息的基础、统计和业务应用能力，建设环境信息资源中心。利用物联网和电子标识等手段，对危险化学品等存储、运输等环节实施全过程监控。强化环境应急能力标准化建设。加强重点流域、区域环境应急与监管机构建设。健全核与辐射环境监测体系，建立重要核设施的监督性监测系统和其他核设施的流出物实时在线监测系统，推动国家核与辐射安全监督技术研发基地、重点实验室、业务用房建设。加强核与辐射事故应急响应、反恐能力建设，完善应急决策、指挥调度系统及应急物资储备。

提高环境监管基本公共服务保障能力。建立经费保障渠道和机制，按照运行经费定额标准及更新机制，保障国家与地方环境监管网络运行、设备更新及业务用房维修改造。加强队伍建设，提升人员素质。研究建立核与辐射安全监管及核安全重要岗位人员技术资质管理制度。完善培训机制，加强市、县两级特别是中西部地区环境监管人员培训。培养引进高端人才。定期开展环境专业技能竞赛。

七、实施重大环保工程

为把"十二五"环境保护目标和任务落到实处，要积极实施各项环境保护工程（全社会环保投资需求约 3.4 万亿元），其中，优先实施 8 项环境保护重点工程，开展一批环境基础调查与试点示范，投资需求约 1.5 万亿元。要充分利用市场机制，形成多元化的投入格局，确保工程投资到位。工程投入以企业和地方各级人民政府为主，中央政府区别不同情况给予支持。要定期开展工程项目绩效评价，提高投资效益。

专栏2 "十二五"环境保护重点工程

主要污染物减排工程。包括城镇生活污水处理设施及配套管网、污泥处理处置、工业水污染防治、畜禽养殖污染防治等水污染物减排工程，电力行业脱硫脱硝、钢铁烧结机脱硫脱硝、其他非电力重点行业脱硫、水泥行业与工业锅炉脱硝等大气污染物减排工程。

改善民生环境保障工程。包括重点流域水污染防治及水生态修复、地下水污染防治、重点区域大气污染联防联控、受污染场地和土壤污染治理与修复等工程。

农村环保惠民工程。包括农村环境综合整治、农业面源污染防治等工程。

生态环境保护工程。包括重点生态功能区和自然保护区建设、生物多样性保护等工程。

重点领域环境风险防范工程。包括重金属污染防治、持久性有机污染物和危险化学品污染防治、危险废物和医疗废物无害化处置等工程。

核与辐射安全保障工程。包括核安全与放射性污染防治法规标准体系建设、核与辐射安全监管技术研发基地建设以及辐射环境监测、执法能力建设、人才培养等工程。

环境基础设施公共服务工程。包括城镇生活污染、危险废物处理处置设施建设，城乡饮用水水源地安全保障等工程。

环境监管能力基础保障及人才队伍建设工程。包括环境监测、监察、预警、应急和评估能力建设，污染源在线自动监控设施建设与运行，人才、宣教、信息、科技和基础调查等工程建设，建立健全省市县三级环境监管体系。

八、完善政策措施

（一）落实环境目标责任制。

制定生态文明建设指标体系，纳入地方各级人民政府政绩考核。实行环境保护一票否决制。继续推进主要污染物总量减排考核，探索开展环境质量监督考核。落实环境目标责任制，定期发布主要污染物减排、环境质量、重点流域污染防治规划实施情况等考核结果，对未完成环保目标任务或对发生重特大突发环境事件负有责任的地方政府要进行约谈，实施区域限批，并追究有关领导责任。

（二）完善综合决策机制。

完善政府负责、环保部门统一监督管理、有关部门协调配合、全社会共同参与的环境管理体系。充分发挥环境保护部际联席会议的作用，促进部门间协同联动与信息共享。把主要污染物总量控制要求、环境容量、环境功能区划和环境风险评估等作为区域和产业发展的决策依据。依法对重点流域、区域开发和行业发展规划以及建设项目开展环境影响评价。健全规划环境影响评价和建设项目环境影响评价的联动机制。完善建设项目环境保护验收制度。加强对环境影响评价审查的监督管理。对环境保护重点城市的城市总体规划进行环境影响评估，探索编制城市环境保护总体规划。

（三）加强法规体系建设。

加强环境保护法、大气污染防治法、清洁生产促进法、固体废物污染环境防治法、环境噪声污染防治法、环境影响评价法等法律修订的基础研究工作，研究拟订污染物总量控制、饮用水水源保护、土壤环境保护、排污许可证管理、畜禽养殖污染防治、机动车污染防治、有毒有害化学品管理、核安全与放射性污染防治、环境污染损害赔偿等法律法规。

统筹开展环境质量标准、污染物排放标准、核电标准、民用核安全设备标准、环境监测规范、环境基础标准制修订规范、管理规范类环境保护标准等制（修）订工作。完善大气、水、海洋、土壤等环境质量标准，完善污染物排放标准中常规污染物和有毒有害污染物排放控制要求，加强水污染物间接排放控制和企业周围环境质量监控要求。推进环境风险源识别、环境风险评估和突发环境事件应急环境保护标准建设。鼓励地方制订并实施地方污染物排放标准。

（四）完善环境经济政策。

落实燃煤电厂烟气脱硫电价政策，研究制定脱硝电价政策，对污水处理、污泥无害化处理设施、非电力行业脱硫脱硝和垃圾处理设施等企业实行政策优惠。

对非居民用水要逐步实行超定额累进加价制度，对高耗水行业实行差别水价政策。研究鼓励企业废水"零排放"的政策措施。健全排污权有偿取得和使用制度，发展排污权交易市场。

推进环境税费改革，完善排污收费制度。全面落实污染者付费原则，完善污水处理收费制度，收费标准要逐步满足污水处理设施稳定运行和污泥无害化处置需求。改革垃圾处理费征收方式，加大征收力度，适度提高垃圾处理收费标准和财政补贴水平。

建立企业环境行为信用评价制度，加大对符合环保要求和信贷原则企业和项目的信贷支持。建立银行绿色评级制度，将绿色信贷成效与银行工作人员履职评价、机构准入、业务发展相挂钩。推行政府绿色采购，逐步提高环保产品比重，研究推行环保服务政府采购。制定和完善环境保护综合名录。

探索建立国家生态补偿专项资金。研究制定实施生态补偿条例。建立流域、重点生态功能区等生态补偿机制。推行资源型企业可持续发展准备金制度。

（五）加强科技支撑。

提升环境科技基础研究和应用能力。夯实环境基准、标准制订的科学基础，完善环境调查评估、监测预警、风险防范等环境管理技术体系。推进国家环境保护重点实验室、工程技术中心、野外观测研究站等建设。组织实施好水体污染控制与治理等国家科技重大专项，大力研发污染控制、生态保护和环境风险防范的高新技术、关键技术、共性技术。研发氮氧化物、重金属、持久性有机污染物、危险化学品等控制技术和适合我国国情的土壤修复、农业面源污染治理等技术。大力推动脱硫脱硝一体化、除磷脱氮一体化以及脱除重金属等综合控制技术研发。强化先进技术示范与推广。

（六）发展环保产业。

围绕重点工程需求，强化政策驱动，大力推动以污水处理、垃圾处理、脱硫脱硝、土壤修复和环境监测为重点的装备制造业发展，研发和示范一批新型环保材料、药剂和环境友好型产品。推动跨行业、跨企业循环利用联合体建设。实行环保设施运营资质许可制度，推进烟气脱硫脱硝、城镇污水垃圾处理、危险废物处理处置等污染设施建设和运营的专业化、社会化、市场化进程，推行烟气脱硫设施特许经营。制定环保产业统计标准。研究制定提升工程投融资、设计和建设、设施运营和维护、技术咨询、清洁生产审核、产品认证和人才培训等环境服务业水平的政策措施。

（七）加大投入力度。

把环境保护列入各级财政年度预算并逐步增加投入。适时增加同级环境保护能力建设经费安排。加大对中西部地区环境保护的支持力度。围绕推进环境基本公共服务均等化和改善环境质量状况，完善一般性转移支付制度，加大对国家重点生态功能区、中西部地区和民族自治地方环境保护的转移支付力度。深化"以奖促防"、"以奖促治"、"以奖代补"等政策，强化各级财政资金的引导作用。

推进环境金融产品创新，完善市场化融资机制。探索排污权抵押融资模式。推动建立财政投入与银行贷款、社会资金的组合使用模式。鼓励符合条件的地方融资平台公司以直接、间接的融资方式拓宽环境保护投融资渠道。支持符合条件的环保企业发行债券或改制上市，鼓励符合条件的环保上市公司实施再融资。探索发展环保设备设施的融资租赁业务。鼓励多渠道建立环保产业发展基金。引导各类创业投资企业、股权投资企业、社会捐赠资金和国际援助资金增加对环境保护领域的投入。

（八）严格执法监管。

完善环境监察体制机制，明确执法责任和程序，提高执法效率。建立跨行政区环境执法合作机制和部门联动执法机制。深入开展整治违法排污企业保障群众健康环保专项行动，改进对环境违法行为的处罚方式，加大执法力度。持续开展环境安全监察，消除环境安全隐患。强化承接产业转移环境监管。深化流域、区域、行业限批和挂牌督办等督查制度。开展环境法律法规执行和环境问题整改情况后督察，健全重大环境事件和污染事故责任追究制度。鼓励设立环境保护法庭。

（九）发挥地方人民政府积极性。

进一步深化环境保护激励措施，充分发挥地方人民政府预防和治理环境污染的积极性。进一步完善领导干部政绩综合评价体系，引导地方各级人民政府把环境保护放在全局工作的突出位置，及时研究解决本地区环境保护重大问题。完善中央环境保护投入管理机制，带动地方人民政府加大投入力度。推进生态文明建设试点，鼓励开展环境保护模范城市、生态示范区等创建活动。

（十）部门协同推进环境保护。

环境保护部门要加强环境保护的指导、协调、监督和综合管理。发展改革、财政等综合部门要制定有利于环境保护的财税、产业、价格和投资政策。科技部门要加强对控制污染物排放、改善环境质量等关键技术的研发与示范支持。工业部门要加大企业技术改造力度，严格行业准入，完善落后产能退出机制，加强工业污染防治。国土资源部门要控制生态用地的开发，加强矿产资源开发的环境治理恢复，保障环境保护重点工程建设用地。住房城乡建设部门要加强城乡污水、垃圾处理设施的建设和运营管理。交通运输、铁道等部门要加强公路、铁路、港口、航道建设与运输中的生态环境保护。水利部门要优化水资源利用和调配，统筹协调生活、生产经营和生态环境用水，严格入河排污口管理，加强水资源管理和保护，强化水土流失治理。农业部门要加强对科学施用肥料、农药的指导和引导，加强畜禽养殖污染防治、农业节水、农业物种资源、水生生物资源、渔业水域和草地生态保护，加强外来物种管理。商务部门要严格宾馆、饭店污染控制，推动开展绿色贸易，应对贸易环境壁垒。卫生部门要积极推进环境与健康相关工作，加大重金属诊疗系统建设力度。海关部门要加强废物进出境监管，加大对走私废物等危害环境安全行为的查处力度，阻断危险废物非法跨境转移。林业部门要加强林业生态建设力度。旅游部门要合理开发旅游资源，加强旅游区的环境保护。能源部门要合理调控能源消费总量，实施能源结构战略调整，提高能源利用效率。气象部门要加强大气污染防治和水环境综合治理气象监测预警服务以及核安全与放射性污染气象应急响应服务。海洋部门要加强海洋生态保护，推进海洋保护区建设，强化对海洋工程、海洋倾废等的环境监管。

（十一）积极引导全民参与。

实施全民环境教育行动计划，动员全社会参与环境保护。推进绿色创建活动，倡导绿色生产、生活方式。完善新闻发布和重大环境信息披露制度。推进城镇环境质量、重点污染源、重点城市饮用水水质、企业环境和核电厂安全信息公开，建立涉及有毒有害物质排放企业的环境信息强制披露制度。引导企业进一步增强社会责任感。建立健全环境保护举报制度，畅通环境信访、12369 环保热线、网络邮箱等信访投诉渠道，鼓励实行有奖举报。支持环境公益诉讼。

（十二）加强国际环境合作。

加强与其他国家、国际组织的环境合作，积极引进国外先进的环境保护理念、管理模式、污染治理技术和资金，宣传我国环境保护政策和进展。大力推进国际环境公约、核安全和放射性废物管理安全等公约的履约工作，完善国内协调机制，加大中央财政对履约工作的投入力度，探索国际资源与其他渠道资金相结合的履约资金保障机制。

积极参与环境与贸易相关谈判和相关规则的制定，加强环境与贸易的协调，维护我国环境权益。研究调整"高污染、高环境风险"产品的进出口关税政策，遏制高耗能、高排放产品出口。全面加强进出口贸易环境监管，禁止不符合环境保护标准的产品、技术、设施等引进，大力推动绿色贸易。

九、加强组织领导和评估考核

地方人民政府是规划实施的责任主体，要把规划目标、任务、措施和重点工程纳入本地区国民经济和社会发展总体规划，把规划执行情况作为地方政府领导干部综合考核评价的重要内容。国务院各有关部门要各司其职，密切配合，完善体制机制，加大资金投入，推进规划实施。要在 2013 年年底和 2015 年年底，分别对规划执行情况进行中期评估和终期考核，评估和考核结果向国务院报告，向社会公布，并作为对地方人民政府政绩考核的重要内容。

国务院关于印发节能减排"十二五"规划的通知

国发[2012]40 号
（2012 年 8 月 6 日）

各省、自治区、直辖市人民政府，国务院各部委、各直属机构：

现将《节能减排"十二五"规划》印发给你们，请认真贯彻执行。

节能减排"十二五"规划

为确保实现"十二五"节能减排约束性目标，缓解资源环境约束，应对全球气候变化，促进经济发展方式转变，建设资源节约型、环境友好型社会，增强可持续发展能力，根据《中华人民共和国国民经济和社会发展第十二个五年规划纲要》，制定本规划。

一、现状与形势

（一）"十一五"节能减排取得显著成效。

"十一五"时期，国家把能源消耗强度降低和主要污染物排放总量减少确定为国民经济和社会发展的约束性指标，把节能减排作为调整经济结构、加快转变经济发展方式的重要抓手和突破口。各地区、各部门认真贯彻落实党中央、国务院的决策部署，采取有效措施，切实加大工作力度，基本实现了"十一五"规划纲要确定的节能减排约束性目标，节能减排工作取得了显著成效。

——为保持经济平稳较快发展提供了有力支撑。"十一五"期间，我国以能源消费年均 6.6%的增速支撑了国民经济年均 11.2%的增长,能源消费弹性系数由"十五"时期的 1.04 下降到 0.59，节约能源 6.3 亿吨标准煤。

——扭转了我国工业化、城镇化快速发展阶段能源消耗强度和主要污染物排放量上升的趋势。"十一五"期间，我国单位国内生产总值能耗由"十五"后三年上升 9.8%转为下降 19.1%；二氧化硫和化学需氧量排放总量分别由"十五"后三年上升 32.3%、3.5%转为下降 14.29%、12.45%。

——促进了产业结构优化升级。2010 年与 2005 年相比，电力行业 300 兆瓦以上火电机组占火电装机容量比重由 50%上升到 73%，钢铁行业 1 000 立方米以上大型高炉产能比重由 48%上升到 61%，建材行业新型干法水泥熟料产量比重由 39%上升到 81%。

——推动了技术进步。2010 年与 2005 年相比，钢铁行业干熄焦技术普及率由不足 30%提高到 80%以上，水泥行业低温余热回收发电技术普及率由开始起步提高到 55%，烧碱行业离子膜法烧碱技术普及率由 29%提高到 84%。

——节能减排能力明显增强。"十一五"时期，通过实施节能减排重点工程，形成节能能力 3.4 亿吨标准煤；新增城镇污水日处理能力 6 500 万吨，城市污水处理率达到 77%；燃煤电厂投产运行脱硫机组容量达 5.78 亿千瓦，占全部火电机组容量的 82.6%。

——能效水平大幅度提高。2010 年与 2005 年相比，火电供电煤耗由 370 克标准煤/千瓦时降到 333 克标准煤/千瓦时，下降 10.0%；吨钢综合能耗由 688 千克标准煤降到 605 千克标准煤，下降 12.1%；水泥综合能耗下降 28.6%；乙烯综合能耗下降 11.3%；合成氨综合能耗下降 14.3%。

——环境质量有所改善。2010 年与 2005 年相比，环保重点城市二氧化硫年均浓度下降 26.3%，地表水国控断面劣五类水质比例由 27.4%下降到 20.8%，七大水系国控断面好于三类水质比例由 41%上升到 59.9%。

——为应对全球气候变化作出了重要贡献。"十一五"期间，我国通过节能降耗减少二氧化碳排放 14.6 亿吨，得到国际社会的广泛赞誉，展示了我负责任大国的良好形象。

"十一五"时期，我国节能法规标准体系、政策支持体系、技术支撑体系、监督管理体系初步形成，重点污染源在线监控与环保执法监察相结合的减排监督管理体系初步建立，全社会节能环保意识进一步增强。

（二）存在的主要问题。

一是一些地方对节能减排的紧迫性和艰巨性认识不足，片面追求经济增长，对调结构、转方式重视不够，不能正确处理经济发展与节能减排的关系，节能减排工作还存在思想认识不深入、政策措施不落实、监督检查不力、激励约束不强等问题。

二是产业结构调整进展缓慢。"十一五"期间，第三产业增加值占国内生产总值的比重低于预期目标，重工业占工业总产值比重由 68.1%上升到 70.9%，高耗能、高排放产业增长过快，结构节能目标没有实现。

三是能源利用效率总体偏低。我国国内生产总值约占世界的 8.6%，但能源消耗占世界的 19.3%，单位国内生产总值能耗仍是世界平均水平的 2 倍以上。2010年全国钢铁、建材、化工等行业单位产品能耗比国际先进水平高出 10%～20%。

四是政策机制不完善。有利于节能减排的价格、财税、金融等经济政策还不完善，基于市场的激励和约束机制不健全，创新驱动不足，企业缺乏节能减排内生动力。

五是基础工作薄弱。节能减排标准不完善，能源消费和污染物排放计量、统计体系建设滞后，监测、监察能力亟待加强，节能减排管理能力还不能适应工作需要。

（三）面临的形势。

"十二五"时期如未能采取更加有效的应对措施，我国面临的资源环境约束将日益强化。从国内看，随着工业化、城镇化进程加快和消费结构升级，我国能源需求呈刚性增长，受国内资源保障能力和环境容量制约，我国经济社会发展面临的资源环境瓶颈约束更加突出，节能减排工作难度不断加大。从国际看，围绕能源安全和气候变化的博弈更加激烈。一方面，贸易保护主义抬头，部分发达国家凭借技术优势开征碳税并计划实施碳关税，绿色贸易壁垒日益突出。另一方面，全球范围内绿色经济、低碳技术正在兴起，不少发达国家大幅增加投入，支持节能环保、新能源和低碳技术等领域创新发展，抢占未来发展制高点的竞争日趋激烈。

虽然我国节能减排面临巨大挑战，但也面临难得的历史机遇。科学发展观深入人心，全民节能环保意识不断提高，各方面对节能减排的重视程度明显增强，产业结构调整力度不断加大，科技创新能力不断提升，节能减排激励约束机制不断完善，这些都为"十二五"推进节能减排创造了有利条件。要充分认识节能减排的极端重要性和紧迫性，增强忧患意识和危机意识，抓住机遇，大力推进节能减排，促进经济社会发展与资源环境相协调，切实增强可持续发展能力。

二、指导思想、基本原则和主要目标

（一）指导思想。

以邓小平理论和"三个代表"重要思想为指导，深入贯彻落实科学发展观，坚持大幅降低能源消耗强度、显著减少主要污染物排放总量、合理控制能源消费总量相结合，形成加快转变经济发展方式的倒逼机制；坚持强化责任、健全法制、完善政策、加强监管相结合，建立健全有效的激励和约束机制；坚持优化产业结构、推动技术进步、强化工程措施、加强管理引导相结合，大幅度提高能源利用效率，显著减少污染物排放；加快构建政府为主导、企业为主体、市场有效驱动、全社会共同参与的推进节能减排工作格局，确保实现"十二五"节能减排约束性目标，加快建设资源节约型、环境友好型社会。

（二）基本原则。

强化约束，推动转型。通过逐级分解目标任务，加强评价考核，强化节能减排目标的约束性作用，加快转变经济发展方式，调整优化产业结构，增强可持续发展能力。

控制增量，优化存量。进一步完善和落实相关产业政策，提高产业准入门槛，严格能评、环评审查，抑制高耗能、高排放行业过快增长，合理控制能源消费总量和污染物排放增量。加快淘汰落后产能，实施节能减排重点工程，改造提升传统产业。

完善机制，创新驱动。健全节能环保法律、法规和标准，完善有利于节能减排的价格、财税、金融等经济政策，充分发挥市场配置资源的基础性作用，形成有效的激励和约束机制，增强用能、排污单位和公民自觉节能减排的内生动力。加快节能减排技术创新、管理创新和制度创新，建立长效机制，实现节能减排效益最大化。

分类指导，突出重点。根据各地区、各有关行业特点，实施有针对性的政策措施。突出抓好工业、建筑、交通、公共机构等重点领域和重点用能单位节能，大幅提高能源利用效率。加强环境基础设施建设，推动重点行业、重点流域、农业源和机动车污染防治，有效减少主要污染物排放总量。

（三）总体目标。

到 2015 年，全国万元国内生产总值能耗下降到 0.869 吨标准煤（按 2005 年价格计算），比 2010 年的 1.034 吨标准煤下降 16%（比 2005 年的 1.276 吨标准煤下降 32%）。"十二五"期间，实现节约能源 6.7 亿吨标准煤。

2015 年，全国化学需氧量和二氧化硫排放总量分别控制在 2 347.6 万吨、2 086.4 万吨，比 2010 年的 2 551.7 万吨、2 267.8 万吨各减少 8%，分别新增削减能力 601 万吨、654 万吨；全国氨氮和氮氧化物排放总量分别控制在 238 万吨、2 046.2 万吨，比 2010 年的 264.4 万吨、2 273.6 万吨各减少 10%，分别新增削减能力 69 万吨、794 万吨。

（四）具体目标。

到 2015 年，单位工业增加值（规模以上）能耗比 2010 年下降 21%左右，建筑、交通运输、公共机构等重点领域能耗增幅得到有效控制，主要产品（工作量）单位能耗指标达到先进节能标准的比例大幅提高，部分行业和大中型企业节能指标达到世界先进水平（见表 1）。风机、水泵、空压机、变压器等新增主要耗能设备能效指标达到国内或国际先进水平，空调、电冰箱、洗衣机等国产家用电器和一些类型的电动机能效指标达到国际领先水平。工业重点行业、农业主要污染物排放总量大幅降低（见表 2）。

表 1　"十二五"时期主要节能指标

指　标	单　位	2010 年	2015 年	变化幅度/ 变化率
工业				
单位工业增加值（规模以上）能耗	%			[−21%左右]
火电供电煤耗	克标准煤/千瓦时	333	325	−8
火电厂用电率	%	6.33	6.2	−0.13
电网综合线损率	%	6.53	6.3	−0.23
吨钢综合能耗	千克标准煤	605	580	−25
铝锭综合交流电耗	千瓦时/吨	14 013	13 300	−713
铜冶炼综合能耗	千克标准煤/吨	350	300	−50
原油加工综合能耗	千克标准煤/吨	99	86	−13
乙烯综合能耗	千克标准煤/吨	886	857	−29
合成氨综合能耗	千克标准煤/吨	1 402	1 350	−52
烧碱（离子膜）综合能耗	千克标准煤/吨	351	330	−21
水泥熟料综合能耗	千克标准煤/吨	115	112	−3
平板玻璃综合能耗	千克标准煤/重量箱	17	15	−2
纸及纸板综合能耗	千克标准煤/吨	680	530	−150
纸浆综合能耗	千克标准煤/吨	450	370	−80
日用陶瓷综合能耗	千克标准煤/吨	1 190	1 110	−80
建筑				
北方采暖地区既有居住建筑改造面积	亿平方米	1.8	5.8	4
城镇新建绿色建筑标准执行率	%	1	15	14
交通运输				
铁路单位运输工作量综合能耗	吨标准煤/百万换算吨公里	5.01	4.76	[−5%]
营运车辆单位运输周转量能耗	千克标准煤/百吨公里	7.9	7.5	[−5%]
营运船舶单位运输周转量能耗	千克标准煤/千吨公里	6.99	6.29	[−10%]
民航业单位运输周转量能耗	千克标准煤/吨公里	0.450	0.428	[−5%]

指　标	单　位	2010 年	2015 年	变化幅度/ 变化率
公共机构				
公共机构单位建筑面积能耗	千克标准煤/平方米	23.9	21	[−12%]
公共机构人均能耗	千克标准煤/人	447.4	380	[15%]
终端用能设备能效				
燃煤工业锅炉（运行）	%	65	70～75	5～10
三相异步电动机（设计）	%	90	92～94	2～4
容积式空气压缩机输入比功率	千瓦/（立方米/分）	10.7	8.5～9.3	−1.4～−2.2
电力变压器损耗	千瓦	空载：43 负载：170	空载： 30～33 负载： 151～153	−10～−13 −17～−19
汽车（乘用车）平均油耗	升/百公里	8	6.9	−1.1
房间空调器（能效比）	—	3.3	3.5～4.5	0.2～1.2
电冰箱（能效指数）	%	49	40～46	−3～−9
家用燃气热水器（热效率）	%	87～90	93～97	3～10

注：[　]内为变化率。

表2　"十二五"时期主要减排指标

指　标	单　位	2010 年	2015 年	变化幅度/变化率
工业				
工业化学需氧量排放量	万吨	355	319	[−10%]
工业二氧化硫排放量	万吨	2 073	1 866	[−10%]
工业氨氮排放量	万吨	28.5	24.2	[−15%]
工业氮氧化物排放量	万吨	1 637	1 391	[−15%]
火电行业二氧化硫排放量	万吨	956	800	[−16%]
火电行业氮氧化物排放量	万吨	1 055	750	[−29%]
钢铁行业二氧化硫排放量	万吨	248	180	[−27%]
水泥行业氮氧化物排放量	万吨	170	150	[−12%]
造纸行业化学需氧量排放量	万吨	72	64.8	[−10%]
造纸行业氨氮排放量	万吨	2.14	1.93	[−10%]
纺织印染行业化学需氧量排放量	万吨	29.9	26.9	[−10%]
纺织印染行业氨氮排放量	万吨	1.99	1.75	[−12%]
农业				
农业化学需氧量排放量	万吨	1 204	1 108	[−8%]
农业氨氮排放量	万吨	82.9	74.6	[−10%]
城市				
城市污水处理率	%	77	85	8

注：[　]内为变化率。

三、主要任务

（一）调整优化产业结构。

——抑制高耗能、高排放行业过快增长。合理控制固定资产投资增速和火电、钢铁、水泥、造纸、印染等重点行业发展规模，提高新建项目节能、环保、土地、安全等准入门槛，严格固定资产投资项目节能评估审查、环境影响评价和建设项目用地预审，完善新开工项目管理部门联动机制和项目审批问责制。对违规在建的高耗能、高排放项目，有关部门要责令停止建设，金融机构一律不得发放贷款。对违规建成的项目，要责令停止生产，金融机构一律不得发放流动资金贷款，有关部门要停止供电供水。严格控制高耗能、高排放和资源性产品出口。把能源消费总量、污染物排放总量作为能评和环评审批的重要依据，对电力、钢铁、造纸、印染行业实行主要污染物排放总量控制，对新建、扩建项目实施排污量等量或减量置换。优化电力、钢铁、水泥、玻璃、陶瓷、造纸等重点行业区域空间布局。中西部地区承接产业转移必须坚持高标准，严禁高污染产业和落后生产能力转入。

——淘汰落后产能。严格落实《产业结构调整指导目录（2011 年本）》和《部分工业行业淘汰落后生产工艺装备和产品指导目录（2010 年本）》，重点淘汰小火电 2 000 万千瓦、炼铁产能 4 800 万吨、炼钢产能 4 800 万吨、水泥产能 3.7 亿吨、焦炭产能 4 200 万吨、造纸产能 1 500 万吨等（见表3）。制定年度淘汰计划，并逐级分解落实。对稀土行业实施更严格的节能环保准入标准，加快淘汰落后生产工艺和生产线，推进形成合理开发、有序生产、高效利用、技术先进、集约发展的稀土行业持续健康发展格局。完善落后产能退出机制，对未完成淘汰任务的地区和企业，依法落实惩罚措施。鼓励各地区制定更严格的能耗和排放标准，加大淘汰落后产能力度。

表3　"十二五"时期淘汰落后产能一览表

行　业	主要内容	单位	产能
电力	大电网覆盖范围内，单机容量在 10 万千瓦及以下的常规燃煤火电机组，单机容量在 5 万千瓦及以下的常规小火电机组，以发电为主的燃油锅炉及发电机组（5 万千瓦及以下）；大电网覆盖范围内，设计寿命期满的单机容量在 20 万千瓦及以下的常规燃煤火电机组	万千瓦	2 000
炼铁	400 立方米及以下炼铁高炉等	万吨	4 800
炼钢	30 吨及以下转炉、电炉等	万吨	4 800

行　业	主要内容	单位	产能
铁合金	6 300 千伏安以下铁合金矿热电炉，3 000 千伏安以下铁合金半封闭直流电炉、铁合金精炼电炉等	万吨	740
电石	单台炉容量小于 12 500 千伏安电石炉及开放式电石炉	万吨	380
铜（含再生铜）冶炼	鼓风炉、电炉、反射炉炼铜工艺及设备等	万吨	80
电解铝	100 千安及以下预焙槽等	万吨	90
铅（含再生铅）冶炼	采用烧结锅、烧结盘、简易高炉等落后方式炼铅工艺及设备，未配套建设制酸及尾气吸收系统的烧结机炼铅工艺等	万吨	130
锌（含再生锌）冶炼	采用马弗炉、马槽炉、横罐、小竖罐等进行焙烧、简易冷凝设施进行收尘等落后方式炼锌或生产氧化锌工艺装备等	万吨	65
焦炭	土法炼焦（含改良焦炉），单炉产能 7.5 万吨/年以下的半焦（兰炭）生产装置，炭化室高度小于 4.3 米焦炉（3.8 米及以上捣固焦炉除外）	万吨	4 200
水泥（含熟料及磨机）	立窑，干法中空窑，直径 3 米以下水泥粉磨设备等	万吨	37 000
平板玻璃	平拉工艺平板玻璃生产线（含格法）	万重量箱	9 000
造纸	无碱回收的碱法（硫酸盐法）制浆生产线，单条产能小于 3.4 万吨的非木浆生产线，单条产能小于 1 万吨的废纸浆生产线，年生产能力 5.1 万吨以下的化学木浆生产线等	万吨	1 500
化纤	2 万吨/年及以下粘胶常规短纤维生产线，湿法氨纶工艺生产线，二甲基酰胺溶剂法氨纶及腈纶工艺生产线，硝酸法腈纶常规纤维生产线等	万吨	59
印染	未经改造的 74 型染整生产线，使用年限超过 15 年的国产和使用年限超过 20 年的进口前处理设备、拉幅和定形设备、圆网和平网印花机、连续染色机，使用年限超过 15 年的浴比大于 1∶10 的棉及化纤间歇式染色设备等	亿米	55.8
制革	年加工生皮能力 5 万标张牛皮、年加工蓝湿皮能力 3 万标张牛皮以下的制革生产线	万标张	1 100
酒精	3 万吨/年以下酒精生产线（废糖蜜制酒精除外）	万吨	100
味精	3 万吨/年以下味精生产线	万吨	18.2
柠檬酸	2 万吨/年及以下柠檬酸生产线	万吨	4.75
铅蓄电池（含极板及组装）	开口式普通铅蓄电池生产线，含镉高于 0.002%的铅蓄电池生产线，20 万千伏安时/年规模以下的铅蓄电池生产线	万千伏安时	746
白炽灯	60 瓦以上普通照明用白炽灯	亿只	6

——促进传统产业优化升级。运用高新技术和先进适用技术改造提升传统产业，促进信息化和工业化深度融合。加大企业技术改造力度，重点支持对产业升级带动作用大的重点项目和重污染企业搬迁改造。调整加工贸易禁止类商品目录，提高加工贸易准入门槛。提升产品节能环保性能，打造绿色低碳品牌。合理引导企业兼并重组，提高产业集中度，培育具有自主创新能力和核心竞争力的企业。

——调整能源消费结构。促进天然气产量快速增长，推进煤层气、页岩气等非常规油气资源开发利用，加强油气战略进口通道、国内主干管网、城市配网和储备库建设。结合产业布局调整，有序引导高耗能企业向能源产地适度集中，减少长距离输煤输电。在做好生态保护和移民安置的前提下积极发展水电，在确保安全的基础上有序发展核电。加快风能、太阳能、地热能、生物质能、煤层气等清洁能源商业化利用，加快分布式能源发展，提高电网对非化石能源和清洁能源发电的接纳能力。到 2015 年，非化石能源消费总量占一次能源消费比重达到11.4%。

——推动服务业和战略性新兴产业发展。加快发展生产性服务业和生活性服务业，推进规模化、品牌化、网络化经营。到2015年，服务业增加值占国内生产总值比重比2010年提高4个百分点。推动节能环保、新一代信息技术、生物、高端装备制造、新能源、新材料、新能源汽车等战略性新兴产业发展。到2015年，战略性新兴产业增加值占国内生产总值比重达到8%左右。

（二）推动能效水平提高。

——加强工业节能。坚持走新型工业化道路，通过明确目标任务、加强行业指导、推动技术进步、强化监督管理，推进工业重点行业节能。

电力。鼓励建设高效燃气-蒸汽联合循环电站，加强示范整体煤气化联合循环技术（IGCC）和以煤气化为龙头的多联产技术。发展热电联产，加快智能电网建设。加快现役机组和电网技术改造，降低厂用电率和输配电线损。

煤炭。推广年产400万吨选煤系统成套技术与装备，到2015年原煤入洗率达到60%以上，鼓励高硫、高灰动力煤入洗，灰分大于25%的商品煤就近销售。积极发展动力配煤，合理选择具有区位和市场优势的矿区、港口等煤炭集散地建设煤炭储配基地。发展煤炭地下气化、脱硫、水煤浆、型煤等洁净煤技术。实施煤矿节能技术改造。加强煤矸石综合利用。

钢铁。优化高炉炼铁炉料结构，降低铁钢比。推广连铸坯热送热装和直接轧制技术。推动干熄焦、高炉煤气、转炉煤气和焦炉煤气等二次能源高效回收利用，鼓励烧结机余热发电，到2015年重点大中型企业余热余压利用率达到50%以上。支持大中型钢铁企业建设能源管理中心。

有色金属。重点推广新型阴极结构铝电解槽、低温高效铝电解等先进节能生产工艺技术。推进氧气底吹熔炼技术、闪速技术等广泛应用。加快短流程连续炼铅冶金技术、连续铸轧短流程有色金属深加工工艺、液态铅渣直接还原炼铅工艺与装备产业化技术开发和推广应用。加强有色金属资源回收利用。提高能源管理信息化水平。

石油石化。原油开采行业要全面实施抽油机驱动电机节能改造，推广不加热集油技术和油田采出水余热回收利用技术，提高油田伴生气回收水平。鼓励符合条件的新建炼油项目发展炼化一体化。原油加工行业重点推广高效换热器并优化换热流程、优化中段回流取热比例、降低汽化率、塔顶循环回流换热等节能技术。

化工。合成氨行业重点推广先进煤气化技术、节能高效脱硫脱碳、低位能余热吸收制冷等技术，实施综合节能改造。烧碱行业提高离子膜法烧碱比例，加快零极距、氧阴极等先进节能技术的开发应用。纯碱行业重点推广蒸汽多级利用、变换气制碱、新型盐析结晶器及高效节能循环泵等节能技术。电石行业加快采用密闭式电石炉，全面推行电石炉炉气综合利用，积极推进新型电石生产技术研发和应用。

建材。推广大型新型干法水泥生产线。普及纯低温余热发电技术，到 2015 年水泥纯低温余热发电比例提高到 70%以上。推进水泥粉磨、熟料生产等节能改造。推进玻璃生产线余热发电，到 2015 年余热发电比例提高到 30%以上。加快开发推广高效阻燃保温材料、低辐射节能玻璃等新型节能产品。推进墙体材料革新，城市城区限制使用黏土制品，县城禁止使用实心黏土砖。加快新型墙体材料发展，到 2015 年新型墙体材料比重达到 65%以上。

——强化建筑节能。开展绿色建筑行动，从规划、法规、技术、标准、设计等方面全面推进建筑节能，提高建筑能效水平。

强化新建建筑节能。严把设计关口，加强施工图审查，城镇建筑设计阶段 100%达到节能标准要求。加强施工阶段监管和稽查，施工阶段节能标准执行率达到 95%以上。严格建筑节能专项验收，对达不到节能标准要求的不得通过竣工验收。鼓励有条件的地区适当提高建筑节能标准。加强新区绿色规划，重点推动各级机关、学校和医院建筑，以及影剧院、博物馆、科技馆、体育馆等执行绿色建筑标准；在商业房地产、工业厂房中推广绿色建筑。

加大既有建筑节能改造力度。以围护结构、供热计量、管网热平衡改造为重点，大力推进北方采暖地区既有居住建筑供热计量及节能改造，加快实施"节能暖房"工程。开展大型公共建筑采暖、空调、通风、照明等节能改造，推行用电分项计量。以建筑门窗、外遮阳、自然通风等为重点，在夏热冬冷地区和夏热冬暖地区开展居住建筑节能改造试点。在具备条件的情况下，鼓励在旧城区综合改造、城市市容整治、既有建筑抗震加固中，采用加层、扩容等方式开展节能改造。

——推进交通运输节能。加快构建便捷、安全、高效的综合交通运输体系，不断优化运输结构，推进科技和管理创新，进一步提升运输工具能源效率。

铁路运输。大力发展电气化铁路，进一步提高铁路运输能力。加强运输组织管理。加快淘汰老旧机车机型，推广铁路机车节油、节电技术，对铁路运输设备实施节能改造。积极推进货运重载化。推进客运站节能优化设计，加强大型客运站能耗综合管理。

公路运输。全面实施营运车辆燃料消耗量限值标准。建立物流公共信息平台，优化货运组织。推行高速公路不停车收费；继续开展公路甩挂运输试点。实施城乡道路客运一体化试点。推广节能驾驶和绿色维修。

水路运输。建设以国家高等级航道网为主体的内河航道网，推进航电枢纽建设，优化港口布局。推进船舶大型化、专业化，淘汰老旧船舶，加快实施内河船型标准化。发展大宗散货专业化运输和多式联运等现代运输组织方式。推进港口码头节能设计和改造。加快港口物流信息平台建设。

航空运输。优化航线网络和运力配备，改善机队结构，加强联盟合作，提高运输效率。优化空域结构，提高空域资源配置使用效率。开发应用航空器飞行及地面运行节油相关实用技术，推进航空生物燃油研发与应用。加强机场建设和运营中的节能管理，推进高耗能设施、设备的节油节电改造。

城市交通。合理规划城市布局，优化配置交通资源，建立以公共交通为重点的城市交通发展模式。优先发展公共交通，有序推进轨道交通建设，加快发展快速公交。探索城市调控机动车保有总量。开展低碳交通运输体系建设城市试点。推行节能驾驶，倡导绿色出行。积极推广节能与新能源汽车，加快加气站、充电站等配套设施规划和建设。抓好城市步行、自行车交通系统建设。发展智能交通，建立公众出行信息服务系统，加大交通疏堵力度。

——推进农业和农村节能。完善农业机械节能标准体系。依法加强大型农机年检、年审，加快老旧农业机械和渔船淘汰更新。鼓励农民购买高效节能农业机械。推广节能新产品、新技术，加快农业机电设备节能改造，加强用能设备定期维修保养。推进节能型农宅建设，结合农村危房改造加大建筑节能示范力度。推动省柴节煤灶更新换代。开展农村水电增效扩容改造。推进农业节水增效，推广高效节水灌溉技术。因地制宜、多能互补发展小水电、风能、太阳能和秸秆综合利用。科学规划农村沼气建设布局，完善服务机制，加强沼气设施的运行管理和维护。

　　——强化商用和民用节能。开展零售业等流通领域节能减排行动。商业、旅游业、餐饮等行业建立并完善能源管理制度，开展能源审计，加快用能设施节能改造。宾馆、商厦、写字楼、机场、车站严格执行公共建筑空调温度控制标准，优化空调运行管理。鼓励消费者购买节能环保型汽车和节能型住宅，推广高效节能家用电器、办公设备和高效照明产品。减少待机能耗，减少使用一次性用品，严格执行限制商品过度包装和超薄塑料购物袋生产、销售和使用的相关规定。

　　——实施公共机构节能。新建公共建筑严格实施建筑节能标准。实施供热计量改造，国家机关率先实行按热量收费。推进公共机构办公区节能改造，推广应用可再生能源。全面推进公务用车制度改革，严格油耗定额管理，推广节能和新能源汽车。在各级机关和教科文卫体等系统开展节约型公共机构示范单位建设，创建 2 000 家节约型公共机构。健全公共机构能源管理、统计监测考核和培训体系，建立完善公共机构能源审计、能效公示、能源计量和能耗定额管理制度，加强能耗监测平台和节能监管体系建设。

　　（三）强化主要污染物减排。

　　——加强城镇生活污水处理设施建设。加强城镇环境基础设施建设，以城镇污水处理设施及配套管网建设、现有设施升级改造、污泥处理处置设施建设为重点，提升脱氮除磷能力。到 2015 年，城市污水处理率和污泥无害化处置率分别达到85%和70%，县城污水处理率达到 70%，基本实现每个县和重点建制镇建成污水集中处理设施，全国城镇污水处理厂再生水利用率达到 15%以上。

　　——加强重点行业污染物减排。

　　加强重点行业污染预防。以钢铁、水泥、氮肥、造纸、印染行业为重点，大力推行清洁生产，加快重大、共性技术的示范和推广，完善清洁生产评价指标体系，开展工业产品生态设计、农业和服务业清洁生产试点。以汞、铬、铅等重金属污染防治为重点，在重点行业实施技术改造。示范和推广一批无毒无害或低毒低害原料（产品），对高耗能、高排放企业及排放有毒有害废物的重点企业开展强制性清洁生产审核。

　　加大工业废水治理力度。以制浆造纸、印染、食品加工、农副产品加工等行业为重点，继续加大水污染深度治理和工艺技术改造。制浆造纸企业加快建设碱回收装置；纺织印染行业推行废水集中处理和实施综合治理，大中型造纸企业、有脱墨的废纸造纸企业和采用碱减量工艺的化纤布印染企业实施废水三级深度处理；发酵行业推广高浓度废液综合利用技术、废醪液制备生物有机肥及液态肥技术；制糖行业推广闭合循环用水技术；氮肥行业推广稀氨水浓缩回收利用技术、尿素工艺冷凝液深度水解技术，加大生化处理设施建设力度；农药行业推广清污分流和高浓度废水预处理技术。

推进电力行业脱硫脱硝。新建燃煤机组全面实施脱硫脱硝，实现达标排放。尚未安装脱硫设施的现役燃煤机组要配套建设烟气脱硫设施，不能稳定达标排放的燃煤机组要实施脱硫改造。加快燃煤机组低氮燃烧技术改造和烟气脱硝设施建设，对单机容量 30 万千瓦及以上的燃煤机组、东部地区和其他省会城市单机容量 20 万千瓦及以上的燃煤机组，均要实行脱硝改造，综合脱硝效率达到 75% 以上。

加强非电行业脱硫脱硝。实施钢铁烧结机烟气脱硫，到 2015 年，所有烧结机和位于城市建成区的球团生产设备烟气脱硫效率达到 95% 以上。有色金属行业冶炼烟气中二氧化硫含量大于 3.5% 的冶炼设施，要安装硫回收装置。石油炼制行业新建催化裂化装置要配套建设烟气脱硫设施，现有硫黄回收装置硫回收率达到 99%。建材行业建筑陶瓷规模大于 70 万平方米/年且燃料含硫率大于 0.5% 的窑炉，应安装脱硫设施或改用清洁能源，浮法玻璃生产线要实施烟气脱硫或改用天然气。焦化行业炼焦炉荒煤气硫化氢脱除效率达到 95%。水泥行业实施新型干法窑降氮脱硝，新建、改扩建水泥生产线综合脱硝效率不低于 60%。燃煤锅炉蒸汽量大于 35 吨/小时且二氧化硫超标排放的，要实施烟气脱硫改造，改造后脱硫效率应达到 70% 以上。

——开展农业源污染防治。

加强农村污染治理。推进农村生态示范建设标准化、规范化、制度化。因地制宜建设农村生活污水处理设施，分散居住地区采用低能耗小型分散式污水处理方式，人口密集、污水排放相对集中地区采用集中处理方式。实施农村清洁工程，开展农村环境综合整治，推行农业清洁生产，鼓励生活垃圾分类收集和就地减量无害化处理。选择经济、适用、安全的处理处置技术，提高垃圾无害化处理水平，城镇周边和环境敏感区的农村逐步推广城乡一体化垃圾处理模式。推广测土配方施肥，发展有机肥采集利用技术，减少不合理的化肥施用。

推进畜禽清洁养殖。结合土地消纳能力，推进畜禽养殖适度规模化，合理优化养殖布局，鼓励采取种养结合养殖方式。以规模化养殖场和养殖小区为重点，因地制宜推行干清粪收集方法，养殖场区实施雨污分流，发展废物循环利用，鼓励粪污、沼渣等废弃物发酵生产有机肥料。在散养密集区推行粪污集中处理。

推行水产健康养殖。规范水产养殖行为，优化水产养殖区域布局，国家重点流域以及各地确定的重点保护水体要合理减少网箱、围网养殖规模。加快养殖池塘改造和循环水设施配套建设，推广水质调控技术与环保设备。鼓励发展人工生态环境、多品种立体、开放式流水或微流水、全封闭循环水工厂化、水产品与农作物共生互利等水产生态养殖方式。

——控制机动车污染物排放。提高机动车污染物排放准入门槛。加强机动车排放对环境影响的评估审查。加快淘汰老旧车辆，基本淘汰 2005 年以前注册的用于运营的"黄标车"。推进报废农用车换购载货汽车工作。全面推行机动车环保标志管理，严格实施机动车一致性检查制度，不符合国家机动车排放标准的车辆禁止生产、销售和注册登记。实施第四阶段机动车排放标准，在有条件的重点城市和地区逐步推动实施第五阶段排放标准。"十二五"末实现低速车与载货汽车实施同一排放标准。全面提升车用燃油品质。研究制定国家第四、第五阶段车用燃油标准，推动落实标准实施条件，强化车用燃油监管。全面供应符合国家第四阶段标准的车用燃油，部分重点城市供应国家第五阶段标准车用燃油。大型炼化项目应以国家第五阶段车用燃油标准作为设计目标，加快成品油生产技术改造。

——推进大气中细颗粒污染物（$PM_{2.5}$）治理。促进煤炭清洁利用，建设低硫、低灰配煤场，提高煤炭洗选比例，重点区域淘汰低效燃煤锅炉。推广使用天然气、煤制气、生物质成型燃料等清洁能源。加大工业烟粉尘污染防治力度，对火电、钢铁、水泥等高排放行业以及燃煤工业锅炉实施高效除尘改造。大力削减石油石化、化工等行业挥发性有机物的排放。推动柴油车尿素加注基础设施建设。实施大气联防联控重点区域城区内重污染企业搬迁改造。加强建设施工、植被破坏等因素造成的扬尘污染防治。

四、节能减排重点工程

（一）节能改造工程。

——锅炉（窑炉）改造和热电联产。实施燃煤锅炉和锅炉房系统节能改造，提高锅炉热效率和运行管理水平；在部分地区开展锅炉专用煤集中加工，提高锅炉燃煤质量；推动老旧供热管网、换热站改造。推广四通道喷煤燃烧、并流蓄热石灰窑煅烧等高效窑炉节能技术。到 2015 年工业锅炉、窑炉平均运行效率分别比 2010 年提高 5 个和 2 个百分点。东北、华北、西北地区大城市居民采暖除有条件采用可再生能源外基本实行集中供热，中小城市因地制宜发展背压式热电或集中供热改造，提高热电联产在集中供热中的比重。"十二五"时期形成 7 500 万吨标准煤的节能能力。

——电机系统节能。采用高效节能电动机、风机、水泵、变压器等更新淘汰落后耗电设备。对电机系统实施变频调速、永磁调速、无功补偿等节能改造，优化系统运行和控制，提高系统整体运行效率。开展大型水利排灌设备、电机总容量 10 万千瓦以上电机系统示范改造。2015 年电机系统运行效率比 2010 年提高 2～3 个百分点，"十二五"时期形成 800 亿千瓦时的节电能力。

——能量系统优化。加强电力、钢铁、有色金属、合成氨、炼油、乙烯等行业企业能量梯级利用和能源系统整体优化改造，开展发电机组通流改造、冷却塔循环水系统优化、冷凝水回收利用等，优化蒸汽、热水等载能介质的管网配置，实施输配电设备节能改造，深入挖掘系统节能潜力，大幅度提升系统能源效率。"十二五"时期形成 4 600 万吨标准煤的节能能力。

——余热余压利用。能源行业实施煤矿低浓度瓦斯、油田伴生气回收利用；钢铁行业推广干熄焦、干式炉顶压差发电、高炉和转炉煤气回收发电、烧结机余热发电；有色金属行业推广冶金炉窑余热回收；建材行业推行新型干法水泥纯低温余热发电、玻璃熔窑余热发电；化工行业推行炭黑余热利用、硫酸生产低品位热能利用；积极利用工业低品位余热作为城市供热热源。到 2015 年新增余热余压发电能力 2 000 万千瓦，"十二五"时期形成 5 700 万吨标准煤的节能能力。

——节约和替代石油。推广燃煤机组无油和微油点火、内燃机系统节能、玻璃窑炉全氧燃烧和富氧燃烧、炼油含氢尾气膜法回收等技术。开展交通运输节油技术改造，鼓励以洁净煤、石油焦、天然气替代燃料油。在有条件的城市公交客车、出租车、城际客货运输车辆等推广使用天然气和煤层气。因地制宜推广醇醚燃料、生物柴油等车用替代燃料。实施乘用车制造企业平均油耗管理制度。"十二五"时期节约和替代石油 800 万吨，相当于 1 120 万吨标准煤。

——建筑节能。到 2015 年，累计完成北方采暖地区既有居住建筑供热计量和节能改造 4 亿平方米以上，夏热冬冷地区既有居住建筑节能改造 5 000 万平方米，公共建筑节能改造 6 000 万平方米，公共机构办公建筑节能改造 6 000 万平方米。"十二五"时期形成 600 万吨标准煤的节能能力。

——交通运输节能。铁路运输实施内燃机车、电力机车和空调发电车节油节电、动态无功补偿以及谐波负序治理等技术改造；公路运输实施电子不停车收费技术改造；水运推广港口轮胎式集装箱门式起重机油改电、靠港船舶使用岸电、港区运输车辆和装卸机械节能改造、油码头油气回收等；民航实施机场和地面服务设备节能改造，推广地面电源系统代替辅助动力装置等措施；加快信息技术在城市交通中的应用。深入开展"车船路港"千家企业低碳交通运输专项行动。"十二五"时期形成 100 万吨标准煤的节能能力。

——绿色照明。实施"中国逐步淘汰白炽灯路线图"，分阶段淘汰普通照明用白炽灯等低效照明产品。推动白炽灯生产企业转型改造，支持荧光灯生产企业实施低汞、固汞技术改造。积极发展半导体照明节能产业，加快半导体照明关键设备、核心材料和共性关键技术研发，支持技术成熟的半导体通用照明产品在宾馆、商厦、道路、隧道、机场等领域的应用。推动标准检测平台建设。加快城市道路照明系统改造，控制过度装饰和亮化。"十二五"时期形成 2 100 万吨标准煤的节能能力。

（二）节能产品惠民工程。

加大高效节能产品推广力度。民用领域重点推广高效照明产品、节能家用电器、节能与新能源汽车等，商用领域重点推广单元式空调器等，工业领域重点推广高效电动机等，产品能效水平提高 10%以上，市场占有率提高到 50%以上。完善节能产品惠民工程实施机制，扩大实施范围，健全组织管理体系，强化监督检查。"十二五"时期形成 1 000 亿千瓦时的节电能力。

（三）合同能源管理推广工程。

扎实推进《国务院办公厅转发发展改革委等部门关于加快推行合同能源管理促进节能服务产业发展意见的通知》（国办发[2010]25 号）的贯彻落实，引导节能服务公司加强技术研发、服务创新、人才培养和品牌建设，提高融资能力，不断探索和完善商业模式。鼓励大型重点用能单位利用自身技术优势和管理经验，组建专业化节能服务公司。支持重点用能单位采用合同能源管理方式实施节能改造。公共机构实施节能改造要优先采用合同能源管理方式。加强对合同能源管理项目的融资扶持，鼓励银行等金融机构为合同能源管理项目提供灵活多样的金融服务。积极培育第三方认证、评估机构。到 2015 年，建立比较完善的节能服务体系，节能服务公司发展到 2 000 多家，其中龙头骨干企业达到 20 家；节能服务产业总产值达到 3 000 亿元，从业人员达到 50 万人。"十二五"时期形成 6 000 万吨标准煤的节能能力。

（四）节能技术产业化示范工程。

示范推广低品位余能利用、高效环保煤粉工业锅炉、稀土永磁电机、新能源汽车、半导体照明、太阳能光伏发电、零排放和产业链接等一批重大、关键节能技术。建立节能技术评价认定体系，形成节能技术分类遴选、示范和推广的动态管理机制。对节能效果好、应用前景广阔的关键产品或核心部件组织规模化生产，提高研发、制造、系统集成和产业化能力。"十二五"时期产业化推广 30 项以上重大节能技术，培育一批拥有自主知识产权和自主品牌、具有核心竞争力、世界领先的节能产品制造企业，形成 1 500 万吨标准煤的节能能力。

（五）城镇生活污水处理设施建设工程。

加大城镇污水处理设施和配套管网建设力度。"十二五"时期新建配套管网16 万公里，新增污水日处理能力 4 200 万吨，升级改造污水日处理能力 2 600 万吨，新增再生水利用能力 2 700 万吨/日。加快城镇生活垃圾处理处置设施建设，强化垃圾渗滤液处置。"十二五"时期分别新增化学需氧量和氨氮削减能力 280万吨、30 万吨。

（六）重点流域水污染防治工程。

加强"三河三湖"、松花江、三峡库区及上游、丹江口库区及上游、黄河中上游等重点流域和城镇饮用水水源地的综合治理，加大长江中下游和珠江流域水污染防治力度，加强湖泊生态环境保护，推进渤海等重点海域综合治理。实施一批水污染综合治理项目。推动受污染场地、土壤及其周边地下水污染治理，重点推进湘江流域重金属污染治理。大力推进重点行业污水处理设施建设，"十二五"时期造纸、纺织、食品加工、农副产品加工、化工、石化等行业分别新增污水日处理能力 300 万吨、60 万吨、60 万吨、600 万吨、200 万吨、300 万吨。

（七）脱硫脱硝工程。

完成 5 056 万千瓦现役燃煤机组脱硫设施配套建设，对已安装脱硫设施但不能稳定达标的 4 267 万千瓦燃煤机组实施脱硫改造；完成 4 亿千瓦现役燃煤机组脱硝设施建设，对 7 000 万千瓦燃煤机组实施低氮燃烧技术改造。到 2015 年燃煤机组脱硫效率达到 95%，脱硝效率达到 75% 以上。钢铁烧结机、有色金属窑炉、建材新型干法水泥窑、石化催化裂化装置、焦化炼焦炉配套实施低氮燃烧改造或安装脱硫脱硝设施，高速公路沿线逐步建设柴油车脱硝尿素加注站。"十二五"时期新增二氧化硫和氮氧化物削减能力 277 万吨、358 万吨。

（八）规模化畜禽养殖污染防治工程。

以规模化养殖场和养殖小区为重点，鼓励废弃物统一收集，集中治理。建设雨污分离污水收集系统和厌氧发酵处理设施，配套建设分布式粪污贮存及处理设施。加强规模化养殖场沼气预处理设施、发酵装置、沼气和沼肥利用设施建设，实现畜禽养殖场废弃物的资源化利用。到 2015 年，50% 以上规模化养殖场和养殖小区配套建设废弃物处理设施，分别新增化学需氧量和氨氮削减能力 140 万吨、10 万吨。

（九）循环经济示范推广工程。

开展资源综合利用、废旧商品回收体系示范、"城市矿产"示范基地、再制造产业化、餐厨废弃物资源化、产业园区循环化改造、资源循环利用技术示范推广等循环经济重点工程建设，实现减量化、再利用、资源化。在农业、工业、建筑、商贸服务等重点领域，以及重点行业、重点流域、中西部产业承接园区实施清洁生产示范工程，加大清洁生产技术改造实施力度。加快共性、关键清洁生产技术示范和推广，培育一批清洁生产企业和工业园区。

（十）节能减排能力建设工程。

推进节能监测平台建设，建立能源消耗数据库和数据交换系统，强化数据收集、数据分类汇总、预测预警和信息交流能力。开展重点用能单位能源消耗在线监测体系建设试点和城市能源计量示范建设。建设县级污染源监控中心，加强污染源监督性监测，完善区域污染源在线监控网络，建立减排监测数据库并实现数据共享。加强氨氮、氮氧化物统计监测，提高农业源污染监测和机动车污染监控能力。推进节能减排监管机构标准化和执法能力建设，加强省、市、县节能减排监测取证设备、能耗和污染物排放测试分析仪器配备。

初步测算，"十二五"时期实施节能减排重点工程需投资约 23 660 亿元，可形成节能能力 3 亿吨标准煤，新增化学需氧量、二氧化硫、氨氮、氮氧化物削减能力分别为 420 万吨、277 万吨、40 万吨、358 万吨（见表4）。

表4 "十二五"节能减排规划投资需求

工程名称	投资需求/亿元	节能减排能力/万吨
节能重点工程	9 820	30 000（标准煤）
减排重点工程	8 160	420（化学需氧量）、277（二氧化硫）、40（氨氮）、358（氮氧化物）
循环经济重点工程	5 680	支撑实现上述节能减排能力
总计	23 660	

五、保障措施

（一）坚持绿色低碳发展。

深入贯彻节约资源和保护环境基本国策，坚持绿色发展和低碳发展。坚持把节能减排作为落实科学发展观、加快转变经济发展方式的重要着力点，加快构建资源节约、环境友好的生产方式和消费模式，增强可持续发展能力。在制定实施国家有关发展战略、专项规划、产业政策以及财政、税收、金融、价格和土地等政策过程中，要体现节能减排要求，发展目标要与节能减排约束性指标衔接，政策措施要有利于推进节能减排。

（二）强化目标责任评价考核。

综合考虑经济发展水平、产业结构、节能潜力、环境容量及国家产业布局等因素，合理确定各地区、各行业节能减排目标。进一步完善节能减排统计、监测、考核体系，健全节能减排预警机制，建立健全行业节能减排工作评价制度。各地区要将国家下达的节能减排目标分解落实到下一级政府、有关部门和重点单位。国务院每年组织开展省级人民政府节能减排目标责任评价考核，考核结果作为领导班子和领导干部综合考核评价的重要内容，纳入政府绩效管理，实行问责制，并按照有关规定对作出突出成绩的地区、单位和个人给予表彰奖励。地方各级人民政府要切实抓好本地区节能减排目标责任评价考核。

（三）加强用能节能管理。

明确总量控制目标和分解落实机制，实行目标责任管理。建立能源消费总量预测预警机制，对能源消费总量增长过快的地区及时预警调控。在工业、建筑、交通运输、公共机构以及城乡建设和消费领域全面加强用能管理，切实改变敞开供应能源、无约束使用能源的现象。依法加强年耗能万吨标准煤以上用能单位节能管理，开展万家企业节能低碳行动，落实目标责任，实行能源审计，开展能效水平对标活动，建立能源管理师制度，提高企业能源管理水平。在大气联防联控重点区域开展煤炭消费总量控制试点，从严控制京津唐、长三角、珠三角地区新建燃煤火电机组。

（四）健全节能环保法律、法规和标准。

完善节能环保法律、法规和标准体系。推动加快制修订大气污染防治法、排污许可证管理条例、畜禽养殖污染防治条例、重点用能单位节能管理办法、节能产品认证管理办法等。加快节能环保标准体系建设，扩大标准覆盖面，提高准入门槛。组织制修订粗钢、铁合金、焦炭、多晶硅、纯碱等 50 余项高耗能产品强制性能耗限额标准，高压三相异步电动机、平板电视机等 40 余项终端用能产品强制性能效标准，制定钢铁、水泥等行业能源管理体系标准等。健全节能和环保产品及装备标准。完善环境质量标准。加快重点行业污染物排放标准的制修订工作，根据氨氮、氮氧化物控制目标要求制定实施排放标准，加强标准实施的后评估工作。

（五）完善节能减排投入机制。

加大中央预算内投资和中央节能减排专项资金对节能减排重点工程和能力建设的支持力度，继续安排国有资本经营预算支出支持企业实施节能减排项目。完善"以奖代补"、"以奖促治"以及采用财政补贴方式推广高效节能产品和合同能源管理等支持机制，强化财政资金的引导作用。支持军队重点用能设施设备节能改造。地方各级人民政府要进一步加大对节能减排的投入，创新投入机制，发挥多层次资本市场融资功能，多渠道引导企业、社会资金积极投入节能减排。完善财政补贴方式和资金管理办法，强化财政资金的安全性和有效性，提高财政资金使用效率。

（六）完善促进节能减排的经济政策。

深化资源性产品价格改革，理顺煤、电、油、气、水、矿产等资源类产品价格关系，建立充分反映市场供求、资源稀缺程度以及环境损害成本的价格形成机制。完善差别电价、峰谷电价、惩罚性电价，尽快出台鼓励余热余压发电和煤层气发电的上网政策，全面推行居民用电阶梯价格。严格落实脱硫电价，研究完善燃煤电厂烟气脱硝电价政策。完善矿业权有偿取得制度。加快供热体制改革，全面实施热计量收费制度。完善污水处理费政策。改革垃圾处理收费方式，提高收缴率，降低征收成本。完善节能产品政府采购制度。扩大环境标志产品政府采购范围，完善促进节能环保服务的政府采购政策。落实国家支持节能减排的税收优惠政策，改革资源税，加快推进环境保护税立法工作，调整进出口税收政策，合理调整消费税范围和税率结构。推进金融产品和服务方式创新，积极改进和完善节能环保领域的金融服务，建立企业节能环保水平与企业信用等级评定、贷款联动机制，探索建立绿色银行评级制度。推行重点区域涉重金属企业环境污染责任保险。

（七）推广节能减排市场化机制。

加大能效标识和节能环保产品认证实施力度，扩大能效标识和节能产品认证实施范围。建立高耗能产品（工序）和主要终端用能产品能效"领跑者"制度，明确实施时限。推进节能发电调度。强化电力需求侧管理，开展城市综合试点。加快建立电能管理服务平台，充分运用电力负荷管理系统，完善鼓励电网企业积极参与电力需求侧管理的考核与奖惩机制。加强政策落实和引导，鼓励采用合同能源管理实施节能改造，推动城镇污水、垃圾处理以及企业污染治理等环保设施社会化、专业化运营。深化排污权有偿使用和交易制度改革，建立完善排污权有偿使用和交易政策体系，研究制定排污权交易初始价格和交易价格政策。开展碳排放交易试点。推进资源型经济转型改革试验。健全污染者付费制度，完善矿产资源补偿制度，加快建立生态补偿机制。

（八）推动节能减排技术创新和推广应用。

深入实施节能减排科技专项行动，通过国家科技重大专项和国家科技计划（专项）等对节能减排相关科研工作给予支持。完善节能环保技术创新体系，加强基础性、前沿性和共性技术研发，在节能环保关键技术领域取得突破。加强政府指导，推动建立以企业为主体、市场为导向、多种形式的产学研战略联盟，鼓励企业加大研发投入。重点支持成熟的节能减排关键、共性技术与装备产业化示范和应用，加快产业化基地建设。发布节能环保技术推广目录，加快推广先进、成熟的新技术、新工艺、新设备和新材料。加强节能环保领域国际交流合作，加快国外先进适用节能减排技术的引进吸收和推广应用。

（九）强化节能减排监督检查和能力建设。

加强节能减排执法监督，依法从严惩处各类违反节能减排法律法规的行为，实行执法责任制。强化重点用能单位、重点污染源和治理设施运行监管，推动污染源自动监控数据联网共享。完善工业能源消费统计，建立建筑、交通运输、公共机构能源消费统计制度、地区单位生产总值能耗指标季度统计制度，强化统计核算与监测。健全节能管理、监察、服务"三位一体"节能管理体系，形成覆盖全国的省、市、县三级节能监察体系。突出抓好重点用能单位能源利用状况报告、能源计量管理、能耗限额标准执行情况等监督检查。

（十）开展节能减排全民行动。

深入开展节能减排全民行动，抓好家庭社区、青少年、企业、学校、军营、农村、政府机构、科技、科普和媒体等十个专项行动。把节能减排纳入社会主义核心价值观宣传教育以及基础教育、文化教育、职业教育体系，增强危机意识。充分发挥广播影视、文化教育等部门以及新闻媒体和相关社会团体的作用，组织好节能宣传周、世界环境日等主题宣传活动。加强日常宣传和舆论监督，宣传先进、曝光落后、普及知识，崇尚勤俭节约、反对奢侈浪费，推动节能、节水、节地、节材、节粮，倡导与我国国情相适应的文明、节约、绿色、低碳生产方式和消费模式，积极营造良好的节能减排社会氛围。

六、规划实施

节约资源和保护环境是我国的基本国策，推进节能减排工作，加快建设资源节约型、环境友好型社会是我国经济社会发展的重大战略任务。各级人民政府和有关部门要切实履行职责，扎实工作，进一步强化目标责任评价考核，加强监督检查，保障规划目标和任务的完成。地方各级人民政府要对本地区节能减排工作负总责，切实加强组织领导和统筹协调，做好本地区节能减排规划与本规划主要目标、重点任务的协调，特别要加强约束性指标的衔接，抓好各项目标任务的分解落实，强化政策统筹协调，做好相关规划实施的跟踪分析。发展改革委、环境保护部要会同有关部门加强对本规划执行的支持和指导，认真做好规划实施的监督评估，重视研究新情况，解决新问题，总结新经验，重大问题及时向国务院报告。

国务院关于重点区域大气污染防治
"十二五"规划的批复

国函[2012]146号

（2012年9月27日）

环境保护部、发展改革委、财政部：

你们《关于请求批准〈重点区域大气污染防治"十二五"规划〉（报批稿）的请示》（换发[2012]112）收悉。现批复如下：

一、原则同意《重点区域大气污染防治"十二五"规划》（以下简称《规划》），由环境保护部会同有关部门和相关省（区、市）人民政府认真组织实施。

二、当前，我国大气环境形势依然严峻，区域性大气污染问题突出，直接影响经济社会可持续发展和人民群众身体健康。做好京津冀、长三角、珠三角等重点区域的大气污染防治工作要以解决二氧化硫、氮氧化物、细颗粒物（$PM_{2.5}$）等污染问题为重点，严格控制主要污染物排放总量，实施多污染物协同控制，强化多污染源综合管理，着力推进区域大气污染联防联控，切实改善大气环境质量。

三、通过实施《规划》，到2015年，重点区域二氧化硫、氮氧化物、工业烟粉尘排放总量分别下降12%、13%、10%，可吸入颗粒物（PM_{10}）、二氧化硫、二氧化氮、细颗粒物（$PM_{2.5}$）年均浓度分别下降10%、10%、7%、5%，京津冀、长三角、珠三角地区细颗粒物年均浓度下降6%；挥发性有机物污染防治工作全面开展，臭氧污染得到初步控制，酸雨污染有所减轻；建立区域大气污染联防联控机制，区域大气环境管理能力明显提高。

四、重点区域各省（区、市）人民政府是《规划》实施的责任主体，要切实加强组织领导，将《规划》确定的目标、任务和治理任务分解落实到市、县级人民政府和相关企业，纳入年度工作计划，制定具体实施方案，落实工作责任，强化目标责任考核；要不断加大投入力度，充分发挥市场机制作用，逐步建立多元化的投入机制。中央财政采取"以奖代补"、"以奖促防"、"以奖促治"等方式对相关项目予以支持。

　　五、环境保护部要会同有关部门按照职责分工，加强对《规划》实施的指导、支持和监督；要不断完善工作机制和政策法规，加大环境执法力度，强化科技支撑，加强信息公开和宣传教育，引导公众参与和舆论监督；对《规划》实施情况进行年度考核，确保《规划》目标如期实现。

重点区域大气污染防治"十二五"规划

　　当前我国大气环境形势十分严峻，在传统煤烟型污染尚未得到控制的情况下，以臭氧、细颗粒物（$PM_{2.5}$）和酸雨为特征的区域性复合型大气污染日益突出，区域内空气重污染现象大范围同时出现的频次日益增多，严重制约社会经济的可持续发展，威胁人民群众身体健康。区域性复合型的大气环境问题给现行环境管理模式带来了巨大的挑战，仅从行政区划的角度考虑单个城市大气污染防治的管理模式已经难以有效解决当前愈加严重的大气污染问题，亟待探索建立一套全新的区域大气污染防治管理体系。北京奥运会、上海世博会、广州亚运会空气质量保障工作以及国际上区域空气质量管理的成功经验证明，实施统一规划、统一监测、统一监管、统一评估、统一协调的区域大气污染联防联控工作机制，是改善区域空气质量的有效途径。

　　"十二五"时期，我国工业化和城市化仍将快速发展，资源能源消耗持续增长，大气环境将面临前所未有的压力。为实现2020年全面建设小康社会对大气环境质量的要求，应紧紧抓住"十二五"经济社会发展的转型期和解决重大环境问题的战略机遇期，在重点区域率先推进大气污染联防联控工作。从系统整体角度出发，制定并实施区域大气污染防治对策，以改善大气环境质量为目的，严格环境准入，推进能源清洁利用，加快淘汰落后产能，实施多污染物协同控制，大幅削减污染物排放量，形成环境优化经济发展的"倒逼传导机制"，促进经济发展方式转变，推动区域经济与环境的协调发展。

　　根据《中华人民共和国大气污染防治法》与《中华人民共和国国民经济和社会发展第十二个五年规划纲要》，制定《重点区域大气污染防治"十二五"规划》。规划范围为京津冀、长江三角洲（以下简称"长三角"）、珠江三角洲（以下简称"珠三角"）地区，以及辽宁中部、山东、武汉及其周边、长株潭、成渝、海峡西岸、山西中北部、陕西关中、甘宁、新疆乌鲁木齐城市群（具体范围详见附表），共涉及19个省、自治区、直辖市，面积约132.56万平方公里，占国土面积的13.81%。

一、大气污染防治形势与挑战

（一）大气污染防治工作取得积极进展。

1. 主要污染物减排成效显著。

国民经济和社会发展"十一五"规划纲要将二氧化硫排放总量减少10%作为约束性指标。为实现减排目标，国家采取了脱硫优惠电价、"上大压小"、限期淘汰、"区域限批"等一系列政策措施，加大环境保护投入，实施工程减排、结构减排、管理减排，取得显著成效。到2010年，全国共建成运行脱硫机组装机容量达5.78亿千瓦，火电机组脱硫比例由2005年的14%提高到2010年的86%；累计关停小火电装机容量7 683万千瓦，淘汰落后炼铁产能1.2亿吨、炼钢产能0.72亿吨、水泥产能3.7亿吨。在"十一五"期间国民经济年均增速高达11.2%、煤炭消费总量增长超过10亿吨的情况下，二氧化硫排放总量较2005年下降了14.29%，超额完成减排目标。

2. 城市大气环境综合整治不断深化。

"十一五"期间，全国进一步深化城市大气环境综合整治。实行"退二进三"政策，搬迁改造了一大批重污染企业，优化城市产业布局；积极推动城市清洁能源改造，发展热电联产和集中供热，淘汰了一批燃煤小锅炉；京津冀、长三角、珠三角启动了加油站油气回收治理工作，北京、上海、广州、深圳等城市分别完成了1462、500、514、256座加油站油气回收改造工程。全国实施了机动车污染物排放国III标准，部分城市实施了国IV标准，机动车污染物平均排放强度下降了40%以上。综合整治工作取得了积极成效，2010年，全国地级及以上城市二氧化硫和可吸入颗粒物（PM_{10}）的年均浓度分别为35微克/立方米和81微克/立方米，比2005年分别下降了24.0%和14.8%，二氧化氮浓度基本稳定。

3. 积极探索区域大气污染联防联控机制。

为保障北京奥运会、上海世博会和广州亚运会的空气质量，华北六省（区、市）、长三角三省（市）和珠三角地区打破行政界限，成立领导小组，签署环境保护合作协议，编制实施空气质量保障方案，实施省际联合、部门联动，齐抓共管、密切配合，全面开展二氧化硫、氮氧化物、颗粒物和挥发性有机物综合控制，统一环境执法监管，统一发布环境信息，形成强大的治污合力，取得积极成效。活动期间，主办城市环境空气质量优良，兑现了绿色奥运、绿色世博和绿色亚运的庄严承诺。同时，为我国进一步开展区域大气污染联防联控工作积累了有益经验。

（二）大气环境形势依然严峻。

1. 大气污染物排放负荷巨大。

我国主要大气污染物排放量巨大，2010年二氧化硫、氮氧化物排放总量分别为2 267.8万吨、2 273.6万吨，位居世界第一，烟粉尘排放量为1 446.1万吨，均远超出环境承载能力。京津冀、长三角、珠三角地区，以及辽宁中部、山东、武汉及其周边、长株潭、成渝、海峡西岸、山西中北部、陕西关中、甘宁、新疆乌鲁木齐城市群等13个重点区域，是我国经济活动水平和污染排放高度集中的区域，大气环境问题更加突出。重点区域占全国14%的国土面积，集中了全国近48%的人口，产生了70%的经济总量，消费了48%的煤炭，排放了48%的二氧化硫、51%的氮氧化物、42%的烟粉尘和约50%的挥发性有机物，单位面积污染物排放强度是全国平均水平的2.9～3.6倍，严重的大气污染已经成为制约区域社会经济发展的瓶颈。

表1　2010年重点区域主要污染物排放量　　　　单位：万吨

区域	省份	二氧化硫	氮氧化物	工业烟粉尘	重点行业挥发性有机物
京津冀	北京	10.4	19.8	3.96	11.6
	天津	23.8	34.0	7.99	15.6
	河北	143.78	171.29	95.89	15.4
长三角	上海	25.5	44.3	8.9	23.9
	江苏	108.55	147.19	96.18	51.3
	浙江	68.4	85.3	43.33	52.7
珠三角	广东	50.7	88.9	37.7	38.1
辽宁中部	辽宁	62.31	54.71	50.44	24.2
山东	山东	181.1	174	58.1	79.6
武汉及其周边	湖北	39.27	36.97	24.17	20.7
长株潭	湖南	12.04	14.13	17.05	3.8
成渝	重庆	56.1	27.21	22.43	15.6
	四川	73.2	52.01	38.36	8.9
海峡西岸	福建	40.91	43.37	27.88	26.5
山西中北部	山西	53.94	46.37	32.43	2.6
陕西关中	陕西	61.34	49.8	21.56	10.2
甘宁	甘肃	25.69	18.21	7.4	8.6
	宁夏	6.68	9.3	3.04	3.95
新疆乌鲁木齐	新疆	18.3	19.87	7.22	4.0

2．大气环境污染十分严重。

2010 年，重点区域城市二氧化硫、可吸入颗粒物年均浓度分别为 40 微克/立方米、86 微克/立方米，为欧美发达国家的 2～4 倍；二氧化氮年均浓度为 33 微克/立方米，卫星数据显示，北京到上海之间的工业密集区为我国对流层二氧化氮污染最严重的区域。按照我国新修订的环境空气质量标准评价，重点区域 82% 的城市不达标。严重的大气污染，威胁人民群众身体健康，增加呼吸系统、心脑血管疾病的死亡率及患病风险，腐蚀建筑材料，破坏生态环境，导致粮食减产、森林衰亡，造成巨大的经济损失。

表 2　2010 年重点区域主要空气污染物年均浓度　　　单位：微克/立方米

区域	二氧化硫	二氧化氮	可吸入颗粒物
京津冀	45	33	82
长三角	33	38	89
珠三角	26	40	58
辽宁中部	46	33	84
山东	52	38	96
武汉及其周边	28	28	91
长株潭	51	40	86
成渝	43	35	76
海峡西岸	29	26	71
山西中北部	44	19	75
陕西关中	37	35	106
甘宁	46	32	111
新疆乌鲁木齐	43	36	96

3．复合型大气污染日益突出。

随着重化工业的快速发展、能源消费和机动车保有量的快速增长，排放的大量二氧化硫、氮氧化物与挥发性有机物导致细颗粒物、臭氧、酸雨等二次污染呈加剧态势。2010 年 7 个城市细颗粒物监测试点的年均值为 40～90 微克/立方米，超过新修订环境空气质量标准限值要求的 14%～157%；臭氧监测试点表明，部分城市臭氧超过国家二级标准的天数达到 20%，有些地区多次出现臭氧最大小时浓度超过欧洲警报水平（240 ppb）的重污染现象。复合型大气污染导致能见度大幅度下降，京津冀、长三角、珠三角等区域每年出现灰霾污染的天数达 100 天以上，个别城市甚至超过 200 天。

专栏　细颗粒物主要来源

　　研究表明，细颗粒物成因复杂，约 50% 来自燃煤、机动车、扬尘、生物质燃烧等直接排放的一次细颗粒物；约 50% 是空气中二氧化硫、氮氧化物、挥发性有机物、氨等气态污染物，经过复杂化学反应形成的二次细颗粒物。细颗粒物来源十分广泛，既有火电、钢铁、水泥、燃煤锅炉等工业源的排放，又有机动车、船舶、飞机、工程机械、农机等移动源的排放，还有餐饮油烟、装修装潢等量大面广的面源排放。因此控制细颗粒物污染，必须实施多污染物协同控制政策，强化多污染源综合管理，开展区域联防联控。

　　4. 城市间污染相互影响显著。

　　随着城市规模的不断扩张，区域内城市连片发展，受大气环流及大气化学的双重作用，城市间大气污染相互影响明显，相邻城市间污染传输影响极为突出。在京津冀、长三角和珠三角等区域，部分城市二氧化硫浓度受外来源的贡献率达 30%～40%，氮氧化物为 12%～20%，可吸入颗粒物为 16%～26%；区域内城市大气污染变化过程呈现明显的同步性，重污染天气一般在一天内先后出现。

　　5. 大气污染防治面临严峻挑战。

　　未来五年，是我国全面建设小康社会的关键时期，工业化、城镇化将继续快速发展。据预测，到 2015 年重点区域 GDP 将增长 50% 以上，煤炭消费总量将增长 30% 以上，汽车（含低速汽车）保有量将增长 50%。按照目前的污染控制力度，将新增二氧化硫、氮氧化物、工业烟粉尘、挥发性有机物排放量分别为 160 万吨、250 万吨、100 万吨和 220 万吨，占 2010 年排放量的 15%、22%、17% 和 20%。随着二氧化硫减排工作的持续深入，工程减排的空间日益缩减；对细颗粒物贡献较大的挥发性有机物控制尚处于起步阶段，现有污染控制力度难以满足人民群众对改善环境空气质量的迫切要求。为切实改善大气环境质量，必须采取更加严格的污染控制措施，在消化巨大新增量的基础上，大幅削减污染物排放总量，污染防治任务十分艰巨。

　　（三）大气污染防治工作存在的主要问题。

　　1. 大气环境管理模式滞后。

　　现行环境管理方式难以适应区域大气污染防治要求。区域性大气环境问题需要统筹考虑、统一规划，建立地方之间的联动机制。按照我国现行的管理体系和法规，地方政府对当地环境质量负责，采取的措施以改善当地环境质量为目标，各个城市"各自为战"难以解决区域性大气环境问题。

2．污染控制对象相对单一。

长期以来，我国未建立围绕空气质量改善的多污染物综合控制体系。从污染控制因子来看，污染控制重点主要为二氧化硫和工业烟粉尘，对细颗粒物和臭氧影响较大的氮氧化物和挥发性有机物控制薄弱。从污染控制范围来看，工作重点主要集中在工业大点源，对扬尘等面源污染和低速汽车等移动源污染控制重视不够。

3．环境监测、统计基础薄弱。

环境空气质量监测指标不全，大多数城市没有开展臭氧、细颗粒物的监测，数据质量控制薄弱，无法全面反映当前大气污染状况。挥发性有机物、扬尘等未纳入环境统计管理体系，底数不清，难以满足环境管理的需要。

4．法规标准体系不完善。

现行的大气污染防治法律法规在区域大气污染防治、移动源污染控制等方面缺乏有效的措施要求，缺少挥发性有机物排放标准体系，城市扬尘综合管理制度不健全，车用燃油标准远滞后于机动车排放标准。

二、指导思想、原则和目标

（一）指导思想。

以邓小平理论和"三个代表"重要思想为指导，深入贯彻落实科学发展观，以保护人民群众身体健康为根本出发点，着力促进经济发展方式转变，提高生态文明水平，增强区域大气污染防治能力，统筹区域环境资源，实施多污染物协同减排，努力解决细颗粒物、臭氧、酸雨等突出大气环境问题，切实改善区域大气环境质量，提高公众对大气环境质量满意率。

（二）基本原则。

经济发展与环境保护相协调。采取污染物总量控制和煤炭消费总量控制等措施，用严格的环保手段倒逼传导机制，促进经济发展方式的转变，实现环境保护优化经济发展。通过调整产业结构和能源结构，加快淘汰落后生产能力和工艺，提高企业清洁生产水平，降低污染物排放强度，促进经济社会与资源环境的协调发展。

联防联控与属地管理相结合。建立健全区域大气污染联防联控管理机制，实现区域"统一规划、统一监测、统一监管、统一评估、统一协调"；根据区域内不同城市社会经济发展水平与环境污染状况，划分重点控制区与一般控制区，实施差异性管理，按照属地管理的原则，明确区域内污染减排的责任与主体。

总量减排与质量改善相统一。建立以空气质量改善为核心的控制、评估、考核体系。根据总量减排与质量改善之间的响应关系，构建基于质量改善的区域总量控制体系，实施二氧化硫、氮氧化物、颗粒物、挥发性有机物等多污染物的协同控制和均衡控制，有效解决当前突出的大气污染问题。

先行先试与全面推进相配合。从重点区域、重点行业和重点污染物抓起，以点带面，集中整治，着力解决危害群众身体健康、威胁地区环境安全、影响经济社会可持续发展的突出大气环境问题，为全国大气污染防治工作积累重要经验。

（三）规划目标。

到 2015 年，重点区域二氧化硫、氮氧化物、工业烟粉尘排放量分别下降 12%、13%、10%，挥发性有机物污染防治工作全面展开；环境空气质量有所改善，可吸入颗粒物、二氧化硫、二氧化氮、细颗粒物年均浓度分别下降 10%、10%、7%、5%，臭氧污染得到初步控制，酸雨污染有所减轻；建立区域大气污染联防联控机制，区域大气环境管理能力明显提高。

京津冀、长三角、珠三角区域将细颗粒物纳入考核指标，细颗粒物年均浓度下降 6%；其他城市群将其作为预期性指标。

规划基准年为 2010 年。具体规划指标如表 3 所示。

三、统筹区域环境资源，优化产业结构与布局

（一）明确区域控制重点，实施分区分类管理。

1. 明确区域污染控制类型。

京津冀、长三角、珠三角区域与山东城市群为复合型污染严重区，应重点针对细颗粒物和臭氧等大气环境问题进行控制，长三角、珠三角还要加强酸雨的控制，京津冀、江苏省和山东城市群还应加强可吸入颗粒物的控制。

辽宁中部、武汉及其周边、长株潭、成渝、海峡西岸城市群为复合型污染显现区，应重点控制可吸入颗粒物、二氧化硫、二氧化氮，同时注重细颗粒物、臭氧等复合污染的控制，此外，武汉及其周边、长株潭、成渝还应加强酸雨的控制，辽宁中部城市群应加强采暖季燃煤污染控制。

山西中北部、陕西关中、甘宁、新疆乌鲁木齐城市群，以传统煤烟型污染控制为主，重点控制可吸入颗粒物、二氧化硫污染，加强采暖季燃煤污染控制。

表3 "十二五"重点区域大气污染防治各省市规划指标

类别	序号	指标	北京	天津	河北	上海	江苏	浙江	珠三角	辽宁中部	山东	武汉及其周边	长株潭	成渝（重庆）	成渝（四川）	海峡西岸	山西中北部	陕西关中	甘宁（甘肃）	甘宁（宁夏）	新疆乌鲁木齐
环境质量指标	1	二氧化硫年均浓度下降比例/%	10	8	11	11	12	11	12	11	14	7	9	6	9	6	10	7	14	10	9
	2	二氧化氮年均浓度下降比例/%	7	9	7	9	10	10	9	9	10	4	5	4	5	5	7	5	8	7	9
	3	可吸入颗粒物年均浓度下降比例/%	15	12	12	10	14	10	8	12	14	10	10	12	10	8	12	14	14	10	12
	4	细颗粒物年均浓度下降比例/%	15	6	6	6	7	5	5	6	7	5	5	6	5	4	4	4	4	5	4
排放控制指标	5	工业烟粉尘减排比例/%	5	8	15	5	15	10	8	10	15	12	12	10	10	8	10	12	15	10	15
	6	重点行业挥发性有机物排放削减比例/%	15	18	15	18	18	18	18	15	15	10	10	15	10	10	10	10	10	10	10

2．划分重点控制区。

依据地理特征、社会经济发展水平、大气污染程度、城市空间分布以及大气污染物在区域内的输送规律，将规划区域划分为重点控制区和一般控制区，实施差异化的控制要求，制定有针对性的污染防治策略。对重点控制区，实施更严格的环境准入条件，执行重点行业污染物特别排放限值，采取更有力的污染治理措施。重点控制区共 47 个城市，除重庆为主城区外，其他城市为整个辖区。

京津冀地区重点控制区为北京、天津、石家庄、唐山、保定、廊坊 6 个城市；长三角地区重点控制区为上海、南京、无锡、常州、苏州、南通、扬州、镇江、泰州、杭州、宁波、嘉兴、湖州、绍兴 14 个城市；珠三角地区重点控制区为辖区内所有 9 个城市。

辽宁中部城市群重点控制区为沈阳市；山东城市群重点控制区为济南市、青岛市、淄博市、潍坊市、日照市；武汉及其周边城市群重点控制区为武汉市；长株潭城市群重点控制区为长沙市；成渝城市群重点控制区为重庆市主城区、成都市；海峡西岸城市群重点控制区为福州市、三明市；山西中北部城市群重点控制区为太原市；陕西关中城市群重点控制区为西安市、咸阳市；甘宁城市群重点控制区为兰州市、银川市；新疆乌鲁木齐城市群重点控制区为乌鲁木齐市。

（二）严格环境准入，强化源头管理。

依据国家产业政策的准入要求，提高"两高一资"行业的环境准入门槛，严格控制新建高耗能、高污染项目，遏制盲目重复建设，严把新建项目准入关。

1．严格控制高耗能、高污染项目建设。

重点控制区禁止新、改、扩建除"上大压小"和热电联产以外的燃煤电厂，严格限制钢铁、水泥、石化、化工、有色等行业中的高污染项目。城市建成区、地级及以上城市市辖区禁止新建除热电联产以外的煤电、钢铁、建材、焦化、有色、石化、化工等行业中的高污染项目。城市建成区、工业园区禁止新建 20 蒸吨/小时以下的燃煤、重油、渣油锅炉及直接燃用生物质锅炉，其他地区禁止新建 10 蒸吨/小时以下的燃煤、重油、渣油锅炉及直接燃用生物质锅炉。严格控制高污染行业产能，北京、上海、珠三角严格控制石化产能，辽宁、河北、上海、天津、江苏、山东等实施钢铁产能总量控制，上海、江苏、浙江、山东、重庆、四川等严格控制水泥产能扩张，实施等量或减量置换落后产能。

2．严格控制污染物新增排放量。

把污染物排放总量作为环评审批的前置条件，以总量定项目。新建排放二氧化硫、氮氧化物、工业烟粉尘、挥发性有机物的项目，实行污染物排放减量替代，实现增产减污；对于重点控制区和大气环境质量超标城市，新建项目实行区域内现役源 2 倍削减量替代；一般控制区实行 1.5 倍削减量替代。对未通过环评审查的投资项目，有关部门不得审批、核准、批准开工建设，不得发放生产许可证、安全生产许可证、排污许可证，金融机构不得提供任何形式的新增授信支持，有关单位不得供水、供电。

3. 实施特别排放限值。

新建项目必须配套建设先进的污染治理设施，火电、钢铁烧结机等项目应同步安装高效除尘、脱硫、脱硝设施，新建水泥生产线必须采取低氮燃烧工艺，安装袋式除尘器及烟气脱硝装置，新建燃煤锅炉必须安装高效除尘、脱硫设施，采用低氮燃烧或脱硝技术，满足排放标准要求。重点控制区内新建火电、钢铁、石化、水泥、有色、化工等重污染项目与工业锅炉必须满足大气污染物排放标准中特别排放限值要求，火电项目实施时间与规划发布时间同步，其他行业实施时间与排放标准发布时间同步。

4. 提高挥发性有机物排放类项目建设要求。

把挥发性有机物污染控制作为建设项目环境影响评价的重要内容，采取严格的污染控制措施。限制石化行业新建 1 000 万吨/年以下常减压、150 万吨/年以下催化裂化、100 万吨/年以下连续重整（含芳烃抽提）、150 万吨/年以下加氢裂化生产装置等限制类项目。新建石化项目须将原油加工损失率控制在 4‰以内，并配备相应的有机废气治理设施。新、改、扩建项目排放挥发性有机物的车间有机废气的收集率应大于 90%，安装废气回收/净化装置。新建储油库、加油站和新配置的油罐车，必须同步配备油气回收装置。新建机动车制造涂装项目，水性涂料等低挥发性有机物含量涂料占总涂料使用量比例不低于 80%，小型乘用车单位涂装面积的挥发性有机物排放量不高于 35 克/平方米；电子、家具等行业新建涂装项目，水性涂料等低挥发性有机物含量涂料占总涂料使用量比例不低于 50%，建筑内外墙涂饰应全部使用水性涂料。新建包装印刷项目须使用具有环境标志的油墨。

（三）加大落后产能淘汰，优化工业布局。

1. 加大落后产能淘汰力度。

严格按照国家发布的工业行业淘汰落后生产工艺装备和产品指导目录及《产业结构调整指导目录（2011 年本）》，加快落后产能淘汰步伐。完善淘汰落后产能公告制度，对未按期完成淘汰任务的地区，严格控制国家环保投资项目，暂停对该地区火电、钢铁、有色、石化、水泥、化工等重点行业建设项目办理核准、审批和备案手续；对未按期淘汰的企业，依法吊销排污许可证、生产许可证等。

淘汰火电、钢铁、建材等重污染行业落后产能。淘汰大电网覆盖范围内单机容量 10 万千瓦以下的常规燃煤火电机组和设计寿命期满的单机容量 20 万千瓦以下的常规燃煤火电机组；淘汰单机容量 5 万千瓦及以下的常规小火电机组和以发电为主的燃油锅炉及发电机组（5 万千瓦及以下）。淘汰钢铁行业土烧结、90 平方米以下烧结机、化铁炼钢、400 立方米及以下炼铁高炉（铸造铁企业除外，但需提供有关证明材料）、30 吨及以下炼钢转炉（不含铁合金转炉）与电炉（不含机械铸造电炉），以及铸造冲天炉、单段煤气发生炉等污染严重的生产工艺和设备。淘汰全部水泥立窑、干法中空窑（生产高铝水泥、硫铝酸盐水泥等特种水泥除外）以及湿法窑水泥熟料生产线；淘汰砖瓦 24 门以下轮窑以及立窑、无顶轮窑、马蹄窑等土窑，淘汰 100 万平方米/年以下的建筑陶瓷砖、20 万件/年以下低档卫生陶瓷生产线，淘汰所有平拉工艺平板玻璃生产线（含格法）。淘汰土法炼焦（每炉产能 7.5 万吨/年以下的）、炭化室高度小于 4.3 米的焦炉（3.8 米及以上捣固焦炉除外）。

淘汰挥发性有机物排放类行业落后产能。淘汰 200 万吨/年及以下常减压装置，淘汰废旧橡胶和塑料土法炼油工艺。取缔汽车维修等修理行业的露天喷涂作业，淘汰无溶剂回收设施的干洗设备。禁止生产、销售、使用有害物质含量、挥发性有机物含量超过 200 克/升的室内装修装饰用涂料和超过 700 克/升的溶剂型木器家具涂料。淘汰 300 吨/年以下的传统油墨生产装置，取缔含苯类溶剂型油墨生产，淘汰所有无挥发性有机物收集、回收/净化设施的涂料、胶黏剂和油墨等生产装置。淘汰其他挥发性有机物污染严重、开展挥发性有机物削减和控制无经济可行性的工艺和产品。

2. 优化工业布局。

统筹考虑区域环境承载能力、大气环流特征、资源禀赋，结合主体功能区划要求，加快产业布局调整。加强区域规划环境影响评价，依据区域资源环境承载能力，合理确定重点产业发展的布局、结构与规模。环境保护部要加强对京津冀、长三角、成渝等重点区域规划环境影响评价的指导，各省级环保部门要大力推动辖区内城市群规划的环境影响评价工作。

对环境敏感地区及市区内已建重污染企业要结合产业布局调整实施搬迁改造，明确重点污染企业搬迁改造时间表，加快城市钢铁厂环保搬迁进程，积极推进上海高桥石化基地等安全环保搬迁。继续推动工业项目向园区集中，利用集中供热推进小企业节能减排。提升现有各级各类工业园区的环境管理水平，提高企业准入的环境门槛。建立产业转移环境监管机制，加强产业转入地在承接产业转移过程中的环境监管，防止落后产能向经济欠发达地区转移。

四、加强能源清洁利用，控制区域煤炭消费总量

（一）优化能源结构，控制煤炭使用。

1. 大力发展清洁能源。

优化能源结构，加快发展天然气与可再生能源，实现清洁能源供应和消费多元化。结合"十二五"天然气管网重点项目、天然气区域管网项目、液化天然气接收站重点项目、储气库重点项目、天然气分布式能源项目等，加强重点区域天然气基础设施建设。按照"优先发展城市燃气，积极调整工业燃料结构，适度发展天然气发电"的原则，优化配置使用天然气，积极发展天然气分布式能源。

大力开发利用风能，有序推进东北、华北和西北地区陆上风电基地建设，积极推进中东部地区分散式接入风电，着力推进上海、江苏、浙江、河北、山东、广东、福建沿海地区海上风电发展。加快推广太阳能光热利用，积极推进太阳能发电产业发展。推动生物质成型燃料、液体燃料、发电、气化等多种形式的生物质能梯级综合利用。加快辽中半岛城市群、成渝地区、山西中北部城市群、陕西关中城市群煤层气、页岩气等新能源的资源调查、勘探规划和开发利用，改善能源结构。利用财税扶持与示范补贴政策，在辽宁中部、陕西关中、甘宁等城市群推广使用地热能。在做好生态保护和移民安置的前提下，积极发展水电。

2. 实施煤炭消费总量控制。

综合考虑各地社会经济发展水平、能源消费特征、大气污染现状等因素，根据国家能源消费总量控制目标，研究制定煤炭消费总量中长期控制目标，严格控制区域煤炭消费总量。各地应制定煤炭消费总量实施方案，把总量控制目标分解落实到各地政府，实行目标责任管理，加大考核和监督力度。建立煤炭消费总量预测预警机制，对煤炭消费总量增长较快的地区及时预警调控。探索在京津冀、长三角、珠三角区域与山东城市群积极开展煤炭消费总量控制试点。

3. 扩大高污染燃料禁燃区。

加强"高污染燃料禁燃区"划定工作，逐步扩大禁燃区范围。重点控制区高污染燃料禁燃区面积要达到城市建成区面积的80%以上，一般控制区达到城市建成区面积的60%以上。2013年年底前重点控制区完成高污染燃料禁燃区划定工作；2014年年底前一般控制区完成划定工作。已划定的高污染燃料禁燃区应根据城市建成区的发展不断调整划定范围。禁燃区内禁止燃烧原（散）煤、洗选煤、蜂窝煤、焦炭、木炭、煤矸石、煤泥、煤焦油、重油、渣油等燃料，禁止燃烧各种可

燃废物和直接燃用生物质燃料，以及污染物含量超过国家规定限值的柴油、煤油、人工煤气等高污染燃料；已建成的使用高污染燃料的各类设施限期拆除或改造成使用管道天然气、液化石油气、管道煤气、电或其他清洁能源，对于超出规定期限继续燃用高污染燃料的设施，责令拆除或者没收。

（二）改进用煤方式，推进煤炭清洁化利用。

1. 加大热电联供，淘汰分散燃煤小锅炉。

积极推行"一区一热源"，建设和完善热网工程，积极发展"热—电—冷"三联供。对纯凝汽燃煤发电机组加大技术改造力度，最大限度地抽汽供应热网；按照统一规划、以热定电和适度规模的原则，发展热电联产和集中供热。新建工业园区要以热电联产企业为供热热源，不具备条件的，须根据园区规划面积配备完善的集中供热系统；现有各类工业园区与工业集中区应实施热电联产或集中供热改造，将工业企业纳入集中供热范围。城市建成区要结合大型发电或热电企业，实行集中供热。核准审批新建热电联产项目要求关停的燃煤锅炉必须按期淘汰。

逐步淘汰小型燃煤锅炉。热网覆盖范围内的分散燃煤锅炉全部拆除，城市建成区、地级及以上城市市辖区逐步淘汰10蒸吨/时以下燃煤锅炉。到2015年，工业园区基本实现集中供热。逐步淘汰农村地区居民散烧供暖煤炉，鼓励使用清洁能源，有条件的地区应实行集中供热。

推进供热计量改革。加快推进北方采暖地区既有居住建筑供热计量和节能改造，加强对新建建筑供热计量工程的监管，全面实行供热计量收费，促进用户行为节能，推进供热节能减排。

2. 改善煤炭质量，推进煤炭洁净高效利用。

限制高硫分高灰分煤炭的开采与使用，提高煤炭洗选比例，推进配煤中心建设，研究推广煤炭清洁、高效利用技术，实施煤炭的清洁化利用，降低大气污染物排放。重点控制区内没有配套高效脱硫、除尘设施的燃煤锅炉和工业窑炉，禁止燃用含硫量超过0.6%、灰分超过15%的煤炭；居民生活燃煤和其他小型燃煤设施优先使用低硫低灰分并添加固硫剂的型煤。

五、深化大气污染治理，实施多污染物协同控制

（一）深化二氧化硫污染治理，全面开展氮氧化物控制。

1. 全面推进二氧化硫减排。

深化火电行业二氧化硫治理。燃煤机组全部安装脱硫设施；对不能稳定达标

的脱硫设施进行升级改造；烟气脱硫设施要按照规定取消烟气旁路，强化对脱硫设施的监督管理，确保燃煤电厂综合脱硫效率达到90%以上。

加强钢铁、石化等非电行业的烟气二氧化硫治理。所有烧结机和位于城市建成区的球团生产设备配套建设脱硫设施，综合脱硫效率达到 70%以上。石油炼制行业催化裂化装置要配套建设烟气脱硫设施，硫黄回收率要达到99%以上。加快有色金属冶炼行业生产工艺设备更新改造，提高冶炼烟气中硫的回收利用率，对二氧化硫含量大于 3.5%的烟气采取制酸或其他方式回收处理，低浓度烟气和排放超标的制酸尾气进行脱硫处理。实施炼焦炉煤气脱硫，硫化氢脱除效率达到95%以上。加强大中型燃煤锅炉烟气治理，规模在 20 蒸吨/时及以上的全部实施脱硫，脱硫效率达到 70%以上。积极推进陶瓷、玻璃、砖瓦等建材行业二氧化硫控制。

2. 全面开展氮氧化物污染防治。

大力推进火电行业氮氧化物控制。加快燃煤机组低氮燃烧技术改造及脱硝设施建设，单机容量 20 万千瓦以上、投运年限 20 年内的现役燃煤机组全部配套脱硝设施，脱硝效率达到85%以上，综合脱硝效率达到70%以上；加强对已建脱硝设施的监督管理，确保脱硝设施高效稳定运行。

加强水泥行业氮氧化物治理。对新型干法水泥窑实施低氮燃烧技术改造，配套建设脱硝设施。新、改、扩建水泥生产线综合脱硝效率不低于60%。

积极开展燃煤工业锅炉、烧结机等烟气脱硝示范。在京津冀、长三角、珠三角地区选择烧结机单台面积180 平方米以上的 2～3 家钢铁企业，开展烟气脱硝示范工程建设。推进燃煤工业锅炉低氮燃烧改造和脱硝示范。

（二）强化工业烟粉尘治理，大力削减颗粒物排放。

1. 深化火电行业烟尘治理。

燃煤机组必须配套高效除尘设施。一般控制区按照 30 毫克/立方米标准，重点控制区按照 20 毫克/立方米标准，对烟尘排放浓度不能稳定达标的燃煤机组进行高效除尘改造。

2. 强化水泥行业粉尘治理。

水泥窑及窑磨一体机除尘设施应全部改造为袋式除尘器。水泥企业破碎机、磨机、包装机、烘干机、烘干磨、煤磨机、冷却机、水泥仓及其他通风设备需采用高效除尘器，确保颗粒物排放稳定达标。加强水泥厂和粉磨站颗粒物排放综合治理，采取有效措施控制水泥行业颗粒物无组织排放，大力推广散装水泥生产，限制和减少袋装水泥生产，所有原材料、产品必须密闭贮存、输送，车船装、卸料采取有效措施防止起尘。

3．深化钢铁行业颗粒物治理。

现役烧结（球团）设备机头烟尘不能稳定达标排放的进行高效除尘技术改造，重点控制区应达到特别排放限值的要求。炼焦工序应配备地面站高效除尘系统，积极推广使用干熄焦技术；炼铁出铁口、撇渣器、铁水沟等位置设置密闭收尘罩，并配置袋式除尘器。

4．全面推进燃煤工业锅炉烟尘治理。

燃煤工业锅炉烟尘不能稳定达标排放的，应进行高效除尘改造，重点控制区应达到特别排放限值的要求。沸腾炉和煤粉炉必须安装袋式除尘装置。积极采用天然气等清洁能源替代燃煤；使用生物质成型燃料应符合相关技术规范，使用专用燃烧设备；对无清洁能源替代条件的，推广使用型煤。

5．积极推进工业炉窑颗粒物治理。

积极推广工业炉窑使用清洁能源，陶瓷、玻璃等工业炉窑可采用天然气、煤制气等替代燃煤，推广应用黏土砖生产内燃技术。加强工业炉窑除尘工作，安装高效除尘设备，确保达标排放。

（三）开展重点行业治理，完善挥发性有机物污染防治体系。

1．开展挥发性有机物摸底调查。

针对石化、有机化工、合成材料、化学药品原药制造、塑料产品制造、装备制造涂装、通信设备计算机及其他电子设备制造、包装印刷等重点行业，开展挥发性有机物排放调查工作，制定分行业挥发性有机物排放系数，编制重点行业排放清单，摸清挥发性有机物行业和地区分布特征，筛选重点排放源，建立挥发性有机物重点监管企业名录。在复合型大气污染严重地区，开展大气环境挥发性有机物调查性监测，掌握大气环境中挥发性有机物浓度水平、季节变化、区域分布特征。

2．完善重点行业挥发性有机物排放控制要求和政策体系。

尽快制定相关行业挥发性有机物排放标准、清洁生产评价指标体系和环境工程技术规范；加快制定完善环境空气和固定污染源挥发性有机物测定方法标准、监测技术规范以及监测仪器标准；加强挥发性有机物面源污染控制，研究制定涂料、油墨、胶黏剂、建筑板材、家具、干洗等含有机溶剂产品的环境标志产品认证标准；建立含有机溶剂产品销售使用准入制度，实施挥发性有机化合物含量限值管理。建立有机溶剂使用申报制度。在挥发性有机物污染典型企业集中度较高的工业园区，开展挥发性有机物污染综合防治试点工作，探索挥发性有机物的监测、治理技术和监督管理机制。

3．全面开展加油站、储油库和油罐车油气回收治理。

加大加油站、储油库和油罐车油气回收治理改造力度，2013 年底前重点控制区全面完成油气回收治理工作，2014 年底前一般控制区完成油气回收治理工作。建设油气回收在线监控系统平台试点，实现对重点储油库和加油站油气回收远程集中监测、管理和控制。

4．大力削减石化行业挥发性有机物排放。

石化企业应全面推行 LDAR（泄漏检测与修复）技术，加强石化生产、输送和储存过程挥发性有机物泄漏的监测和监管，对泄漏率超过标准的要进行设备改造；严格控制储存、运输环节的呼吸损耗，原料、中间产品、成品储存设施应全部采用高效密封的浮顶罐，或安装顶空联通置换油气回收装置。将原油加工损失率控制在 6‰以内。炼油与石油化工生产工艺单元排放的有机工艺尾气，应回收利用，不能（或不能完全）回收利用的，应采用锅炉、工艺加热炉、焚烧炉、火炬予以焚烧，或采用吸收、吸附、冷凝等非焚烧方式予以处理；废水收集系统液面与环境空气之间应采取隔离措施，曝气池、气浮池等应加盖密闭，并收集废气净化处理。加强回收装置与有机废气治理设施的监管，确保挥发性有机物排放稳定达标，重点控制区执行特别排放限值。石化企业有组织废气排放逐步安装在线连续监测系统，厂界安装挥发性有机物环境监测设施。

5．积极推进有机化工等行业挥发性有机物控制。

提升有机化工（含有机化学原料、合成材料、日用化工、涂料、油墨、胶黏剂、染料、化学溶剂、试剂生产等）、医药化工、塑料制品企业装备水平，严格控制跑冒滴漏。原料、中间产品与成品应密闭储存，对于实际蒸汽压大于 2.8 千帕、容积大于 100 立方米的有机液体储罐，采用高效密封方式的浮顶罐或安装密闭排气系统进行净化处理。排放挥发性有机物的生产工序要在密闭空间或设备中实施，产生的含挥发性有机物废气需进行净化处理，净化效率应不低于 90%。逐步开展排放有毒、恶臭等挥发性有机物的有机化工企业在线连续监测系统的建设，并与环境保护主管部门联网。

6．加强表面涂装工艺挥发性有机物排放控制。

积极推进汽车制造与维修、船舶制造、集装箱、电子产品、家用电器、家具制造、装备制造、电线电缆等行业表面涂装工艺挥发性有机物的污染控制。全面提高水性、高固分、粉末、紫外光固化涂料等低挥发性有机物含量涂料的使用比例，汽车制造企业达到 50%以上，家具制造企业达到 30%以上，电子产品、电器产品制造企业达到 50%以上。推广汽车行业先进涂装工艺技术的使用，优化喷漆工艺与设备，小型乘用车单位涂装面积的挥发性有机物排放量控制在 40 克/平方米以下。使用溶剂型涂料的表面涂装工序必须密闭作业，配备有机废气收集系统，安装高效回收净化设施，有机废气净化率达到 90%以上。

7．推进溶剂使用工艺挥发性有机物治理。

包装印刷业必须使用符合环保要求的油墨，烘干车间需安装活性碳等吸附设备回收有机溶剂，对车间有机废气进行净化处理，净化效率达到 90%以上。在纺织印染、皮革加工、制鞋、人造板生产、日化等行业，积极推动使用低毒、低挥发性溶剂，食品加工行业必须使用低挥发性溶剂，制鞋行业胶黏剂应符合国家强制性标准《鞋和箱包胶黏剂》的要求；同时开展挥发性有机物收集与净化处理。

（四）加强有毒废气污染控制，切实履行国际公约。

1．加强有毒废气污染控制。

编制发布国家有毒空气污染物优先控制名录，推进排放有毒废气企业的环境监管，对重点排放企业实施强制性清洁生产审核；把有毒空气污染物排放控制作为环境影响评价审批的重要内容，明确控制措施和应急对策。开展重点地区铅、汞、镉、苯并[a]芘、二噁英等有毒空气污染物调查性监测。完善有毒空气污染物的排放标准与防治技术规范。

2．积极推进大气汞污染控制工作。

深入开展燃煤电厂大气汞排放控制试点工作，积极推进汞排放协同控制；实施有色金属行业烟气除汞技术示范工程；开发水泥生产和废物焚烧等行业大气汞排放控制技术；编制燃煤、有色金属、水泥、废物焚烧、钢铁、石油天然气工业、汞矿开采等重点行业大气汞排放清单，研究制定控制对策。

3．积极开展消耗臭氧层物质淘汰工作。

完善消耗臭氧层物质生产、使用和进出口的审批、监管制度。按照《蒙特利尔议定书》的要求，完成含氢氯氟烃、医用气雾剂全氯氟烃、甲基溴等约束性指标的淘汰任务，严格控制含氢氯氟烃、甲烷氯化物生产装置能力的过快增长，加强相关行业替代品和替代技术的开发和应用，强化国家、地方及行业履约能力建设。

（五）强化机动车污染防治，有效控制移动源排放。

1．促进交通可持续发展。

大力发展城市公交系统和城际间轨道交通系统，城市交通发展实施公交优先战略，改善居民步行、自行车出行条件，鼓励选择绿色出行方式；加大和优化城区路网结构建设力度，通过错峰上下班、调整停车费等手段，提高机动车通行效率；推广城市智能交通管理和节能驾驶技术；鼓励选用节能环保车型，推广使用天然气汽车和新能源汽车，并逐步完善相关基础配套设施；积极推广电动公交车和出租车。开展城市机动车保有量（重点是出行量）调控政策研究，探索调控特大型或大型城市机动车保有总量。

2．推动油品配套升级。

加快车用燃油低硫化步伐，颁布实施第四、第五阶段车用燃油国家标准。2013年底前，全面供应国Ⅳ车用汽油（硫含量不大于 50 ppm），2014年底前全面供应国Ⅳ车用柴油，京津冀、长三角、珠三角区域优先实施；2013年7月1日前，将普通柴油硫含量降低至 350 ppm 以下；逐步将远洋船舶用燃料硫含量降低至 2 000 ppm 以下。

加强油品质量的监督检查，严厉打击非法生产、销售不符合国家和地方标准要求车用油品的行为，建立健全炼化企业油品质量控制制度，全面保障油品质量。高速公路及城市市区加油站销售的车用燃油必须达到《车用汽油》、《车用柴油》标准。推进配套尿素加注站建设，2015年底前全面建成尿素加注网络，确保柴油车 SCR 装置正常运转。

3．加快新车排放标准实施进程。

实施国家第Ⅳ阶段机动车排放标准，适时颁布实施国家第Ⅴ阶段机动车排放标准，鼓励有条件地区提前实施下一阶段机动车排放标准。2015年起低速汽车（三轮汽车、低速货车）执行与轻型载货车同等的节能与排放标准。完善机动车环保型式核准和强制认证制度，不断扩大环保监督检查覆盖范围，确保企业批量生产的车辆达到排放标准要求。未达到国家机动车排放标准的车辆不得生产、销售。严格外地转入车辆环境监管。

4．加强车辆环保管理。

全面推进机动车环保标志核发工作，到 2015 年，汽车环保标志发放率达到 85%以上。开展环保标志电子化、智能化管理。全面推进机动车环保检验委托工作，加快环保检验在线监控设备安装进程，加强检测设备的质量管理，提高环保检测机构监测数据的质量控制水平，强化检测技术监管与数据审核，推进环保检验机构规范化运营。加快推行简易工况尾气检测法。完善机动车环保检验与维修（I/M）制度。

5．加速黄标车淘汰。

严格执行老旧机动车强制报废制度，强化营运车辆强制报废的有效管理和监控。通过制定完善地方性法规规章，推行黄标车限行措施，加速黄标车淘汰进程。2013年底前实现重点控制区地级及以上城市主城区黄标车禁行，2015年底前实现其他地级及以上城市主城区黄标车禁行。大力推进城市公交车、出租车、客运车、运输车（含低速车）集中治理或更新淘汰，杜绝车辆"冒黑烟"现象。力争到 2015 年，淘汰 2005 年底前注册运营的黄标车，京津冀、长三角、珠三角基本淘汰辖区内黄标车。

6. 开展非道路移动源污染防治。

开展非道路移动源排放调查，掌握工程机械、火车机车、船舶、农业机械、工业机械和飞机等非道路移动源的污染状况，建立移动源大气污染控制管理台账。推进非道路移动机械和船舶的排放控制。2013 年，实施国家第Ⅲ阶段非道路移动机械排放标准和国家第Ⅰ阶段船用发动机排放标准。积极开展施工机械环保治理，推进安装大气污染物后处理装置。加快天津、上海、南京、宁波、广州、青岛等地区的"绿色港口"建设。在重点港口建设码头岸电设施示范工程，加快港口内拖车、装卸设备等"油改气"或"油改电"进程，降低污染物排放。

（六）加强扬尘控制，深化面源污染管理。

1. 加强城市扬尘污染综合管理。

各地应将扬尘控制作为城市环境综合整治的重要内容，建立由住房城乡建设、环保、市政、园林、城管等部门组成的协调机构，开展城市扬尘综合整治，加强监督管理。积极创建扬尘污染控制区，控制施工扬尘和渣土遗撒，开展裸露地面治理，提高绿化覆盖率，加强道路清扫保洁，不断扩大扬尘污染控制区面积。到 2015 年，重点控制区内城市建成区降尘强度在 2010 年基础上下降 15%以上，一般控制区内城市建成区降尘强度下降 10%以上。

2. 强化施工扬尘监管。

加强施工扬尘环境监理和执法检查。在项目开工前，建设单位与施工单位应向建设、环保等部门分别提交扬尘污染防治方案与具体实施方案，并将扬尘污染防治纳入工程监理范围，扬尘污染防治费用纳入工程预算。将施工企业扬尘污染控制情况纳入建筑企业信用管理系统，定期公布，作为招投标的重要依据。加强现场执法检查，强化土方作业时段监督管理，增加检查频次，加大处罚力度。

推进建筑工地绿色施工。建设工程施工现场必须全封闭设置围挡墙，严禁敞开式作业；施工现场道路、作业区、生活区必须进行地面硬化；积极推广使用散装水泥，市区施工工地全部使用预拌混凝土和预拌砂浆，杜绝现场搅拌混凝土和砂浆；对因堆放、装卸、运输、搅拌等易产生扬尘的污染源，应采取遮盖、洒水、封闭等控制措施；施工现场的垃圾、渣土、沙石等要及时清运，建筑施工场地出口设置冲洗平台。建设城市扬尘视频监控平台，在城市市区内，主要施工工地出口、起重机、料堆等易起尘的位置安装视频监控设施，新增建筑工地在开工建设前要安装视频监控设施，实现施工工地重点环节和部位的精细化管理。

3．控制道路扬尘污染。

积极推行城市道路机械化清扫，提高机械化清扫率，到2015年一般控制区城市建成区主要车行道机扫率达到70%以上，重点控制区达到90%以上。增加城市道路冲洗保洁频次，切实降低道路积尘负荷。减少道路开挖面积，缩短裸露时间，开挖道路应分段封闭施工，及时修复破损道路路面。加强道路两侧绿化，减少裸露地面。加强渣土运输车辆监督管理，所有城市渣土运输车辆实施密闭运输，实施资质管理与备案制度，安装GPS定位系统，对重点地区、重点路段的渣土运输车辆实施全面监控。

4．推进堆场扬尘综合治理。

强化煤堆、料堆的监督管理。大型煤堆、料堆场应建立密闭料仓与传送装置，露天堆放的应加以覆盖或建设自动喷淋装置。电厂、港口的大型煤堆、料堆应安装视频监控设施，并与城市扬尘视频监控平台联网。对长期堆放的废弃物，应采取覆绿、铺装、硬化、定期喷洒抑尘剂或稳定剂等措施。积极推进粉煤灰、炉渣、矿渣的综合利用，减少堆放量。

5．加强城市绿化建设。

结合城市发展和工业布局，加强城市绿化建设，努力提高城市绿化水平，增强环境自净能力。打造绿色生态保护屏障，构建防风固沙体系。实施生态修复，加强对各类废弃矿区的治理，恢复生态植被和景观，抑制扬尘产生。

6．加强秸秆焚烧环境监管。

禁止农作物秸秆、城市清扫废物、园林废物、建筑废弃物等生物质的违规露天焚烧。全面推广秸秆还田、秸秆制肥、秸秆饲料化、秸秆能源化利用等综合利用措施，制定实施秸秆综合利用实施方案，建立秸秆综合利用示范工程，促进秸秆资源化利用，加强秸秆焚烧监管。进一步加强重点区域秸秆焚烧和火点监测信息发布工作，建立和完善市、县（区）、镇、村四级秸秆焚烧责任体系，完善目标责任追究制度。

7．推进餐饮业油烟污染治理。

严格新建饮食服务经营场所的环保审批；推广使用管道煤气、天然气、电等清洁能源；饮食服务经营场所要安装高效油烟净化设施，并强化运行监管；强化无油烟净化设施露天烧烤的环境监管。

六、创新区域管理机制，提升联防联控管理能力

（一）建立区域大气污染联防联控机制。

1. 建立统一协调的区域联防联控工作机制。

在全国环境保护部联席会议制度下，定期召开区域大气污染联防联控联席会议，统筹协调区域内大气污染防治工作。京津冀、长三角、成渝、甘宁等跨省区域，成立由环境保护部牵头、相关部门与区域内各省级政府参加的大气污染联防联控工作领导小组；其他城市群成立由主管省级领导为组长的领导小组。区域内各地区轮值召开年度联席工作会议，通报上年区域大气污染联防联控工作进展，交流和总结工作经验，研究制定下一阶段工作目标、工作重点与主要任务。

2. 建立区域大气环境联合执法监管机制。

加强区域环境执法监管，确定并公布区域重点企业名单，开展区域大气环境联合执法检查，集中整治违法排污企业。经过限期治理仍达不到排放要求的重污染企业予以关停。切实发挥国家各区域环境督查派出机构的职能，加强对区域和重点城市大气污染防治工作的监督检查和考核，定期开展重点行业、企业大气污染专项检查，组织查处重大大气环境污染案件，协调处理跨省区域重大污染纠纷，打击行政区边界大气污染违法行为。强化区域内工业项目搬迁的环境监管，搬迁项目要严格执行国家和区域对新建项目的环境保护要求。

3. 建立重大项目环境影响评价会商机制。

对区域大气环境有重大影响的火电、石化、钢铁、水泥、有色、化工等项目，要以区域规划环境影响评价、区域重点产业环境影响评价为依据，综合评价其对区域大气环境质量的影响，评价结果向社会公开，并征求项目影响范围内公众和相关城市环保部门意见，作为环评审批的重要依据。

4. 建立环境信息共享机制。

围绕区域大气环境管理要求，依托已有网站设施，促进区域环境信息共享，集成区域内各地环境空气质量监测、重点源大气污染排放、重点建设项目、机动车环保标志等信息，建立区域环境信息共享机制，促进区域内各地市之间的环境信息交流。

5. 建立区域大气污染预警应急机制。

加强极端不利气象条件下大气污染预警体系建设，加强区域大气环境质量预报，实现风险信息研判和预警。建立区域重污染天气应急预案，构建区域、省、

市联动一体的应急响应体系，将保障任务层层分解。当出现极端不利气象条件时，所在区域及时启动应急预案，实行重点大气污染物排放源限产、建筑工地停止土方作业、机动车限行等紧急控制措施。

（二）创新环境管理政策措施。

1. 完善财税补贴激励政策。

加大落后产能淘汰的财政支持力度，加快火电、钢铁、水泥等落后产能及小锅炉、挥发性有机物排放类行业落后工艺的淘汰步伐，对符合奖励条件的项目，积极给予支持。加大大气污染防治技术示范工程资金支持力度。实施老旧汽车报废更新补贴政策，采取经济激励政策加速黄标车淘汰。对生产符合下一阶段标准车用燃油的企业，在消费税政策上予以优惠。认真落实鼓励秸秆等综合利用的税收优惠政策。推行政府绿色采购，完善强制采购和优先采购制度，逐步提高节能环保产品比重。

2. 深入推进价格与金融贸易政策。

全面落实脱硫电价政策，继续执行差别电价和惩罚性电价政策，分步推进火电厂烟气脱硝加价政策。对高耗能、高污染产业，金融机构实施更为严格的贷款发放标准。将企业环境违法信息纳入人民银行企业征信系统和银监会信息披露系统，与企业信用等级评定、贷款及证券融资联动。将大气污染排放强度大的重污染产品列入国家"高污染、高环境风险"产品名录，调整进出口税收政策，限制高耗能、高排放产品出口。开展高环境风险企业环境污染强制责任保险试点。

3. 完善挥发性有机物等排污收费政策。

建立完善挥发性有机物排放当量核算方法，研究征收挥发性有机物排污费。研究制定扬尘排污收费政策。

4. 全面推行排污许可证制度。

全面推行大气排污许可证制度，排放二氧化硫、氮氧化物、工业烟粉尘、挥发性有机物的重点企业，应在2014年底前向环保部门申领排污许可证。排污许可证应明确允许排放污染物的名称、种类、数量、排放方式、治理措施及监测要求，作为总量控制、排污收费、环境执法的重要依据。未取得排污许可证的企业，不得排放污染物。继续推动排污权交易试点，针对电力、钢铁、石化、建材、有色等重点行业，探索建立区域主要大气污染物排放指标有偿使用和交易制度。

5. 实施重点行业环保核查制度。

对火电、钢铁、有色、水泥、石化、化工等污染物排放量大的行业实施环保核查制度。对核查中发现的环保违法企业，实施限期改正、挂牌督办、限期治理、停产整治或关停。对未提交核查申请、未通过核查以及弄虚作假的企业，暂停审批其新、改、扩建项目环境影响评价文件，不予提供各类环保专项资金支持，不予出具任何方面的环保合格、达标或守法证明文件。环境保护部门向社会公告企业通过环保核查的情况，作为企业信贷、产品生产、进出口审批的重要依据。

6. 推行污染治理设施建设运行特许经营。

完善火电厂脱硫设施特许经营制度，探索在脱硝、除尘、挥发性有机物治理等方面开展治理设施社会化运营，提高治污设施的建设质量与运行效果。实行环保设施运营资质许可制度，推进环保设施的专业化、社会化运营服务。完善大气污染治理及机动车检测的市场准入机制，规范市场行为，打破地方保护，为企业创造公平竞争的市场环境。

7. 实施环境信息公开制度。

各地要实时发布城市环境空气质量信息，定期开展空气质量评估，并向社会公开。对新建项目要公示环境影响评价情况并广泛征求公众意见，重点企业要公开污染物排放状况、治理设施运行情况等环境信息，定期发布大气污染物排放监测结果，接受社会监督。建立重污染行业企业、涉及有毒废气排放企业环境信息强制披露制度。广泛动员全社会参与大气环境保护，通过采取有奖举报等措施，鼓励公众监督车辆"冒黑烟"、渣土运输车辆遗撒、秸秆露天焚烧等环保违法行为。

8. 推进城市环境空气质量达标管理。

根据《大气污染防治法》第十七条规定，环境空气质量未达标城市人民政府应制定限期达标规划，按照国务院或者环境保护部划定的期限，分别在 5 年、10 年、15 年、20 年内限期达标。直辖市的限期达标规划，报国务院批准；其他国家环境保护重点城市的限期达标规划经城市所在地省级人民政府审查同意后，经国务院授权由环境保护部批准；其他城市的限期达标规划由省级人民政府批准，并报环境保护部备案。所有城市的限期达标规划要向社会公开。国家和省级环保部门对限期达标规划执行情况进行检查和考核，并将考核结果向社会公布。

（三）全面加强联防联控的能力建设。

1. 建立统一的区域空气质量监测体系。

强化区域环境空气质量监测体系建设，各省（区、市）按照"十二五"国家空气监测网设置方案的要求逐步开展城市空气质量监测点位的能力建设，同时在位于城市建成区以外地区或区域输送通道上均匀布设一定数量的区域站。所有城市监测点位新增细颗粒物、臭氧、一氧化碳等监测因子和数字环境摄影记录系统，开展全指标监测；区域站还应增加能见度、气象五参数等监测能力。京津冀、长三角和珠三角在 2012 年底前完成区域环境空气质量监测体系建设，其他城市群在 2015 年底前完成区域环境空气质量监测体系建设。加强大气环境超级站建设。开展移动源对路边环境影响的监测。

全面加强监测数据质量控制，强化监测技术监管与数据审核。区域内所有监测点位与中国环境监测总站进行直联，实现环境空气质量数据实时传输。省级环境监测管理部门负责对城市空气质量监测点质控工作进行督查，环境保护部组织开展不定期检查、飞行检查及交叉质控。重点区域中所有 631 个市区监测点位和 61 个区域站均作为本规划空气质量目标监督、考核、评估的重要依据。

表 4 　"十二五"重点区域城市点位数量及空气质量目标考核依据

区域	省份	城市	"十二五"城市点位数量	2010 年城市点位数量	2010 年城市二氧化硫年均浓度/（微克/立方米）	2010 年城市二氧化氮年均浓度/（微克/立方米）	2010 年城市可吸入颗粒物年均浓度/（微克/立方米）
	北京	北京	12	12	32	57	121
	天津	天津	15	13	54	45	96
京津冀	河北	石家庄	8	7	54	41	98
		唐山	6	6	57	29	85
		秦皇岛	5	5	41	25	64
		邯郸	4	4	44	29	90
		保定	6	6	41	31	84
		承德	5	5	46	39	53
		沧州	3	3	33	24	78
		衡水	3	4	40	26	79
		邢台	4	4	44	24	82
		张家口	5	5	51	23	60
		廊坊	4	3	43	30	78
长三角	上海	上海	10	10	29	50	79
	江苏	南京	9	6	36	46	114
		无锡	8	7	47	46	88
		徐州	7	6	44	26	88
		常州	6	4	34	28	97
		苏州	8	8	33	54	90
		南通	5	5	33	29	97
		连云港	4	4	38	25	90
		淮安	5	3	31	33	95

区域	省份	城市	"十二五"城市点位数量	2010年城市点位数量	2010年城市二氧化硫年均浓度/（微克/立方米）	2010年城市二氧化氮年均浓度/（微克/立方米）	2010年城市可吸入颗粒物年均浓度/（微克/立方米）
长三角	江苏	盐城	4	3	39	23	122
		扬州	4	4	33	23	96
		镇江	4	4	24	36	97
		泰州	4	3	39	32	87
		宿迁	4	3	31	22	99
	浙江	杭州	11	10	34	56	98
		宁波	8	5	31	53	96
		温州	4	4	28	58	85
		嘉兴	3	3	42	45	93
		湖州	3	3	18	46	86
		绍兴	3	2	55	42	95
		金华	3	3	36	48	67
		衢州	3	3	20	28	65
		舟山	3	2	15	24	61
		台州	3	3	29	38	80
		丽水	3	3	22	28	71
珠三角	广东	广州	11	11	33	53	69
		深圳	11	8	11	45	57
		珠海	4	4	15	33	49
		佛山	8	8	37	51	64
		江门	4	4	27	24	57
		肇庆	4	4	36	41	58
		惠州	5	5	18	25	51
		东莞	5	5	30	47	63
		中山	4	4	27	40	51
辽宁中部	辽宁	沈阳	11	11	58	35	101
		鞍山	7	7	46	39	105
		抚顺	6	5	38	36	94
		本溪	6	6	57	34	69
		营口	4	4	30	26	73
		辽阳	4	4	53	35	66
		铁岭	4	3	41	23	78

区域	省份	城市	"十二五"城市点位数量	2010年城市点位数量	2010年城市二氧化硫年均浓度/（微克/立方米）	2010年城市二氧化氮年均浓度/（微克/立方米）	2010年城市可吸入颗粒物年均浓度/（微克/立方米）
山东	山东	济南	8	8	45	27	117
		青岛	9	8	52	48	99
		淄博	6	6	89	33	110
		枣庄	5	5	57	33	99
		东营	4	4	56	40	89
		烟台	6	6	41	39	81
		潍坊	5	5	58	42	99
		济宁	3	3	64	44	116
		泰安	3	3	49	42	97
		威海	3	3	24	33	67
		日照	3	3	39	44	89
		莱芜	3	3	54	32	107
		临沂	4	4	56	40	97
		德州	3	3	47	36	89
		聊城	3	3	53	30	93
		滨州	3	3	55	49	97
		菏泽	3	3	50	27	93
武汉及其周边	湖北	武汉	10	10	41	57	108
		黄石	5	5	38	23	91
		鄂州	3	2	33	22	83
		孝感	2	1	21	28	101
		黄冈	2	1	9	14	71
		咸宁	4	2	27	23	94
长株潭	湖南	长沙	10	9	40	46	83
		株洲	7	6	58	33	81
		湘潭	7	5	55	40	95
成渝	重庆	重庆	17	20	48	39	102
	四川	成都	8	8	31	51	104
		自贡	4	4	63	40	81
		绵阳	4	4	35	29	82
		宜宾	6	6	55	35	78
		泸州	4	4	51	49	86

区域	省份	城市	"十二五"城市点位数量	2010年城市点位数量	2010年城市二氧化硫年均浓度/（微克/立方米）	2010年城市二氧化氮年均浓度/（微克/立方米）	2010年城市可吸入颗粒物年均浓度/（微克/立方米）
成渝	四川	德阳	4	4	46	36	65
		南充	6	6	42	30	61
		遂宁	4	4	29	25	71
		内江	4	4	51	37	52
		乐山	4	4	27	28	79
		眉山	4	4	41	44	83
		广安	5	5	46	29	59
		达州	5	5	27	23	69
		资阳	5	5	46	33	62
海峡西岸	福建	福州	6	4	9	32	73
		厦门	4	4	21	46	65
		泉州	4	4	19	21	68
		莆田	5	4	28	13	64
		三明	4	4	54	14	91
		漳州	3	3	23	44	72
		南平	4	3	55	29	72
		龙岩	4	4	38	16	83
		宁德	3	3	18	18	53
山西中北部	山西	太原	9	9	68	20	89
		大同	6	6	36	28	75
		朔州	5	5	36	11	75
		忻州	3	3	35	17	61
陕西关中	陕西	西安	13	11	43	45	126
		咸阳	4	3	32	24	94
		铜川	4	3	48	38	99
		宝鸡	8	6	24	27	98
		渭南	4	4	39	41	112
甘宁	甘肃	兰州	5	5	57	48	155
		白银	2	2	46	29	99
	宁夏	银川	5	5	39	26	94

区域	省份	城市	"十二五"城市点位数量	2010年城市点位数量	2010年城市二氧化硫年均浓度/（微克/立方米）	2010年城市二氧化氮年均浓度/（微克/立方米）	2010年城市可吸入颗粒物年均浓度/（微克/立方米）
新疆乌鲁木齐	新疆	乌鲁木齐	7	6	89	67	133
		昌吉	3	2	25	29	82
		五家渠	1	1	14	13	73

注：城市监测点位中的对照点不参与城市空气质量评价。

2．加强重点污染源监控能力建设。

全面加强国控、省控重点污染源二氧化硫、氮氧化物、颗粒物在线监测能力建设，2014年底前重点污染源全部建成在线监控装置，并与环保部门联网，积极推进挥发性有机物在线监测工作。加强各地监测站对挥发性有机物、汞监督性监测能力建设。进一步加强市级大气污染源监控能力建设，依托已有网络设施，完善国家、省、市三级自动监控体系，提升大气污染源数据的收集处理、分析评估与应用能力。全面推进重点污染源自动监测系统数据有效性审核，将自动监控设施的稳定运行情况及其监测数据的有效性水平，纳入企业环保信用等级。

3．推进机动车排污监控能力建设。

加快机动车污染监控机构标准化建设进程，推进省级和市级机动车排污监控机构建设，省级与重点控制区2013年底前建成，一般控制区2014年底前建成。提高机动车污染监控能力，促进新车、在用车环保信息共享，提高机动车污染监控水平。

4．强化污染排放统计与环境质量管理能力建设。

逐步将挥发性有机物与移动源排放纳入环境统计体系。制定分行业挥发性有机物排放系数，建立挥发性有机物排放统计方法，开展摸底调查。组织开展非道路移动源排放状况调查，摸清非道路移动源排放系数及活动水平。研究开展颗粒物无组织排放调查。细颗粒物污染严重城市要进行源解析工作。针对危害群众健康和影响空气质量改善的区域性特征污染物，定期开展空气质量调查性监测。建设基于环境质量的区域大气环境管理平台，编制多尺度、高分辨率大气排放清单，提高跨界污染来源识别、成因分析、控制方案定量化评估的综合能力。

七、重点工程项目与投资效益评估

（一）重点工程项目。

重点工程项目分为二氧化硫治理、氮氧化物治理、工业烟粉尘治理、工业挥发性有机物治理、油气回收、黄标车淘汰、扬尘综合整治、能力建设八类。其中能力建设重点包括区域空气质量监测能力建设、企业污染排放监控能力建设、机动车排污监控能力建设、污染排放与环境质量调查等项目。重点项目投资需求约3 500亿元，其中二氧化硫治理项目投资需求约730亿元，氮氧化物治理项目投资需求约530亿元，工业烟粉尘治理项目投资需求约470亿元，工业挥发性有机物治理项目投资需求约400亿元，油气回收项目投资需求约215亿元，黄标车淘汰项目投资需求约940亿元，扬尘综合整治项目投资需求约100亿元，能力建设项目投资需求约115亿元。

（二）效益分析。

重点工程项目的实施将新增二氧化硫减排能力约228万吨/年、氮氧化物减排能力约359万吨/年、颗粒物减排能力约148万吨/年、挥发性有机物减排能力约152.5万吨/年，环境空气质量有所改善，光化学烟雾、灰霾、酸雨污染有所减轻，共计减少社会经济损失约20 000亿元。

八、保障措施

（一）加强组织领导。

地方人民政府是重点区域大气污染防治规划实施的责任主体，要切实加强组织领导，按照规划要求，制定本地区大气污染防治实施方案，并将规划目标和各项任务分解落实到城市和企业，制订年度工作计划，动态更新重点工程项目，明确年度工作任务和部门职责分工，确保任务到位、项目到位、资金到位、责任到位。各有关部门应加强协调配合，按照职责分工开展相应工作，制定相关配套措施，保证规划任务的落实。

（二）严格考核评估。

环境保护部会同国务院有关部门制定考核办法，每年对重点区域大气污染防治规划实施情况进行评估考核；在规划期末，组织开展规划终期评估。规划年度考核与终期评估结果向国务院报告，作为地方各级人民政府领导班子和领导干部综合考核评价的重要依据，实行问责制，并向社会公开。对规划完成情况好、大气环境质量改善明显的省（区、市），环境保护部会同财政、发展改革等部门加大对该地区污染治理和环保能力建设的支持力度，并予以表彰；对考核结果未通过的省（区、市）进行通报；对项目进展缓慢、大气环境污染严重的城市，实施阶段性建设项目环评限批，取消国家授予该地区的环境保护方面的荣誉称号。

（三）加大资金投入。

建立政府、企业、社会多元化投资机制，拓宽融资渠道。污染治理资金以企业自筹为主，政府投入资金优先支持列入规划的污染治理项目。中央财政加大大气污染防治资金投入，重点用于工业污染治理、交通污染治理、面源污染治理，以及区域大气污染防治能力建设，采取"以奖代补"、"以奖促防"、"以奖促治"等方式，加快地方各级政府与企业大气污染防治的进程。地方人民政府根据规划确定的大气污染控制任务，将治污经费列入财政预算，加大资金投入力度。

（四）完善法规标准。

加快环境保护法、大气污染防治法等法律法规的修订工作，研究制定机动车污染防治条例。加快制（修）订石油炼制与石油化工、化学原料及化学品制造、装备制造涂装、电子工业、包装印刷以及钢铁、水泥、燃煤工业锅炉等重点行业大气污染物排放标准。加快重点行业污染防治技术政策与挥发性有机物、有毒废气、饮食业油烟净化工程技术规范的制定。环境空气质量超标的地区，应实施污染物特别排放限值或制定严于国家标准的地方大气污染物排放标准。

（五）强化科技支撑。

在国家、地方相关科技计划（专项）中，加大对区域大气污染防治科技研发的支持力度。加快推进大气污染综合防治重大科技专项，开展光化学烟雾、灰霾的污染机理与控制对策研究，开展区域大气复合污染控制对策体系和氨的大气环境影响研究。加快工业挥发性有机物污染防治技术、燃煤工业锅炉高效脱硫脱硝除尘技术、水泥行业脱硝技术、燃煤电厂除汞技术等的研发与示范，积极推广先进实用技术。开展重点行业多污染物协同控制技术研究。

（六）加强宣传教育。

开展广泛的环境宣传教育活动，充分利用世界环境日、地球日等重大环境纪念日宣传平台，普及大气环境保护知识，全面提升全民环境意识，不断增强公众参与环境保护的能力；加强人员培训，提高各级领导干部对大气污染防治工作重要性的认识，提升环保人员业务能力水平；充分发挥新闻媒体在大气环境保护中的作用，积极宣传区域大气污染联防联控的重要性、紧迫性及采取的政策措施和取得的成效，宣传先进典型，加强舆论监督，为改善大气环境质量营造良好的氛围。

附表　规划范围

区域	省份	城市	面积/（万平方千米）
京津冀	北京市、天津市、河北省	北京市、天津市、石家庄市、唐山市、秦皇岛市、邯郸市、邢台市、保定市、张家口市、承德市、沧州市、廊坊市、衡水市，共13个地级及以上城市	21.9
长三角	上海市、江苏省、浙江省	上海市、南京市、无锡市、徐州市、常州市、苏州市、南通市、连云港市、淮安市、盐城市、扬州市、镇江市、泰州市、宿迁市、杭州市、宁波市、温州市、嘉兴市、湖州市、绍兴市、金华市、衢州市、舟山市、台州市、丽水市，共25个地级及以上城市	21.07
珠三角	广东省	广州市、深圳市、珠海市、佛山市、江门市、肇庆市、惠州市、东莞市、中山市，共9个地级及以上城市	5.47
辽宁中部城市群	辽宁省	沈阳市、鞍山市、抚顺市、本溪市、营口市、辽阳市、铁岭市，共7个地级及以上城市	6.5
山东城市群	山东省	济南市、青岛市、淄博市、枣庄市、东营市、烟台市、潍坊市、济宁市、泰安市、威海市、日照市、莱芜市、临沂市、德州市、聊城市、滨州市、菏泽市，共17个地级及以上城市	15.67
武汉及其周边城市群	湖北省	武汉市、黄石市、鄂州市、孝感市、黄冈市、咸宁市、仙桃市、潜江市、天门市，共6个地级及以上城市、3个县级城市	5.94
长株潭城市群	湖南省	长沙市、株洲市、湘潭市，共3个地级城市	2.8
成渝城市群	四川省、重庆市	重庆市、成都市、自贡市、泸州市、德阳市、绵阳市、遂宁市、内江市、乐山市、南充市、眉山市、宜宾市、广安市、达州市、资阳市，共15个地级及以上城市	22.14
海峡西岸城市群	福建省	福州市、厦门市、莆田市、三明市、泉州市、漳州市、南平市、龙岩市、宁德市、平潭综合实验区，共9个地级及以上城市、1个正厅级实验区	12.4
山西中北部城市群	山西省	太原市、大同市、朔州市、忻州市，共4个地级城市	5.69

区域	省份	城市	面积/（万平方千米）
陕西关中城市群	陕西省	西安市、铜川市、宝鸡市、咸阳市、渭南市、杨凌国家农业高新技术产业示范区，共5个地级及以上城市、1个副省级开发区	5.5
甘宁城市群	甘肃省、宁夏回族自治区	兰州市、白银市、银川市，共3个地级城市	4.33
新疆乌鲁木齐城市群	新疆维吾尔自治区	乌鲁木齐市、昌吉市、阜康市、五家渠市，共1个地级城市、3个县级城市	3.15

国务院关于印发大气污染防治行动计划的通知

国发[2013]37 号

（2013 年 9 月 10 日）

各省、自治区、直辖市人民政府，国务院各部委、各直属机构：

　　现将《大气污染防治行动计划》印发给你们，请认真贯彻执行。

大气污染防治行动计划

　　大气环境保护事关人民群众根本利益，事关经济持续健康发展，事关全面建成小康社会，事关实现中华民族伟大复兴中国梦。当前，我国大气污染形势严峻，以可吸入颗粒物（PM_{10}）、细颗粒物（$PM_{2.5}$）为特征污染物的区域性大气环境问题日益突出，损害人民群众身体健康，影响社会和谐稳定。随着我国工业化、城镇化的深入推进，能源资源消耗持续增加，大气污染防治压力继续加大。为切实改善空气质量，制定本行动计划。

　　总体要求：以邓小平理论、"三个代表"重要思想、科学发展观为指导，以保障人民群众身体健康为出发点，大力推进生态文明建设，坚持政府调控与市场调节相结合、全面推进与重点突破相配合、区域协作与属地管理相协调、总量减排与质量改善相同步，形成政府统领、企业施治、市场驱动、公众参与的大气污染防治新机制，实施分区域、分阶段治理，推动产业结构优化、科技创新能力增强、经济增长质量提高，实现环境效益、经济效益与社会效益多赢，为建设美丽中国而奋斗。

　　奋斗目标：经过五年努力，全国空气质量总体改善，重污染天气较大幅度减少；京津冀、长三角、珠三角等区域空气质量明显好转。力争再用五年或更长时间，逐步消除重污染天气，全国空气质量明显改善。

　　具体指标：到 2017 年，全国地级及以上城市可吸入颗粒物浓度比 2012 年下降 10%以上，优良天数逐年提高；京津冀、长三角、珠三角等区域细颗粒物浓度分别下降 25%、20%、15%左右，其中北京市细颗粒物年均浓度控制在 60 微克/立方米左右。

一、加大综合治理力度，减少多污染物排放

　　（一）加强工业企业大气污染综合治理。全面整治燃煤小锅炉。加快推进集中供热、"煤改气"、"煤改电"工程建设，到 2017 年，除必要保留的以外，地级及以上城市建成区基本淘汰每小时 10 蒸吨及以下的燃煤锅炉，禁止新建每小时 20 蒸吨以下的燃煤锅炉；其他地区原则上不再新建每小时 10 蒸吨以下的燃煤锅炉。在供热供气管网不能覆盖的地区，改用电、新能源或洁净煤，推广应用高效节能环保型锅炉。在化工、造纸、印染、制革、制药等产业集聚区，通过集中建设热电联产机组逐步淘汰分散燃煤锅炉。

　　加快重点行业脱硫、脱硝、除尘改造工程建设。所有燃煤电厂、钢铁企业的烧结机和球团生产设备、石油炼制企业的催化裂化装置、有色金属冶炼企业都要安装脱硫设施，每小时 20 蒸吨及以上的燃煤锅炉要实施脱硫。除循环流化床锅炉以外的燃煤机组均应安装脱硝设施，新型干法水泥窑要实施低氮燃烧技术改造并安装脱硝设施。燃煤锅炉和工业窑炉现有除尘设施要实施升级改造。

　　推进挥发性有机物污染治理。在石化、有机化工、表面涂装、包装印刷等行业实施挥发性有机物综合整治，在石化行业开展"泄漏检测与修复"技术改造。限时完成加油站、储油库、油罐车的油气回收治理，在原油成品油码头积极开展油气回收治理。完善涂料、胶黏剂等产品挥发性有机物限值标准，推广使用水性涂料，鼓励生产、销售和使用低毒、低挥发性有机溶剂。

　　京津冀、长三角、珠三角等区域要于 2015 年底前基本完成燃煤电厂、燃煤锅炉和工业窑炉的污染治理设施建设与改造，完成石化企业有机废气综合治理。

　　（二）深化面源污染治理。综合整治城市扬尘。加强施工扬尘监管，积极推进绿色施工，建设工程施工现场应全封闭设置围挡墙，严禁敞开式作业，施工现场道路应进行地面硬化。渣土运输车辆应采取密闭措施，并逐步安装卫星定位系统。推行道路机械化清扫等低尘作业方式。大型煤堆、料堆要实现封闭储存或建设防风抑尘设施。推进城市及周边绿化和防风防沙林建设，扩大城市建成区绿地规模。

　　开展餐饮油烟污染治理。城区餐饮服务经营场所应安装高效油烟净化设施，推广使用高效净化型家用吸油烟机。

（三）强化移动源污染防治。加强城市交通管理。优化城市功能和布局规划，推广智能交通管理，缓解城市交通拥堵。实施公交优先战略，提高公共交通出行比例，加强步行、自行车交通系统建设。根据城市发展规划，合理控制机动车保有量，北京、上海、广州等特大城市要严格限制机动车保有量。通过鼓励绿色出行、增加使用成本等措施，降低机动车使用强度。

提升燃油品质。加快石油炼制企业升级改造，力争在 2013 年底前，全国供应符合国家第四阶段标准的车用汽油，在 2014 年底前，全国供应符合国家第四阶段标准的车用柴油，在 2015 年底前，京津冀、长三角、珠三角等区域内重点城市全面供应符合国家第五阶段标准的车用汽、柴油，在 2017 年底前，全国供应符合国家第五阶段标准的车用汽、柴油。加强油品质量监督检查，严厉打击非法生产、销售不合格油品行为。

加快淘汰黄标车和老旧车辆。采取划定禁行区域、经济补偿等方式，逐步淘汰黄标车和老旧车辆。到 2015 年，淘汰 2005 年底前注册营运的黄标车，基本淘汰京津冀、长三角、珠三角等区域内的 500 万辆黄标车。到 2017 年，基本淘汰全国范围的黄标车。

加强机动车环保管理。环保、工业和信息化、质检、工商等部门联合加强新生产车辆环保监管，严厉打击生产、销售环保不达标车辆的违法行为；加强在用机动车年度检验，对不达标车辆不得发放环保合格标志，不得上路行驶。加快柴油车车用尿素供应体系建设。研究缩短公交车、出租车强制报废年限。鼓励出租车每年更换高效尾气净化装置。开展工程机械等非道路移动机械和船舶的污染控制。

加快推进低速汽车升级换代。不断提高低速汽车（三轮汽车、低速货车）节能环保要求，减少污染排放，促进相关产业和产品技术升级换代。自 2017 年起，新生产的低速货车执行与轻型载货车同等的节能与排放标准。

大力推广新能源汽车。公交、环卫等行业和政府机关要率先使用新能源汽车，采取直接上牌、财政补贴等措施鼓励个人购买。北京、上海、广州等城市每年新增或更新的公交车中新能源和清洁燃料车的比例达到 60% 以上。

二、调整优化产业结构，推动产业转型升级

（四）严控"两高"行业新增产能。修订高耗能、高污染和资源性行业准入条件，明确资源能源节约和污染物排放等指标。有条件的地区要制定符合当地功能定位、严于国家要求的产业准入目录。严格控制"两高"行业新增产能，新、改、

扩建项目要实行产能等量或减量置换。

（五）加快淘汰落后产能。结合产业发展实际和环境质量状况，进一步提高环保、能耗、安全、质量等标准，分区域明确落后产能淘汰任务，倒逼产业转型升级。

按照《部分工业行业淘汰落后生产工艺装备和产品指导目录（2010 年本）》、《产业结构调整指导目录（2011 年本）（修正）》的要求，采取经济、技术、法律和必要的行政手段，提前一年完成钢铁、水泥、电解铝、平板玻璃等 21 个重点行业的"十二五"落后产能淘汰任务。2015 年再淘汰炼铁 1 500 万吨、炼钢 1 500 万吨、水泥（熟料及粉磨能力）1 亿吨、平板玻璃 2 000 万重量箱。对未按期完成淘汰任务的地区，严格控制国家安排的投资项目，暂停对该地区重点行业建设项目办理审批、核准和备案手续。2016 年、2017 年，各地区要制定范围更宽、标准更高的落后产能淘汰政策，再淘汰一批落后产能。

对布局分散、装备水平低、环保设施差的小型工业企业进行全面排查，制定综合整改方案，实施分类治理。

（六）压缩过剩产能。加大环保、能耗、安全执法处罚力度，建立以节能环保标准促进"两高"行业过剩产能退出的机制。制定财政、土地、金融等扶持政策，支持产能过剩"两高"行业企业退出、转型发展。发挥优强企业对行业发展的主导作用，通过跨地区、跨所有制企业兼并重组，推动过剩产能压缩。严禁核准产能严重过剩行业新增产能项目。

（七）坚决停建产能严重过剩行业违规在建项目。认真清理产能严重过剩行业违规在建项目，对未批先建、边批边建、越权核准的违规项目，尚未开工建设的，不准开工；正在建设的，要停止建设。地方人民政府要加强组织领导和监督检查，坚决遏制产能严重过剩行业盲目扩张。

三、加快企业技术改造，提高科技创新能力

（八）强化科技研发和推广。加强灰霾、臭氧的形成机理、来源解析、迁移规律和监测预警等研究，为污染治理提供科学支撑。加强大气污染与人群健康关系的研究。支持企业技术中心、国家重点实验室、国家工程实验室建设，推进大型大气光化学模拟仓、大型气溶胶模拟仓等科技基础设施建设。

加强脱硫、脱硝、高效除尘、挥发性有机物控制、柴油机（车）排放净化、环境监测，以及新能源汽车、智能电网等方面的技术研发，推进技术成果转化应用。加强大气污染治理先进技术、管理经验等方面的国际交流与合作。

（九）全面推行清洁生产。对钢铁、水泥、化工、石化、有色金属冶炼等重点行业进行清洁生产审核，针对节能减排关键领域和薄弱环节，采用先进适用的技术、工艺和装备，实施清洁生产技术改造；到2017年，重点行业排污强度比2012年下降30%以上。推进非有机溶剂型涂料和农药等产品创新，减少生产和使用过程中挥发性有机物排放。积极开发缓释肥料新品种，减少化肥施用过程中氨的排放。

（十）大力发展循环经济。鼓励产业集聚发展，实施园区循环化改造，推进能源梯级利用、水资源循环利用、废物交换利用、土地节约集约利用，促进企业循环式生产、园区循环式发展、产业循环式组合，构建循环型工业体系。推动水泥、钢铁等工业窑炉、高炉实施废物协同处置。大力发展机电产品再制造，推进资源再生利用产业发展。到2017年，单位工业增加值能耗比2012年降低20%左右，在50%以上的各类国家级园区和30%以上的各类省级园区实施循环化改造，主要有色金属品种以及钢铁的循环再生比重达到40%左右。

（十一）大力培育节能环保产业。着力把大气污染治理的政策要求有效转化为节能环保产业发展的市场需求，促进重大环保技术装备、产品的创新开发与产业化应用。扩大国内消费市场，积极支持新业态、新模式，培育一批具有国际竞争力的大型节能环保企业，大幅增加大气污染治理装备、产品、服务产业产值，有效推动节能环保、新能源等战略性新兴产业发展。鼓励外商投资节能环保产业。

四、加快调整能源结构，增加清洁能源供应

（十二）控制煤炭消费总量。制定国家煤炭消费总量中长期控制目标，实行目标责任管理。到2017年，煤炭占能源消费总量比重降低到65%以下。京津冀、长三角、珠三角等区域力争实现煤炭消费总量负增长，通过逐步提高接受外输电比例、增加天然气供应、加大非化石能源利用强度等措施替代燃煤。

京津冀、长三角、珠三角等区域新建项目禁止配套建设自备燃煤电站。耗煤项目要实行煤炭减量替代。除热电联产外，禁止审批新建燃煤发电项目；现有多台燃煤机组装机容量合计达到30万千瓦以上的，可按照煤炭等量替代的原则建设为大容量燃煤机组。

（十三）加快清洁能源替代利用。加大天然气、煤制天然气、煤层气供应。到2015年，新增天然气干线管输能力1 500亿立方米以上，覆盖京津冀、长三角、珠三角等区域。优化天然气使用方式，新增天然气应优先保障居民生活或用于替代燃煤；鼓励发展天然气分布式能源等高效利用项目，限制发展天然气化工项目；

有序发展天然气调峰电站，原则上不再新建天然气发电项目。

制定煤制天然气发展规划，在满足最严格的环保要求和保障水资源供应的前提下，加快煤制天然气产业化和规模化步伐。

积极有序发展水电，开发利用地热能、风能、太阳能、生物质能，安全高效发展核电。到 2017 年，运行核电机组装机容量达到 5 000 万千瓦，非化石能源消费比重提高到 13%。

京津冀区域城市建成区、长三角城市群、珠三角区域要加快现有工业企业燃煤设施天然气替代步伐；到 2017 年，基本完成燃煤锅炉、工业窑炉、自备燃煤电站的天然气替代改造任务。

（十四）推进煤炭清洁利用。提高煤炭洗选比例，新建煤矿应同步建设煤炭洗选设施，现有煤矿要加快建设与改造；到 2017 年，原煤入选率达到 70% 以上。禁止进口高灰分、高硫分的劣质煤炭，研究出台煤炭质量管理办法。限制高硫石油焦的进口。

扩大城市高污染燃料禁燃区范围，逐步由城市建成区扩展到近郊。结合城中村、城乡结合部、棚户区改造，通过政策补偿和实施峰谷电价、季节性电价、阶梯电价、调峰电价等措施，逐步推行以天然气或电替代煤炭。鼓励北方农村地区建设洁净煤配送中心，推广使用洁净煤和型煤。

（十五）提高能源使用效率。严格落实节能评估审查制度。新建高耗能项目单位产品（产值）能耗要达到国内先进水平，用能设备达到一级能效标准。京津冀、长三角、珠三角等区域，新建高耗能项目单位产品（产值）能耗要达到国际先进水平。

积极发展绿色建筑，政府投资的公共建筑、保障性住房等要率先执行绿色建筑标准。新建建筑要严格执行强制性节能标准，推广使用太阳能热水系统、地源热泵、空气源热泵、光伏建筑一体化、"热—电—冷"三联供等技术和装备。

推进供热计量改革，加快北方采暖地区既有居住建筑供热计量和节能改造；新建建筑和完成供热计量改造的既有建筑逐步实行供热计量收费。加快热力管网建设与改造。

五、严格节能环保准入，优化产业空间布局

（十六）调整产业布局。按照主体功能区规划要求，合理确定重点产业发展布局、结构和规模，重大项目原则上布局在优化开发区和重点开发区。所有新、改、扩建项目，必须全部进行环境影响评价；未通过环境影响评价审批的，一律不准

开工建设；违规建设的，要依法进行处罚。加强产业政策在产业转移过程中的引导与约束作用，严格限制在生态脆弱或环境敏感地区建设"两高"行业项目。加强对各类产业发展规划的环境影响评价。

在东部、中部和西部地区实施差别化的产业政策，对京津冀、长三角、珠三角等区域提出更高的节能环保要求。强化环境监管，严禁落后产能转移。

（十七）强化节能环保指标约束。提高节能环保准入门槛，健全重点行业准入条件，公布符合准入条件的企业名单并实施动态管理。严格实施污染物排放总量控制，将二氧化硫、氮氧化物、烟粉尘和挥发性有机物排放是否符合总量控制要求作为建设项目环境影响评价审批的前置条件。

京津冀、长三角、珠三角区域以及辽宁中部、山东、武汉及其周边、长株潭、成渝、海峡西岸、山西中北部、陕西关中、甘宁、乌鲁木齐城市群等"三区十群"中的47个城市，新建火电、钢铁、石化、水泥、有色、化工等企业以及燃煤锅炉项目要执行大气污染物特别排放限值。各地区可根据环境质量改善的需要，扩大特别排放限值实施的范围。

对未通过能评、环评审查的项目，有关部门不得审批、核准、备案，不得提供土地，不得批准开工建设，不得发放生产许可证、安全生产许可证、排污许可证，金融机构不得提供任何形式的新增授信支持，有关单位不得供电、供水。

（十八）优化空间格局。科学制定并严格实施城市规划，强化城市空间管制要求和绿地控制要求，规范各类产业园区和城市新城、新区设立和布局，禁止随意调整和修改城市规划，形成有利于大气污染物扩散的城市和区域空间格局。研究开展城市环境总体规划试点工作。

结合化解过剩产能、节能减排和企业兼并重组，有序推进位于城市主城区的钢铁、石化、化工、有色金属冶炼、水泥、平板玻璃等重污染企业环保搬迁、改造，到2017年基本完成。

六、发挥市场机制作用，完善环境经济政策

（十九）发挥市场机制调节作用。本着"谁污染、谁负责，多排放、多负担，节能减排得收益、获补偿"的原则，积极推行激励与约束并举的节能减排新机制。

分行业、分地区对水、电等资源类产品制定企业消耗定额。建立企业"领跑者"制度，对能效、排污强度达到更高标准的先进企业给予鼓励。

全面落实"合同能源管理"的财税优惠政策，完善促进环境服务业发展的扶持政策，推行污染治理设施投资、建设、运行一体化特许经营。完善绿色信贷和

绿色证券政策，将企业环境信息纳入征信系统。严格限制环境违法企业贷款和上市融资。推进排污权有偿使用和交易试点。

（二十）完善价格税收政策。根据脱硝成本，结合调整销售电价，完善脱硝电价政策。现有火电机组采用新技术进行除尘设施改造的，要给予价格政策支持。实行阶梯式电价。

推进天然气价格形成机制改革，理顺天然气与可替代能源的比价关系。

按照合理补偿成本、优质优价和污染者付费的原则合理确定成品油价格，完善对部分困难群体和公益性行业成品油价格改革补贴政策。

加大排污费征收力度，做到应收尽收。适时提高排污收费标准，将挥发性有机物纳入排污费征收范围。

研究将部分"两高"行业产品纳入消费税征收范围。完善"两高"行业产品出口退税政策和资源综合利用税收政策。积极推进煤炭等资源税从价计征改革。符合税收法律法规规定，使用专用设备或建设环境保护项目的企业以及高新技术企业，可以享受企业所得税优惠。

（二十一）拓宽投融资渠道。深化节能环保投融资体制改革，鼓励民间资本和社会资本进入大气污染防治领域。引导银行业金融机构加大对大气污染防治项目的信贷支持。探索排污权抵押融资模式，拓展节能环保设施融资、租赁业务。

地方人民政府要对涉及民生的"煤改气"项目、黄标车和老旧车辆淘汰、轻型载货车替代低速货车等加大政策支持力度，对重点行业清洁生产示范工程给予引导性资金支持。要将空气质量监测站点建设及其运行和监管经费纳入各级财政预算予以保障。

在环境执法到位、价格机制理顺的基础上，中央财政统筹整合主要污染物减排等专项，设立大气污染防治专项资金，对重点区域按治理成效实施"以奖代补"；中央基本建设投资也要加大对重点区域大气污染防治的支持力度。

七、健全法律法规体系，严格依法监督管理

（二十二）完善法律法规标准。加快大气污染防治法修订步伐，重点健全总量控制、排污许可、应急预警、法律责任等方面的制度，研究增加对恶意排污、造成重大污染危害的企业及其相关负责人追究刑事责任的内容，加大对违法行为的处罚力度。建立健全环境公益诉讼制度。研究起草环境税法草案，加快修改环境保护法，尽快出台机动车污染防治条例和排污许可证管理条例。各地区可结合实际，出台地方性大气污染防治法规、规章。

加快制（修）订重点行业排放标准以及汽车燃料消耗量标准、油品标准、供热计量标准等，完善行业污染防治技术政策和清洁生产评价指标体系。

（二十三）提高环境监管能力。完善国家监察、地方监管、单位负责的环境监管体制，加强对地方人民政府执行环境法律法规和政策的监督。加大环境监测、信息、应急、监察等能力建设力度，达到标准化建设要求。

建设城市站、背景站、区域站统一布局的国家空气质量监测网络，加强监测数据质量管理，客观反映空气质量状况。加强重点污染源在线监控体系建设，推进环境卫星应用。建设国家、省、市三级机动车排污监管平台。到 2015 年，地级及以上城市全部建成细颗粒物监测点和国家直管的监测点。

（二十四）加大环保执法力度。推进联合执法、区域执法、交叉执法等执法机制创新，明确重点，加大力度，严厉打击环境违法行为。对偷排偷放、屡查屡犯的违法企业，要依法停产关闭。对涉嫌环境犯罪的，要依法追究刑事责任。落实执法责任，对监督缺位、执法不力、徇私枉法等行为，监察机关要依法追究有关部门和人员的责任。

（二十五）实行环境信息公开。国家每月公布空气质量最差的 10 个城市和最好的 10 个城市的名单。各省（区、市）要公布本行政区域内地级及以上城市空气质量排名。地级及以上城市要在当地主要媒体及时发布空气质量监测信息。

各级环保部门和企业要主动公开新建项目环境影响评价、企业污染物排放、治污设施运行情况等环境信息，接受社会监督。涉及群众利益的建设项目，应充分听取公众意见。建立重污染行业企业环境信息强制公开制度。

八、建立区域协作机制，统筹区域环境治理

（二十六）建立区域协作机制。建立京津冀、长三角区域大气污染防治协作机制，由区域内省级人民政府和国务院有关部门参加，协调解决区域突出环境问题，组织实施环评会商、联合执法、信息共享、预警应急等大气污染防治措施，通报区域大气污染防治工作进展，研究确定阶段性工作要求、工作重点和主要任务。

（二十七）分解目标任务。国务院与各省（区、市）人民政府签订大气污染防治目标责任书，将目标任务分解落实到地方人民政府和企业。将重点区域的细颗粒物指标、非重点地区的可吸入颗粒物指标作为经济社会发展的约束性指标，构建以环境质量改善为核心的目标责任考核体系。

国务院制定考核办法，每年初对各省（区、市）上年度治理任务完成情况进行考核；2015 年进行中期评估，并依据评估情况调整治理任务；2017 年对行动计

划实施情况进行终期考核。考核和评估结果经国务院同意后，向社会公布，并交由干部主管部门，按照《关于建立促进科学发展的党政领导班子和领导干部考核评价机制的意见》、《地方党政领导班子和领导干部综合考核评价办法（试行）》、《关于开展政府绩效管理试点工作的意见》等规定，作为对领导班子和领导干部综合考核评价的重要依据。

（二十八）实行严格责任追究。对未通过年度考核的，由环保部门会同组织部门、监察机关等部门约谈省级人民政府及其相关部门有关负责人，提出整改意见，予以督促。

对因工作不力、履职缺位等导致未能有效应对重污染天气的，以及干预、伪造监测数据和没有完成年度目标任务的，监察机关要依法依纪追究有关单位和人员的责任，环保部门要对有关地区和企业实施建设项目环评限批，取消国家授予的环境保护荣誉称号。

九、建立监测预警应急体系，妥善应对重污染天气

（二十九）建立监测预警体系。环保部门要加强与气象部门的合作，建立重污染天气监测预警体系。到 2014 年，京津冀、长三角、珠三角区域要完成区域、省、市级重污染天气监测预警系统建设；其他省（区、市）、副省级市、省会城市于 2015 年底前完成。要做好重污染天气过程的趋势分析，完善会商研判机制，提高监测预警的准确度，及时发布监测预警信息。

（三十）制定完善应急预案。空气质量未达到规定标准的城市应制定和完善重污染天气应急预案并向社会公布；要落实责任主体，明确应急组织机构及其职责、预警预报及响应程序、应急处置及保障措施等内容，按不同污染等级确定企业限产停产、机动车和扬尘管控、中小学校停课以及可行的气象干预等应对措施。开展重污染天气应急演练。

京津冀、长三角、珠三角等区域要建立健全区域、省、市联动的重污染天气应急响应体系。区域内各省（区、市）的应急预案，应于 2013 年底前报环境保护部备案。

（三十一）及时采取应急措施。将重污染天气应急响应纳入地方人民政府突发事件应急管理体系，实行政府主要负责人负责制。要依据重污染天气的预警等级，迅速启动应急预案，引导公众做好卫生防护。

十、明确政府企业和社会的责任，动员全民参与环境保护

（三十二）明确地方政府统领责任。地方各级人民政府对本行政区域内的大气环境质量负总责，要根据国家的总体部署及控制目标，制定本地区的实施细则，确定工作重点任务和年度控制指标，完善政策措施，并向社会公开；要不断加大监管力度，确保任务明确、项目清晰、资金保障。

（三十三）加强部门协调联动。各有关部门要密切配合、协调力量、统一行动，形成大气污染防治的强大合力。环境保护部要加强指导、协调和监督，有关部门要制定有利于大气污染防治的投资、财政、税收、金融、价格、贸易、科技等政策，依法做好各自领域的相关工作。

（三十四）强化企业施治。企业是大气污染治理的责任主体，要按照环保规范要求，加强内部管理，增加资金投入，采用先进的生产工艺和治理技术，确保达标排放，甚至达到"零排放"；要自觉履行环境保护的社会责任，接受社会监督。

（三十五）广泛动员社会参与。环境治理，人人有责。要积极开展多种形式的宣传教育，普及大气污染防治的科学知识。加强大气环境管理专业人才培养。倡导文明、节约、绿色的消费方式和生活习惯，引导公众从自身做起、从点滴做起、从身边的小事做起，在全社会树立起"同呼吸、共奋斗"的行为准则，共同改善空气质量。

我国仍然处于社会主义初级阶段，大气污染防治任务繁重艰巨，要坚定信心、综合治理，突出重点、逐步推进，重在落实、务求实效。各地区、各有关部门和企业要按照本行动计划的要求，紧密结合实际，狠抓贯彻落实，确保空气质量改善目标如期实现。

国务院办公厅关于印发大气污染防治行动计划重点工作部门分工方案的通知

国办函[2013]118 号

国务院有关部门：

　　《大气污染防治行动计划重点工作部门分工方案》（以下简称《分工方案》）已经国务院同意，现印发给你们，请认真落实。

　　各有关部门要认真贯彻落实《国务院关于印发大气污染防治行动计划的通知》（国发[2013]37 号）精神，按照《分工方案》要求，将涉及本部门的工作进一步分解细化，抓紧制定具体实施方案和年度计划，分阶段明确工作重点，逐项扎实推进，确保取得实效。对涉及多个部门的工作，牵头部门要加强协调，部门间要主动密切协作。环境保护部要做好跟踪分析、统筹协调、督促检查等工作，及时将工作进展报国务院。

国务院办公厅

2013 年 12 月 6 日

大气污染防治行动计划重点工作部门分工方案

一、加大综合治理力度，减少多污染物排放

　　（一）加快推进集中供热、"煤改气"、"煤改电"工程建设。在供热供气管网不能覆盖的地区，改用电、新能源或洁净煤，推广应用高效节能环保型锅炉。在

化工、造纸、印染、制革、制药等产业集聚区，通过集中建设热电联产机组逐步淘汰分散燃煤锅炉。（工业和信息化部、住房和城乡建设部、环境保护部、能源局按职责分工负责，发展改革委、质检总局、财政部配合）

（二）推进燃煤电厂、钢铁企业、石油炼制企业、有色金属冶炼企业、燃煤锅炉脱硫、燃煤机组（循环流化床锅炉除外）、新型干法水泥窑脱硝，燃煤锅炉和工业窑炉除尘设施升级改造。（环境保护部、工业和信息化部、发展改革委、能源局。列第一位者为牵头部门，下同）

（三）在石化、有机化工、表面涂装、包装印刷等行业实施挥发性有机物综合整治，在石化行业开展"泄漏检测与修复"技术改造。（环境保护部、工业和信息化部）

（四）加油站、储油库、油罐车的油气回收治理，在原油成品油码头积极开展油气回收治理。（环境保护部、商务部、交通运输部）

（五）完善涂料、胶粘剂等产品挥发性有机物限值标准，推广使用水性涂料，鼓励生产、销售和使用低毒、低挥发性有机溶剂。（质检总局、工业和信息化部、商务部、环境保护部）

（六）加强施工扬尘监管，积极推进绿色施工，建设工程施工现场应全封闭设置围挡墙，施工现场道路应进行地面硬化。渣土运输车辆应采取密闭措施，并逐步安装卫星定位系统。推行道路机械化清扫等低尘作业方式。大型煤堆、料堆要实现封闭储存或建设防风抑尘措施。（住房和城乡建设部、环境保护部）

（七）推进城市及周边绿化和防风防沙林建设，扩大城市建成区绿地规模。（住房和城乡建设部、林业局、农业部）

（八）城区餐饮服务经营场所安装高效油烟净化设施。（环境保护部）

（九）推广使用高效净化型家用吸油烟机。（工业和信息化部、商务部）

（十）优化城市功能和布局规划。（住房和城乡建设部、交通运输部）

（十一）推广智能交通管理。实施公交优先战略，提高公共交通出行比例，加强步行、自行车交通系统建设。（交通运输部、住房和城乡建设部、公安部）

（十二）加快石油炼制企业升级改造。（能源局、发展改革委、财政部、质检总局、商务部、环境保护部、国资委）

（十三）加强油品质量监督检查，严厉打击非法生产、销售不合格油品行为。（质检总局、工商总局、商务部、环境保护部）

（十四）加快淘汰黄标车和老旧车辆。（环境保护部、商务部、公安部、交通运输部、财政部）

（十五）加强新生产车辆环保监管，严厉打击生产、销售环保不达标车辆的违

法行为；加强在用机动车年度检验。（环境保护部、工业和信息化部、质检总局、工商总局）

（十六）加快柴油车车用尿素供应体系建设。研究缩短公交车、出租车强制报废年限。鼓励出租车每年更换高效尾气净化装置。（环境保护部、商务部、发展改革委、公安部、交通运输部）

（十七）开展工程机械等非道路移动机械和船舶的污染控制。（环境保护部、交通运输部）

（十八）提高低速汽车（三轮汽车、低速货车）节能环保要求、促进相关产业和产品技术升级换代。（工业和信息化部、环境保护部）

（十九）公交、环卫等行业和政府机关率先使用新能源汽车，采取直接上牌、财政补贴等措施鼓励个人购买。（财政部、科技部、工业和信息化部、发展改革委）

二、调整优化产业结构，推动产业转型升级

（二十）修订高耗能、高污染和资源性行业准入条件，明确资源能源节约和污染物排放等指标。严格控制"两高"行业新增产能，新、改、扩建项目要实行产能等量或减量置换。（工业和信息化部、发展改革委、环境保护部）

（二十一）进一步提高环保、能耗、安全、质量等标准，分区域明确落后产能淘汰任务。（工业和信息化部、发展改革委、环境保护部、安全监管总局、质检总局按职责分工负责）

（二十二）提前一年完成钢铁、水泥、电解铝、平板玻璃等21个重点行业的"十二五"落后产能淘汰任务。对未按期完成淘汰任务的地区，严格控制国家安排的投资项目，暂停对该地区重点行业建设项目办理审批、核准和备案手续。（工业和信息化部会同有关部门）

（二十三）对布局分散、装备水平低、环保设施差的小型工业企业进行全面排查，制定综合整改方案，实施分类治理。（环境保护部、工业和信息化部）

（二十四）建立以节能环保标准促进"两高"行业过剩产能退出的机制。制定财政、土地、金融等扶持政策，支持产能过剩"两高"行业企业退出、转型发展。通过跨地区、跨所有制企业兼并重组，推动过剩产能压缩。严禁核准产能严重过剩行业新增产能项目。（发展改革委、工业和信息化部、环境保护部、财政部、国土资源部、人民银行、银监会）

（二十五）认真清理产能严重过剩行业违规在建项目。（发展改革委、工业和信息化部）

三、加快企业技术改造，提高科技创新能力

（二十六）加强灰霾、臭氧的形成机理、来源解析、迁移规律和监测预警等研究。加强大气污染与人群健康关系的研究。（科技部、环境保护部、卫生计生委、气象局）

（二十七）支持企业技术中心、国家重点实验室、国家工程实验室建设，推进大型大气光化学模拟仓、大型气溶胶模拟仓等科技基础设施建设。（发展改革委、科技部、工业和信息化部、环境保护部）

（二十八）加强脱硫、脱硝、高效除尘、挥发性有机物控制、柴油机（车）排放净化、环境监测，以及新能源汽车、智能电网等方面的技术研发。加强大气污染治理先进技术、管理经验等方面的国际交流与合作。（科技部、财政部、工业和信息化部、能源局、环境保护部、外交部、国资委）

（二十九）对钢铁、水泥、化工、石化、有色金属冶炼等重点行业进行清洁生产审核，针对节能减排关键领域和薄弱环节，采用先进适用的技术、工艺和装备，实施清洁生产技术改造。（发展改革委、工业和信息化部、环境保护部、财政部按职责分工负责）

（三十）推进非有机溶剂型涂料和农药等产品创新，减少生产和使用过程中挥发性有机物排放。开发缓释肥料新品种，减少化肥施用过程中氨的排放。（科技部、工业和信息化部、农业部）

（三十一）鼓励产业集聚发展，实施园区循环化改造。推动水泥、钢铁等工业窑炉、高炉实施废物协同处置。发展机电产品再制造，推进资源再生利用产业发展。（发展改革委、工业和信息化部、科技部、财政部、环境保护部、国土资源部、住房和城乡建设部）

（三十二）扩大国内消费市场，培育一批具有国际竞争力的大型节能环保企业，有效推动节能环保、新能源等战略性新兴产业发展。鼓励外商投资节能环保产业。（发展改革委、工业和信息化部、科技部、财政部、环境保护部、能源局、商务部）

四、加快调整能源结构，增加清洁能源供应

（三十三）制定国家煤炭消费总量中长期控制目标，实行目标责任管理。（发展改革委、能源局、环境保护部）

（三十四）除热电联产外，禁止审批京津冀、长三角、珠三角等区域新建燃煤

发电项目。（能源局、发展改革委、环境保护部）

（三十五）加大天然气、煤制天然气、煤层气供应。优化天然气使用方式，新增天然气优先保障居民生活或用于替代燃煤。（能源局、发展改革委、住房和城乡建设部）

（三十六）鼓励发展天然气分布式能源等高效利用项目，限制发展天然气化工项目；有序发展天然气调峰电站，原则上不再新建天然气发电项目。（能源局、发展改革委、住房和城乡建设部、环境保护部）

（三十七）制定煤制天然气发展规划，在满足最严格的环保要求和保障水资源供应的前提下，加快煤制天然气产业化和规模化步伐。（能源局、发展改革委、环境保护部、住房和城乡建设部）

（三十八）积极有序发展水电，开发利用地热能、风能、太阳能、生物质能，安全高效发展核电。（能源局、发展改革委、工业和信息化部、环境保护部、国土资源部）

（三十九）提高煤炭洗选比例，新建煤矿应同步建设煤炭洗选设施，现有煤矿要加快建设与改造。（能源局、发展改革委）

（四十）禁止进口高灰分、高硫分的劣质煤炭，研究出台煤炭质量管理办法。限制高硫石油焦的进口。（能源局、发展改革委、环境保护部、商务部、海关总署）

（四十一）扩大城市高污染燃料禁燃区范围。（环境保护部、住房和城乡建设部）

（四十二）通过政策补偿和实施峰谷电价、季节性电价、阶梯电价、调峰电价等措施，逐步推行以天然气或电替代煤炭。鼓励北方农村地区建设洁净煤配送中心，推广使用洁净煤和型煤。（能源局、发展改革委、住房和城乡建设部、环境保护部）

（四十三）积极发展绿色建筑。新建建筑要严格执行强制性节能标准，推广使用太阳能热水系统、地源热泵、空气源热泵、光伏建筑一体化、"热—电—冷"三联供等技术和装备。（住房和城乡建设部、能源局按职责分工负责，发展改革委、财政部、科技部、工业和信息化部配合）

（四十四）推进供热计量改革，逐步实行供热计量收费。加快热力管网建设与改造。（住房和城乡建设部、财政部、发展改革委）

五、严格节能环保准入，优化产业空间布局

（四十五）按照主体功能区规划要求，合理确定重点产业发展布局、结构和规模，重大项目原则上布局在优化开发区和重点开发区。所有新、改、扩建项目，

必须全部进行环境影响评价。加强产业政策在产业转移过程中的引导与约束作用，严格限制在生态脆弱或环境敏感地区建设"两高"行业项目。加强对各类产业发展规划的环境影响评价。（发展改革委、工业和信息化部、环境保护部、国土资源部、住房和城乡建设部按职责分工负责）

（四十六）在东部、中部和西部地区实施差别化的产业政策，对京津冀、长三角、珠三角等区域提出更高的节能环保要求。强化环境监管，严禁落后产能转移。（发展改革委、工业和信息化部、环境保护部）

（四十七）提高节能环保准入门槛，健全重点行业准入条件，公布符合准入条件的企业名单并实施动态管理。（工业和信息化部、发展改革委、环境保护部）

（四十八）实施污染物排放总量控制。重点城市新建火电、钢铁、石化、水泥、有色、化工等企业以及燃煤锅炉项目执行大气污染物特别排放限值。（环境保护部）

（四十九）对未通过能评、环评审查的项目，有关部门不得审批、核准、备案，不得提供土地，不得批准开工建设，不得发放生产许可证、安全生产许可证、排污许可证，金融机构不得提供任何形式的新增授信支持，有关单位不得供电、供水。（发展改革委、环境保护部会同有关部门）

（五十）科学制定并严格实施城市规划，形成有利于大气污染物扩散的城市和区域空间格局。（住房和城乡建设部、环境保护部、国土资源部）

（五十一）研究开展城市环境总体规划试点工作。（环境保护部、住房和城乡建设部、国土资源部）

（五十二）结合化解过剩产能、节能减排和企业兼并重组，有序推进位于城市主城区的钢铁、石化、化工、有色金属冶炼、水泥、平板玻璃等重污染企业环保搬迁、改造。（发展改革委、工业和信息化部按职责分工负责，环境保护部配合）

六、发挥市场机制作用，完善环境经济政策

（五十三）分行业、分地区对水、电等资源类产品制定企业消耗定额。建立企业"领跑者"制度，对能效、排污强度达到更高标准的先进企业给予鼓励。（财政部、发展改革委、工业和信息化部、环境保护部）

（五十四）全面落实"合同能源管理"的财税优惠政策，完善促进环境服务业发展的扶持政策，推行污染治理设施投资、建设、运行一体化特许经营。完善绿色信贷和绿色证券政策，将企业环境信息纳入征信系统。严格限制环境违法企业贷款和上市融资。（发展改革委、环境保护部、财政部、住房和城乡建设部、税务总局、人民银行、银监会、证监会按职责分工负责）

（五十五）推进排污权有偿使用和交易试点。（财政部、环境保护部）

（五十六）完善脱硝电价政策和火电机组除尘电价政策。实行阶梯式电价。（发展改革委、环境保护部）

（五十七）推进天然气价格形成机制改革，理顺天然气与可替代能源的比价关系。（发展改革委、能源局）

（五十八）合理确定成品油价格，完善成品油价格改革补贴政策。（发展改革委、能源局、财政部）

（五十九）加大排污费征收力度。（环境保护部）

（六十）适时提高排污收费标准。（发展改革委、财政部、环境保护部）

（六十一）将挥发性有机物纳入排污费征收范围。（财政部、环境保护部）

（六十二）研究将部分"两高"行业产品纳入消费税征收范围。完善"两高"行业产品出口退税政策和资源综合利用税收政策。推进煤炭等资源税从价计征改革。符合税收法律法规规定，使用专用设备或建设环境保护项目的企业以及高新技术企业，可以享受企业所得税优惠。（财政部、税务总局、发展改革委、工业和信息化部、环境保护部）

（六十三）深化节能环保投融资体制改革。引导银行业金融机构加大对大气污染防治项目的信贷支持。探索排污权抵押融资模式，拓展节能环保设施融资、租赁业务。（发展改革委、财政部、人民银行、银监会、环境保护部）

（六十四）将空气质量监测站点建设及其运行和监管经费纳入各级财政预算予以保障。（财政部、发展改革委、环境保护部）

（六十五）中央财政设立大气污染防治专项资金，中央基本建设投资加大对重点区域大气污染防治的支持力度。（财政部、发展改革委、环境保护部）

七、健全法律法规体系，严格依法监督管理

（六十六）加快大气污染防治法修订步伐。建立健全环境公益诉讼制度。研究起草环境税法草案，加快修改环境保护法，尽快出台机动车污染防治条例和排污许可证管理条例。（环境保护部、法制办、财政部、税务总局会同有关部门）

（六十七）加快制（修）订重点行业排放标准以及汽车燃料消耗量标准、油品标准、供热计量标准等，完善行业污染防治技术政策和清洁生产评价指标体系。（环境保护部、质检总局、工业和信息化部、住房和城乡建设部）

（六十八）完善环境监管体制，加强对地方人民政府执行环境法律法规和政策的监督。（中央编办、环境保护部）

（六十九）加大环境监测、信息、应急、监测等能力建设力度，达到标准化建设要求。建设国家空气质量监测网络。加强重点污染源在线监控体系建设，推进环境卫星应用。建设机动车排污监管平台。（环境保护部、财政部、发展改革委）

（七十）严厉打击环境违法行为。（环境保护部、公安部、司法部）

（七十一）落实执法责任，对监督缺位、执法不力、徇私枉法等行为，依法追究有关部门和人员的责任。（监察部、环境保护部、公安部、司法部）

（七十二）国家每月公布空气质量最差的10个城市和最好的10个城市的名单。主动公开新建项目环境影响评价、企业污染物排放、治污设施运行情况等环境信息，接受社会监督。涉及群众利益的建设项目，应充分听取公众意见。建立重污染行业企业环境信息强制公开制度。（环境保护部）

八、建立区域协作机制，统筹区域环境治理

（七十三）国务院与各省（区、市）人民政府签订大气污染防治目标责任书。将重点区域的细颗粒物指标、非重点区域的可吸入颗粒物指标作为经济社会发展的约束性指标，构建以环境质量改善为核心的目标责任考核体系。（环境保护部）

（七十四）国务院制定考核办法，进行年度考核、中期评估和终期考核。（环境保护部、发展改革委、工业和信息化部、财政部、住房和城乡建设部、能源局）

（七十五）将考核结果作为对领导班子和领导干部综合考核评价的重要依据。（中央组织部、国资委、发展改革委、环境保护部）

（七十六）对未通过年度考核的，由环保部门会同组织部门、监察机关等部门约谈省级人民政府及其相关部门有关负责人。（环境保护部、中央组织部、监察部）

（七十七）对因工作不力、履职缺位等导致未能有效应对重污染天气的，以及干预、伪造监测数据和没有完成年度目标任务的，要依法依纪追究有关单位和人员的自然，对有关地区和企业实施建设项目环评限批，取消国家授予的环境保护荣誉称号。（监察部、环境保护部）

九、建立监测预警应急体系，妥善应对重污染天气

（七十八）建立重污染天气监测预警体系。（环境保护部、气象局、财政部）

十、明确政府企业和社会的自然，动用全民参与环境保护

（七十九）各有关部门要密切配合。环境保护部要加强指导、协同和监督，有关部门要制定有利于大气污染防治的相关政策，依法做好各自领域的相关工作。（环境保护部会同有关部门）

（八十）开展多种形式的宣传教育，加强大气环境管理专业人才培养。倡导文明、节约、绿色的消费方式和生活习惯。在全社会树立起"同呼吸、共奋斗"的行为准则。（环境保护部、中央宣传部、教育部、共青团中央、全国妇联）

国务院办公厅关于印发大气污染防治行动计划实施情况考核办法（试行）的通知

国办发[2014]21 号

各省、自治区、直辖市人民政府，国务院各部委、各直属机构：

　　《大气污染防治行动计划实施情况考核办法（试行）》已经国务院同意，现印发给你们，请认真贯彻执行。

国务院办公厅

2014 年 4 月 30 日

大气污染防治行动计划实施情况考核办法

（试行）

　　第一条　为严格落实大气污染防治工作责任，强化监督管理，加快改善空气质量，根据《国务院关于印发大气污染防治行动计划的通知》（国发[2013]37 号）和《国务院办公厅关于印发大气污染防治行动计划重点工作部门分工方案的通知》（国办函[2013]118 号）等有关规定，制定本办法。

　　第二条　本办法适用于对各省（区、市）人民政府《大气污染防治行动计划》（以下简称《大气十条》）实施情况的年度考核和终期考核。

　　第三条　考核指标包括空气质量改善目标完成情况和大气污染防治重点任务完成情况两个方面。

空气质量改善目标完成情况以各地区细颗粒物（$PM_{2.5}$）或可吸入颗粒物（PM_{10}）年均浓度下降比例作为考核指标。

京津冀及周边地区（北京市、天津市、河北省、山西省、内蒙古自治区、山东省）、长三角区域（上海市、江苏省、浙江省）、珠三角区域（广东省广州市、深圳市、珠海市、佛山市、江门市、肇庆市、惠州市、东莞市、中山市等 9 个城市）、重庆市以 $PM_{2.5}$ 年均浓度下降比例作为考核指标。其他地区以 PM_{10} 年均浓度下降比例作为考核指标。

大气污染防治重点任务完成情况包括产业结构调整优化、清洁生产、煤炭管理与油品供应、燃煤小锅炉整治、工业大气污染治理、城市扬尘污染控制、机动车污染防治、建筑节能与供热计量、大气污染防治资金投入、大气环境管理等 10 项指标。

各项指标的定义、考核要求和计分方法等由环境保护部商有关部门另行印发。

第四条   年度考核采用评分法，空气质量改善目标完成情况和大气污染防治重点任务完成情况满分均为 100 分，综合考核结果分为优秀、良好、合格、不合格四个等级。

终期考核和全国除京津冀及周边地区、长三角区域、珠三角区域以外的其他地区的年度考核，仅考核空气质量改善目标完成情况。

第五条   地方人民政府是《大气十条》实施的责任主体。各省（区、市）人民政府要依据国家确定的空气质量改善目标，制定本地区《大气十条》实施细则和年度工作计划，将目标、任务分解到市（地）、县级人民政府，把重点任务落实到相关部门和企业，并确定年度空气质量改善目标，合理安排重点任务和治理项目实施进度，明确资金来源、配套政策、责任部门和保障措施等。

实施细则和年度工作计划是考核工作的重要依据，要向社会公开，并报送环境保护部。

第六条   各省（区、市）人民政府应按照考核要求，建立工作台账，对《大气十条》实施情况进行自查，并于每年 2 月底前将上年度自查报告报送环境保护部，抄送发展改革委、工业和信息化部、财政部、住房和城乡建设部、能源局。自查报告应包括空气质量改善、重点工作任务、治理项目进展及资金投入等情况。

第七条   考核工作由环境保护部会同发展改革委、工业和信息化部、财政部、住房和城乡建设部、能源局等部门负责，考核结果于每年 5 月底前报告国务院。

第八条   考核结果经国务院审定后向社会公开，并交由干部主管部门按照《关于建立促进科学发展的党政领导班子和领导干部考核评价机制的意见》、《地方党政领导班子和领导干部综合考核评价办法（试行）》、《关于改进地方党政领导班子和领导干部政绩考核工作的通知》、《关于开展政府绩效管理试点工作的意见》等规定,作为对各地区领导班子和领导干部综合考核评价的重要依据。

中央财政将考核结果作为安排大气污染防治专项资金的重要依据,对考核结果优秀的将加大支持力度,不合格的将予以适当扣减。

第九条　对未通过年度考核的地区,由环境保护部会同组织部门、监察机关等部门约谈省(区、市)人民政府及其相关部门有关负责人,提出整改意见,予以督促,并暂停该地区有关责任城市新增大气污染物排放建设项目(民生项目与节能减排项目除外)的环境影响评价文件审批,取消国家授予的环境保护荣誉称号。

对未通过终期考核的地区,除暂停该地区所有新增大气污染物排放建设项目(民生项目与节能减排项目除外)的环境影响评价文件审批外,要加大问责力度,必要时由国务院领导同志约谈省(区、市)人民政府主要负责人。

第十条　在考核中发现篡改、伪造监测数据的,其考核结果确定为不合格,并按照《大气十条》有关规定由监察机关依法依纪严肃追究有关单位和人员的责任。

第十一条　各省(区、市)人民政府可根据本办法,结合各自实际情况,对本地区《大气十条》实施情况开展考核。

第十二条　本办法由环境保护部负责解释。

附件:考核指标

附件

考　核　指　标

空气质量改善目标完成情况

分值	单项指标名称	单项指标分值
100	PM$_{2.5}$ 或 PM$_{10}$ 年均浓度下降比例/%	100

大气污染防治重点任务完成情况

分值	序号	单项指标名称	单项指标分值	子指标名称	子指标分值
100	1	产业结构调整优化	12	产能严重过剩行业新增产能控制	2
				产能严重过剩行业违规在建项目清理	2
				落后产能淘汰	6
				重污染企业环保搬迁	2

分值	序号	单项指标名称	单项指标分值	子指标名称	子指标分值
100	2	清洁生产	6	重点行业清洁生产审核与技术改造	6
	3	煤炭管理与油品供应	10	煤炭消费总量控制	0（6）[1]（8）[2]
				煤炭洗选加工	4（0）[1,2]
				散煤清洁化治理	0（2）[1]
				国四与国五油品供应	6（2）[1,2]
	4	燃煤小锅炉整治	10	燃煤小锅炉淘汰	8
				新建燃煤锅炉准入	2
	5	工业大气污染治理	15	工业烟粉尘治理	8
				工业挥发性有机物治理	7
	6	城市扬尘污染控制	8	建筑工地扬尘污染控制	4
				道路扬尘污染控制	4
	7	机动车污染防治	12	淘汰黄标车	7
				机动车环保合格标志管理	2（1）[1,2]
				新能源汽车推广	0（1）[1,2]
				机动车环境监管能力建设	1
				城市步行和自行车交通系统建设	2
	8	建筑节能与供热计量	5	新建建筑节能	5（2）[3]
				供热计量	0（3）[3]
	9	大气污染防治资金投入	6	地方各级财政、企业与社会大气污染防治投入情况	6
	10	大气环境管理	16	年度实施计划编制	2
				台账管理	1
				重污染天气监测预警应急体系建设	5
				大气环境监测质量管理	3
				秸秆禁烧	1
				环境信息公开	4

注：1. 子指标分值中括号外右上角标注"1"的，括号内为北京市、天津市、河北省分值。

2. 子指标分值中括号外右上角标注"2"的，括号内为山东省、上海市、江苏省、浙江省、广东省分值。

3. 子指标分值中括号外右上角标注"3"的，括号内为北方采暖地区的分值。北方采暖地区包括北京市、天津市、河北省、山西省、内蒙古自治区、辽宁省、吉林省、黑龙江省、山东省、河南省、陕西省、甘肃省、青海省、宁夏回族自治区、新疆维吾尔自治区。

国务院办公厅关于印发 2014—2015 年节能减排低碳发展行动方案的通知

国办发[2014]23 号

各省、自治区、直辖市人民政府，国务院各部委、各直属机构：

《2014—2015 年节能减排低碳发展行动方案》已经国务院同意，现印发给你们，请结合本地区、本部门实际，认真贯彻落实。

国务院办公厅

2014 年 5 月 15 日

2014—2015 年节能减排低碳发展行动方案

加强节能减排，实现低碳发展，是生态文明建设的重要内容，是促进经济提质增效升级的必由之路。"十二五"规划纲要明确提出了单位国内生产总值（GDP）能耗和二氧化碳排放量降低、主要污染物排放总量减少的约束性目标，但 2011—2013 年部分指标完成情况落后于时间进度要求，形势十分严峻。为确保全面完成"十二五"节能减排降碳目标，制定本行动方案。

工作目标：2014—2015 年，单位 GDP 能耗、化学需氧量、二氧化硫、氨氮、氮氧化物排放量分别逐年下降 3.9%、2%、2%、2%、5%以上，单位 GDP 二氧化碳排放量两年分别下降 4%、3.5%以上。

一、大力推进产业结构调整

（一）积极化解产能严重过剩矛盾。认真贯彻落实《国务院关于化解产能严重过剩矛盾的指导意见》（国发[2013]41 号），严格项目管理，各地区、各有关部门不得以任何名义、任何方式核准或备案产能严重过剩行业新增产能项目，依法依规全面清理违规在建和建成项目。加大淘汰落后产能力度，在提前一年完成钢铁、电解铝、水泥、平板玻璃等重点行业"十二五"淘汰落后产能任务的基础上，2015年底前再淘汰落后炼铁产能 1 500 万吨、炼钢 1 500 万吨、水泥（熟料及粉磨能力）1 亿吨、平板玻璃 2 000 万重量箱。

（二）加快发展低能耗低排放产业。加强对服务业和战略性新兴产业相关政策措施落实情况的督促检查，力争到 2015 年服务业和战略性新兴产业增加值占 GDP的比重分别达到 47%和 8%左右。加快落实《国务院关于加快发展节能环保产业的意见》（国发[2013]30 号），组织实施一批节能环保和资源循环利用重大技术装备产业化工程，完善节能服务公司扶持政策准入条件，实行节能服务产业负面清单管理，积极培育"节能医生"、节能量审核、节能低碳认证、碳排放核查等第三方机构，在污染减排重点领域加快推行环境污染第三方治理。到 2015 年，节能环保产业总产值达到 4.5 万亿元。

（三）调整优化能源消费结构。实行煤炭消费目标责任管理，严控煤炭消费总量，降低煤炭消费比重。京津冀及周边、长三角、珠三角等区域及产能严重过剩行业新上耗煤项目，要严格实行煤炭消耗等量或减量替代政策，京津冀地区 2015年煤炭消费总量力争实现比 2012 年负增长。加快推进煤炭清洁高效利用，在大气污染防治重点区域地级以上城市大力推广使用型煤、清洁优质煤及清洁能源，限制销售灰分高于 16%、硫分高于 1%的散煤。增加天然气供应，优化天然气使用方式，新增天然气优先用于居民生活或替代燃煤。大力发展非化石能源，到 2015年非化石能源占一次能源消费量的比重提高到 11.4%。

（四）强化能评环评约束作用。严格实施项目能评和环评制度，新建高耗能、高排放项目能效水平和排污强度必须达到国内先进水平，把主要污染物排放总量指标作为环评审批的前置条件，对钢铁、有色、建材、石油石化、化工等高耗能行业新增产能实行能耗等量或减量置换。对未完成节能减排目标的地区，暂停该地区新建高耗能项目的能评审查和新增主要污染物排放项目的环评审批。完善能评管理制度，规范评估机构，优化审查流程。

二、加快建设节能减排降碳工程

（五）推进实施重点工程。大力实施节能技术改造工程，运用余热余压利用、能量系统优化、电机系统节能等成熟技术改造工程设备，形成节能能力 3 200 万吨标准煤。加快实施节能技术装备产业化示范工程，推广应用低品位余热利用、半导体照明、稀土永磁电机等先进技术装备，形成节能能力 1 100 万吨标准煤。实施能效领跑者计划和合同能源管理工程，形成节能能力 2 200 万吨标准煤。推进脱硫脱硝工程建设（具体任务附后），完成 3 亿千瓦燃煤机组脱硝改造，2.5 亿千瓦燃煤机组拆除烟气旁路，4 万平方米钢铁烧结机安装脱硫设施，6 亿吨熟料产能的新型干法水泥生产线安装脱硝设施，到 2015 年底分别新增二氧化硫、氮氧化物减排能力 230 万吨、260 万吨以上。新建日处理能力 1 600 万吨的城镇污水处理设施，规模化畜禽养殖场和养殖小区配套建设废弃物处理设施，到 2015 年底分别新增化学需氧量、氨氮减排能力 200 万吨、30 万吨。加强对氢氟碳化物（HFCs）排放的管理，加快氢氟碳化物销毁和替代，"十二五"期间累计减排 2.8 亿吨二氧化碳当量。

（六）加快更新改造燃煤锅炉。开展锅炉能源消耗和污染排放调查。实施燃煤锅炉节能环保综合提升工程，2014 年淘汰 5 万台小锅炉，到 2015 年底淘汰落后锅炉 20 万蒸吨（具体任务附后），推广高效节能环保锅炉 25 万蒸吨，全面推进燃煤锅炉除尘升级改造，对容量 20 蒸吨/小时及以上燃煤锅炉全面实施脱硫改造，形成 2 300 万吨标准煤节能能力、40 万吨二氧化硫减排能力和 10 万吨氮氧化物减排能力。

（七）加大机动车减排力度。2014 年底前，在全国供应国四标准车用柴油，淘汰黄标车和老旧车 600 万辆（具体任务附后）。到 2015 年底，京津冀、长三角、珠三角等区域内重点城市全面供应国五标准车用汽油和柴油；全国淘汰 2005 年前注册营运的黄标车，基本淘汰京津冀、长三角、珠三角等区域内的 500 万辆黄标车。加强机动车环保管理，强化新生产车辆环保监管。加快柴油车车用尿素供应体系建设。

（八）强化水污染防治。落实最严格水资源管理制度。编制实施水污染防治行动计划，重点保护饮用水水源地、水质较好湖泊，重点治理劣五类等污染严重水体。继续推进重点流域水污染防治，严格水功能区管理。加强地下水污染防治，加大农村、农业面源污染防治力度，严格控制污水灌溉。强化造纸、印染等重点行业污染物排放控制。到 2015 年，重点行业单位工业增加值主要水污染物排放量下降 30%以上。

三、狠抓重点领域节能降碳

（九）加强工业节能降碳。实施工业能效提升计划，在重点耗能行业全面推行能效对标，推动工业企业能源管控中心建设；开展工业绿色发展专项行动，实施低碳工业园区试点，到 2015 年，规模以上工业企业单位增加值能耗比 2010 年降低 21%以上。持续开展万家企业节能低碳行动，推动建立能源管理体系；制定重点行业企业温室气体排放核算与报告指南，推动建立企事业单位碳排放报告制度；强化节能降碳目标责任评价考核，落实奖惩制度。到 2015 年底，万家企业实现节能量 2.5 亿吨标准煤以上。

（十）推进建筑节能降碳。深入开展绿色建筑行动，政府投资的公益性建筑、大型公共建筑以及各直辖市、计划单列市及省会城市的保障性住房全面执行绿色建筑标准。到 2015 年，城镇新建建筑绿色建筑标准执行率达到 20%，新增绿色建筑 3 亿平方米，完成北方采暖地区既有居住建筑供热计量及节能改造 3 亿平方米。以住宅为重点，以建筑工业化为核心，加大对建筑部品生产的扶持力度，推进建筑产业现代化。

（十一）强化交通运输节能降碳。加快推进综合交通运输体系建设，开展绿色循环低碳交通运输体系建设试点，深化"车船路港"千家企业低碳交通运输专项行动。实施高速公路不停车自动交费系统全国联网工程。加大新能源汽车推广应用力度。继续推行甩挂运输，开展城市绿色货运配送示范行动。积极发展现代物流业，加快物流公共信息平台建设。大力发展公共交通，推进"公交都市"创建活动。公路、水路运输和港口形成节能能力 1 400 万吨标准煤以上，到 2015 年，营运货车单位运输周转量能耗比 2013 年降低 4%以上。

（十二）抓好公共机构节能降碳。完善公共机构能源审计及考核办法。推进公共机构实施合同能源管理项目，将公共机构合同能源管理服务纳入政府采购范围。开展节约型公共机构示范单位建设，将 40%以上的中央国家机关本级办公区建成节约型办公区。2014—2015 年，全国公共机构单位建筑面积能耗年均降低 2.2%，力争超额完成"十二五"时期降低 12%的目标。

四、强化技术支撑

（十三）加强技术创新。实施节能减排科技专项行动和重点行业低碳技术创新示范工程，以电力、钢铁、石油石化、化工、建材等行业和交通运输等领域为重点，加快节能减排共性关键技术及成套装备研发生产。在能耗高、节能减排潜力大的地区，实施一批能源分质梯级利用、污染物防治和安全处置等综合示范科技研发项目。实施水体污染治理与控制重大科技专项，突破化工、印染、医药等行业源头控制及清洁生产关键技术瓶颈。鼓励建立以企业为主体、市场为导向、多种形式的产学研战略联盟，引导企业加大节能减排技术研发投入。

（十四）加快先进技术推广应用。完善节能低碳技术遴选、评定及推广机制，以发布目录、召开推广会等方式向社会推广一批重大节能低碳技术及装备，鼓励企业积极采用先进适用技术进行节能改造，实现新增节能能力 1 350 万吨标准煤。在钢铁烧结机脱硫、水泥脱硝和畜禽规模养殖等领域，加快推广应用成熟的污染治理技术。实施碳捕集、利用和封存示范工程。

五、进一步加强政策扶持

（十五）完善价格政策。严格清理地方违规出台的高耗能企业优惠电价政策。落实差别电价和惩罚性电价政策，节能目标完成进度滞后地区要进一步加大差别电价和惩罚性电价执行力度。对电解铝企业实行阶梯电价政策，并逐步扩大到其他高耗能行业和产能过剩行业。落实燃煤机组环保电价政策。完善污水处理费政策，研究将污泥处理费用纳入污水处理成本。完善垃圾处理收费方式，提高收缴率。

（十六）强化财税支持。各级人民政府要加大对节能减排的资金支持力度，整合各领域节能减排资金，加强统筹安排，提高使用效率，努力促进资金投入与节能减排工作成效相匹配。严格落实合同能源管理项目所得税减免政策。实施煤炭等资源税从价计征改革，清理取消有关收费基金。开展环境保护税立法工作，加快推进环境保护费改税。

（十七）推进绿色融资。银行业金融机构要加快金融产品和业务创新，加大对节能减排降碳项目的支持力度。支持符合条件的企业上市、发行非金融企业债务融资工具、企业债券等，拓宽融资渠道。建立节能减排与金融监管部门及金融机构信息共享联动机制，促进节能减排信息在金融机构中实现共享，作为综合授信和融资支持的重要依据。积极引导多元投资主体和各类社会资金进入节能减排降碳领域。

六、积极推行市场化节能减排机制

（十八）实施能效领跑者制度。定期公布能源利用效率最高的空调、冰箱等量大面广终端用能产品目录，单位产品能耗最低的乙烯、粗钢、电解铝、平板玻璃等高耗能产品生产企业名单，以及能源利用效率最高的机关、学校、医院等公共机构名单，对能效领跑者给予政策扶持，引导生产、购买、使用高效节能产品。适时将能效领跑者指标纳入强制性国家标准。

（十九）建立碳排放权、节能量和排污权交易制度。推进碳排放权交易试点，研究建立全国碳排放权交易市场。加快制定节能量交易工作实施方案，依托现有交易平台启动项目节能量交易。继续推进排污权有偿使用和交易试点。

（二十）推行能效标识和节能低碳产品认证。修订能效标识管理办法，将实施能效标识的产品由 28 类扩大到 35 类。整合节能和低碳产品认证制度，制定节能低碳产品认证管理办法，将实施节能认证的产品由 117 类扩大到 139 类，强化对认证结果的采信。将产品能效作为质量监管的重点，严厉打击能效虚标行为。

（二十一）强化电力需求侧管理。落实电力需求侧管理办法，完善配套政策，严格目标责任考核。建设国家电力需求侧管理平台，推广电能服务，继续实施电力需求侧管理城市综合试点。电网企业要确保完成年度电力电量节约指标，并对平台建设及试点工作给予支持和配合。电力用户要积极采用节电技术产品，优化用电方式，提高电能利用效率。通过推行电力需求侧管理机制，2014—2015 年节约电量 400 亿千瓦时，节约电力 900 万千瓦。

七、加强监测预警和监督检查

（二十二）强化统计预警。加强能源消耗、温室气体排放和污染物排放计量与统计能力建设，进一步完善节能减排降碳的计量、统计、监测、核查体系，确保相关指标数据准确一致。加强分析预警，定期发布节能目标完成情况晴雨表和主要污染物排放数据公告。各地区要研究制定确保完成节能减排降碳目标的预警调控方案，根据形势适时启动。

（二十三）加强运行监测。加快推进重点用能单位能耗在线监测系统建设，2014年完成试点，2015 年基本建成。进一步完善主要污染物排放在线监测系统，确保监测系统连续稳定运行，到 2015 年底，污染源自动监控数据有效传输率达到 75%，企业自行监测结果公布率达到 80%，污染源监督性监测结果公布率达到 95%。

（二十四）完善法规标准。推进节约能源法、大气污染防治法、建设项目环境保护管理条例的修订工作，推动开展节能评估审查、应对气候变化立法等工作，加快制定排污许可证管理条例、机动车污染防治条例等法规，研究制定节能监察办法。实施百项能效标准推进工程，制（修）订一批重要节能标准、重点行业污染物排放标准，落实重点区域大气污染物排放特别限值要求。

（二十五）强化执法监察。加强节能监察能力建设，到 2015 年基本建成省、市、县三级节能监察体系。发挥能源监管派出机构的作用，加强能源消费监管。2014 年下半年，各地区节能主管部门要针对万家重点用能企业开展专项监察。环保部门要持续开展专项执法，公布违法排污企业名单，发布重点企业污染物排放信息，对违法违规行为进行公开通报或挂牌督办。依法查处违法用能排污单位和相关责任人。实行节能减排执法责任制，对行政不作为、执法不严等行为，严肃追究有关主管部门和执法机构负责人的责任。

八、落实目标责任

（二十六）强化地方政府责任。各省（区、市）要严格控制本地区能源消费增长。严格实施单位 GDP 能耗和二氧化碳排放强度降低目标责任考核，减排重点考核污染物控制目标、责任书项目落实、监测监控体系建设运行等情况。地方各级人民政府对本行政区域内节能减排降碳工作负总责，主要领导是第一责任人。对未完成年度目标任务的地区，必要时请国务院领导同志约谈省级政府主要负责人，有关部门按规定进行问责，相关负责人在考核结果公布后的一年内不得评选优秀和提拔重用，考核结果向社会公布。对超额完成"十二五"目标任务的地区，按照国家有关规定，根据贡献大小给予适当奖励。

（二十七）落实重点地区责任。海南、甘肃、青海、宁夏、新疆等节能降碳目标完成进度滞后的地区，要抓紧制定具体方案，采取综合性措施，确保完成节能降碳目标任务。云南、贵州、广西、新疆等减排工作进展缓慢地区，要进一步挖掘潜力，确保完成减排目标。强化京津冀及周边、长三角、珠三角等重点区域污染减排，尽可能多削减氮氧化物，力争 2014—2015 年实现氮氧化物减排 12%，高出全国平均水平 2 个百分点。年能源消费量 2 亿吨标准煤以上的重点用能地区和东中部排放量较大地区，在确保完成目标任务前提下要多作贡献。各省级人民政府要对年能源消费量 300 万吨标准煤以上的市县实行重点管理，出台措施推动多完成节能任务。18 个节能减排财政政策综合示范城市要争取提前一年完成"十二五"节能目标，或到 2015 年超额完成目标的 20%以上。低碳试点省（区）和城市要提前完成"十二五"降碳目标。

（二十八）明确相关部门工作责任。国务院各有关部门要按照职责分工，加强协调配合，多方齐抓共管，形成工作合力。发展改革委要履行好国家应对气候变化及节能减排工作领导小组办公室的职责，会同环境保护部等有关部门加强对地方和企业的监督指导，抓紧制定出台对进度滞后地区的帮扶督办方案，密切跟踪工作进展，督促行动方案各项措施落到实处。环境保护部等要全面加强监管，其他各相关部门也要抓紧行动，共同做好节能减排降碳工作。

（二十九）强化企业主体责任。企业要严格遵守节能环保法律法规及标准，加强内部管理，增加资金投入，及时公开节能环保信息，确保完成目标任务。中央企业要积极发挥表率作用，把节能减排任务完成情况作为企业绩效和负责人业绩考核的重要内容。国有企业要力争提前完成"十二五"节能目标。充分发挥行业协会在加强企业自律、树立行业标杆、制定技术规范、推广先进典型等方面的作用。

（三十）动员公众积极参与。采取形式多样的宣传教育活动，调动社会公众参与节能减排的积极性。鼓励对政府和企业落实节能减排降碳责任进行社会监督。

附件：1. 2014—2015 年各地区燃煤锅炉淘汰任务
　　　2. 2014—2015 年各地区主要大气污染物减排工程任务
　　　3. 2014 年各地区黄标车及老旧车辆淘汰任务

附件 1

2014—2015 年各地区燃煤锅炉淘汰任务

地区	淘汰任务/万蒸吨
北京	0.9
天津	1.2
河北	2.2
山西	1.0
内蒙古	0.9
辽宁	1.0
吉林	0.5
黑龙江	1.0
上海	0.5
江苏	1.1

地区	淘汰任务/万蒸吨
浙江	1.4
安徽	0.6
福建	0.3
江西	0.2
山东	2.3
河南	1.0
湖北	0.4
湖南	0.3
广东	0.5
广西	0.1
海南	0
重庆	0.1
四川	0.2
贵州	0.1
云南	0.4
西藏	0
陕西	0.8
甘肃	0.3
青海	0.1
宁夏	0.2
新疆	0.4
合计	20

注：分配淘汰任务参考了各地区现有的中小锅炉容量，并加大了大气污染防治重点地区的淘汰力度。

附件2

2014—2015 年各地区主要大气污染物减排工程任务

地区	火电脱硝/万千瓦	钢铁烧结机脱硫/平方米	水泥脱硝/万吨
北京	0	0	210
天津	596	1 430	0
河北	1 500	11 010	2 160
山西	1 134	2 531	1 650
内蒙古	3 369	1 777	3 300
辽宁	1 293	4 764	3 450
吉林	1 119	560	270
黑龙江	1 092	270	630

地区	火电脱硝/万千瓦	钢铁烧结机脱硫/平方米	水泥脱硝/万吨
上海	344	264	75
江苏	1 313	3 692	4 080
浙江	892	480	1 860
安徽	1 051	910	3 600
福建	157	0	0
江西	541	641	2 610
山东	3 140	1 973	5 040
河南	2 243	492	5 400
湖北	1 100	1 388	4 410
湖南	766	710	660
广东	602	0	5 820
广西	506	360	750
海南	167	0	270
重庆	466	0	1 530
四川	642	740	3 450
贵州	1 200	684	1 200
云南	862	2 575	2 400
陕西	955	0	300
甘肃	539	646	1 050
青海	90	0	480
宁夏	643	132	750
新疆（不含新疆生产建设兵团）	818	1 410	2 700
新疆生产建设兵团	330	352	1 200

注：西藏自治区数据暂缺。

附件 3

2014 年各地区黄标车及老旧车辆淘汰任务

地区	淘汰任务/万辆
北京	39.1
天津	14.3
河北	66
山西	21.6
内蒙古	16.8
辽宁	34.9
吉林	17

地区	淘汰任务/万辆
黑龙江	20.5
上海	16
江苏	30.7
浙江	28.1
安徽	25.8
福建	9.9
江西	14.6
山东	42.8
河南	28.2
湖北	18.5
湖南	15.2
广东	49.3
广西	10
海南	2
重庆	5.7
四川	17.6
贵州	6.9
云南	14.7
西藏	0.38
陕西	13.4
甘肃	7.2
青海	2
宁夏	4.4
新疆	7.5

第三篇
大气污染防治部门落实文件

京津冀及周边地区落实大气污染防治

行动计划实施细则

京津冀及周边地区（包括北京市、天津市、河北省、山西省、内蒙古自治区、山东省）是我国大气污染最严重的区域。为加快京津冀及周边地区大气污染综合治理，依据《大气污染防治行动计划》，制定本实施细则。

一、主要目标

经过五年努力，京津冀及周边地区空气质量明显好转，重污染天气较大幅度减少。力争再用五年或更长时间，逐步消除重污染天气，空气质量全面改善。

具体指标：到 2017 年，北京市、天津市、河北省细颗粒物（$PM_{2.5}$）浓度在 2012 年基础上下降 25%左右，山西省、山东省下降 20%，内蒙古自治区下降 10%。其中，北京市细颗粒物年均浓度控制在 60 微克/立方米左右。

二、重点任务

（一）实施综合治理，强化污染物协同减排

1. 全面淘汰燃煤小锅炉。加快热力和燃气管网建设，通过集中供热和清洁能源替代，加快淘汰供暖和工业燃煤小锅炉。到 2015 年底，京津冀及周边地区地级及以上城市建成区，除必要保留的以外，全部淘汰每小时 10 蒸吨及以下燃煤锅炉、茶浴炉；北京市建成区取消所有燃煤锅炉，改由清洁能源替代。到 2017 年底，北京市、天津市、河北省地级及以上城市建成区基本淘汰每小时 35 蒸吨及以下燃煤锅炉，城乡结合部地区和其他远郊区县的城镇地区基本淘汰每小时 10 蒸吨及以下燃煤锅炉。到 2017 年底，北京市、天津市、河北省、山西省和山东省所有工业园区以及化工、造纸、印染、制革、制药等产业集聚的地区，逐步取消自备燃煤锅炉，改用天然气等清洁能源或由周边热电厂集中供热。

　　在供热供气管网覆盖不到的其他地区，改用电、新能源或洁净煤，推广应用高效节能环保型锅炉。北京市、天津市、河北省、山西省和山东省地级及以上城市建成区原则上不得新建燃煤锅炉。

　　2. 加快重点行业污染治理。京津冀及周边地区大幅度削减二氧化硫、氮氧化物、烟粉尘、挥发性有机物排放总量。电力、钢铁、水泥、有色等企业以及燃煤锅炉，要加快污染治理设施建设与改造，确保按期达标排放。到2015年底，京津冀及周边地区新建和改造燃煤机组脱硫装机容量5 970万千瓦，新建和改造钢铁烧结机脱硫1.6万平方米；新建燃煤电厂脱硝装机容量1.1亿千瓦，新建或改造脱硝水泥熟料产能1.1亿吨；电力、水泥、钢铁等行业完成除尘升级改造的装机容量或产能规模分别不得低于2 574万千瓦、3 325万吨、6 358万吨。

　　到2017年底，钢铁、水泥、化工、石化、有色等行业完成清洁生产审核，推进企业清洁生产技术改造。实施挥发性有机物污染综合治理工程。到2014年底，加油站、储油库、油罐车完成油气回收治理。到2015年底，石化企业全面推行"泄漏检测与修复"技术，完成有机废气综合治理。到2017年底，对有机化工、医药、表面涂装、塑料制品、包装印刷等重点行业的559家企业开展挥发性有机物综合治理。

　　3. 深化面源污染治理。强化施工工地扬尘环境监管，积极推进绿色施工，建设工程施工现场应全封闭设置围挡墙，严禁敞开式作业，施工现场道路应进行地面硬化。将施工扬尘污染控制情况纳入建筑企业信用管理系统，作为招投标的重要依据。

　　到2015年底，渣土运输车辆全部采取密闭措施，逐步安装卫星定位系统。各种煤堆、料堆实现封闭储存或建设防风抑尘设施。加强城市环境管理，严格治理餐饮业排污，城区餐饮服务经营场所全部安装高效油烟净化设施，推广使用高效净化型家用吸油烟机。全面禁止秸秆焚烧。

　　推进城市及周边绿化和防风防沙林建设，扩大城市建成区绿地规模，继续推进道路绿化、居住区绿化、立体空间绿化。山西省、内蒙古自治区要强化生态保护和建设，积极治理水土流失，继续实施退耕还林、还草，压畜减载恢复草原植被，加强沙化土地治理。进一步加强京津冀风沙源治理和"三北"防护林建设。

　　（二）统筹城市交通管理，防治机动车污染

　　4. 加强城市交通管理。实施公交优先战略，加强步行、自行车交通系统建设，开展"无车日"活动，提高绿色交通出行比例。到2017年底，北京市、天津市公共交通占机动化出行比例达到60%以上。优化京津冀及周边地区城际综合交通体系，推进区域性公路网、铁路网建设，合理调配人流、物流及其运输方式；加快建设北京市绕城高速公路，减少重型载货车辆过境穿行主城区。

5．控制城市机动车保有量。北京市要严格限制机动车保有量，天津、石家庄、太原、济南等城市要严格限制机动车保有量增长速度，通过采取鼓励绿色出行、增加使用成本等措施，降低机动车使用强度。

6．提升燃油品质。天津市、河北省、山西省、内蒙古自治区和山东省 2013 年底前供应符合国家第四阶段标准的车用汽油，2014 年底前供应符合国家第四阶段标准的车用柴油。北京市、天津市、河北省重点城市 2015 年底前供应符合国家第五阶段标准的车用汽、柴油，山西省、内蒙古自治区、山东省 2017 年底前供应符合国家第五阶段标准的车用汽、柴油。

中石油、中石化、中海油等炼化企业要合理安排生产和改造计划，制定合格油品保障方案，确保按期供应合格油品。加强油品质量监督检查，严厉打击非法生产、销售不合格油品行为，加油站不得销售不符合标准的车用汽、柴油。

7．加快淘汰黄标车。到 2015 年底，北京市黄标车全部淘汰，天津市基本淘汰，河北省、山西省、内蒙古自治区和山东省淘汰 2005 年底前注册营运的黄标车。到 2017 年底，京津冀及周边地区黄标车全部淘汰。

到 2014 年底，北京市、天津市、河北省、山西省和山东省地级及以上城市建成区全面实施"黄标车"限行。

8．加强机动车环保管理。到 2015 年，北京市、天津市、河北省全面实施国家第五阶段机动车排放标准，山西省、内蒙古自治区和山东省于 2017 年底前实施。

北京、天津、石家庄、太原、济南等城市实施补贴等激励政策，鼓励出租车每年更换高效尾气净化装置。

9．大力推广新能源汽车。公交、环卫等行业和政府机关率先推广使用新能源汽车。北京、天津、石家庄、太原、济南等城市每年新增或更新的公交车中新能源和清洁燃料车的比例达到 60% 左右。采取直接上牌、财政补贴等综合措施鼓励个人购买新能源汽车。在农村地区积极推广电动低速汽车（三轮汽车、低速货车）。

（三）调整产业结构，优化区域经济布局

10．严格产业和环境准入。京津冀及周边地区不得审批钢铁、水泥、电解铝、平板玻璃、船舶等产能严重过剩行业新增产能项目。北京市、天津市、河北省、山东省不再审批炼焦、有色、电石、铁合金等新增产能项目，山西省、内蒙古自治区（邻近京津冀的地区）不再审批炼焦、电石、铁合金等新增产能项目。北京市不再审批劳动密集型一般制造业新增产能项目，现有的逐步向外转移。北京、天津、石家庄、唐山、保定、廊坊、太原、济南、青岛、淄博、潍坊、日照等 12 个城市建设火电、钢铁、石化、水泥、有色、化工等六大行业以及燃煤锅炉项目，要严格执行大气污染物特别排放限值。

11．加快淘汰落后产能。京津冀及周边地区要提前一年完成国家下达的"十二五"落后产能淘汰任务，对未按期完成淘汰任务的地区，严格控制国家安排的投资项目，暂停对该地区重点行业建设项目办理核准、审批和备案手续。2015—2017 年，结合产业发展实际和环境质量状况，进一步提高环保、能耗、安全、质量等标准，加大执法处罚力度，将经整改整顿仍不达标企业列入年度淘汰计划，继续加大落后产能淘汰力度。

北京市，到 2017 年底，调整退出高污染企业 1 200 家。天津市，到 2017 年底，行政辖区内钢铁产能、水泥（熟料）产能、燃煤机组装机容量分别控制在 2 000 万吨、500 万吨、1 400 万千瓦以内。

河北省，到 2017 年底，钢铁产能压缩淘汰 6 000 万吨以上，产能控制在国务院批复的《河北省钢铁产业结构调整方案》确定的目标以内；全部淘汰 10 万千瓦以下非热电联产燃煤机组，启动淘汰 20 万千瓦以下的非热电联产燃煤机组。"十二五"期间淘汰水泥（熟料及磨机）落后产能 6 100 万吨以上，淘汰平板玻璃产能 3 600 万重量箱。

山西省，到 2017 年底，淘汰钢铁落后产能 670 万吨，淘汰压缩焦炭产能 1 800 万吨。

内蒙古自治区，到 2017 年底，淘汰水泥落后产能 459 万吨。

山东省，到 2015 年底，淘汰炼铁产能 2111 万吨，炼钢产能 2 257 万吨，钢铁产能压缩 1 000 万吨以上，控制在 5 000 万吨以内；到 2017 年底，焦炭产能控制在 4 000 万吨以内。

（四）控制煤炭消费总量，推动能源利用清洁化

12．实行煤炭消费总量控制。按照国家要求，完成节能降耗目标。到 2017 年底，通过淘汰落后产能、清理违规产能、强化节能减排、实施天然气清洁能源替代、安全高效发展核电以及加强新能源利用等综合措施，北京市、天津市、河北省和山东省压减煤炭消费总量 8 300 万吨。

其中，北京市净削减原煤 1 300 万吨，天津市净削减 1 000 万吨，河北省净削减 4000 万吨，山东省净削减 2 000 万吨。

13．实施清洁能源替代。加大天然气、液化石油气、煤制天然气、太阳能等清洁能源的供应和推广力度，逐步提高城市清洁能源使用比重。

到 2017 年底，京津塘电网风电等可再生能源电力占电力消费总量比重提高到15%，山东电网提高到 10%。北京市煤炭占能源消费比重下降到 10%以下，电力、天然气等优质能源占比提高到 90%以上。北京市、天津市、河北省和山东省新增天然气优先用于居民用气、分布式能源高效利用项目，以及替代锅炉、工业窑炉及自备电站的燃煤。

到 2017 年底，北京市、天津市、河北省和山东省现有炼化企业的燃煤设施，全部改用天然气或由周边电厂供汽供电。

14. 全面推进煤炭清洁利用。天津市、河北省、山西省、内蒙古自治区和山东省要将煤炭更多地用于燃烧效率高且污染治理措施到位的燃煤电厂，鼓励工业窑炉和锅炉使用清洁能源。加强煤炭质量管理，限制销售灰分高于 16%、硫分高于 1%的散煤。削减农村炊事和采暖用煤，加大罐装液化气和可再生能源炊事采暖用能供应。推进绿色农房建设，大力推广农房太阳能热利用。

到 2017 年底，北京市、天津市和河北省基本建立以县（区）为单位的全密闭配煤中心、覆盖所有乡镇村的洁净煤供应网络，洁净煤使用率达到 90%以上。

15. 扩大高污染燃料禁燃区范围。到 2013 年底，北京市、天津市、河北省、山西省和山东省完成"高污染燃料禁燃区"划定和调整工作，并向社会公开；各城市禁燃区面积不低于建成区面积的 80%。禁燃区内禁止原煤散烧。

16. 推动高效清洁化供热。京津冀及周边地区实行供热计量收费。到 2017 年底，京津冀及周边地区 80%的具备改造价值的既有建筑完成节能改造。

新建建筑推广使用太阳能热水系统，推动光伏建筑一体化应用。既有建筑"平改坡"时，鼓励同步安装太阳能光伏和太阳能热水器。

17. 优化空间格局。京津冀及周边地区要严格按照主体功能区规划要求，制定实施符合当地功能定位、更高节能环保要求的产业发展指导目录，优化区域产业布局。科学制定并严格实施城市规划，将资源环境条件、城市人口规模、人均城市道路面积、万人公共汽车保有量等纳入城市总体规划，严格城市控制性详细规划绿地率等审查，规范各类产业园区和城市新城、新区设立和布局，严禁随意调整和修改城市规划，形成有利于大气污染物扩散的城市和区域空间格局。河北、山西、山东等省要大力推进位于城市主城区的钢铁、石化、化工、有色、水泥、平板玻璃等重污染企业搬迁、改造，到 2017 年底，基本完成搬迁、改造任务。加快石家庄钢铁、唐山丰南渤海钢铁集团、青岛钢铁厂等企业环保搬迁。

山西省、内蒙古自治区要高起点规划、高标准建设国家能源基地，加快火电、风电等电力外送通道建设。

（五）强化基础能力，健全监测预警和应急体系

18．加强环境监测能力建设。到 2013 年底，北京市、天津市、河北省和山东省完成地级及以上城市细颗粒物监测能力全覆盖；到 2015 年底，北京市、天津市各建设 3 个国家直管监测点，石家庄、太原、呼和浩特、济南、青岛等城市各建设 2 个国家直管监测点，其他地级城市各建设 1 个国家直管监测点，逐步建成统一的国家空气质量监测网。

加强重点污染源在线监测体系建设，建成机动车排污监控平台。将监测能力建设及其运行和监管经费纳入各级财政预算予以保障。

19．建立重污染天气监测预警体系。环保部门要加强与气象部门的合作，抓紧建立重污染天气监测预警体系。到 2013 年底，初步建成京津冀区域以及北京市、天津市、河北省省级重污染天气监测预警系统；到 2014 年底，完成山西省、内蒙古自治区、山东省省级和京津冀及周边地区地级及以上城市建设任务。

20．组织编制应急预案。地方人民政府要制定和完善重污染天气应急预案，明确应急组织机构及其职责，按照预警等级，确定相应的应急措施，2013 年底前编制完成。应急预案报环境保护部备案并向社会公布。定期开展应急演练。

21．构建区域性重污染天气应急响应机制。将重污染天气应急响应纳入各级人民政府突发事件应急管理体系，实行政府主要负责人负责制。2013 年底前，京津冀及周边地区建立健全区域、省、市联动的应急响应体系，实行联防联控。

22．及时采取应急措施。在预警信息发布的同时，根据重污染天气的预警等级，迅速启动应急预案，实施重污染企业限产停产、建筑工地停止土方作业、机动车限行、中小学校停课以及可行的气象干预等应对措施，引导公众做好卫生防护。

（六）加强组织领导，强化监督考核

23．建立健全区域协作机制。成立京津冀及周边地区大气污染防治协作机制，由区域内各省（区、市）人民政府和国务院有关部门参加，研究协调解决区域内突出环境问题，并组织实施环评会商、联合执法、信息共享、预警应急等大气污染防治措施。通报区域大气污染防治工作进展，研究确定阶段性工作要求、工作重点与主要任务。

24．加强监督考核。国务院与京津冀及周边地区各省（区、市）人民政府签订大气污染防治目标责任书，将目标任务层层分解落实到各级人民政府和企业。

建立以政府考核为主、兼顾第三方评估的综合考核体系，提高考评结果的公

正性和准确性。发挥行业协会、公众、专家学者和咨询机构的积极性，采用抽样调查、现场评价、满意度调查等方法，探索开展第三方评估。每年初对上年度任务完成情况进行考核。考核、评估结果向国务院报告，并向社会公告。

25. 广泛动员公众参与。通过典型示范、专题活动、展览展示、岗位创建、合理化建议等多种形式，动员公众践行低碳、绿色、文明的生活方式和消费模式，积极参与环境保护。企业要严格遵守环境保护法律法规和标准，积极治理污染，履行社会责任。

大气污染防治行动计划实施情况考核办法

（试行）实施细则

总 则

一、为明确和细化《大气污染防治行动计划》（以下简称《大气十条》）年度考核各项指标的定义、考核要求和计分方法，加快落实考核工作，制定本实施细则。

二、对于各项指标的考核要求，《大气污染防治目标责任书》（以下简称《目标责任书》）中有年度目标的，按照《目标责任书》进行考核，否则遵照本实施细则进行考核。

三、依据本实施细则提供的计分方法，对空气质量改善目标完成情况、大气污染防治重点任务完成情况分别评分。京津冀及周边地区、长三角区域、珠三角区域共10个省（区、市）评分结果为两类得分中较低分值；其他地区评分结果为空气质量改善目标完成情况分值。

四、考核结果划分为优秀、良好、合格、不合格四个等级，评分结果90分及以上为优秀、70分（含）至90分为良好、60分（含）至70分为合格，60分以下为不合格。

第一类 空气质量改善目标完成情况

一、考核目的

建立以质量改善为核心的目标责任考核体系，将空气质量改善程度作为检验大气污染防治工作成效的最终标准，确保《大气十条》及《目标责任书》中细颗粒物（$PM_{2.5}$）、可吸入颗粒物（PM_{10}）年均浓度下降目标按期完成。

二、指标解释

考核年度 $PM_{2.5}$（PM_{10}）年均浓度与考核基数相比下降的比例。

三、考核要求

（一）考核 $PM_{2.5}$ 省份的要求

2013 年度不考核 $PM_{2.5}$ 年均浓度下降比例，2014、2015、2016 年度 $PM_{2.5}$ 年均浓度下降比例达到《目标责任书》核定空气质量改善目标的 10%、35%、65%，2017 年度终期考核完成《目标责任书》核定 $PM_{2.5}$ 年均浓度下降目标。

（二）考核 PM_{10} 省份的要求

2013 年度不考核 PM_{10} 年均浓度下降比例；2014 年度 PM_{10} 年均浓度下降目标由各地方人民政府自行制定或达到《目标责任书》核定空气质量改善目标的 10%；2015 年度 PM_{10} 年均浓度下降比例达到《目标责任书》核定空气质量改善目标的 30%；2016 年度 PM_{10} 年均浓度下降比例达到《目标责任书》核定空气质量改善目标的 60%；2017 年度终期考核完成《目标责任书》核定 PM_{10} 年均浓度下降目标。

四、指标分值

空气质量改善目标完成情况分值为 100 分。

五、数据来源

（一）采用国控城市环境空气质量评价点位（以下简称国控城市点位）监测数据。

（二）各省（区、市）$PM_{2.5}$（PM_{10}）年均浓度为其行政区域范围内地级及以上城市（设置国控城市点位的）年均浓度的算术平均值。

六、考核基数

（一）$PM_{2.5}$ 考核基数：2013 年 $PM_{2.5}$ 年均浓度。

（二）PM_{10} 考核基数：以 2012 年 PM_{10} 年均浓度为基础，综合考虑空气质量新老标准衔接进行确定。

七、年度考核计分方法

（一）$PM_{2.5}$ 年度考核计分方法。

$PM_{2.5}$ 年均浓度下降比例满足考核要求，计 60 分；未满足考核要求的，按照 $PM_{2.5}$ 年均浓度实际下降比例占考核要求的比重乘以 60 进行计分；$PM_{2.5}$ 年均浓度与上年相比不降反升的，计 0 分。

在完成年度考核要求基础上，超额完成《目标责任书》核定空气质量改善目标 30%以上（含）的，计 40 分；低于 30%的，按照超额完成比例占 30%的比重乘以 40 进行计分。

（二）PM_{10} 年度考核计分方法。

1. 对于 PM_{10} 年均浓度要求下降，但考核年度 PM_{10} 年均浓度未达到《环境空气质量标准》（GB 3095—2012）的省（区、市）：

PM_{10} 年均浓度下降比例满足考核要求，计 60 分；未满足考核要求的，按照 PM_{10} 年均浓度实际下降比例占考核要求的比重乘以 60 进行计分；PM_{10} 年均浓度与上年相比不降反升的，计 0 分。

在完成年度考核要求基础上，超额完成《目标责任书》核定空气质量改善目标 30%以上（含）的，计 40 分；低于 30%的，按照超额完成比例占 30%的比重乘以 40 进行计分。

2. 对于 PM_{10} 年均浓度要求下降，且考核年度 PM_{10} 年均浓度达到《环境空气质量标准》（GB 3095—2012）的省（区、市）：

PM_{10} 年均浓度达到《环境空气质量标准》（GB 3095—2012）要求，计 40 分。PM_{10} 年均浓度下降比例满足考核要求，计 20 分；未满足考核要求的，按照 PM_{10} 年均浓度实际下降比例占考核要求的比重乘以 20 进行计分；PM_{10} 年均浓度与上年相比不降反升的，计 0 分，在此基础上，PM_{10} 年均浓度每上升 1%，扣 1 分。

在完成年度考核要求基础上，超额完成《目标责任书》核定空气质量改善目标 30%以上（含）的，计 40 分；低于 30%的，按照超额完成比例占 30%的比重乘以 40 进行计分。

3. 对于空气质量要求持续改善的海南省、西藏自治区、云南省：

PM_{10} 年均浓度达到《环境空气质量标准》（GB 3095—2012）要求，计 70 分；与基准年相比，PM_{10} 年均浓度每上升 1%，扣 1 分。

PM_{10}年均浓度与考核基数相比下降比例达到 5%以上（含）的，计 30 分；未达到 5%的，按照 PM_{10} 年均浓度实际下降比例占 5%的比重乘以 30 进行计分。

注：广东省 $PM_{2.5}$ 年均浓度下降和 PM_{10} 年均浓度下降分别计分，权重分别为 70%和 30%，总得分为二者的加权平均值。

第二类　大气污染防治重点任务完成情况

一、考核目的

基于《大气十条》中重点任务措施要求，设立大气污染防治重点任务完成情况指标，通过强化考核，以督促各地区贯彻落实《大气十条》及《目标责任书》工作要求，为空气质量改善目标如期实现提供强有力保障。

二、具体指标

（一）产业结构调整优化。

1. 指标解释：

遏制产能严重过剩行业盲目扩张、分类处理产能严重过剩行业违规在建项目、淘汰落后产能和搬迁城市主城区重污染企业的情况。

2. 工作要求：

该项指标包括"产能严重过剩行业新增产能控制"、"产能严重过剩行业违规在建项目清理"、"落后产能淘汰"、"重污染企业环保搬迁"4 项子指标。具体工作要求如下：

（1）严禁建设产能严重过剩行业新增产能项目。

（2）分类处理产能严重过剩行业违规在建项目。对未批先建、边批边建、越权核准的违规项目，尚未开工建设的，不准开工；正在建设的，要停止建设；对于确有必要建设的，在实施等量或减量置换的基础上，报相关职能部门批准后，补办相关手续。

（3）完成年度重点行业落后产能淘汰任务。其中 2014 年完成国家下达的"十二五"钢铁、水泥、电解铝、平板玻璃等重点行业落后产能淘汰任务。

（4）制定城市主城区钢铁、石化、化工、有色金属冶炼、水泥、平板玻璃等重污染企业环保搬迁方案及年度实施计划，有序推进重污染企业梯度转移、环保搬迁和退城进园。

3．指标分值：

该项指标分值 12 分，其中产能严重过剩行业新增产能控制、产能严重过剩行业违规在建项目清理、重污染企业环保搬迁各占 2 分，落后产能淘汰占 6 分。

4．计分方法：

根据发展改革委、工业和信息化部认定的产能严重过剩行业新增产能控制和违规在建项目分类处理证明材料，考核相关指标完成情况。对于产能严重过剩行业新增产能控制，满足上述工作要求的，计 2 分，发现一例违规核准、备案产能严重过剩行业新增产能项目的，扣 0.5 分，扣完 2 分为止。对于产能严重过剩行业违规在建项目清理，满足上述工作要求的，计 2 分，发现一例产能严重过剩行业违规在建项目的，扣 0.5 分，扣完 2 分为止。

根据地方人民政府提供的重污染企业环保搬迁证明材料，考核相关指标的完成情况，经现场核查证实完成当年环保搬迁任务的，计 2 分，否则计 0 分。

根据全国淘汰落后产能目标任务完成和政策措施落实情况的考核结果，对各地淘汰落后产能指标计分。

（二）清洁生产

1．指标解释：

落实《大气十条》中，"对钢铁、水泥、化工、石化、有色金属冶炼等重点行业进行清洁生产审核，针对节能减排关键领域和薄弱环节，采用先进适用的技术、工艺和装备，实施清洁生产技术改造"等要求的情况。

2．工作要求：

2014 年，各省（区、市）编制完成钢铁、水泥、化工、石化、有色金属冶炼等重点行业清洁生产推行方案，方案中应包括行政区域内重点行业清洁生产审核和清洁生产技术改造实施计划。重点行业 30%以上的企业完成清洁生产审核。

2015 年，钢铁、水泥、化工、石化、有色金属冶炼等重点行业的企业全部完成清洁生产审核，完成方案中的 40%清洁生产技术改造实施计划。

2016 年，完成方案中的 70%清洁生产技术改造实施计划。

2017 年，完成方案中全部清洁生产技术改造实施计划。

3．指标分值：

该项指标分值 6 分。2014 年，编制完成重点行业清洁生产推行方案占 3 分，重点行业清洁生产审核占 3 分；2015 年，重点行业清洁生产审核占 2 分，重点行业清洁生产技术改造占 4 分；2016 年、2017 年重点行业清洁生产技术改造占 6 分。

4．计分方法：

各省（区、市）制定重点行业清洁生产推行方案，每年报送本地区清洁生产审核、清洁生产技术改造情况。满足全部工作要求的，计 6 分。发展改革委、工业和信息化部、环境保护部对地方报送的情况进行审核，组织重点抽查和现场核查。如发现各地区报送重点行业清洁生产情况与现场核查不符，发现一例扣 0.5 分，扣完为止。

（三）煤炭管理与油品供应。

1. 指标解释：

对于北京市、天津市、河北省、山东省、上海市、江苏省、浙江省、广东省，该指标为煤炭消费总量控制及国四与国五油品供应的情况；对于其他地区，为煤炭洗选加工及国四与国五油品供应情况。其中，北京市、天津市、河北省另外增加散煤清洁化治理指标。

2. 工作要求：

该项指标包括"煤炭消费总量控制"、"煤炭洗选加工"、"散煤清洁化治理（仅限北京市、天津市、河北省）"、"国四与国五油品供应" 4 项子指标。具体工作要求如下：

（1）煤炭消费总量控制。

2014 年，北京市、天津市、河北省、山东省、上海市、江苏省、浙江省和广东省珠三角区域煤炭消费总量与 2012 年持平；2015、2016 年，北京市、天津市、河北省、山东省煤炭消费总量与 2012 年相比实现负增长，上海市、江苏省、浙江省和广东省珠三角区域煤炭消费总量与 2012 年持平；2017 年，北京市、天津市、河北省、山东省分别完成 1 300 万吨、1 000 万吨、4 000 万吨、2 000 万吨的煤炭压减任务，上海市、江苏省、浙江省、广东省珠三角区域煤炭消费总量与 2012 年持平。

严格按照《大气十条》要求，北京市、天津市、河北省、山东省、上海市、江苏省、浙江省和广东省珠三角区域新建项目禁止配套建设自备燃煤电站；耗煤项目要实行煤炭减量替代。除热电联产外，禁止审批新建燃煤发电项目；现有多台燃煤机组装机容量合计达到 30 万千瓦以上的，可按照煤炭等量替代的原则建设为大容量燃煤机组。

（2）煤炭洗选加工。

2013、2014、2015、2016 年，其他地区新建煤矿同步建设煤炭洗选加工设施，现有煤矿加快建设与改造，逐年提高原煤入选率；2017 年，原煤入选率达到 70%。

（3）散煤清洁化治理。

相关地区制定散煤清洁化治理实施方案及年度实施计划，确定洁净煤利用目标与洁净煤替代项目；按照年度计划要求，推进散煤清洁化治理，到 2016 年，北京市民用洁净煤使用量达到 330 万吨/年，洁净煤利用率达到 100%；到 2017 年，天津市、河北省民用洁净煤使用量分别达到 270 万吨/年、1 800 万吨/年，洁净煤利用率达到 90%以上。

（4）国四与国五油品供应。

按照《大气十条》的安排，按时供应符合国家第四、第五阶段标准的车用汽、柴油。

3．指标分值：

该项指标分值 10 分。其中，北京市、天津市、河北省煤炭消费总量控制占 6 分，散煤清洁化治理占 2 分，国四与国五油品供应占 2 分；山东省、上海市、江苏省、浙江省、广东省，煤炭消费总量控制占 8 分，国四与国五油品供应占 2 分；其他地区，煤炭洗选加工占 4 分，国四与国五油品供应占 6 分。

4．计分方法：

依据地方统计部门提供的数据，确定北京市、天津市、河北省、山东省、上海市、江苏省、浙江省与广东省珠三角区域煤炭消费总量，运用国家统计局提供的数据进行校核，满足工作要求的计 6 分（其中，北京市、天津市、河北省计 4 分），否则计 0 分。

依据地方提供的年度耗煤项目建设清单及其煤炭替代情况，进行综合评估，同时运用环境保护部、发展改革委、能源局的数据进行校核，满足要求的计 2 分，否则计 0 分。在日常督查中，发现一例非热电联产的燃煤发电项目、新投产燃煤火电项目未按要求落实煤炭等量替代或新建自备燃煤电站，扣 1 分，扣完 2 分为止。

北京市、天津市、河北省提供考核年度散煤清洁化治理情况的证明材料，包括民用洁净煤使用规模、使用比例及使用范围等，据此进行综合评估。全部完成年度治理目标的，计 2 分；完成 90%的，计 1.5 分；完成 80%的，计 1 分；完成 70%的，计 0.5 分；否则计 0 分。环境保护部环境保护督查中心在日常督查中，发现一例在地方上报已完成散煤清洁化治理的区域销售、使用高硫高灰分散煤的，扣 0.5 分，扣完为止。

考核年度原煤入选率达到 70%（含）的计 4 分，达到 65%（含）的计 3 分，达到 60%（含）的计 2 分，否则计 0 分。

按时供应符合国家第四、第五阶段标准的车用汽、柴油的，北京市、天津市、河北省、山东省、上海市、江苏省、浙江省、广东省计 2 分，其他地区计 6 分。随机抽检行政区域内地级及以上城市的 20 个加油站，抽查达标油品的供应情况，发现一例销售不达标油品的，扣 1 分，扣完为止。

（四）燃煤小锅炉整治。

1．指标解释：

特定规模以下燃煤小锅炉的淘汰情况，及新建燃煤锅炉准入要求的执行情况。

2．工作要求：

该项指标包括"燃煤小锅炉淘汰"、"新建燃煤锅炉准入" 2 项子指标。具体工作要求如下：

（1）燃煤小锅炉淘汰。

2014 年，编制地区燃煤锅炉清单，摸清纳入淘汰范围燃煤小锅炉的基本情况；根据集中供热、清洁能源等替代能源资源落实情况，编制燃煤小锅炉淘汰方案，合理安排年度计划，并报地方能源主管部门和特种设备安全监督管理部门备案；累计完成燃煤小锅炉淘汰总任务的 10%。

2015 年，累计完成燃煤小锅炉淘汰总任务的 50%。其中北京市、天津市、河北省、山西省、内蒙古自治区、山东省地级及以上城市建成区，还需淘汰 95% 10 蒸吨及以下燃煤锅炉、茶浴炉。确有必要保留的，当地人民政府应出具书面材料说明原因。

2016 年，累计完成燃煤小锅炉淘汰总任务的 75%。

2017 年，累计完成燃煤小锅炉淘汰总任务的 95%。确有必要保留的，当地人民政府应出具书面材料说明原因。

（2）新建燃煤锅炉准入。

严格执行《大气十条》与《目标责任书》的要求，禁止建设核准规模以下的燃煤小锅炉。

3．指标分值：

该项指标分值 10 分，其中燃煤小锅炉淘汰占 8 分，新建燃煤锅炉准入占 2 分。

4．计分方法：

依据污染源普查数据和质检部门锅炉统计数据，核定燃煤小锅炉淘汰清单；依据日常督查、重点抽查和现场核查的结果，核定燃煤小锅炉淘汰比例。完成工作目标的，计 8 分；完成工作目标 80% 的，计 6 分；完成工作目标 60% 的，计 4 分；否则计 0 分。

严格按照《大气十条》相关要求核准新建燃煤锅炉的，计 2 分；在日常督查中，发现一例违规新建燃煤小锅炉，扣 0.5 分，扣完 2 分为止。

中央燃煤锅炉综合整治资金支持城市治理任务完成率低于 90% 的，扣 2 分；低于 80% 的，扣 4 分。

（五）工业大气污染治理。

1．指标解释：

各地区工业烟粉尘与工业挥发性有机物治理的情况。

2．工作要求：

该项指标包括"工业烟粉尘治理"、"工业挥发性有机物治理"2 项子指标。具体工作要求如下：

（1）工业烟粉尘治理。

火电、钢铁、水泥、有色金属冶炼、平板玻璃等行业国控、省控重点工业企业和 20 蒸吨及以上燃煤锅炉（包括供暖锅炉与工业锅炉）安装废气排放自动监控设施，增设烟粉尘监控因子，并与环保部门联网；加快除尘设施建设与升级改造，严格按照考核年度重点行业大气污染物排放标准的要求，实现稳定达标（部分地区或行业执行特别排放限值）；强化工业企业燃料、原料、产品堆场扬尘控制，大型堆场应建立密闭料仓与传送装置，露天堆放的应加以覆盖或建设自动喷淋装置。

（2）工业挥发性有机物治理。

2014 年，制定地区石化、有机化工、表面涂装、包装印刷等重点行业挥发性有机物综合整治方案；完成储油库、加油站和油罐车油气回收治理，已建油气回收设施稳定运行。

2015 年，北京市、天津市、河北省、上海市、江苏省、浙江省及广东省珠三角区域所有石化企业完成一轮泄漏检测与修复（LDAR）技术改造和挥发性有机物综合整治；有机化工、表面涂装、包装印刷等重点行业挥发性有机物治理项目完成率达到 50%，已建治理设施稳定运行。其他地区石化、有机化工、表面涂装、包装印刷等重点行业挥发性有机物治理项目完成率达到 50%，已建治理设施稳定运行。

2016 年，北京市、天津市、河北省、上海市、江苏省、浙江省及广东省珠三角区域有机化工、表面涂装、包装印刷等重点行业挥发性有机物治理项目完成率达到 80%，已建治理设施稳定运行。其他地区石化、有机化工、表面涂装、包装印刷等重点行业挥发性有机物治理项目完成率达到 80%，已建治理设施稳定运行。

2017 年，各地区重点行业挥发性有机物综合整治方案所列治理项目全部完成，已建治理设施稳定运行。

3．指标分值：

该项指标分值 15 分，其中工业烟粉尘治理占 8 分，包括重点工业企业废气排放自动监控设施建设 1 分，重点工业企业稳定达标排放 5 分，工业堆场扬尘控制 2 分；工业挥发性有机物治理占 7 分，包括储油库、加油站和油罐车油气回收 2

分，重点行业挥发性有机物综合整治 5 分。

4．计分方法：

（1）工业烟粉尘治理。

重点工业企业与 20 蒸吨及以上燃煤锅炉烟粉尘在线监控设施安装率达到 95%，并与环保部门联网，计 1 分，否则计 0 分。

依据重点工业企业和 20 蒸吨以上燃煤锅炉自动监测数据及监督性监测数据核定重点工业企业稳定达标率；95%以上（含）稳定达到烟粉尘排放标准的，计 5 分，85%以上（含）稳定达标的，计 3 分，否则计 0 分。在日常督查和现场核查中，发现一例违法排污或者已建烟粉尘治理设施不正常运行的，扣 0.5 分，扣完为止。

随机抽查 20 个以上工业堆场，根据日常督查和现场核查结果，评估堆场扬尘控制情况；90%以上（含）堆场按照要求进行扬尘控制的，计 2 分；80%以上（含）堆场按照要求进行扬尘控制的，计 1 分，否则计 0 分。

（2）工业挥发性有机物治理。

根据日常督查、重点抽查和现场核查的结果，核定储油库、加油站和油罐车油气回收的完成情况；90%以上（含）按时完成油气回收并稳定运行的，计 2 分，否则计 0 分。

根据日常督查、重点抽查和现场核查的结果，核定重点行业挥发性有机物治理项目的完成和运行情况；按时完成重点行业挥发性有机物治理设施建设并稳定运行的，计 5 分，否则计 0 分。

（六）城市扬尘污染控制。

1．指标解释：

建筑工地、道路等城市扬尘主要来源的污染控制情况。

2．工作要求：

该项指标包括"建筑工地扬尘污染控制"、"道路扬尘污染控制" 2 项子指标。具体工作要求如下：

（1）施工工地出口设置冲洗装置、施工现场设置全封闭围挡墙、施工现场道路进行地面硬化、渣土运输车辆采取密闭措施等。

（2）实施道路机械化清扫，提高道路机械化清扫率。

3．指标分值：

该项指标分值 8 分。其中建筑工地扬尘污染控制占 4 分，道路扬尘污染控制占 4 分。

4．计分方法：

随机抽查 20 个以上建筑工地。建筑工地抽查合格率达到 90%，计 4 分；达到 80%，计 3 分；达到 70%，计 2 分；否则计 0 分。

依据《中国城市建设统计年鉴》相关数据核算各地区道路机扫率。城市建成区机扫率达到 85%，计 4 分；低于 85% 的，以 2012 年为基准年，年均增长 6 个百分点及以上，计 4 分，年均增长 4 个百分点及以上，计 2 分；否则计 0 分。

（七）机动车污染防治。

1．指标解释：

对于北京市、天津市、河北省、山东省、上海市、江苏省、浙江省、广东省，该指标为高排放黄标车淘汰、机动车环保合格标志管理、机动车环境监管能力建设、新能源汽车推广及城市步行和自行车交通系统建设的情况；对于其他地区，为除新能源汽车推广外的四项内容。

2．工作要求：

该项指标包括"淘汰黄标车"、"机动车环保合格标志管理"、"机动车环境监管能力建设"、"新能源汽车推广"和"城市步行和自行车交通系统建设" 5 项子指标。具体工作要求如下：

（1）按进度淘汰黄标车。

2013 年，北京市淘汰 30% 的黄标车；天津市、上海市、江苏省、浙江省、广东省珠三角区域淘汰 20% 的黄标车；其他省（区、市）、广东省其他地区淘汰 10% 的黄标车。

2014 年，全国淘汰黄标车和老旧车 600 万辆，其中京津冀、长三角及广东省珠三角区域淘汰 243 万辆左右；其他地区淘汰 357 万辆左右。

2015 年，北京市、广东省珠三角区域淘汰全部黄标车；天津市、上海市、江苏省、浙江省累计淘汰 80% 的黄标车；其他省（区、市）和广东省其他地区累计淘汰 90% 2005 年底前注册运营的黄标车，累计淘汰 50% 的黄标车。

2016 年，天津市、上海市、江苏省、浙江省累计淘汰 90% 的黄标车；其他省（区、市）、广东省其他地区累计淘汰 70% 的黄标车。

2017 年，各地区淘汰 90% 以上的黄标车。

（2）按照《机动车环保合格标志管理规定》联网核发机动车环保合格标志，依据机动车环保达标车型公告核发新购置机动车环保检验合格标志，发标信息实现地市、省、国家三级联网。

（3）按照《全国机动车环境管理能力建设标准》配备省级和地市级机动车环境管理机构、人员、办公业务用房、硬件设备等，并严格落实《中共中央办公厅 国务院办公厅关于党政机关停止新建楼堂馆所和清理办公用房的通知》（中办发 [2013]17 号）。

（4）北京市、天津市、河北省、山东省、上海市、江苏省、浙江省、广东省严格按照《财政部 科技部 工业和信息化部 发展改革委关于继续开展新能源汽车推广应用工作的通知》（财建[2013]551 号）有关规定和工作方案，在公交客运、出租客运、城市环卫、城市物流等公共服务领域，新增及更新机动车的过程中推广使用新能源汽车，完善城市充电设施建设。

（5）结合城市道路建设，完善步行道和自行车道。城市道路建设要优先保证步行和自行车交通出行。除快速路主路外，各级城市道路均应设置步行道和自行车道（个别山地城市可适当调整），主干路、次干路及快速路辅路设置具有物理隔离设施的专用自行车道，支路宜进行划线隔离，保障骑行者的安全。通过加强占道管理，保障步行道和自行车道基本路权，严禁通过挤占步行道、自行车道方式拓宽机动车道，已挤占的要尽快恢复。居住区、公园、大型公共建筑（如商场、酒店等）要为自行车提供方便的停车设施。通过道路养护维修，确保步行道和自行车道路面平整、连续，沿途绿化、照明等设施完备。

3．指标分值：

该项指标分值 12 分，其中，北京市、天津市、河北省、山东省、上海市、江苏省、浙江省、广东省，淘汰黄标车占 7 分、机动车环保合格标志管理占 1 分、机动车环境监管能力建设占 1 分、新能源汽车推广占 1 分、城市步行和自行车交通系统建设占 2 分；其他地区，淘汰黄标车占 7 分、机动车环保合格标志管理占 2 分、机动车环境监管能力建设占 1 分、城市步行和自行车交通系统建设占 2 分。

4．计分方法：

黄标车淘汰率满足当年工作要求的，计 7 分；完成当年工作要求 85%的，计 5 分；完成当年工作要求 70%的，计 3 分；否则计 0 分。

北京市、天津市、河北省、山东省、上海市、江苏省、浙江省、广东省，机动车环保合格标志核发管理满足工作要求，并实现地市、省、国家三级联网的，计 1 分，否则计 0 分。其他地区机动车环保合格标志核发管理满足工作要求的，计 2 分，未依据机动车环保达标车型公告开展新车注册登记的扣 1 分，发标信息未实现地市、省、国家三级联网的扣 1 分，发标率未达到 80%的计 0 分。

机动车环境监管能力建设满足工作要求的，计 1 分。

在省级行政区域内，公交客运、出租客运、城市环卫、城市物流等公共服务领域新增或更新的机动车中新能源汽车比例达到 20%的，计 1 分，否则计 0 分。

在省级行政区域内，对省会城市和随机抽取的 1 个其他县级及以上城市（区）进行抽查，每个抽查城市在不少于 3 个行政区域内，选取总条数不少于 10 条、总长度大于 10 公里的道路路段，应涵盖快速路辅路、主干路、次干路和支路，可根据城市具体情况确定各级道路组成比例，对步行和自行车交通设施进行考核统计，步行道和自行车道配置率（设置步行道和自行车道的道路比例）达 90%，且完好率（步行道和自行车道使用功能完整，路面平整、连续、顺畅，不受机动车或其他设施侵占干扰所占比例）达 80% 的，计 2 分；步行道和自行车道配置率达 80%，且完好率达 70% 的，计 1 分，低于上述比例的，计 0 分。

（八）建筑节能与供热计量。

1．指标解释：

各地区新建建筑执行民用建筑节能强制性标准、绿色建筑推广和北方采暖地区供热计量情况。

北方采暖地区包括北京市、天津市、河北省、山西省、内蒙古自治区、辽宁省、吉林省、黑龙江省、山东省、河南省、陕西省、甘肃省、青海省、宁夏回族自治区、新疆维吾尔自治区。

2．工作要求：

该项指标包括"新建建筑节能"、"供热计量"2 项子指标。具体工作要求如下：

（1）新建建筑执行民用建筑节能强制性标准及绿色建筑推广。

所有新建建筑严格执行民用建筑节能强制性标准。政府投资的国家机关、学校、医院、博物馆、科技馆、体育馆等建筑，直辖市、计划单列市及省会城市的保障性住房，以及单体建筑面积超过 2 万平方米的机场、车站、宾馆、饭店、商场、写字楼等大型公共建筑，自 2014 年起全面执行绿色建筑标准。

（2）供热计量。

北方采暖地区制定供热计量改革方案，按计划推进既有居住建筑供热计量和节能改造；实行集中供热的新建建筑和经计量改造的既有建筑，应按用热量计价收费。

3．指标分值：

该项指标分值 5 分。其中，北方采暖地区新建建筑执行民用建筑节能强制性标准及绿色建筑推广占 2 分，供热计量占 3 分；其他地区新建建筑执行民用建筑节能强制性标准及绿色建筑推广占 5 分。

4．计分方法：

随机抽查 50 个以上考核年度新建建筑。新建建筑在施工图设计阶段和竣工验收阶段执行民用建筑节能强制性标准的比例均达 100%，北方采暖地区计 1 分，其他地区计 3 分；发现一例新建建筑未达到民用建筑节能强制性标准，扣 0.5 分，扣完为止。政府投资的新建公共建筑、直辖市、计划单列市及省会城市的保障性住房以及单位面积超过2万平方米的大型公共建筑自2014年起执行绿色建筑标准的，北方采暖地区计1分，其他地区计2分，否则计0分。

对北方采暖地区的省级行政区域内所有地级及以上采暖城市，每个城市随机抽查不低于10个实行集中供热的新建建筑和经计量改造的既有建筑项目，其中新建建筑不低于7个（其中居住建筑不少于4个）。所抽查项目100%按用热量计价收费，计3分；90%以上（含）的，计2分；80%以上（含）的，计1分；否则计0分。

（九）大气污染防治资金投入。

1．指标解释：

地方各级财政、企业与社会大气污染防治投入的总体情况。

2．工作要求：

建立政府、企业、社会多元化投资机制，保障大气污染防治稳定的资金来源，加大地方各级财政资金投入力度，明确企业治污主体责任。

3．指标分值：

该项指标分值6分。

4．计分方法：

地方各级财政、企业和社会大气污染防治投入之和占地区国民生产总值的比例，高于全国80%位值（含）的，计6分；低于80%位值、高于50%位值（含）的，计4分；低于50%位值、高于20%位值（含）的，计2分；否则计1分。

（十）大气环境管理。

1．指标解释：

编制实施细则与年度实施计划、建立重点任务管理台账、重污染天气监测预警应急体系建设、大气环境监测质量管理、秸秆禁烧、环境信息公开情况。

2．工作要求：

该项指标包括"年度实施计划编制"、"台账管理"、"重污染天气监测预警应急体系建设"、"大气环境监测质量管理"、"秸秆禁烧"和"环境信息公开"6项子指标。具体工作要求如下：

（1）2013年，制定实施细则，确定工作重点任务和治理项目，完善政策措施并向社会公开。

（2）2014、2015、2016、2017年，制定年度实施计划，严格按照国家的总体要求制定年度环境空气质量改善目标，确定治理项目实施进度安排、资金来源、政策措施推进要求及责任分工，并向社会公开。

（3）针对产业结构调整优化、清洁生产、煤炭管理与油品供应、燃煤小锅炉整治、工业大气污染治理、城市扬尘污染控制、机动车污染防治、建筑节能与供热计量、大气环境管理等重点任务建立台账，准确、完整记录各项任务及其重点工程项目的进展情况，并逐月进行动态更新。

（4）重污染天气监测预警应急体系建设。

按时完成省、市两级重污染天气监测预警系统建设和应急预案制定。对于省、市两级重污染天气应急预案，严格按照相关要求制定和备案，定期开展演练、评估与修订，全面落实政府主要责任人负责制，配套制定部门专项实施方案。

行政区域内单个城市空气质量达到重污染天气预警等级时，及时启动城市重污染天气应急预案；行政区域内多个城市空气质量达到重污染天气预警等级时，应同时启动省级、市级应急预案，推动城市联动、共同应对。

（5）大气环境监测质量管理。

根据《环境监测管理办法》（原国家环保总局令第 39 号）、《关于加强环境质量自动监测质量管理的若干意见》（环办[2014]43 号），建立完善的环境空气自动监测质量管理体系，对环境空气质量监测站点的布点采样、仪器测试、运行维护、质量保证和控制、数据传输、档案管理等进行规范管理和监督检查，保障监测数据客观、准确。

（6）秸秆禁烧。

建立秸秆禁烧工作目标管理责任制，明确市、县和乡镇政府以及村民自治组织的具体责任，严格实施考核和责任追究。对环境保护部公布的秸秆焚烧卫星遥感监测火点开展实地核查，严肃查处禁烧区内的违法焚烧秸秆行为。

（7）环境信息公开。

在政府网站及主要媒体，逐月发布行政区域内城市空气质量状况及其排名（直辖市可不排名）；公开新建项目环境影响评价相关信息；按照《关于加强污染源环境监管信息公开工作的通知》（环发[2013]74 号）和《污染源环境监管信息公开目录》（第一批）的要求，公开重点工业企业污染物排放与治污设施运行信息；同时，按照《国家重点监控企业自行监测及信息公开办法》（试行）及《国家重点监控企业监督性监测及信息公开办法》（试行）的要求，及时公布污染源监测信息。

3．指标分值：

该项指标分值共 16 分，其中年度实施计划编制占 2 分，台账管理占 1 分，重污染天气监测预警应急体系建设占 5 分，大气环境监测质量管理占 3 分，秸秆禁烧占 1 分，环境信息公开占 4 分。

4．计分方法：

（1）年度实施计划编制。

按要求编制实施细则与年度实施计划，并向社会公开的，计 2 分；实施细则与年度实施计划未向社会公开的，扣1分。

（2）台账管理。

管理台账完整、真实，满足工作要求的，计1分；否则计0分。

（3）重污染天气监测预警应急体系建设。

各地区人民政府提供开展重污染天气监测预警的证明材料，满足考核要求计1分，否则计0分。

抽查省、市两级重污染天气应急预案，满足考核要求计1分，否则计0分。

各地区人民政府应提供重污染天气应急预案启动的证明材料，包括各地区人民政府重污染天气应急预案启动情况的材料，及时准确启动达到80%的计1分，否则计0分，环境保护部统计情况作为考核的依据；各地区人民政府重污染天气应急响应信息报送情况的材料，按照环境保护部重污染天气信息报告工作要求报送的计1分，否则计0分，环境保护部统计情况作为考核的依据；各地区人民政府重污染天气应急措施落实、监督检查和问题整改情况的材料，满足工作要求的计1分，否则计0分，环境保护部环境保护督查中心对重污染天气应急预案落实情况进行监督检查，作为考核的依据。

（4）大气环境监测质量管理。

若发现由于人为干预造假，致使数据失真的现象，作为一票否决的依据，总体考核计0分。依据环境保护部环境监测质量监督检查结果及各地区环境监测质量管理总结报告综合评定，满足考核要求的，计3分，否则计0分。未建立完善的环境空气自动监测质量管理体系，包括气态污染物量值溯源和量值传递体系以及颗粒物比对体系，扣2分。

（5）秸秆禁烧。

建立并严格执行秸秆禁烧工作目标管理责任制、禁烧区内无秸秆焚烧火点且行政区内秸秆焚烧火点数同比上一年减幅达30%（含）以上的，或者连续两年行政区内秸秆焚烧火点数低于10个的，计1分；禁烧区内无秸秆焚烧火点且行政区内秸秆焚烧火点数同比上一年有所减少但减幅未达30%的，计0.5分；否则计0分（秸秆焚烧火点数以环境保护部公布并核定的卫星遥感监测数据为准）。

（6）环境信息公开。

各地区人民政府应提供执行环境信息公开制度的证明材料，严格按照工作要求公开各项环境信息的，计4分；缺少一项信息公开内容的，扣1分，扣完为止。

大气污染防治年度实施计划编制指南（试行）

为切实改善环境空气质量，根据《国务院关于印发大气污染防治行动计划的通知》（国发[2013]37 号，以下简称《大气十条》）要求，各省（区、市）（以下简称各地区）应制定年度实施计划。为加强年度实施计划编制的科学性和规范性，特制订《大气污染防治年度实施计划编制指南（试行）》。

一、总体要求

基于环境保护部与各省（区、市）人民政府签订的《大气污染防治目标责任书》（以下简称《目标责任书》）核定的环境空气质量改善目标，充分利用空气质量模型建立的减排响应关系，科学编制年度实施计划，确定年度空气质量改善目标、主要大气污染物控制目标，确定本地区年度大气污染防治重点任务、工程项目和保障措施。年度实施计划编制应遵循以下原则。

（一）目标可达原则。环境质量改善目标、主要污染物控制目标和重点任务及工程项目之间应相互衔接，强化目标可达性、任务可行性和经济可承受性分析；对策措施应包含但不局限于《大气十条》的各项任务要求，充分考虑各地区实际情况，具有可操作性。

（二）系统控制原则。要综合运用经济、法律和行政手段，从工程治理、产业结构调整、能源结构调整、技术进步、环境准入、监督管理等全过程提出年度实施计划。

（三）任务细化与项目落地原则。采取多污染物协同控制的途径，明确细化不同污染物的防控目标、要求和任务，编制详细的减排项目清单，落实减排项目至具体污染源，并将任务和项目作为年度实施计划的主要内容。

（四）目标分解与责任落实原则。通过年度实施计划的编制，将大气污染防治目标层层分解至市、县（区），将工作任务、工程项目落实到具体责任部门、企业和责任人；设置辅助性监测和支持指标，明确工作重点和方向，便于自查和核查。

各地区年度实施计划应在本年度 2 月底前编制完成，抄送环境保护部，并向社会公开。

二、具体内容

（一）现状与问题分析。

1. 环境空气质量改善情况。基于国控城市环境空气质量评价点位监测数据，分析上年度省（区、市）和行政区域内各地级及以上城市可吸入颗粒物（PM_{10}）或细颗粒物（$PM_{2.5}$）浓度和重污染天数相比于考核基数变化的情况。

2. 主要大气污染物控制情况。基于主要污染物总量减排考核结果、环境统计数据及现有研究成果，分析上年度全省（区、市）、各地级及以上城市二氧化硫、氮氧化物、烟（粉）尘和挥发性有机物控制情况。

3. 大气综合整治工作进展情况。分析上年度实施计划中各项任务措施、工程项目与保障措施的进展与落实情况。

4. 大气污染防治存在的问题。总结上年度本地区大气污染防治目标与工作任务的完成情况，提出本年度大气污染防治面临的重点问题和主要方向。未完成上年度大气污染防治目标与工作任务的省（区、市），应分析查找原因，并调整本年度目标与工作任务。

（二）年度目标。

各地区应从环境空气质量改善、主要大气污染物减排等方面设定目标。

1. 年度环境空气质量改善目标。环境空气质量改善目标应依据本地区《目标责任书》及年度考核要求确定，具体指标包括本年度全省（区、市）与行政区域内各地级及以上城市 PM_{10}（或 $PM_{2.5}$）浓度下降比例。对于未完成上年度目标的省（区、市），应结合上年度实际改善情况，做好目标的年际平衡。

2. 年度主要大气污染物排放控制目标。主要污染物排放控制目标应根据环境空气质量改善目标要求确定，具体指标包括本年度全省（区、市）与各地级及以上城市二氧化硫、氮氧化物、烟（粉）尘及挥发性有机物排放量下降比例等。

（三）年度工作任务。

重点从八个方面制订年度实施计划的工作任务。

1. 加大综合治理力度，减少多污染物排放。

（1）燃煤小锅炉淘汰。明确年度燃煤小锅炉淘汰的规模、时间与空间要求，确定全省（区、市）年度燃煤小锅炉淘汰清单。

（2）重点行业脱硫、脱硝、除尘设施建设。明确年度二氧化硫、氮氧化物、烟（粉）尘治理设施建设改造的重点行业，年度二氧化硫、氮氧化物、烟（粉）尘治理项目落实到具体企业，并明确实施进度。

（3）工业挥发性有机物治理。确定年度实施油气回收的重点领域及其进度安排；明确推行挥发性有机物综合整治的重点行业及其采取的技术措施，明确实施治理的重点城市，将挥发性有机物治理项目落实到具体企业。

（4）城市扬尘污染控制。结合本地区城市建设特点，明确建筑施工、道路、堆场、裸地扬尘等污染控制措施、监管要求和责任部门。

（5）移动源污染防治。制订国家第四、第五阶段标准车用汽、柴油推进工作安排；明确本年度黄标车及老旧车辆淘汰标准、数量和进度，制订淘汰黄标车的具体措施、本年度机动车环保标志管理的任务要求及具体实施措施以及工程机械等非道路移动机械和船舶的污染控制措施，明确机动车环保检验机构监管要求。

2．调整优化产业结构，推动产业转型升级。

（1）淘汰落后产能。根据工业和信息化部及《目标责任书》部署，编制年度重点行业落后产能淘汰项目清单，明确工作进度要求。

（2）压缩过剩产能。确定年度钢铁、水泥、平板玻璃、船舶等行业过剩产能压缩目标，制订清理产能严重过剩行业违规在建项目清单。

3．推行清洁生产。明确本年度钢铁、水泥、化工、石化、有色金属冶炼等重点行业进行清洁生产审核和清洁生产技术改造的企业清单；制订重点行业主要污染物排污强度的年度下降目标。

4．加快调整能源结构，增加清洁能源供应。

（1）控制煤炭消费总量。北京市、天津市、河北省、山东省、上海市、江苏省、浙江省、广东省珠三角区域应明确年度煤炭消费总量控制目标，制订煤炭消费削减方案，将煤炭压减任务分解、落实到具体企业和单位。

（2）煤炭清洁利用。制订现有煤矿建设煤炭洗选设施的项目清单，确定年度原煤入选率目标；明确城市高污染燃料禁燃区的划定方案及禁燃区的供热来源；制订农村地区洁净煤配送年度工作计划。

（3）供热计量改造。制订本年度既有居住建筑供热计量和节能改造区域及落实按用热量计价收费政策的工作计划。

5．优化产业空间布局。对布局不合理的重点污染企业，尤其是城区内已建的重污染企业，结合产业结构调整计划制订年度搬迁改造方案，明确搬迁时间、地点、规模及工艺改造等方案。

6．提高环境监管能力，加大环保执法力度。

（1）提高环境监管能力。制订环境监测、信息、应急、监察等标准化建设的年度计划；确定本年度空气质量监测网络、重点污染源在线监控体系和省、市两级机动车排污监管平台建设方案。

（2）加大环保执法力度。确定本年度大气污染专项执法检查任务要求，明确所辖各级环保部门信息公开和重污染行业企业环境信息强制公开要求。

7．建立监测预警应急体系，妥善应对重污染天气。按照《目标责任书》要求，明确本年度本省（区、市）及行政区域内地级及以上城市重污染天气监测预警系统建设工作任务和需要编制重污染天气应急预案的城市，提出直辖市或省会城市（拉萨除外）、计划单列市大气污染物来源解析研究工作安排，结合上年度重污染天气应急工作开展情况，提出进一步完善监测预警、重污染天气应急预案以及应对工作的相关措施。

8．大气环境综合整治其他工作。为完成年度环境空气质量改善目标，结合本地区实际情况，确定本年度拟开展的其他大气环境综合整治工作。

（四）年度重点工程项目及投资。

年度实施计划应确定对实现年度环境空气质量改善目标起到主要支撑作用的重点工程项目，同时明确其投资需求、资金筹措渠道和本年度可产生的减排效益，完成时间细化到月。

重点工程项目包括燃煤工业锅炉淘汰、工业二氧化硫治理、工业氮氧化物治理、工业烟粉尘治理、工业挥发性有机物治理、油气回收、落后产能淘汰、过剩产能压缩、重点行业清洁生产、煤炭清洁利用、重污染企业环保搬迁改造、能力建设、监测预警应急体系建设等13类。其中油气回收项目包括加油站、储油库以及油罐车油气回收项目。（各类项目按照附表1至14格式汇总）

为确保完成年度环境空气质量改善目标，各地应结合自身情况确定除上述类型之外的其他重点工程项目。

（五）年度实施计划保障措施。

1．分解实施。明确年度重点工作任务实施的责任部门。

2．资金投入。明确年度大气污染防治资金需求的筹措渠道。

3．政策保障。制订本地区为推动年度实施计划而出台的各项政策措施。

（六）可行性与可达性分析。

1．可行性分析。采用定性与定量相结合的方法，从经济、技术等多个方面分析本年度重点任务和重点工程的可行性。

2．可达性分析。对工程项目的减排效果进行测算，采用空气质量模型，对污染减排的环境质量改善效果进行模拟，分析环境空气质量改善目标的可达性。

附表：

1．燃煤工业锅炉淘汰项目清单（略）。

2．工业二氧化硫治理项目清单（略）。

3．工业氮氧化物治理项目清单（略）。

4．工业烟粉尘治理项目清单（略）。

5．工业挥发性有机物（**VOCs**）综合整治项目清单（略）。

6．加油站油气回收项目清单（略）。

7．储油库油气回收项目清单（略）。

8．油罐车油气回收项目清单（略）。

9．落后产能淘汰（过剩产能压缩）项目（略）。

10．重点行业清洁生产项目清单（略）。

11．煤炭清洁利用项目清单（略）。

12．重污染企业环保搬迁改造项目清单（略）。

13．能力建设项目（包括监测预警应急体系建设项目）清单（略）。

14．机动车环境监管能力建设项目清单（略）。

关于在化解产能严重过剩矛盾过程中

加强环保管理的通知

各省、自治区、直辖市环境保护厅（局），新疆生产建设兵团环境保护局：

为贯彻落实《国务院关于化解产能严重过剩矛盾的指导意见》（国发[2013]41号，以下简称《意见》），现就有关工作要求通知如下：

一、全面排查产能严重过剩行业环保情况

各省级环保部门要组织对行政区内的钢铁、水泥、电解铝、平板玻璃、船舶行业的在建项目和建成项目进行梳理排查，掌握行业产能情况和企业环保基本情况，包括企业环评审批和验收情况，选址建设情况，主体工艺装备建设情况，污染防治设施建设及运行情况，污染物排放总量控制指标及完成情况，稳定达标排放情况，排污费征收情况，完成清洁生产审核评估、验收情况等。

二、切实执行违规项目清理整顿环保要求

各省级环保部门应按照省级人民政府统一部署，在全面排查基础上协助编制违规项目清理整顿方案并向社会公示，明确拟清理的违规项目，拟保留的违规项目及环保整改计划等内容。严格环保把关，确保纳入本级人民政府清理整顿方案内拟保留的违规项目符合《在建违规项目环保认定条件》（附件1）和《建成违规项目环保备案条件》（附件2）要求。

三、严格开展违规项目环保认定和备案

环境保护部配合相关部门开展在建违规项目认定工作，对于符合《在建违规项目环保认定条件》的，将予以环保认定。经认定的在建违规项目，建设单位应在认定后一年内向有审批权的环保部门报送环境影响报告书，由环保部门依法补

办环评审批手续，并强化"三同时"监管和环保验收管理。对于不符合有关认定条件的在建违规项目一律停建。

环境保护部依据省级人民政府整顿方案开展建成违规项目环保备案，对于符合《建成违规项目环保备案条件》中红线条件及必要条件的，予以环保备案，加强日常环保监管；对于不符合红线条件的，不予备案。对于符合红线条件但不符合必要条件的，省级人民政府整顿方案中应明确整改计划及时限，我部予以有条件备案；项目整改完成后应当向我部报告，并向社会公开；项目整改后仍不能符合污染物排放标准和特别排放限值等有关规定的，不予备案，按照《意见》规定予以淘汰。

四、强化排放标准和总量控制倒逼机制

《重点区域大气污染防治"十二五"规划》确定的大气污染防治重点控制区内的钢铁、水泥、电解铝行业在建违规项目，应执行大气污染物特别排放限值。各级环保部门要按照污染物排放标准要求，监督在建项目高标准建设污染防治设施，鼓励建成项目开展清洁生产审核并实施清洁生产方案，改进和提升污染防治设施、装备及运维水平。

落实污染物排放总量控制制度。在建违规项目和建成违规项目，均需取得主要污染物排放总量控制指标。建成违规项目的主要污染物排放量计入当地主要污染物排放总量。所有在建违规项目和建成违规项目，均应实现主要污染物等量或减量替代，不得新增区域污染物排放总量，也不得突破国家下达的总量控制目标。

五、加大对违法企业和违规项目执法力度

地方各级环保部门、环境保护部各环保督查中心应当加强对钢铁、水泥、电解铝、平板玻璃、船舶企业的环境监管。依法征收企业排污费，做到应收尽收；对于拒不按期足额缴纳排污费的，依法处以罚款。依法严肃查处企业超标排污、偷排偷放等环境违法行为。对情节严重、符合《最高人民法院、最高人民检察院关于办理环境污染刑事案件适用法律若干问题的解释》有关规定的企业违法行为，应移送司法机关，依法追究企业及相关负责人的刑事责任。

对建成违规项目未经环保备案的企业，各级环保部门不得为其贷款、上市融资、行业准入、进出口、退税、免税、减税、先进评选等出具任何环保守法的证明性文件，不得给予各类环保专项资金支持。

六、持续加大环境信息公开力度

地方各级环保部门要按照污染源环境信息公开的相关要求，公开监督性监测、排污费征收、监察执法和环保处罚等环境监管信息；同时，督促相关企业主动公开自行监测和污染物排放相关信息，接受社会监督。认真对待群众举报，及时发现和查处企业违法行为。

环境保护部将组织对各地强化环保约束、化解产能严重过剩矛盾工作开展督导检查。对隐瞒不报、弄虚作假的在建违规项目和建成违规项目，将不予环保认定、备案。对化解产能严重过剩矛盾工作中环保约束不力、问题突出的地区，将采取区域限批措施。

附件：1. 在建违规项目环保认定条件
　　　 2. 建成违规项目环保备案条件

环境保护部

2014 年 4 月 18 日

附件 1

在建违规项目环保认定条件

一、钢铁行业

选址布局：项目不得位于自然保护区、风景名胜区、饮用水水源保护区和其他需要特别保护的区域；项目建设应符合城市发展规划、土地利用总体规划、主体功能区划和环境功能区划；项目不得位于《重点区域大气污染防治"十二五"规划》范围内城市建成区、地级及以上城市市辖区。

环境承载力：项目所在区域应实现二氧化硫、氮氧化物、烟粉尘污染物减排，对于大气污染重点控制区和大气环境质量超标城市，在建项目实行区域内现役源 2 倍削减量替代，一般控制区实行 1.5 倍削减量替代；受纳水体环境质量超标区域内的项目，不得外排废水；地下水严重超采区域内的项目不得取用地下水。

能源消耗：京津冀、长三角、珠三角等区域和山东省要实现煤炭减量替代。

京津冀、长三角、珠三角等区域在建项目禁止配套建设自备燃煤电站。

二、水泥行业

选址布局：项目不得位于自然保护区、风景名胜区、饮用水水源保护区和其他需要特别保护的区域；项目建设应符合城市发展规划、土地利用总体规划、主体功能区划和环境功能区划；项目不得位于《重点区域大气污染防治"十二五"规划》范围内城市建成区、地级及以上城市市辖区。

环境承载力：项目所在区域应实现二氧化硫、氮氧化物、烟粉尘污染物减排，对于大气污染重点控制区和大气环境质量超标城市，在建项目实行区域内现役源2 倍削减量替代，一般控制区实行 1.5 倍削减量替代。

能源消耗：京津冀、长三角、珠三角等区域和山东省要实现煤炭减量替代。

三、电解铝行业

选址布局：项目不得位于自然保护区、风景名胜区、饮用水水源保护区、基本农田保护区和其他需要特殊保护的地区；项目建设应符合城市发展规划、土地利用总体规划、主体功能区划和环境功能区划；项目不得位于《重点区域大气污染防治"十二五"规划》范围内城市建成区、地级及以上城市市辖区。

环境承载力：项目所在区域应实现二氧化硫、氮氧化物、烟粉尘污染物减排，对于大气污染重点控制区和大气环境质量超标城市，在建项目实行区域内现役源2 倍削减量替代，一般控制区实行 1.5 倍削减量替代；环境空气、地表水、地下水氟化物超标区域以及高氟区，不得新增产能。

能源消耗：京津冀、长三角、珠三角等区域内的项目禁止配套建设自备燃煤电站。山东省要实现煤炭减量替代。

四、平板玻璃行业

选址布局：项目不得位于自然保护区、风景名胜区、饮用水水源保护区和其他需要特别保护的区域；项目建设应符合城市发展规划、土地利用总体规划、主体功能区划和环境功能区划；项目不得位于《重点区域大气污染防治"十二五"规划》范围内城市建成区、地级及以上城市市辖区。

环境承载力：项目所在区域应实现二氧化硫、氮氧化物、烟粉尘污染物减排，对于大气污染重点控制区和大气环境质量超标城市，在建项目实行区域内现役源2倍削减量替代，一般控制区实行1.5倍削减量替代。

能源消耗：京津冀、长三角、珠三角等区域以煤为燃料的项目，要实现煤炭减量替代。

五、船舶行业

选址布局：项目不得位于自然保护区（包括海洋自然保护区）、风景名胜区（包括海滨风景名胜区）、饮用水水源保护区、重要渔业水域和其他需要特别保护的区域；项目建设应符合海洋功能区划、海洋环境保护规划、水环境功能区划和岸线利用规划；项目不得位于一类、二类近岸海域环境功能区。

附件2

建成违规项目环保备案条件

一、钢铁行业

1. 红线条件

选址布局：企业不得位于自然保护区、风景名胜区、饮用水水源保护区和其他需要特别保护的区域。

2. 必要条件

环境承载力：项目所在区域应实现二氧化硫、氮氧化物、烟粉尘、化学需氧量、氨氮减排；地下水严重超采区域内的项目不得取用地下水，其他区域的项目开采地下水实际取水量不得超过取水许可证规定。废气污染防治措施：原料场建设防风抑尘网或（半）密闭料仓，采用大型筒仓贮煤，城市钢厂及位于沿海、大气污染防治重点区域的企业应采用密闭料场或筒仓；厂内铁精矿、煤、焦炭等大宗物料应采取封闭式皮带运输，需用车辆运输的粉料，应采用密闭措施；各工序原辅材料及产品的转运、筛分、破碎等产尘点配备有效的捕集装置和袋式除尘器；焦炉煤气采用脱硫脱氰净化措施；精煤破碎、焦炭破碎、筛分及转运配备袋式除尘器，装煤、推焦采用大型地面站干式（袋式）净化除尘措施，焦炉配备干法熄焦装置，干熄焦废气配备袋式除尘器；焦化所有装置和储罐、焦炉煤气脱硫再生塔等尾气应配备尾气净化处理设施；烧结机实现全烟气收集并配备四电场除尘器+

烟气脱硫脱硝脱二□恶英等烟气治理装置，球团焙烧配备静电除尘器+脱硫装置；烧结机尾配备袋式除尘器或电袋复合除尘器或电除尘+布袋除尘器；烧结及球团配料、破碎、筛分、转运系统，球团精矿干燥系统，成品矿槽等各环境除尘系统配备袋式除尘器；高炉煤气应采取净化回收措施；高炉料仓上部、仓下振动给料机、振动筛、称量斗、转运站、中间仓及各皮带转运点应配备袋式除尘器；高炉出铁场铁沟、渣沟需加盖封闭，高炉出铁口、铁沟、渣沟、铁水罐上方等应设捕集罩，并配备袋式或静电除尘器；炼钢工序铁水预处理（包括倒罐、扒渣等）、精炼炉、连铸修磨和火焰切割配备袋式除尘器；转炉一次烟气和煤气净化回收采用 LT 除尘或新型 OG 除尘装置；转炉二次烟气配备烟气捕集装置和袋式除尘器；电炉烟气配备炉内排烟+密闭罩+屋顶罩+袋式除尘器，或导流罩+顶吸罩+袋式除尘器；石灰窑、白云石窑焙烧、原料准备和成品仓配备袋式除尘器；冷轧酸洗机组、废酸再生、脱脂配备湿法喷淋净化或湿法喷淋净化+SCR 净化装置；冷轧轧机、湿平整油雾配备滤网过滤净化装置；彩涂、冷轧硅钢等有机废气配备高温焚烧或催化焚烧装置；轧钢加热炉和热处理炉采用低氮燃烧技术；自备电厂配套安装高效脱硫脱硝除尘装置。

废水污染防治措施：焦化废水采用预处理（重力除油法、混凝沉淀法、气浮除油法）+硝化、反硝化生化处理技术，处理后酚氰废水回用，不得外排；高炉煤气洗涤水、高炉冲渣水应沉淀后循环使用；转炉煤气洗涤水应沉淀后循环使用；连铸废水应配备除油+沉淀+过滤装置；热轧直接冷却废水应配备除油+沉淀+过滤，或稀土磁盘处理装置；含油、乳化液废水应配备超滤+曝气（或生化）+沉淀（或过滤）处理装置；酸碱废水应配备中和+曝气+絮凝沉淀处理装置；含铬废水应配备化学还原沉淀+絮凝沉淀处理装置，单独处置，不得外排；烧结、球团、焦化、炼铁、炼钢、轧钢等各主要工序在配备净环和浊环废水处理系统的基础上，还需配备全厂污水处理站并达标排放。

固废污染防治措施：全厂各类固体废物做到综合利用或安全妥善处置；危险废物贮存处置应满足《危险废物贮存污染控制标准》（GB 18597—2001）要求；焦炉煤气脱硫废液应提盐后回用或回配炼焦煤，回用过程不得落地；焦油渣、沥青渣、生化污泥应回配炼焦煤，回用过程不得落地；烧结（球团）脱硫渣、高炉渣和预处理后的钢渣应做到综合利用或安全妥善处置。

达标排放：污染物排放应满足《炼焦化学工业污染物排放标准》（GB 16171—2012）、《钢铁烧结、球团工业大气污染物排放标准》（GB 28662—2012）、《炼铁工业大气污染物排放标准》（GB 28663—2012）、《炼钢工业大气污染物排放标准》（GB 28664—2012）、《轧钢工业大气污染物排放标准》（GB 28665—2012）和《钢铁工业水污染物排放标准》（GB 13456—2012）中新建企业污染物排放限值要求，位于《重点区域大气污染防治"十二五"规划》中重点控制区的烧结（球团）设备机头废气执行颗粒物特别排放限值；厂界噪声应满足《工业企业厂界环境噪声排放标准》（GB 12348—2008）；固体废物贮存、处置的设施、场所应满足《一般工业固体废物贮存、处置场污染控制标准》（GB 18599—2001）和《危险废物贮存污染控制标准》（GB 18597—2001）。自备电厂污染物排放应达到《火电厂大气污染物排放标准》（GB 13223—2011）新建锅炉污染物排放限值或特别排放限值要求。

总量控制：企业污染物排放总量不得超过环保部门核定的总量控制指标；有"十二五"减排任务的企业，应按计划完成减排任务。

清洁生产与能源利用：应配备烧结余热回收、高炉煤气余压回收、转炉烟气余热回收等装置；粗钢生产主要工序能耗符合《粗钢生产主要工序单位产品能源消耗限额》（GB 21256—2007）单位产品能耗限额准入值；企业全厂水循环利用率 95%以上；企业吨钢新水耗量高炉流程低于 4.1 立方米、电炉流程低于 3 立方米。

环境管理：烧结机头、球团焙烧、焦炉、自备电站排气筒应安装颗粒物、二氧化硫、氮氧化物在线自动监控系统，全厂废水总排口应安装在线自动监控系统，并与地方环保部门联网。企业落实各项环境风险防控措施，近两年内未发生重特大突发环境事件，或已落实整改要求。

运输条件：企业厂外运输应基本具备铁路运输、水运、管道运输等环境污染小的运输方式。

二、水泥行业

1. 红线条件

选址布局：企业不得位于自然保护区、风景名胜区、饮用水水源保护区和其他需要特别保护的区域；企业应符合城市发展规划、土地利用总体规划、主体功能区划和环境功能区划且不得位于城市主城区。

2. 必要条件

环境承载力：项目所在区域应实现二氧化硫、氮氧化物、烟粉尘污染物减排。

废气污染防治措施：矿石破碎系统、原料烘干系统、原料均化系统、生料粉磨系统、煤粉制备系统、水泥粉磨系统、水泥包装等各产尘环节应采用袋式除尘器；物料堆存采取封闭措施；各输送系统均应在输送皮带（输送廊道）加防尘罩，皮带机转运处应配套集尘罩抽吸后单独或集中用袋式除尘器处理；篦冷机、回转窑应配套袋式除尘器、电除尘器、电-袋复合除尘器等高效除尘装置；回转窑采用低氮氧化物燃烧器技术和分解炉分级燃烧技术；窑尾配套烟气脱硝装置，采用选择性非催化还原技术（SNCR）；各原料库、熟料库、水泥库库顶应配套脉冲单机袋式除尘器或气箱脉冲袋式除尘器；库底卸料器应配套脉冲单机袋式除尘器或分别用集尘罩抽吸、集中用袋式除尘器处理。

废水污染防治措施：设备冷却水排水应集中收集后经隔油、沉淀处理，进厂区生活污水集中处理设施；协同处置生活垃圾产生的渗滤液应喷入窑内焚烧处理，处置污泥时污泥析出水应配套专门污水处理设施。

噪声污染防治措施：矿山开采应采用微差爆破技术；破碎机、球磨机、电机、高噪声风机、空压机、余热发电汽轮机和发电机等应置于封闭隔声车间，并采用加装减震装置、在设备上或隔声间内部墙面安装吸声材料、安装隔声罩等方式降噪；球磨机使用带有阻尼效果的耐磨衬板；提高电机装配精度，降低机械噪声；在风机进、出口和循环水冷却塔进风口安装消声器，风机和管道采用软连接，冷却塔旁安装隔声屏障；非标管道进行岩棉保温隔音。

固废污染防治措施：窑灰、灰渣、粉尘等应返回生产工序重新利用；水泥厂自产的少量生活垃圾、废油、油棉纱等可入窑处置；不含铬的废旧耐火砖可以作为原料或混合材，含铬的废旧耐火砖应由有资质单位回收利用处置；可燃的无毒无害的废滤袋可入窑煅烧处置，不可燃烧的有毒有害的废滤袋应送处置危险废物专门机构回收利用。

达标排放：废气排放应满足《水泥工业大气污染物排放标准》（GB 4915—2013）中新建企业污染物排放限值要求；厂界排放噪声应满足《工业企业厂界环境噪声排放标准》（GB 12348—2008）；固体废物贮存、处置的设施、场所应满足《一般工业固体废物贮存、处置场污染控制标准》（GB 18599—2001）和《危险废物贮存污染控制标准》（GB 18597—2001）。

总量控制：企业污染物排放总量不得超过环保部门核定的总量控制指标；有"十二五"减排任务的企业，应按计划完成减排任务。

清洁生产与能源利用：熟料综合煤耗（折标煤）小于108千克/吨，可比熟料综合能耗小于115千克/吨；单位熟料新鲜水用量小于0.3吨/吨；原料配料中使用工业废物大于15%；窑系统废气余热利用率大于70%。

环境管理：窑头、窑尾排气筒应安装颗粒物自动监控系统，窑尾同时安装二氧化硫、氮氧化物自动监控系统，并与地方环保部门联网；企业落实各项环境风险防控措施，近两年内未发生重特大突发环境事件，或已落实整改要求。

三、电解铝行业

1. 红线条件

选址布局：企业不得位于自然保护区、风景名胜区、饮用水水源保护区、基本农田保护区和其他需要特别保护的地区；企业应符合城市发展规划、土地利用总体规划、主体功能区划和环境功能区划且不得位于城市主城区。

2. 必要条件

环境承载力：项目所在区域应实现二氧化硫、氮氧化物、烟粉尘污染物减排。

废气污染防治措施：氧化铝卸料、氟化盐卸料、新鲜氧化铝贮仓、载氟氧化铝贮仓、氟化盐贮仓、电解质贮仓等粉尘排放点应设置高效袋式除尘器；铝电解槽烟气应采用集气罩+两段氧化铝吸附干法净化工艺+袋式除尘器；阳极组装及破碎系统装卸站、电解质清理、电解质卸料、电解质提升与破碎、残极抛丸、残极压脱、磷铁环压脱及清理、钢爪抛丸及导杆清刷、残极破碎、残极贮仓、磷生铁化铁炉、磷生铁浇铸站、钢爪烘干等粉尘排放点应设置高效袋式除尘器；电解槽大修刨炉区、抬包清理区、吸铝管清理区等粉尘排放点应设置高效袋式除尘器；有阳极焙烧工序的，需采取高效除尘脱硫除氟措施；自备电厂配套安装高效脱硫脱硝除尘装置。

固废污染防治措施：电解槽大修渣等危险固废应进行无害化处理，或按照《危险废物填埋污染控制标准》（GB 18598—2001）和《危险废物贮存污染控制标准》（GB 18597—2001）的相关要求妥善处理处置。

达标排放：污染物排放应达到《铝工业污染物排放标准》（GB 25465—2010）及修改单中新建企业污染物排放限值要求，位于《重点区域大气污染防治"十二五"规划》中重点控制区的，或者位于国务院环境保护行政主管部门或省级人民政府规定的执行水污染物特别排放限值地区的，执行特别排放限值。自备电厂污染物排放应达到《火电厂大气污染物排放标准》（GB 13223—2011）新建锅炉污染物排放限值或特别排放限值要求。

总量控制：企业污染物排放总量不得超过环保部门核定的总量控制指标；有"十二五"减排任务的企业，应按计划完成减排任务。地方环保部门要把氟化物纳入电解铝企业排污重点监控体系，明确电解铝企业的氟化物排放总量。

清洁生产与能源利用：铝液电解交流电耗低于 13 350 千瓦时/吨铝；铝锭综合交流电耗低于 13 800 千瓦时/吨铝，电流效率原则上不应低于 92%；新水消耗低于 3 吨/吨铝；氟排放量低于 0.6 千克/吨铝。

环境管理：电解烟气净化系统排气筒和自备电厂排气筒尾气排放点安装污染物自动监控系统，并与地方环保部门联网；应对电解车间天窗等部位定期进行无组织排放监测；企业落实各项环境风险防控措施，近两年内未发生重特大突发环境事件，或已落实整改要求。

四、平板玻璃行业

1. 红线条件

选址布局：企业不得位于自然保护区、风景名胜区、饮用水水源保护区和其他需要特别保护的区域；企业应符合城市发展规划、土地利用总体规划、主体功能区划和环境功能区划且不得位于城市主城区。

2. 必要条件

环境承载力：项目所在区域应实现二氧化硫、氮氧化物、烟粉尘污染物减排。

废气污染防治措施：原料系统需配备封闭原料库，配料系统需配备袋式或滤筒除尘器，外排废气中颗粒物浓度应小于等于 30 毫克/立方米；玻璃窑炉需配备烟气除尘、脱硝、余热利用等设施，以重油、石油焦等为燃料的还要配套脱硫装置；在线镀膜需配备废气燃烧、除尘、碱液洗涤装置；碎玻璃系统需配备袋式或滤筒除尘器。含油废水处理需采用隔油、混凝、气浮等工艺。废耐火材料需交由厂家回收利用，废油需交由有相应危废处理资质的公司处置。

达标排放：废气排放应满足《平板玻璃工业大气污染物排放标准》（GB 26453 —2011）中新建企业污染物排放限值要求；厂界噪声应满足《工业企业厂界环境噪声排放标准》（GB 12348—2008）；固体废物贮存、处置的设施、场所应满足《一般工业固体废物贮存、处理场污染控制标准》（GB 18599—2001）和《危险废物贮存污染控制标准》（GB 18597—2001）。

总量控制：企业污染物排放总量不得超过环保部门核定的总量控制指标；有"十二五"减排任务的企业，应按计划完成减排任务。

清洁生产与能源利用：生产规模大于或等于 500 吨/日熔窑的综合能耗应小于16.5 千克标煤/重量箱；玻璃熔化能耗小于或等于 6 500 千焦/千克玻璃液；新鲜水用量不大于 0.2 立方米/重量箱；生产工业废水回用率不小于 90%；废玻璃回收率100%；原料车间粉尘回收利用率达到 100%；镁铬砖回收利用率 100%。

环境管理：窑尾排气筒应安装颗粒物、二氧化硫、氮氧化物在线自动监控系统，并与地方环保部门联网；企业落实各项环境风险防控措施，近两年内未发生重特大突发环境事件，或已落实整改要求。

五、船舶行业

1. 红线条件

选址布局：企业不得位于自然保护区（包括海洋自然保护区）、风景名胜区（包括海滨风景名胜区）、饮用水水源保护区、重要渔业水域和其他需要特别保护的区域；企业应符合海洋功能区划、海洋环境保护规划、水环境功能区划和岸线利用规划要求；企业不得位于一类、二类近岸海域环境功能区和水环境功能区。

2. 必要条件

环境承载力：位于海湾、半封闭海及其他自净能力较差海域的企业，不得向其排放含有机物和富营养化物质的工业废水和生活污水。废气污染防治措施：钢材预处理和分段涂装工序产生的喷砂粉尘需采用滤筒除尘器或布袋除尘器+排气筒高空排放措施，产生漆雾、有机废气需采用漆雾净化设施+活性炭吸附装置+催化燃烧+排气筒高空排放措施；切割加工设备需自带金属粉尘捕集净化系统；加工装焊、部件装焊、分段装焊、管子加工、模块中心等工序产生的焊接烟尘需采用移动式焊烟净化机组+全室通风措施或采用焊烟净化机组+排气筒高空排放；总装、合拢舾装工段需使用环保漆（无溶剂或水溶性漆），产生的有机废气、焊接烟尘需采取局部通风措施。

废水污染防治措施：船坞清洗、机舱清洗、舷窗水密冲洗试验、密闭仓室清洗、管道密试泄漏、管子加工密试实验、空压站产生的含油废水需采用隔油沉砂+混凝气浮+生化处理措施或采用隔油沉砂+混凝气浮措施后排入城市污水处理厂；生活污水采用生化处理措施或直接排入城市污水处理厂；管子加工等工序产生的酸性废水需采用中和+混凝沉淀处理，含铬废水需采用单独收集，再经化学还原沉淀+混凝沉淀处理措施。

固废污染防治措施：废漆渣、废滤材、废吸附材料、含铬污泥、废矿物油、含油污泥、废催化剂等危险废物需委托有资质部门安全妥善处置；废钢（丸）砂、铁锈、废钢材边角料、废焊材等需由供应商或厂家回收利用；生化污泥、生活垃圾需环卫部门统一收集处置。

达标排放：污染物排放应满足《污水综合排放标准》（GB 8978—1996）、《污水排入城市下水道水质标准》（CJ 3082—1999）、《大气污染物综合排放标准》（GB 16297—1996）要求，固体废物处理处置应满足《一般工业固体废物贮存、处理场污染控制标准》（GB 18599—2001）和《危险废物贮存污染控制标准》（GB 18597—2001）等相关标准要求。

总量控制：企业污染物排放总量不得超过环保部门核定的总量控制指标。

环境管理：企业落实各项环境风险防控措施，近两年内未发生重特大突发环境事件，或已落实整改要求。

燃煤发电机组环保电价及环保设施

运行监管办法

第一条　为发挥价格杠杆的激励和约束作用，促进燃煤发电企业建设和运行环保设施，减少二氧化硫、氮氧化物、烟粉尘排放，切实改善大气环境质量，根据《中华人民共和国价格法》、《中华人民共和国环境保护法》、《中华人民共和国大气污染防治法》、《国务院关于印发大气污染防治行动计划的通知》（国发[2013]37号）等有关规定，制定本办法。

第二条　本办法适用于符合国家建设管理规定的燃煤发电机组（含循环流化床燃煤发电机组，不含以生物质、垃圾、煤气等燃料为主掺烧部分煤炭的发电机组）脱硫、脱硝、除尘电价（以下简称"环保电价"）及脱硫、脱硝、除尘设施（以下简称"环保设施"）运行管理。

第三条　对燃煤发电机组新建或改造环保设施实行环保电价加价政策。环保电价加价标准由国家发展改革委制定和调整。

第四条　安装环保设施的燃煤发电企业，环保设施验收合格后，由省级环境保护主管部门函告省级价格主管部门，省级价格主管部门通知电网企业自验收合格之日起执行相应的环保电价加价。

新建燃煤发电机组同步建设环保设施的，执行国家发展改革委公布的包含环保电价的燃煤发电机组标杆上网电价。

第五条　新建燃煤发电机组应按环保规定同步建设环保设施，不得设置烟气旁路通道。新建燃煤发电机组的环保设施由审批环境影响报告书的环境保护主管部门进行先期单项验收。先期单项验收结果纳入工程竣工环保总体验收。

现有燃煤发电机组应按照国家和地方政府确定的时间进度完成环保设施建设改造，由发电企业向负责审批的环境保护主管部门申请环保验收。市级环境保护主管部门验收的，验收结果报省级环境保护主管部门。

第六条　环境保护主管部门应在受理发电企业环保设施验收申请材料之日起30个工作日内，对验收合格的环保设施出具验收合格文件。

第七条　燃煤发电机组排放污染物应符合《火电厂大气污染物排放标准》（GB

13223—2011）规定的限值要求。其中，大气污染防治重点控制区按照相关要求执行特别排放限值；地方有更严格排放标准要求的，执行地方排放标准。火电厂大气污染物排放标准调整时，执行环保电价应满足的排放限值相应调整。

第八条 燃煤发电企业应按照国家有关规定安装运行烟气排放连续监测系统（以下简称"CEMS"），并与省级环境保护主管部门和省级电网企业联网，实时传输数据。CEMS 发生故障不能正常运行时，发电企业应在 12 小时内向所在地市级及省级环境保护主管部门报告，限期恢复正常。

第九条 燃煤发电企业应按环境保护主管部门有关要求，自行或委托有资质的机构在全面测试烟气流速、污染物浓度分布基础上确定最具代表性点位；对所有 CEMS 监测仪表进行日常巡检和维护保养，并确保其正常运行。

第十条 燃煤发电企业应把环保设施作为主体设备纳入企业发电主设备管理系统统一管理，建立相应的管理制度。

第十一条 燃煤发电企业因检修维护、更新改造需暂停环保设施运行的，应在计划停运 5 个工作日前报省级环境保护主管部门批准并报告省级电网企业；环保设施因事故停运的，应在 24 小时内向所在地环境保护主管部门报告。

第十二条 燃煤发电企业应建立机组生产运行、环保设施运行台账，按日记录设施运行和维护情况、CEMS 数据、燃料分析报表（硫分、干燥无灰基挥发分、灰分等）、脱硫剂用量、脱硝还原剂消耗量、喷氨系统开关时间、电场电流电压、除尘压差、旁路挡板门启停时间、环保设施运行事故及处理情况等，运行台账应逐月归档管理。

第十三条 燃煤发电企业应按要求于每季度初 5 个工作日内将上一季度的环保分布式控制系统（以下简称"DCS"）历史数据报送省级环境保护主管部门和环境保护部区域环保督查中心。发电企业必须存储保留完整的 DCS 历史数据一年以上。脱硫脱硝除尘 DCS 主要参数应逐步设置于同一集控室内。

第十四条 省级电网企业应建立辖区内发电企业的监控平台，实时监控发电企业的环保设施 DCS 和 CEMS 主要参数，分析污染物排放情况，并将相关数据提供给省级环境保护主管部门等作为确定各企业污染物排放达标情况的参考依据。

第十五条 燃煤发电机组二氧化硫、氮氧化物、烟尘排放浓度小时均值超过限值要求仍执行环保电价的，由政府价格主管部门没收超限值时段的环保电价款。超过限值 1 倍及以上的，并处超限值时段环保电价款 5 倍以下罚款。

因发电机组启机导致脱硫除尘设施退出、机组负荷低导致脱硝设施退出并致污染物浓度超过限值，CEMS 因故障不能及时采集和传输数据，以及其他不可抗拒的客观原因导致环保设施不正常运行等情况，应没收该时段环保电价款，但可免于罚款。

第十六条 燃煤发电企业通过改装 CEMS 或 DCS 软、硬件设备，修改 CEMS 或 DCS 主要参数，篡改 CEMS 或 DCS 历史监测数据或故意损坏丢失数据库等手段，以及其他原因人为导致数据失实的，经环境保护主管部门核实，由政府价格主管部门没收相应时段环保电价款，并从重处以罚款。无法判断燃煤发电企业人为致使监测数据失真起始时间的，自检查发现之日起前一季度时间起计算电量。

第十七条 环保电价按照污染物种类分项考核。单项污染物超过执行标准的，对相应单项环保电价款予以没收和罚款。

污染物排放浓度小时均值以与环境保护主管部门联网的 CEMS 数据为准。超限值时段根据环保设施 DCS 历史数据库数据核定。

第十八条 省级环境保护主管部门根据日常检查结果、CEMS 自动监测数据有效性审核情况和发电企业上报的 DCS 关键参数，每季度核实辖区内各燃煤发电机组环保设施运行情况，确定发电机组分项污染物的小时浓度均值不同超标倍数的时间段、因客观原因致环保设施不正常运行时间累加值以及认定人为数据作假的事实等，于下季度初 20 个工作日内函告省级价格主管部门。省级环境保护主管部门定期向社会公告所辖地区各燃煤发电机组污染物排放情况。

第十九条 省级价格主管部门负责环保电价款的核算、没收和罚款。省级价格主管部门根据省级环境保护主管部门提供的上季度各燃煤发电机组环保设施运行情况，以及电网企业提供的燃煤发电机组电量核算环保电价款，及时下发没收环保电价款和罚款决定，并抄送省级环境保护主管部门。省级价格主管部门应对上年度本省（自治区、直辖市）燃煤发电企业涉及环保电价的典型价格违法案件进行公告。

第二十条 电网企业应严格执行价格主管部门确定的环保电价，以燃煤发电企业实际上网电量按月支付环保电价款，并及时向省级价格和环保主管部门提供燃煤发电机组污染物排放浓度小时均值超限值时段所对应的日均电量。

第二十一条 国务院环保部门会同其他监管部门依法定期组织对燃煤发电企业环保设施运行情况进行核查，并向社会公告核查中存在问题的发电企业。政府价格主管部门根据国家核查结果对没有达到污染物排放要求的发电企业没收相应环保电价款并处相应罚款。

第二十二条 对燃煤发电企业没收的环保电价款及罚款上缴当地省级财政主管部门，专项用于电力企业环保设施运行奖励、在线监控及联网系统建设维护、环境污染防治、补贴环保电价缺口等减排工作。

第二十三条 燃煤发电企业未按规定安装环保设施及 CEMS，或环保设施及

CEMS 没有达到国家规定要求的，由省级环境保护主管部门按照《环境保护法》、《大气污染防治法》、《污染源自动监控管理办法》等规定予以处罚。

第二十四条 燃煤发电企业擅自拆除、闲置或者无故停运环保设施及 CEMS，未按国家环保规定排放污染物的，由环境保护主管部门按照《环境保护法》、《大气污染防治法》、《污染源自动监控管理办法》有关规定予以处罚，并根据《刑法》、《最高人民法院、最高人民检察院关于办理环境污染刑事案件适用法律若干问题的解释》、《环境保护违法违纪行为处分暂行规定》等有关规定，追究有关责任人的责任。

第二十五条 电网企业拒报或谎报燃煤发电机组超限值排放时段所对应的电量，以及拒绝执行或未能及时执行或不按实际上网电量足额执行环保电价的，按照《价格法》、《环境保护法》、《大气污染防治法》和《价格违法行为行政处罚规定》等有关规定，由省级及以上价格主管部门会同环境保护主管部门予以处罚。

第二十六条 省级环境保护主管部门未如实或未在规定时间向价格主管部门函告燃煤发电机组环保设施运行情况，由环境保护部通报批评、责令改正，并按照《环境保护法》和《环境保护违法违纪行为处分暂行规定》等有关规定追究有关责任人责任。

第二十七条 省级价格主管部门未按时下发符合条件的燃煤发电企业执行环保电价通知、未足额没收前述应当没收的环保电价款并处相应罚款的，由国家发展改革委通报批评、责令改正，并按照《价格法》、《价格违法行为行政处罚规定》等有关规定追究有关责任人责任。

第二十八条 各省（区、市）价格主管部门、环境保护主管部门要会同国家能源局派出机构加强对燃煤发电企业环保设施运行情况及环保电价执行情况的跟踪检查。鼓励群众向各级环境保护主管部门举报燃煤发电企业非正常停运环保设施的行为，经查属实的，环境保护主管部门会同价格主管部门给予适当奖励。支持、鼓励新闻舆论对燃煤发电机组环保设施运行情况进行监督。燃煤发电企业应按照《国家重点监控企业自行监测及信息公开办法（试行）》（环发[2013]81 号）要求，在省级环境保护主管部门组织的平台上及时发布自行监测信息。

第二十九条 省级价格主管部门可会同环境保护主管部门依据本办法制定实施细则。

第三十条 本办法由国家发展改革委会同环境保护部负责解释。

第三十一条 本办法自 2014 年 5 月 1 日起实施。《燃煤发电机组脱硫电价及脱硫设施运行管理办法（试行）》（发改价格[2007]1176 号）同时废止。

关于落实大气污染防治行动计划严格环境
影响评价准入的通知

各省（区、市）环境保护厅（局），新疆生产建设兵团环境保护局：

　　为贯彻落实《大气污染防治行动计划》，严格环境影响评价准入，促进环境空气质量改善，现将有关工作要求通知如下：

　　一、发挥规划环境影响评价的调控、引领和约束作用，做好与相关战略环境评价的衔接。以促进大气污染物减排，改善环境空气质量为重点，充分考虑大气环境承载力，进一步优化石化、火电、煤炭、钢铁、有色、水泥等重点产业、产业园区和城市总体规划的规模、布局、结构。依法科学开展规划环境影响评价，全面分析评估规划实施后对重点区域环境空气质量的影响，对环境影响评价结论达不到区域环境质量标准要求的规划，应当对规划内容提出优化调整建议，并采取有效的环境影响减缓控制措施。

　　严格落实规划与建设项目环境影响评价的联动机制。凡未开展或未完成规划环境影响评价的，各级环境保护行政主管部门不得受理规划所含建设项目的环境影响评价报批申请。规划环境影响评价结论应当作为审批建设项目环境影响评价文件的依据。

　　二、实行重点区域、重点产业规划环境影响评价会商机制。京津冀及周边地区、长三角地区编制的以石化、化工、有色、钢铁、建材等为主导的国家级产业园区规划，山西省、内蒙古自治区编制的煤电基地规划，其规划环境影响报告书应当进行区域内省际会商；珠三角地区重点产业和产业园区规划的环境影响报告书应当进行省内会商。

　　规划编制机关在向环境保护行政主管部门报送环境影响报告书前，应当以书面形式征求相关地方政府或有关部门的意见，并根据会商参与各方提出的意见，对规划及规划环境影响报告书内容进行修改完善。环境保护行政主管部门在召集审查规划环境影响报告书时，应当邀请参与会商的地方政府或有关部门代表参加审查小组，会商意见及采纳情况作为审查的重要依据。省级重点产业和产业园区规划的环境影响报告书参照上述方式进行会商。

三、严格把好建设项目环境影响评价审批准入关口。

（一）严格控制"两高"行业新增产能，不得受理钢铁、水泥、电解铝、平板玻璃、船舶等产能严重过剩行业新增产能的项目。产能严重过剩行业建设项目和城市主城区钢铁、石化、化工、有色、水泥、平板玻璃等重污染企业环保搬迁项目须实行产能的等量或减量置换。

（二）不得受理城市建成区、地级及以上城市规划区、京津冀、长三角、珠三角地区除热电联产以外的燃煤发电项目，重点控制区除"上大压小"、热电联产以外的燃煤发电项目和京津冀、长三角、珠三角地区的自备燃煤发电项目；现有多台燃煤机组装机容量合计达到 30 万千瓦以上的，可按照煤炭等量替代的原则建设为大容量燃煤机组。

（三）不得受理地级及以上城市建成区每小时 20 蒸吨以下及其他地区每小时 10 蒸吨以下的燃煤锅炉项目。

（四）实行煤炭总量控制地区的燃煤项目，必须有明确的煤炭减量替代方案。新改扩建煤矿项目，必须配套煤炭洗选设施。

（五）排放二氧化硫、氮氧化物、烟粉尘和挥发性有机污染物的项目，必须落实相关污染物总量减排方案，上一年度环境空气质量相关污染物年平均浓度不达标的城市，应进行倍量削减替代。

四、强化建设项目大气污染源头控制和治理措施。

（一）火电、钢铁、水泥、有色、石化、化工和燃煤锅炉项目，必须采用清洁生产工艺，配套建设高效脱硫、脱硝、除尘设施。

（二）重点控制区新建火电、钢铁、石化、水泥、有色、化工以及燃煤锅炉项目，必须执行大气污染物特别排放限值。

（三）石化、有机化工、表面涂装、包装印刷、原油成品油码头、储油库、加油站项目，必须采取严格的挥发性有机物排放控制措施。

（四）改扩建项目应当对现有工程实施清洁生产和污染防治升级改造。加快落后产能、工艺和设备淘汰，集中供热项目必须同步淘汰供热范围内的全部燃煤小锅炉。

（五）对涉及铅、汞、镉、苯并[a]芘、二噁英等有毒污染物排放的项目和执行《环境空气质量标准》（GB 3095—2012）的区域排放细颗粒物及其主要前体物的项目，应对相应污染物进行评价，并提出污染减排控制措施。

各级环境保护行政主管部门应当按照《环境影响评价政府信息公开工作指南（试行）》要求公开建设项目环境影响评价信息，加大公众参与力度，切实维护公众环境权益，发挥环境影响评价源头预防和控制作用，推动《大气污染防治行动计划》确定的目标任务得到落实。

环境保护部办公厅

2014 年 3 月 25 日

京津冀及周边地区重污染天气监测预警方案

（试行）

　　为贯彻落实《国务院关于印发大气污染防治行动计划的通知》（国发[2013]37号）和环境保护部等六部门《关于印发京津冀及周边地区落实大气污染防治行动计划实施细则的通知》（环发[2013]104号）有关要求，及时为地方政府及有关部门提供连续重度以上空气污染过程的监测预警信息，为有关部门结合实际情况判断空气污染形势、及时启动京津冀及周边地区联防联控及有关应急措施、最大程度减轻重污染天气影响，提供技术支撑和决策参考，为公众出行提供健康指引，特制定本方案。

一、编制依据

　　（一）《大气污染防治行动计划》（国发[2013]37号）；
　　（二）《京津冀及周边地区落实大气污染防治行动计划实施细则》（环发[2013]104号）；
　　（三）《环境空气质量标准》（GB 3095—2012）；
　　（四）《环境空气质量指数（AQI）技术规定（试行）》（HJ 633—2012）；
　　（五）《城市大气重污染应急预案编制指南》（环办函[2013]504号）；
　　（六）《霾的观测和预报等级》（QX/T 113—2010）；
　　（七）《空气污染气象条件预报等级标准》。

二、适用范围

　　京津冀及周边地区，包括：北京市，天津市，河北省，山西省，内蒙古自治区，山东省。

三、预警等级

本方案所指重污染天气，是指根据《环境空气质量指数（AQI）技术规定（试行）》（HJ 633—2012），环境空气质量指数（AQI）大于 200，即空气质量达到 5 级（重度污染）及以上污染程度的大气污染。城市环境空气质量指数（AQI）采用该城市国控环境空气监测点位监测结果算术平均值统计计算。

京津冀及周边地区重污染天气预警等级参照国务院应急预案的相关等级划分为三级，分别为Ⅲ级、Ⅱ级、Ⅰ级预警，Ⅰ级为最高级别。

京津冀及周边地区各省、自治区、直辖市、地级及以上城市，可根据本地区工作需要，参考本方案预警等级，制定适用于本地区实际情况的重污染天气预警等级。

（一）Ⅲ级预警

经预测，地级及以上城市将发生连续三天 AQI＞200，但未达到Ⅱ级、Ⅰ级预警等级，空气质量为重度污染或以上级别。

（二）Ⅱ级预警

经预测，地级及以上城市将发生连续三天 500＞AQI＞300，空气质量为严重污染级别。

（三）Ⅰ级预警

经预测，地级及以上城市将发生一天以上 AQI≥500，空气质量为极严重污染。

四、预警工作要求

国家、省（区、市）、地级及以上城市环境保护主管部门和气象主管部门，联合组织开展京津冀及周边地区重污染天气监测预警和信息发布工作。其中，环境保护部门负责京津冀及周边地区空气污染物的监测预警及其动态趋势分析；气象部门负责京津冀及周边地区空气污染气象条件等级预报和雾霾天气监测预警。环保部门和气象部门联合开展重污染天气预警会商，会商后联合报送重污染天气预警信息。

国家、省（区、市）、地级及以上城市环保、气象主管部门共同组织环保、气象、科研院所等相关单位专家，成立重污染天气监测预警专家委员会。

京津冀及周边地区各地级及以上城市人民政府是重污染天气监测预警的主体，要按照《大气污染防治行动计划》要求，组织开展辖区内重污染天气监测预警工作，及时上报和发布预警信息，采取积极措施应对重污染天气。

京津冀及周边地区各省（区、市）人民政府也是重污染天气监测预警的主体，负责组织开展辖区内重污染天气监测预警工作，及时分析和研判辖区内重污染天气形势，及时上报和发布预警信息。各省（区）要及时预警辖区内三个或以上连片地级及以上城市重污染天气情况，并对辖区内地级及以上城市重污染天气监测预警工作进行指导。

省级、地级及以上城市重污染天气监测预警信息是省（区、市）、地级及以上城市人民政府采取应急措施应对重污染天气的重要依据。

中国环境监测总站和中央气象台负责对省级和地级及以上城市重污染天气监测预警工作进行业务指导，开展区域重污染天气监测预警，为省（区、市）和地级及以上城市提供重污染天气监测预警指导性参考信息。

五、预警工作程序

（一）地级及以上城市预警

地级及以上城市环境监测中心（站）和气象台负责联合开展本市未来24小时、48小时重污染天气监测预警及其后2天重污染天气潜势分析工作。

经预测，辖区内可能出现Ⅲ级、Ⅱ级、Ⅰ级预警的重污染天气，应及时组织重污染天气监测预警专家委员会进行会商，经会商确认后，提前向所在市人民政府、相关应急主管部门、环境保护主管部门、气象主管部门及上一级环境监测中心（站）和气象台滚动报送预警信息。

地级及以上城市重污染天气预警信息，经所在城市人民政府批准后，由城市环境监测中心（站）和气象台，联合向社会发布。

（二）省级预警

京津冀及周边地区省（区、市）环境监测中心（站）和气象台负责联合开展辖区内未来24小时、48小时重污染天气监测预警及其后2天重污染天气潜势分析工作，对辖区内地级及以上城市进行业务指导，并收集、分析和研判辖区内各地级及以上城市上报的重污染天气监测预警信息。

经预测，北京、天津市辖区内，或河北省、山东省、山西省、内蒙古自治区辖区内三个或以上连片地级及以上城市，可能出现Ⅲ级、Ⅱ级、Ⅰ级预警的重污染天气，或收到辖区内三个或以上连片地级及以上城市报送的重污染天气监测预警信息，应及时组织重污染天气监测预警专家委员会进行会商。经会商确认后，提前向京津冀及周边地区区域协作机制办公室（以下简称区域协作机制办公室）、本省（区、市）人民政府、相关应急主管部门、环境保护主管部门和气象主管部门、中国环境监测总站及中央气象台滚动报送预警信息。

河北省、山东省、山西省、内蒙古自治区相关预警信息还应通报辖区内重污染天气发生城市人民政府、相关应急主管部门、环境保护主管部门及气象主管部门。

各省（区、市）重污染天气预警信息，经所在省（区、市）人民政府批准后，由各省（区、市）环境监测中心（站）和气象台，联合向社会发布。

（三）区域预警

中国环境监测总站和中央气象台联合开展京津冀及周边地区重污染天气监测预警工作，结合各省（区、市）上报的重污染天气监测预警信息，组织专家委员会会商后，提前向区域协作机制办公室滚动报送未来 24 小时、48 小时重污染天气预警信息及其后 2 天重污染天气潜势分析结果，区域协作机制办公室认为有必要时，向社会公开发布，同时将预警信息通报区域内相关省（区、市）和地级及以上城市环境保护主管部门和气象主管部门，为省级和地级及以上城市重污染天气监测预警提供指导性信息。

六、预警信息内容

预警信息报送内容包括：未来 24 小时、48 小时区域或城市重污染天气发生的时间、地点、范围、预警等级、不利于空气污染物稀释、扩散和清除的空气污染气象条件、AQI 值范围及平均值、主要污染物浓度范围及平均值，以及其后 2 天定性潜势分析等。

预警信息发布内容包括：区域或城市未来 24 小时、48 小时重污染天气发生的时间、地点、范围、预警等级、不利于空气污染物稀释、扩散和清除的空气污染气象条件、主要污染指标，以及其后 2 天定性潜势分析等。

因沙尘暴、燃放烟花爆竹、臭氧等导致的重污染天气应予以说明。

七、预警级别调整与解除

重污染天气监测预警单位负责根据滚动预测结果调整预警级别，当区域或城市未来 24 小时环境空气不满足Ⅲ级、Ⅱ级或Ⅰ级重污染天气预警条件时，解除预警。各重污染天气监测预警单位负责向相关部门报送预警解除信息。

一旦经预测区域或城市将再次出现本方案规定的Ⅲ级、Ⅱ级或Ⅰ级重污染天气预警时，应再次进行信息报送工作。

八、工作进度要求

中国环境监测总站和中央气象台负责自 2013 年 11 月供暖期起，先行开展京津冀及周边地区重污染天气监测预警试点工作。

2013 年底前，初步建立北京市、天津市、河北省省级重污染天气监测预警系统，并试行开展北京市、天津市、河北省重污染天气监测预警工作。

京津冀及周边地区相关省、直辖市及地级及以上城市环境保护部门和气象部门，抓紧建立信息共享、联合会商、信息发布机制和业务流程，建立重污染天气监测预警体系。2014 年底前，完成山西省、内蒙古自治区、山东省省级和京津冀区域内所有相关地级及以上城市建设任务，并开展辖区内重污染天气监测预警工作。

关于做好空气重污染监测预警信息发布和
报送工作的通知

环办函[2013]1440 号

各省、自治区、直辖市环境保护厅（局）：

近期，受不利气象条件影响，我国部分地区空气污染严重。大部分地区按照《关于进一步做好重污染天气条件下空气质量监测预警工作的通知》（环办[2013]2号）要求，及时发布空气质量预警信息，提出针对不同人群的健康保护和出行建议，启动相应的应急减排措施，积极应对重污染天气过程，取得较好效果。但也有部分地区存在空气重污染预警信息发布和报送不主动、不及时，应急措施滞后，面对公众关切不回应、不发声等问题，易使公众产生误解或质疑，给环保部门公信力造成不良影响。为深入贯彻《大气污染防治行动计划》（国发[2013]37 号），进一步规范空气重污染监测预警信息的发布和报送工作，现通知如下：

一、强化监测预警信息发布。按照"让人民群众看得到，看得懂，看得明白"的要求，各省（区、市）环保部门要建立依托当地主流新闻发布平台和新媒体发布空气重污染预警信息的制度，进一步增强环保部门网站的吸引力、亲和力。并指导辖区内地级及以上城市环保部门加强预警信息发布工作，进一步增强信息发布的权威性、时效性。

二、建立空气重污染监测预警信息报送制度。空气重污染监测预警主体是地级及以上城市人民政府，各级环境保护部门要密切关注空气质量变化，一旦出现空气重污染状况，要及时向地方政府报送信息，为地方政府是否启动应急预案提供决策参考。预案启动后，地级及以上城市环保部门每天要将应急预案启动时间、主要污染物变化范围、污染等级、相关原因分析、污染趋势和采取的主要措施等情况报省级环境保护部门，并抄报我部监测司，直至应急结束。

三、统一舆论宣传口径和发布渠道。各级环保部门要通过广播、电视、网络和报纸等媒介，以及政务微博、微信等新媒体，必要时召开新闻发布会及时发布空气重污染预报预警信息，提出针对不同人群的健康保护和出行建议。根据工作需要，组织专家做好空气污染成因、趋势变化和防护措施等方面解释工作，让群众听得懂、信得过，充分利用新媒体的互动功能，共同营造良好的舆论环境。

环境保护部办公厅

2013 年 12 月 6 日

京津冀及周边地区重点行业大气污染
限期治理方案

为贯彻落实《大气污染防治行动计划》、《2014—2015 年节能减排低碳发展行动方案》和《京津冀及周边地区落实大气污染防治行动计划实施细则》，强力推进重点行业大气污染治理，决定在京津冀及周边地区开展电力、钢铁、水泥、平板玻璃行业（以下简称四个行业）大气污染限期治理行动。

一、总体要求

按照"分业施策、分类指导"的原则，加快推进四个行业大气污染治理，限期完成脱硫、脱硝、除尘设施建设，大幅度减少工业大气污染物排放，有效改善区域环境空气质量，推动产业转型升级，促进经济社会与环境协调发展。

京津冀及周边地区 492 家企业、777 条生产线或机组（名单附后）全部建成满足排放标准和总量控制要求的治污工程，设施建设运行和污染物去除效率达到国家有关规定，二氧化硫、氮氧化物、烟粉尘等主要大气污染物排放总量均较 2013 年下降 30%以上。

二、重点任务

（一）加快火电企业脱硫脱硝除尘改造。燃煤机组必须安装高效脱硫脱硝除尘设施，不能稳定达标的要进行升级改造。2014 年底前，京津冀区域完成 94 台、2 456 万千瓦燃煤机组脱硫改造，70 台、1 574 万千瓦燃煤机组脱硝改造，66 台、1 732 万千瓦燃煤机组除尘改造。山东、山西、内蒙古三省（区）完成 191 台、5 272 万千瓦燃煤机组脱硝改造。

（二）抓紧钢铁企业脱硫除尘设施建设。烧结机和球团生产设备均应安装脱硫设施，实施全烟气脱硫并逐步拆除烟气旁路。烧结机头、机尾、高炉出铁场、转炉烟气除尘等设施实施升级改造，露天原料场实施封闭改造，原料转运设施建设封闭皮带通廊，转运站和落料点配套抽风收尘装置。2014 年底前，京津冀区域完成 257 台钢铁烧结机（含球团）脱硫改造、139 家钢铁企业除尘综合治理。

（三）加大水泥企业脱硝除尘改造力度。新型干法水泥窑实施低氮燃烧技术改造，配套建设烟气脱硝设施，综合脱硝效率不低于 60%。水泥窑及窑磨一体机除尘设施应进行升级改造，并实现达标排放。水泥企业生产、运输、装卸等各个环节应采取措施有效控制无组织排放。2015 年 7 月 1 日前，京津冀及周边地区完成 155 条、42.4 万吨/日新型干法水泥熟料生产线脱硝工程，完成 60 家水泥企业除尘综合治理。

（四）推进平板玻璃企业大气污染综合治理。加快实施玻璃企业"煤改气"、"煤改电"工程，禁止掺烧高硫石油焦。玻璃企业相对集中的区域，鼓励建设统一的清洁煤制气中心，配套硫回收装置，实现集中式制气和供气。未改用天然气或集中式供气的，必须配套高效脱硫装置。玻璃熔窑应配套建设高效脱硝设施，综合脱硝效率不低于 70%，安装高效除尘设备。加强无组织排放管理，原料破碎等环节实施密闭操作。2014 年底前，京津冀区域完成 46 家平板玻璃企业脱硫脱硝除尘综合改造。

（五）加强环保监控设施建设。严格按照《污染源自动监控管理办法》、《固定污染源烟气排放连续监测技术规范》等规定安装运行烟气排放连续监测系统，并与当地环境保护主管部门联网，燃煤发电企业同时与省级电网企业联网，实时传输数据，满足数据传输有效率要求。自行或委托有资质的机构在全面测试烟气流速、污染物浓度分布状况的基础上确定最具代表性监测点位，并予以固定。终端排出口烟气排放连续监测系统必须自动监测二氧化硫、氮氧化物、烟粉尘排放浓度及烟气流量。鼓励开展主要污染物刷卡（IC 卡）排污总量监控管理系统建设。

三、保障措施

（一）加强组织领导。各地要成立四个行业大气污染限期治理工作领导小组，负责治理行动的推进实施。制定具体可行的实施方案和配套政策，加大资金支持力度，并在大气污染防治专项资金中予以统筹安排。企业是污染治理的责任主体，要切实履行责任，落实项目和资金，确保治理工程按期建成并稳定运行。中央企业要起到模范带头作用。地方政府、电网公司要统筹协调区域电力调度，有序安排机组停机检修，制定并落实有序用电方案，保障电力企业按期完成机组环保设施改造。电网公司要创造条件，对发电企业多台机组进行优化调度。实施烟气脱硝全工况运行。

（二）落实政策措施。严格执行《燃煤发电机组环保电价及环保设施运行监管办法》，落实脱硫、脱硝、除尘电价；对环保设施安装改造符合要求的，要加快组织验收，电价补贴要做到足额和及时到位；对改造不到位或超标排放的，按照规定予以处罚。对达到燃气排放水平的燃煤机组，研究完善鼓励政策。全面核查煤矸石电厂，凡达不到排放标准的，取消其享受资源综合利用产品及劳务增值税退税、免税政策的资格。加强电力企业节能环保电力调度，分配上网电量应充分考虑污染物排放绩效。全面提高二氧化硫、氮氧化物、烟粉尘排污收费标准。研究制定钢铁、水泥、平板玻璃等行业环保设施运行激励措施。

（三）强化监督管理。各地要加强日常督察和执法检查，建立季度报告制度，及时跟踪调度四个行业大气污染治理项目进展情况，省级环境保护主管部门于每季度初 10 个工作日内将上季度进展情况报送环境保护部。鼓励有条件的地区提前执行新的钢铁工业、水泥工业大气污染物排放标准。推进环境信息公开，各级环保部门和企业要及时公开企业污染物排放、治污设施建设及运行情况等信息，接受社会监督。

（四）严格考核问责。将各地和企业集团四个行业大气污染限期治理情况纳入主要污染物总量减排和大气污染防治行动计划实施情况考核范畴。2015 年 1 月，逐一核查电力、钢铁、平板玻璃项目完成情况；2015 年 7 月，逐一核查水泥项目完成情况。对未按要求落实的，依据《"十二五"主要污染物总量减排考核办法》等规定予以处罚，考核结果纳入政府绩效和企业业绩管理。向社会公告不达标企业名单，按《环境保护法》的规定实施按日连续处罚。

能源行业加强大气污染防治工作方案

　　为贯彻落实《大气污染防治行动计划》和《京津冀及周边地区落实大气污染防治行动计划实施细则》（简称《大气十条》和《实施细则》），指导能源行业承担源头治理和清洁能源保障供应的责任，特制定《能源行业加强大气污染防治工作方案》。

一、能源行业大气污染防治工作总体要求

（一）指导思想

　　全面深入贯彻落实党的十八大和十八届二中、三中全会精神，以邓小平理论、"三个代表"重要思想、科学发展观为指导，按照"远近结合、标本兼治、综合施策、限期完成"的原则，加快重点污染源治理，加强能源消费总量控制，着力保障清洁能源供应，推动转变能源发展方式，显著降低能源生产和使用对大气环境的负面影响，促进能源行业与生态环境的协调可持续发展，为全国空气质量改善目标的实现提供坚强保障。

（二）总体目标

　　近期目标：2015 年，非化石能源消费比重提高到 11.4%，天然气（不包含煤制气）消费比重达到 7%以上；京津冀、长三角、珠三角区域重点城市供应国 V 标准车用汽、柴油。

　　中期目标：2017 年，非化石能源消费比重提高到 13%，天然气（不包含煤制气）消费比重提高到 9%以上，煤炭消费比重降至 65%以下；全国范围内供应国 V 标准车用汽柴油。逐步提高京津冀、长三角、珠三角区域和山东省接受外输电比例，力争实现煤炭消费总量负增长。

　　远期目标：能源消费结构调整和总量控制取得明显成效，能源生产和利用方式转变不断深入，以较低的能源增速支撑全面建成小康社会的需要，能源开发利

用与生态环境保护的矛盾得到有效缓解，形成清洁、高效、多元的能源供应体系，实现绿色、低碳和可持续发展。

二、加快治理重点污染源

（三）加大火电、石化和燃煤锅炉污染治理力度

任务：采用先进高效除尘、脱硫、脱硝技术，实施在役机组综合升级改造；提高石化行业清洁生产水平，催化裂化装置安装脱硫设施，加强挥发性有机物排放控制和管理；加油站、储油库、油罐车、原油成品油码头进行油气回收治理，燃煤锅炉进行脱硫除尘改造，加强运行监管。

目标：确保按期达标排放，大气污染防治重点控制区火电、石化企业及燃煤锅炉项目按照相关要求执行大气污染物特别排放限值。

措施：继续完善"上大压小"措施。重点做好东北、华北地区小火电淘汰工作，争取 2014 年关停 200 万千瓦。

加强污染治理设施建设与改造。所有燃煤电厂全部安装脱硫设施，除循环流化床锅炉以外的燃煤机组均应安装脱硝设施，现有燃煤机组进行除尘升级改造，按照国家有关规定执行脱硫、脱硝、除尘电价；所有石化企业催化裂化装置安装脱硫设施，全面推行 LDAR（泄漏检测与修复）技术改造，加强生产、储存和输送过程挥发性有机物泄漏的监测和监管；每小时 20 蒸吨及以上的燃煤锅炉要实施脱硫，燃煤锅炉现有除尘设施实施升级改造；火电、石化企业和燃煤锅炉要加强环保设施运行维护，确保环保设施正常运行；排放不达标的火电机组要进行限期整改，整改后仍不达标的，电网企业不得调度其发电。

2014 年底，加油站、储油库、油罐车完成油气回收治理，2015 年底，京津冀及周边地区、长三角、珠三角区域完成石化行业有机废气综合治理。2017 年底前，北京市、天津市、河北省和山东省现有炼化企业的燃煤设施，基本完成天然气替代或由周边电厂供汽供电。在气源有保障的条件下，长三角城市群、珠三角区域基本完成炼化企业燃煤设施的天然气替代改造。京津冀、长三角、珠三角区域以及辽宁中部、山东、武汉及其周边、长株潭、成渝、海峡西岸、山西中北部、陕西关中、甘宁、乌鲁木齐城市群等"三区十群"范围内，除列入成品油质量升级行动计划的项目外，不再安排新的炼油项目。

（四）加强分散燃煤治理

任务：全面推进民用清洁燃煤供应和燃煤设施清洁改造，逐步减少京津冀地区民用散煤利用量。

目标：2017 年底前，北京市、天津市和河北省基本建立以县（区）为单位的全密闭配煤中心、覆盖所有乡镇村的清洁煤供应网络，洁净煤使用率达到 90%以上。

措施：建设区域煤炭优质化配送中心。根据区域煤炭资源特点和煤炭用户对煤炭的质量需求，合理规划建设全密闭煤炭优质化加工和配送中心，通过选煤、配煤、型煤、低阶煤提质等先进的煤炭优质化加工技术，提高、优化煤炭质量，逐步形成分区域优质化清洁化供应煤炭产品的布局。

制定严格的民用煤炭产品质量地方标准。加快制定优质散煤、低排放型煤等民用煤炭产品质量的地方标准，对硫分、灰分、挥发分、排放指标等进行更严格的限制，不符合标准的煤炭不允许销售和使用。推行优质洁净、低排放煤炭产品的替代机制，全面取消劣质散煤的销售和使用。

强化煤炭产品质量监管。煤炭经营企业必须根据相关标准进行产品质量标识，无标识的煤炭产品不能销售和使用。质量监督部门对煤炭产品进行定期检查和不定期抽查。达不到相关标准的煤炭不允许销售和使用。煤炭生产、加工、经营等企业必须生产和出售符合标准的煤炭产品。

加强对煤炭供应、储存、配送、使用等环节的环保监督。各种煤堆、料堆实现全密闭储存或建设防风抑尘设施。加快运煤列车及装卸设施的全封闭改造，减少运输过程中的原煤损耗和煤尘污染。在储存、装卸、运输过程中应采取有效防尘措施，控制扬尘污染。严查劣质煤销售和使用，加强对煤炭加工、存储地环保设施的执法检查。建立煤炭管理信息系统，对煤炭供应、储存、配送、使用等环节实现动态监管。

推广先进民用炉具。制定先进民用炉具标准，加大宣传力度，对先进炉具消费者实行补贴，调动购买和使用先进炉具的积极性，提高民用燃煤资源利用效率，减少污染排放。

三、加强能源消费总量控制

（五）控制能源消费过快增长

任务：适应稳增长、转方式、调结构的要求，在保障经济社会发展合理用能需求的前提下，控制能源消费过快增长，推行"一挂双控"（与经济增长挂钩，能源消费总量和单位国内生产总值能耗双控制）措施。做好能源统计与预测预警，加强能源需求侧管理，引导全社会科学用能。

目标：控制能源消费过快增长的政策措施、保障体系和社会氛围基本形成，重点行业单位产品能耗指标接近世界先进水平的比例大幅提高，能源资源开发、转化和利用效率明显提高。

措施：按照控制能源消费总量工作方案要求，做好各地区分解目标的落实工作，有序推进能源消费总量考核工作。组织开展全国能源统计普查，加快建设重点用能单位能耗在线监测系统，完善能源消费监测预警机制，跟踪监测并及时调控各地区和高耗能行业能源消费、煤炭消费和用电量等指标。总结推广电力需求侧管理经验，适时启动能源需求侧管理试点。

2015 年在京津冀、长三角和珠三角的 10 个地级市启动能源需求侧管理试点工作，2017 年京津冀、长三角和珠三角全部地级以上城市开展能源需求侧管理试点。

（六）逐步降低煤炭消费比重

任务：结合能源消费总量控制的要求，制定国家煤炭消费总量中长期控制目标，制定耗煤项目煤炭减量替代管理办法，实行目标责任管理。调整能源消费结构，压减无污染物治理设施的分散或直接燃煤，降低煤炭消费比重。

目标：到 2017 年，煤炭占一次能源消费总量的比重降低到 65% 以下，京津冀、长三角、珠三角等区域力争实现煤炭消费总量负增长；北京市、天津市、河北省和山东省净削减煤炭消费量分别为 1 300 万吨、1 000 万吨、4 000 万吨和 2 000 万吨。

措施：提高燃煤锅炉、窑炉污染物排放标准，全面整治无污染物治理设施和不能实现达标排放的燃煤锅炉、窑炉。加快推进集中供热、天然气分布式能源等工程建设，在供热供气管网不能覆盖的地区，改用电、新能源或洁净煤，推广应用高效节能环保型锅炉。在化工、造纸、印染、制革、制药等产业聚集区，通过集中建设热电联产和分布式能源逐步淘汰分散燃煤锅炉。到 2017 年，除必要保留的以外，地级及以上城市建成区基本淘汰每小时 10 蒸吨及以下的燃煤锅炉；天津市、河北省地级及以上城市建成区基本淘汰每小时 35 蒸吨及以下燃煤锅炉；北京市建成区取消所有燃煤锅炉。北京市、天津市、河北省、山西省和山东省地级及以上城市建成区原则上不得新建燃煤锅炉；其他地级及以上城市建成区禁止新建每小时 20 蒸吨以下的燃煤锅炉；其他地区原则上不再新建每小时 10 蒸吨以下的燃煤锅炉。

京津冀、长三角、珠三角等区域新建项目禁止配套建设自备燃煤电站。耗煤项目要实行煤炭减量替代。除热电联产外，禁止审批新建燃煤发电项目；现有多台燃煤机组装机容量合计达到 30 万千瓦以上的，可按照煤炭等量替代的原则建设为大容量燃煤机组。到 2017 年底，天津市燃煤机组装机容量控制在 1 400 万千瓦以内，河北省全部淘汰 10 万千瓦以下非热电联产燃煤机组，启动淘汰 20 万千瓦以下的非热电联产燃煤机组。

四、保障清洁能源供应

（七）加大向重点区域送电规模

任务：在具备水资源、环境容量和生态承载力的煤炭富集地区建设大型煤电基地，加快重点输电通道建设，加大向重点区域送电规模，缓解人口稠密地区大气污染防治压力。

目标：到 2015 年底，向京津冀鲁地区新增送电规模 200 万千瓦。到 2017 年底，向京津冀鲁、长三角、珠三角等三区域新增送电规模 6 800 万千瓦，其中京津冀鲁地区 4 100 万千瓦，长三角地区 2 200 万千瓦，珠三角地区 500 万千瓦。

措施：在新疆、内蒙古、山西、宁夏等煤炭资源富集地区，按照最先进的节能环保标准，建设大型燃煤电站（群）。在资源环境可承载的前提下，推进鄂尔多斯、锡盟、晋北、晋中、晋东、陕北、宁东、哈密、准东等 9 个以电力外送为主的千万千瓦级现代化大型煤电基地建设。

采用安全、高效、经济先进输电技术，推进鄂尔多斯盆地、山西、锡林郭勒盟能源基地向华北、华东地区以及西南能源基地向华东和广东省的输电通道建设，规划建设蒙西—天津南、锡盟—山东等 12 条电力外输通道，进一步扩大北电南送、西电东送规模。

华北电网部分，重点建设蒙西至天津南、内蒙古锡盟经北京、天津至山东、陕北榆横至山东、内蒙古上海庙至山东输电通道，加强华北地区 500 千伏电网网架，扩大山西、陕西送电京津唐能力，进行绥中电厂改接；华东电网部分，重点建设安徽淮南经江苏至上海、宁夏宁东至浙江、内蒙古锡盟至江苏泰州和山西晋东至江苏输电通道；南方电网部分，重点建设滇西北至广东输电通道。

（八）推进油品质量升级

任务：督促炼油企业升级改造，拓展煤制油、生物燃料等新的清洁油品来源，加快推进清洁油品供应，有效减少大气污染物排放。

目标：2015 年底前，京津冀、长三角、珠三角等区域内重点城市供应符合国 V 标准的车用汽、柴油；2017 年底前，全国供应符合国 V 标准的车用汽、柴油。

措施：制定出台成品油质量升级行动计划，大力推进国内已有炼厂升级改造，根据市场需求加快新项目建设，理顺成品油价格，确保按时供应国 V 标准车用汽、柴油。加强相关部门间的配合，对成品油生产流通领域进行全过程监管，规范成品油市场秩序，严厉打击非法生产、销售不合格油品行为。

拓展新的成品油来源，发挥煤制油和生物燃料超低硫的优势，推进陕西榆林、内蒙古鄂尔多斯、山西长治等煤炭液化项目以及浙江舟山、江苏镇江、广东湛江等生物燃料项目建设，为京津冀及周边地区、长三角、珠三角等区域提供优于国 V 标准的清洁油品。

2015 年底前，燕山、天津、大港石化等炼厂完成升级改造，华北石化完成改扩建，向京津冀地区供应国 V 标准汽柴油 2 300 万吨以上；高桥、上海、大连、金陵石化完成升级改造，镇海、扬子等炼厂完成改扩建，向长三角地区供应国 V 标准汽柴油 4 100 万吨以上；广州、惠州、茂名等炼厂完成升级改造，同时加快湛江、揭阳以及惠州二期等炼油项目建设，向珠三角地区供应国 V 标准汽柴油 2 200 万吨以上。加快河北曹妃甸，洛阳石化、荆门石化以及克拉玛依石化改扩建等炼油项目建设，以满足清洁油品消费增长需要，2017 年底，全国范围内供应国 V 标准车用汽、柴油。

（九）增加天然气供应

任务：增加常规天然气生产，加快开发煤层气、页岩气等非常规天然气，推进煤制气产业科学有序发展；加快主干天然气管网等基础设施建设；加快储气和城市调峰设施建设；加强需求侧管理，优先保障民用气、供暖用气和民用、采暖的"煤改气"，有序推进替代工业、商业用途的燃煤锅炉、自备电站用煤。

目标：2015 年，全国天然气供应能力达到 2 500 亿立方米。2017 年，全国天然气供应能力达到 3 300 亿立方米。

措施：着力增强气源保障能力。提高塔里木、鄂尔多斯、四川盆地等主产区产量，加快开发海上天然气；突破煤层气、页岩气等非常规油气规模开采利用技术装备瓶颈，在坚持最严格的环保标准和水资源有保障的前提下，推进煤制气示范工程建设；加强国际能源合作，积极引进天然气资源。到 2015 年，国内常规气（含致密气）、页岩气、煤层气、煤制气和进口管道气供应能力分别达到 1 385 亿、65 亿、100 亿、90 亿和 450 亿立方米，长期 LNG 合同进口达到 2 500 万吨；到 2017 年，国内常规气（含致密气）、页岩气、煤层气、煤制气和进口管道气供应能力分别达到 1 650 亿、100 亿、170 亿、320 亿和 650 亿立方米，长期 LNG 合同进口达到 3 400 万吨。

加快配套管网建设。建设陕京四线、蒙西煤制气管道、永清-泰州联络线、青宁管道等干支线管网以及唐山、天津、青岛等 3 个 LNG 接收站。建成中亚 C 线、D 线及西气东输三、四、五线等主干管道，将进口中亚天然气和新疆、青海等增产天然气输送至长三角和东南沿海地区；通过中缅天然气管道逐步扩大缅甸天然气进口，供应西南地区；建设新疆煤制气管道，将西部煤制气输往华中、长三角、珠三角等地区。"十二五"期间，全国新增干线管输能力 1 500 亿立方米，覆盖京津冀、长三角、珠三角等区域。

完善京津冀鲁、东北等地区的现有储气库，新建适当规模的地下储气库。长三角、珠三角地区建设以 LNG 储罐为主，地下储气库和中小储罐为辅的调峰系统。充分调动和发挥地方和企业积极性，采用集中与分布相结合的方式，加快储气能力建设。

加强天然气需求侧管理，引导用户合理、高效用气。新增天然气优先保障民用，有序推进"煤改气"项目建设，优先加快实施保民生、保重点的民用煤改气项目。鼓励发展天然气分布式能源等高效利用项目，在气源落实的情况下，循序渐进替代分散燃煤。限制发展天然气化工项目。加强燃气发电项目管理，在气源落实的前提下，有序发展天然气调峰电站。

（十）安全高效推进核电建设

任务：贯彻落实核电安全规划和核电中长期发展规划，在确保安全的前提下，高效推进核电建设。

目标：2015 年运行核电装机达到 4 000 万千瓦、在建 1 800 万千瓦，年发电量超过 2 000 亿千瓦时；力争 2017 年底运行核电装机达到 5 000 万千瓦、在建 3 000 万千瓦，年发电量超过 2 800 亿千瓦时。

措施：加强核电安全管理工作，按照最高安全要求建设核电项目。加大在建核电项目全过程管理，保障建设质量，在确保安全的前提下，尽早建成红沿河 2-4 号、宁德 2-4 号、福清 1-4 号、阳江 1-4 号、方家山 1-2 号、三门 1-2 号、海阳 1-2 号、台山 1-2 号、昌江 1-2 号、防城港 1-2 号等项目。新建项目从核电中长期发展规划中择优选取，近期重点安排在靠近珠三角、长三角、环渤海电力负荷中心的区域。

（十一）有效利用可再生能源

任务：在做好生态环境保护和移民安置的前提下，积极开发水电，有序发展风电，加快发展太阳能发电，积极推进生物质能、地热能和海洋能开发利用；提高机组利用效率，优先调度新能源电力，减少弃电。

目标：2015 年，全国水、风、光电装机容量分别达到 2.9 亿、1.0 亿和 0.35 亿千瓦，生物质能利用规模 5 000 万吨标煤；2017 年，水、风、光电装机容量分别达到 3.3 亿、1.5 亿和 0.7 亿千瓦，生物质能利用规模 7 000 万吨标煤。

措施：建设金沙江、澜沧江、雅砻江、大渡河和雅鲁藏布江中游等重点流域水电基地，西部地区水电装机达到 2 亿千瓦，对中东部地区水能资源实施扩机增容和升级改造，装机容量达到 9 000 万千瓦。

有序推进甘肃、内蒙古、新疆、冀北、吉林、黑龙江、山东、江苏等风电基地建设，同步推进配套电网建设，解决弃风限电问题，大力推动内陆分散式风电开发。促进内蒙古、山西、河北等地风电在京津唐电网的消纳，京津唐电网风电上网电量所占比重 2015 年提高到 10%，2017 年提高到 15%。

积极扩大国内光伏发电应用，优先在京津冀、长三角、珠三角等经济发达、电力需求大、大气污染严重的地区建设分布式光伏发电；稳步推进青海、新疆、甘肃等太阳能资源丰富、荒漠化土地闲置的西部地区光伏电站建设。到 2015 年，分布式光伏发电装机达到 2 000 万千瓦，光伏电站装机达到 1 500 万千瓦。

促进生物质发电调整转型，重点推动生物质热电联产、醇电联产综合利用，加快生物质能供热应用，继续推动非粮燃料乙醇试点、生物柴油和航空涡轮生物燃料产业化示范。2017 年，实现生物质发电装机 1 100 万千瓦；生物液体燃料产能达到 500 万吨；生物沼气利用量达到 220 亿立方米；生物质固体成型燃料利用量超过 1 500 万吨。

积极推广浅层地温能开发利用，重点在京津冀鲁等建筑利用条件优越、建筑用能需求旺盛的地区推广地温能供暖和制冷应用。鼓励开展中深层地热能的梯级利用，大力推广"政府主导、政企合作、技术进步、环境友好、造福百姓"的雄县模式，建立中深层地热能供暖与发电等多种形式的综合利用模式。到 2015 年，全国地热供暖面积达到 5 亿平方米，地热能年利用量达到 2 000 万吨标准煤。

督促电网企业加快电力输送通道建设，按照有利于促进节能减排的原则，确保可再生能源发电的全额保障性收购，在更大范围内消化可再生能源。完善调峰调频备用补偿政策，推进大用户直供电，鼓励就地消纳清洁能源，缓解弃风、弃水突出矛盾，提高新能源利用效率。

五、转变能源发展方式

（十二）推动煤炭高效清洁转化

任务：加强煤炭质量管理，稳步推进煤炭深加工产业发展升级示范，加快先进发电技术装备攻关及产业化应用，促进煤炭资源高效清洁转化。

目标：2017 年，原煤入选率达到 70% 以上，煤制气产量达到 320 亿立方米、煤制油产量达到 1 000 万吨，煤炭深加工示范项目综合能效达到 50% 左右。

措施：鼓励在小型煤矿集中矿区建设群矿选煤厂，大中型煤矿配套建设选煤厂，提高煤炭洗选率。完善煤炭产品质量和利用技术装备标准，制定煤炭质量管理办法，限制高硫分高灰分煤炭的开采和异地利用，禁止进口高灰分、高硫分的劣质煤炭，限制高硫石油焦的进口，提高炼焦精煤、高炉喷吹用煤产品质量和利用效率。

在满足最严格的环保要求和保障水资源供应的前提下，稳步推进煤炭深加工产业高标准、高水平发展。坚持"示范先行"，进一步提升和完善自主技术，加强不同技术间的耦合集成，逐步实现"分质分级、能化结合、集成联产"的新型煤炭利用方式。坚持科学合理布局，重点建设鄂尔多斯盆地煤制清洁燃料基地、蒙东褐煤加工转化基地以及新疆煤制气基地，增强我国清洁燃料保障能力。

加快先进发电技术装备攻关及产业化应用，加强天津 IGCC 示范项目的运行管理，推进泰州百万千瓦超超临界二次再热高效燃煤发电示范项目建设，在试验示范基础上推广应用达到燃气机组排放标准的燃煤电厂大气污染物超低排放技术，加快 700 度超超临界高效发电核心技术和关键材料的研发，2018 年前启动相关示范电站项目建设。天津市、河北省、山西省、内蒙古自治区、山东省和长三角、珠三角等区域要将煤炭更多地用于燃烧效率高且污染治理措施到位的燃煤电厂。

（十三）促进可再生能源就地消纳

任务：有序承接能源密集型、资源加工型产业转移，在条件适宜的地区推广可再生能源供暖，促进可再生能源的就地消纳。

目标：形成较为完善的促进可再生能源就地消纳的政策体系。2017 年底前，每年新增生物质能供热面积 350 万平方米,每年新增生物质能工业供热利用量 150 万吨标煤。

措施:结合资源特点和区域用能需求,大力推广与建筑结合的光伏发电、太阳能热利用,提高分散利用规模;加快在工业区和中小城镇推广应用生物质能供热,就近生产和消费,替代燃煤锅炉;探索风电就地消纳的新模式,提高风电设备利用效率,压减燃煤消耗总量。优先在新能源示范城市、绿色能源示范县中推广生物质热电联产、生物质成型燃料、地热、太阳能热利用、热泵等新型供暖方式,建设 200 个新能源供热城镇。

在符合主体功能定位的前提下,实施差别化的能源、价格和产业政策,在能源资源地形成成本洼地,科学有序承接电解铝、多晶硅、钢铁、冶金、建筑陶瓷等能源密集型、资源加工型产业转移,严格落实产能过剩行业宏观调控政策,防止落后产能异地迁建,促进可再生能源就地消纳并转化为经济优势。

结合新型城镇化建设,选择部分可再生能源资源丰富、城市生态环保要求高、经济条件相对较好的城市,采取统一规划、规范设计的方式,积极推动各类新能源和可再生能源技术在城市区域供电、供热、供气、交通和建筑中的应用,到 2015 年建成 100 个新能源示范城市,可再生能源占城市能源消费比例达到 6%。

(十四)推广分布式供能方式

任务:以城市、工业园区等能源消费中心为重点,加快天然气分布式能源和分布式光伏发电建设,开展新能源微电网示范,以自主运行为主的方式解决特定区域用电需求。

目标:2015 年,力争建成 1 000 个天然气分布式能源项目、30 个新能源微电网示范工程、分布式光伏发电装机达到 2 000 万千瓦以上。2017 年,天然气分布式能源达到 3 000 万千瓦,分布式光伏发电装机达到 3 500 万千瓦以上。

措施:出台分布式发电及余热余压余气发电并网指导意见,允许分布式能源企业作为独立电力(热力)供应商向区域内供电(热、冷),鼓励各类投资者建设分布式能源项目。2015 年底前,重点在北京、天津、山东、河北、上海、江苏、浙江、广东等地区安排天然气分布式能源示范项目,2017 年底前,全国推广使用天然气分布式能源系统。推进"新城镇、新能源、新生活"计划,在江苏、浙江、河北等地选择中小城镇开展以 LNG 为基础的分布式能源试点。

按照"自发自用、多余上网、电网平衡"原则,大力发展分布式光伏发电,积极开拓接入低压配电网的就地利用的分散式风电,完善调峰、调频、备用等系统辅助服务补偿机制,完善可再生能源分布式发电补贴政策。

（十五）加快储能技术研发应用

任务：以车用动力为重点，加快智能电网及先进储能关键技术、材料和装备的研究和系统集成，加速创新成果转化，改善风电、太阳能等间歇式能源出力特性。

目标：掌握大规模间歇式电源并网技术，突破 10 兆瓦级空气储能、兆瓦级超导储能等关键技术，2015 年形成为 50 万辆电动汽车供电的配套充电设施，2017 年为更大规模的电动汽车市场提供充电基础设施保障。

措施：研究制定储能技术和政策发展路线图，开展先进储能技术自主创新能力建设及示范试点，明确技术实现路径和阶段目标，从宏观政策、电价机制、技术标准、应用支持等方面保障和促进储能技术发展。以智能电网为应用方向，开展先进储能技术自主创新能力建设及示范试点。加快电动汽车供充电产业链相关技术标准的研究、制定和发布，加大充电设施等电动汽车基础设施建设力度。

六、健全协调管理机制

（十六）建立联防联控的长效机制

建立国家能源局、发展改革委、环境保护部、有关地方政府及重点能源企业共同参与的工作协调机制。北京、天津、河北、山东、山西、内蒙古、上海、江苏、浙江、广东十个省（区、市）能源主管部门以及重点能源企业要建立相应的组织机构，由相关领导同志担任负责人。

地方政府负责落实本行政区域内能源和煤炭消费总量控制、新建燃煤项目煤量替代、民用天然气供应安全、天然气城市调峰设施建设、天然气需求侧管理、"煤改气"、新能源供热、分布式能源发展、小火电淘汰以及本方案确定的其他任务，加强火电厂、石化企业、燃煤锅炉污染物排放及成品油质量等方面的监管，协助相关能源企业落实大气污染防治重大能源保障项目的用地、用水等配套条件。

中国石油、中国石化、中海油等企业负责落实油品质量升级、天然气保供增供、石化污染物治理等任务。华能、大唐、华电、国电、中电投、神华等企业负责落实小火电淘汰，火电污染物治理等任务，推进西部富煤地区外送电基地建设。中核、中广核、中电投等企业负责推进东部沿海地区核电项目建设。国网、南网等电网企业负责加快输电通道建设，全额保障性收购可再生能源电力，无歧视接入分布式能源，配合做好大用户直供、输配分开等改革试点工作。

（十七）制定分省区能源保障方案

北京、天津、河北、山东、山西、内蒙古、上海、江苏、浙江、广东省（区、市）能源主管部门应按照《大气十条》、《实施细则》以及本方案的要求，结合本地区大气污染防治工作的实际需要，于 2014 年 5 月底前编制完成本行政区域能源保障方案，与国家能源局衔接后，适时发布。

（十八）完善工作制度

国家能源局会同相关省区能源主管部门和重点能源企业于每年初制定年度工作计划并组织实施，年末对完成情况进行总结。相关省区能源主管部门和重点能源企业每月至少向国家能源局报送一次工作信息，及时反映最新进展、主要成果、重大问题、重要经验等内容。

国家能源局与相关能源企业就大气污染防治重大能源保障项目签订任务书，并实行目标管理。项目单位每季度至少向国家能源局报告一次进展情况，及时反映和解决存在的问题，确保项目按计划建成投产。

（十九）加强考核监督

加强对相关省区能源主管部门和重点能源企业的任务完成情况进行考核，并将结果公布。对于考核结果优良的地方和企业，在产业布局、资金支持、项目安排等方面给予优先考虑。对于考核中存在严重问题、重点项目推进不力的地方和企业，将严格问责。

七、完善相关配套措施

（二十）强化规划政策引导

结合国务院大气污染防治工作总体部署和要求，统筹推进调整能源结构、转变发展方式等各项工作，加强宏观规划指导，加快煤炭深加工、炼油、电网建设、生物质能供热等相关规划和政策的出台，严格依法做好规划环评工作，促进大气环境质量改善。抓紧制定并发布《能源消费总量控制考核办法》、《商品煤质量管理暂行办法》、《燃煤发电机组环保电价及环保设施运行监管办法》、《关于严格控制重点区域燃煤发电项目规划建设有关要求的通知》、《煤炭消费减量替代管理办法》、《关于稳步推进煤制天然气产业化示范的指导意见》、《成品油质量升级行动计划》、《加快电网建设落实大气污染防治行动计划实施方案》、《生物质能供热实施方案》等配套政策。

（二十一）加大能源科技投入

依托重大能源项目建设，加大煤炭清洁高效利用、先进发电、分布式能源、节能减排与污染控制等重点领域的创新投入，重点支持煤炭洗选加工、煤气化、合成燃料、整体煤气化联合循环（IGCC）、先进燃烧等大气污染防治关键技术的研发和产业化。

（二十二）明确总量控制责任

地方各级人民政府是本行政区域控制能源消费总量和煤炭消费总量工作的责任主体。将能源消费总量和煤炭消费总量纳入国民经济社会发展评价体系，建立各地区和高耗能行业监测预警体系。

（二十三）推进重点领域改革

以实施大用户直接购电和售电侧改革为突破口，稳步推进调度交易机制和电价形成机制改革，保障可再生能源和分布式能源优先并网，探索建立可再生能源电力配额及交易制度和新增水电跨省区交易机制。稳步推进天然气管网体制改革，促进管网公平接入和公平开放。明确政府与企业油气储备及应急义务和责任。完善煤炭与煤层气协调开发机制。推进页岩气投资主体多元化，加强对页岩气勘探开发活动的监督管理。

（二十四）进一步强化监管措施

开展电力企业大气污染防治专项监管，加大火电项目环保设施建设和运行监管力度，促进燃煤机组烟气在线监测准确、真实。环保设施未按规定投运或排放不达标的，依法不予颁发或吊销电力业务许可证。加大节能发电调度、可再生能源并网发电和全额保障性收购的监管力度，推进跨省区电能交易、发电权交易、大用户直供等灵活电能交易，减少弃风、弃水、弃光。开展油气管网设施公平开放监管，提高管网设施运营效率，促进油气市场有序发展。开展能源消费总量控制监管。加强能源价格监管。加强能源监管体系建设，建立能源监管统计、监测、预警及考核机制，畅通投诉举报渠道，依法受理投诉举报案件，依法查处违法违规行为。

（二十五）完善能源价格机制

建立健全反映资源紧缺程度、市场供需形势以及生态环境等外部成本的能源价格体系，推进并完善峰谷电价政策，在具备条件的地区实行季节电价、高可靠性电价、可中断负荷电价等电价政策，加大差别电价、惩罚性电价政策执行力度，逐步扩大以能耗为基础的阶梯电价制度实施范围。进一步建立和完善市场化价格机制，深化天然气价格改革，推行天然气季节差价、阶梯气价、可中断气价等差别性气价政策。

（二十六）研究财金支持政策

加大对可再生能源、分布式能源和非常规能源发展的财政税收金融支持力度，研究落实先进生物燃料、清洁供暖设施等补贴政策与标准。中央预算内投资重点对农村电网改造升级、无电地区电力建设、能源科技自主创新等领域给予必要支持。

国家发展改革委关于调整可再生能源电价附加标准与环保电价有关事项的通知

发改价格[2013]1651 号

各省、自治区、直辖市发展改革委、物价局、电力公司，国家电网公司、南方电网公司，华能、大唐、华电、国电、中电投集团公司：

为支持可再生能源发展，鼓励燃煤发电企业进行脱硝、除尘改造，促进环境保护，决定适当调整可再生能源电价附加和燃煤发电企业脱硝等环保电价标准，现将有关事项通知如下：

一、将向除居民生活和农业生产以外的其他用电征收的可再生能源电价附加标准由每千瓦时 0.8 分钱提高至 1.5 分钱。

二、将燃煤发电企业脱硝电价补偿标准由每千瓦时 0.8 分钱提高至 1 分钱。

三、对采用新技术进行除尘设施改造、烟尘排放浓度低于 30mg/m³（重点地区低于 20mg/m³），并经环保部门验收合格的燃煤发电企业除尘成本予以适当支持，电价补偿标准为每千瓦时 0.2 分钱。

四、以上价格调整自 2013 年 9 月 25 日起执行。

五、在保持现有销售电价总水平不变的情况下，主要利用电煤价格下降腾出的电价空间解决上述电价调整资金来源。各省（区、市）具体电价调整方案，由省级价格主管部门研究拟订，于 2013 年 9 月 10 日前上报我委审批。

国家发展改革委

2013 年 8 月 27 日

大气污染防治成品油质量升级行动计划

　　减少机动车尾气污染物排放是大气污染治理的主要内容之一，车用汽、柴油质量升级是当前我国炼油行业一项紧迫而重要的任务。为贯彻落实《大气污染防治行动计划》和《京津冀及周边地区落实大气污染防治行动计划实施细则》，2014年2月12日，李克强总理主持召开了国务院第39次常务会议，明确要求在抓紧完善现有政策的基础上，落实成品油质量升级有关措施。

　　根据《大气污染防治行动计划重点工作部门分工方案》，为扎实有效推进全国成品油质量升级工作，促进炼油产业科学有序发展，特制定本行动计划。计划期2014—2017年。

　　总体要求：深入贯彻落实党的十八大精神，以科学发展观为指导，以车用汽、柴油质量升级为着力点，按照"政府主导、市场驱动、企业承担、社会参与"的思路与原则，细化和落实炼油企业升级改造实施方案，扎实推进清洁油品生产，按期完成质量升级任务。同时，进一步优化资源配置，提升产业水平，创新体制机制，加强行业监管，切实保障市场供应，有效减少大气污染物排放，实现行业大气污染防治行动目标。

　　总体目标：从2014年开始，全国供应符合国家第四阶段（国Ⅳ）标准的车用汽油（含乙醇汽油）；到2014年底前，全国供应符合国Ⅳ标准的车用柴油，停止生产销售符合国家第三阶段标准的车用柴油。2014年预计可实现二氧化硫直接减排8.3万吨。

　　2015年底前，京津冀、长三角、珠三角等区域内重点城市全面供应符合国家第五阶段（国Ⅴ）标准的车用汽油（含乙醇汽油）、车用柴油。2015年10月底前，主要保供企业具备生产国Ⅴ标准车用汽油（含乙醇汽油调和组分油）、车用柴油的能力。力争2016年内，三大区域使用的车用汽、柴油全部达到国Ⅴ标准；乙醇汽油推广地区内同步供应国Ⅴ标准车用乙醇汽油。

　　2017年底前，全国供应符合国Ⅴ标准的车用汽油（含乙醇汽油）、车用柴油，停止生产销售国Ⅳ标准车用汽、柴油。2017年10月底前，全国炼油企业具备生产国Ⅴ标准车用汽油（含乙醇汽油调和组分油）、车用柴油的能力。2014—2017

年底全部炼厂质量升级完成后，预计可实现二氧化硫直接减排 11.2 万吨。

一、加快油品质量升级，按期完成既定任务

按照国务院部署和要求，国家能源主管部门会同有关部门、地方能源主管部门及重点企业制定相应工作计划并组织实施，统筹推进炼油企业升级改造工作。同时配套相应政策措施，加强炼油企业升级改造监督管理，确保工作落到实处。

各省级能源主管部门依据国家行动计划，制定本省（区、市）《炼油产业升级改造实施方案（2014—2017 年）》，主要内容应包括市场需求、总体目标、重点任务、投资规模、进度计划、监督检查和保障措施等。同时，组织本省（区、市）地方炼油企业制定升级改造实施方案和进度计划（2014—2017 年），并按要求上报国家能源主管部门及有关能源监管机构。

中央企业集团依据国家行动计划，制定本集团《炼油企业升级改造实施方案（2014—2017 年）》，主要内容应包括企业现状、建设内容、投资构成、进度计划、保障措施及有关建议等，同步组织所属炼油企业制定升级改造实施方案和进度计划（2014—2017 年）。其中，集团方案报国家能源主管部门，所属炼油企业方案同步报所在地省级能源主管部门及相应能源监管机构。

二、加大技术改造力度，提升产业整体水平

（一）质量升级指标。重点围绕油品质量升级，兼顾清洁生产和提高资源利用率，对炼油企业进行技术改造，车用汽、柴油及车用乙醇汽油调和组分油产品质量分阶段达到国Ⅳ、国Ⅴ标准要求。实施后，车用汽油主要指标硫含量不大于 10ppm，烯烃含量不大于 24%，芳烃含量不大于 40%，锰含量不大于 2mg/L；车用柴油主要指标硫含量不大于 10ppm。

（二）技术改造重点。汽油质量升级主要方向是催化汽油深度脱硫和高辛烷值组分增产。重点加快深度加氢脱硫、吸附脱硫、催化重整、芳烃抽提、甲基叔丁基醚脱硫等装置建设，配套建设渣（蜡）油加氢、烷基化、异构化、轻汽油醚化等装置。

柴油质量升级主要方向是深度加氢脱硫和改质。重点加快柴油加氢精制、加氢改质等装置建设，配套建设加氢裂化、渣（蜡）油加氢等装置。

结合质量升级，进一步完善硫黄、制氢、烟气脱硫脱硝等装置建设，淘汰部分落后装置；积极采用节能技术及装备，提高能量利用效率；充分发挥现有装置

潜力，优化全厂加工流程，实现轻烃等资源高效利用。

（三）明确创新方向。按照"安全、高效、低碳"的原则，通过重大技术研究、重大技术装备、重大示范工程及技术创新平台建设，形成"四位一体"的炼油行业科技创新体系，开展科技攻关与推广应用。

重点围绕劣质油加工、重油深加工、油品高质化和生产清洁化，针对劣质原油高效预处理、劣质渣油高效加氢、高选择性汽油加氢、汽柴油高效超深度脱硫、催化柴油加氢转化、新型烷基化、低成本制氢、烟气脱硫脱硝除尘等关键技术，大力推进自主研发和再创新。开展配套技术装备研究，支持示范工程建设。

（四）做强炼油产业。2017 年底前，通过实施升级改造，主要炼油企业汽油脱硫精制能力增加 4 480 万吨，占一次能力比例由 6.1%提高到 12.6%；高辛烷值组分生产能力增加 3 200 万吨，占一次能力比例由 11.1%提高到 14.2%；柴油加氢能力提高 8 260 万吨，占一次能力比例由 29.8%提高到 37.5%。同步淘汰落后产能5 000 万吨以上（其中中央企业 2 158 万吨）。

运用"分子炼油"理念，深度整合资源，轻油收率、硫回收率等指标大幅提升，加工损失率、水耗、能耗等指标显著下降，建设若干智能、绿色、低碳示范工厂，打造一批国际一流炼油企业，形成若干世界级炼油产业基地。

三、优先重点区域供应，如期实现首要目标

（五）明确保供需求。京津冀及周边地区、长三角和珠三角（广东省）等区域经济较发达，油品需求量大。2013 年，三个区域汽、柴油（含普通柴油）消费总量分别为 5 808 万、3 987 万和 2 275 万吨，占全国消费量的 22%、15%和 9%，平均柴汽比为 1.58：1。

在综合考虑地区经济增长率、汽车保有量及限行措施、天然气及电力替代等多种因素影响的基础上，运用综合消费系数法和消费强度法进行预测，2015 年京津冀及周边地区汽、柴油需求总量为 6 345 万吨，占全国的 22%；长三角地区汽、柴油需求总量为 4 380 万吨，占全国的 15%；珠三角地区汽、柴油需求总量为 2 420万吨，占全国的 8%。届时三个区域需求总量占全国的 45%，平均柴汽比为 1.38：1 左右。

（六）落实保供责任。2015 年底前，京津冀及周边地区保供骨干炼油企业包括燕山分公司、天津分公司、大港石化、华北石化、石家庄分公司、沧州分公司、青岛炼化、齐鲁石化、济南分公司、呼和浩特石化、锦州石化、锦西石化等，均率先完成升级改造任务，每年能够向本区域供应国 V 标准车用汽油 2 306 万吨（含

乙醇汽油调和组分油 300 万吨以上）、国 V 标准车用柴油 2 945 万吨。本区域国 V 标准车用汽、柴油年需求分别为 2 465 万吨、2 708 万吨，考虑本地区及周边地区其他炼油企业能力，可以保障供应。

长三角地区保供骨干炼油企业包括高桥分公司、上海石化、镇海炼化、金陵分公司、扬子石化、大连石化等，均率先完成升级改造任务，每年能够向本区域供应国 V 标准车用汽油 1 722 万吨（含乙醇汽油调和组分油 140 万吨以上）、国 V 标准车用柴油 2 458 万吨。本区域国 V 标准车用汽、柴油年需求分别为 1 940 万吨、1 710 万吨，考虑本地区及周边地区其他炼油企业能力，可以保障供应。

珠三角地区保供骨干炼油企业包括广州分公司、茂名分公司、湛江东兴、海南炼化、惠州炼化、广西石化等，均率先完成升级改造任务，每年能够分别向本区域供应国 V 标准车用汽、柴油 1 295 万吨、1 870 万吨，并同步具备供应国 V 标准乙醇汽油调和组分油的能力。本区域国 V 标准车用汽、柴油年需求分别为 1 110 万吨、920 万吨，可以保障供应。

四、立足全国市场需求，确保清洁油品供应

（七）合理分析消费结构。2013 年全国汽、柴油消费总量为 26 409 万吨，平均柴汽比为 1.81∶1。从区域消费增长趋势看，华北、华东和华南地区的汽、柴油消费增速和柴汽比低于全国平均水平，华中、西南、西北和东北地区的汽、柴油增速和柴汽比高于全国平均水平。

在综合考虑地区经济增长率、汽车保有量及限行措施、天然气及电力替代等多种因素影响的基础上，运用综合消费系数法和消费强度法进行预测，2017 年全国汽、柴油（含普通柴油）年需求总量为 31 390 万吨，平均柴汽比为 1.53∶1 左右。其中，华北、华东和华南地区汽、柴油年需求总量分别为 3 540 万吨、7 720 万吨、3 800 万吨，占全国的 11%、25% 和 12%；华中、西南、西北和东北地区汽、柴油（含普通柴油）年需求总量分别为 5 340 万吨、3 800 万吨、3 180 万吨和 4 010 万吨，占全国的 17%、12%、10% 和 13%。

（八）全面实现保供目标。各中央企业集团应强化保供主体责任，结合地方政府实施方案和工作要求，带头加快所属炼油企业升级改造，按照进度计划确保市场供应。同时，加快已核准的湛江中科、揭阳中委、惠州二期、海南炼化等重大新建、改扩建炼油项目建设，积极推进河北曹妃甸等其他重大炼油项目核准进程，尽快建成投产，以满足清洁油品消费增长需要。各地方政府要积极协调并督促合法合规地方炼油企业，严格按照有关要求，落实成品油质量升级改造方案，确保

2017 年底向所在区域供应国Ⅴ标准车用汽、柴油。

成品油主要依靠外省调运的地区如重庆、贵州、山西、西藏，应积极协调相关炼油企业集团，结合本地区需求，落实好国Ⅴ标准车用汽、柴油供应计划和数量。新启动开展乙醇汽油推广的省份应同步供应国Ⅴ标准车用乙醇汽油。结合油品市场季节性波动的特点，鼓励企业建立成品油商业储备。

2017 年底，国内炼油企业全面完成升级改造。自 2018 年 1 月 1 日起，全国供应符合国Ⅴ标准的车用汽油（含乙醇汽油）、车用柴油，停止生产销售国Ⅳ标准车用汽、柴油。届时，主要炼油企业每年能够供应国Ⅴ标准车用汽油 10 385 万吨、国Ⅴ标准车用柴油 11 728 万吨。

五、优化炼油产能结构，促进行业转型升级

（九）科学建设先进产能。坚持"集约化、基地化、一体化、清洁化"，提高产业集中度和规模化水平，实现炼油行业科学可持续发展。依托现有条件好的大型石化企业，积极采用先进技术实施改扩建，提升炼化一体化水平，实现资源综合利用。新布局炼油项目要贴近市场，靠近资源，方便运输，流向合理。

（十）淘汰落后低效产能。在全国炼油行业普查的基础上，按照环保、能耗、安全、质量等标准要求，进一步修订完善落后产能淘汰政策。与先进产能建设相对应，分区域明确落后产能淘汰任务，加大关停并转小型炼油企业或低效落后装置的力度。对未按期完成淘汰任务的区域，暂停新（扩）建一次加工能力的炼油项目核准。

（十一）加大兼并重组力度。充分发挥市场机制决定性作用，以资产、资源、品牌和市场为纽带，通过整合、参股、并购等多种形式，推动产业关联企业实施兼并重组，实现优势互补与合作共赢，打造若干大型炼油企业集团。鼓励大型石化企业强强联合，优化区域和上下游资源配置，形成具有国际竞争力的石化产业集群。面向"两种资源、两个市场"，支持有条件的企业开展境外并购重组或合资合作，增强国际化经营能力，提高市场影响力。

（十二）规范炼油产业发展。一是积极研究相关政策，妥善解决历史遗留的不合规炼油项目问题。推动一批企业通过发展特色化工、精细化工逐步转型；依法关停一批不符合国家土地、环保政策的企业；将一批条件较好的企业纳入规范管理。二是支持一批未入化工园区的炼油企业通过搬迁入园进行改造升级，实现低效落后能力淘汰整合。三是鼓励国家骨干炼油企业加强协调合作，有序竞争，促进产业健康发展。

六、明确升级企业条件，严格安全环保要求

（十三）企业条件。凡是以原油、原油加工产品（包括中间产品、副产品）等为主要原料，生产汽油、煤油、柴油等交通运输燃料的企业均纳入炼油行业管理范畴。其主要条件包括：

经过国家批准或 2000 年国家清理整顿后保留的炼油企业，具有成品油批发经营资质优先。

炼油企业淘汰 200 万吨/年及以下常减压装置，二次加工能力不低于一次加工能力的 80%。

所有新增产能的炼油项目需严格落实原料供应，并符合原油及成品油合理流向和资源优化配置原则。

炼油项目投资方必须具有一定的经济实力和抗风险能力，企业资产负债率不得高于 60%。新建炼油项目资本金须达到总投资的 1/3 以上，现有炼油企业改扩建项目资本金须达到 40%以上。

中外合资炼油项目，外方必须具备该项目 60%以上的原油供应能力。

（十四）安全环保。企业通过质量、安全、环保、职业卫生等相关认证，具备产品质量控制的相关制度，产品质量相关指标符合国家现行标准。

企业具备完善的安全、环保制度和良好的安全、环保记录，并通过危险化学品安全生产标准化达标评审。

建设项目应通过环境影响评审审批和环境保护"三同时"验收，具备与加工能力相匹配的环境保护设施和事故应急防范设施，污染物排放符合污染物排放标准和总量控制要求。

建设项目经公安消防部门验收合格，具有与生产、储运规模和危险性相适应的专职消防队。

建设项目主要装置规模、技术经济、能耗及物耗、质量环保等指标达到国家标准，无国家标准的参照行业标准。

敏感性地区（如人口密集地区）的炼油企业改扩建，重点在污染物控制与排放、恶臭排放与治理、环境风险防范、安全生产保障、应急救援体系等方面，研究提出更严格要求，强化社会稳定风险分析评估。

（十五）生产许可。车用汽油和柴油生产企业必须取得工业产品生产许可证后方可生产销售。企业必须符合行业准入条件、国家产业政策有关要求，并取得安全生产许可证。

不得使用安全环保不符合国家标准的成品油生产设备，不得存在小炼油生产装置和土法炼油等落后工艺。企业必备的生产检验设备、质量管理制度、责任制度、工艺技术文件、采用标准和专业技术人员必须符合生产许可证实施细则的规定，并通过实地核查及产品质量检验。

未取得生产许可证擅自生产的，以及在经营活动中使用未取得生产许可证车用汽油和柴油产品的，由有关部门依据相关法律法规进行查处。

（十六）退出机制。不符合条件和安全环保要求的企业，应依据有关规定实施整改。整改后验收合格的，可继续生产；不合格的，退出或转产。不能持续保持生产许可证要求条件的，以及经监督检查不合格的，由质量技术监督部门责令整改，整改后仍不合格的或拒不整改的，撤销其生产许可证，强制退出。

七、切实履行职责分工，强化行业监督管理

（十七）建立健全监管体系。根据调控和监管同步强化的要求，进一步明确国家能源主管部门、监管（派出）机构及地方政府的工作关系，构建炼油行业全程闭环监管机制。能源主管部门会同有关部门负责建立炼油行业监管体系和质量升级考核办法，重点对炼油产能建设、生产运行、市场流通等进行监测、统计和分析。

（十八）明确落实监管任务。根据监管法规、产业政策、行业标准、项目管理及有关计划要求，制定监管工作实施方案，对炼油企业升级改造工作进行全过程监管。进一步明确监管任务和工作步骤与目标，依据有关政策，严格准入和项目核准，倒推时间节点，落实进度安排，督促企业按计划投资与建设，按期完成油品质量升级任务。

（十九）加强监管分工合作。各级能源监管机构应与国家、地方能源主管部门加强沟通与衔接，重点围绕京津冀及周边、长三角、珠三角三大区域的清洁油品生产与供应，依据监管职责与工作方案要求，与相关职能部门明确分工，加强合作，统筹协调，共同做好全国炼油企业升级改造监管工作。对京津冀及周边、长三角、珠三角地区的骨干炼油企业油品质量升级信息予以公开。

（二十）强化目标责任考核。省级能源主管部门负责本辖区内炼油企业（含中央企业集团所属企业）升级改造工作，每年定期上报油品质量升级目标完成及有关措施落实情况。国家能源主管部门结合行业、地区、企业目标与进度要求，每年组织开展油品质量升级目标责任评价考核，考核结果向行业公告。对于升级改造工作推进不力的地方和企业，将严格问责。依法受理投诉举报案件，对违法违

规行为提出限期纠正、约谈、内部或公开通报、信息披露、专项稽查、行政处罚等处理建议，可提出项目停批或区域限批处理措施。具体考核办法另行制定。

（二十一）发挥职能部门作用。质检部门负责建立完整的成品油标准体系、检测体系、质量监督检查体系，确保炼油企业生产符合国家标准要求的高品质成品油，严厉打击非法生产不合格油品行为。建立健全成品油市场监管体系，工商、商务部门要加强成品油市场监管，规范成品油市场秩序。工商、质检部门加大加油站油品质量监督检查力度，严厉打击非法销售不合格油品行为。环境保护部门做好成品油质量跟踪调查研究，确保各类有害物质含量符合标准要求。有关部门和地方政府应加快淘汰老旧机动车，大力推动在用车升级改造。

八、建立上下协作机制，完善落实配套措施

（二十二）加强组织领导。建立国家发展改革委、国家能源局牵头，环境保护部、质检总局等有关部门、各地方政府及重点企业共同参与的工作协调机制，各司其职、各负其责、密切配合，统筹推进全国成品油质量升级工作。京津冀及周边、长三角、珠三角等重点区域的省级能源主管部门及重点炼油企业要明确责任单位和负责人，结合改造升级工作计划目标要求，进一步做好国Ⅳ、国Ⅴ标准车用汽、柴油的生产与供应，将任务落到实处。

（二十三）完善工作制度。国家能源主管部门与重点炼油企业签订升级改造任务书，实行目标管理。有关省级能源主管部门和重点企业，每年初制定炼油企业升级改造年度计划并组织实施，年末对完成情况进行总结。建立向国家能源主管部门定期报告制度，及时反映升级改造最新进展、主要成果、基本经验、存在问题、改进措施与政策建议等。

（二十四）创新体制机制。根据深化行政体制改革、加快转变政府职能的要求，按照炼油企业升级改造目标和任务，简化行政审批手续。支持列入本计划的升级改造项目开展前期工作，相应环评、土地、节能、稳评、安评等配套条件应加快进度，为推进企业如期完成升级改造创造良好政策环境。

作为平衡市场的重要手段，在确保国内市场稳定供应清洁油品的基础上，结合国内外市场供需变化及企业国际化经营发展的需要，进一步研究成品油进出口办法，适时调整成品油进出口有关政策。

依据《国务院办公厅关于促进进出口、稳增长、调结构的若干意见》（国办发[2013]83 号文）有关精神，本着有利于油品质量升级、淘汰落后产能的原则，积极改革和创新有关政策，赋予符合质量、环保、安全及能耗等标准的原油加工企

业原油进口及使用资质。

（二十五）完善油品标准。2017 年底前，按照国家大气污染防治行动计划确定的油品升级目标要求，全面实施第四、五阶段车用汽、柴油强制性国家标准。原则上全国范围统一执行国家标准。尽快开展第五阶段车用乙醇汽油及车用乙醇汽油调和组分油标准制修订工作。抓紧开展普通柴油标准制修订工作，尽快颁布实施。开展下一阶段油品质量标准升级的基础性研究。

（二十六）配套扶持政策。执行国家油品质量升级加价政策。按照合理补偿成本、优质优价和污染者付费原则，确定车用汽、柴油（标准品，下同）质量标准升级至第四阶段的加价标准分别为每吨 290 元、370 元，从第四阶段升级至第五阶段的加价标准分别为每吨 170 元、160 元。普通柴油价格参照同标准车用柴油价格执行。

车用乙醇汽油销售价格执行同阶段同标号车用汽油价格政策，其中零售价格按不高于同阶段同标号车用汽油最高零售价格执行，变性燃料乙醇结算价格按照国家有关政策执行。

充分发挥税收对消费的调节作用，全面实施有利于油品质量升级的汽、柴油连续生产加工消费税抵扣政策。统筹考虑成品油生产经营方式、税源均衡及征管可控情况，研究将部分成品油消费税税目的征收环节后移。积极推进成品油行业税收制度改革，促进资源节约和大气污染防治。

附件：
1．2015 年三大重点区域汽、柴油市场供需平衡表
2．2013—2017 年全国汽、柴油市场供需平衡表
3．2017 年各省（区、市）汽、柴油需求预测参考表
4．2013—2015 年三大区域成品油质量升级重点项目表
5．2013—2017 年全国成品油质量升级重点项目表
6．2013—2017 年主要炼油企业淘汰落后产能表
7．炼油企业先进指标体系表

附件1

2015 年三大重点区域汽、柴油市场供需平衡表

单位：万吨

地区	汽油			柴油				合计			主要保供企业
	需求量	供应量	平衡	需求量	供应量		平衡	需求量	供应量	平衡	
					车用柴油	普通柴油					
京津冀及周边地区	2 465	2 306	−159	3 880	2 945	1 274	339	6 345	6 525	180	燕山、天津、大港、华北、石家庄、沧州、青岛、齐鲁、济南、呼和浩特、锦州、锦西、大连
北京	370	385	15	370	381	30	41	740	796	56	
天津	200	250	50	375	490	184	299	575	924	349	
河北	450	450	0	805	453	333	−19	1 255	1 236	−19	
山西	290	100	−190	470	250	50	−170	760	400	−360	
内蒙古	320	245	−75	680	450	25	−205	1 000	720	−280	
山东	835	876	41	1 180	921	652	393	2 015	2 449	434	
长三角	1 940	1 722	−218	2 440	2 458	588	606	4 380	4 768	388	高桥、上海、镇海、金陵、扬子、大连、广西
上海	350	559	209	370	900	79	609	720	1 538	818	
江苏	830	705	−125	1 150	898	299	47	1 980	1 902	−78	
浙江	760	458	−302	920	660	210	−50	1 680	1 328	−352	
珠三角	1 110	1 295	185	1 310	1 870	250	810	2 420	3 415	995	广州、茂名、湛江、海南、惠州、大连、广西
广东	1 110	1 295	185	1 310	1 870	250	810	2 420	3 415	995	

注：该表中供应量数据为区域内三大石油公司主要炼厂汽、柴油供应能力（含海南炼化和广西石化部分资源）以及从中石油东北地区调入量，加上本地区及周边地区其他炼油企业能力，可以保障供应。

附件 2

2013—2017 年全国汽、柴油市场供需平衡表

单位：万吨

	2013 年	2014 年	2015 年	2016 年	2017 年
汽油					
需求量	9 406	10 260	10 980	11 670	12 390
产量	7 999	8 727	8 738	8 907	10 385
国Ⅳ	2 137	6 430	2 978	2 822	1 959
国Ⅴ	536	2 297	5 760	6 085	8 426
柴油					
需求量	17 003	17 420	18 100	18 450	19 000
产量	14 076	15 198	17 058	17 259	18 564
车用柴油	9 312	10 328	13 776	14 459	16 330
国Ⅲ	7 586	1 890	0	0	0
国Ⅳ	624	4 813	5 004	4 793	4 593
国Ⅴ	171	3 166	8 313	9 207	11 278
普通柴油	4 764	4 870	3 282	2 800	2 234
合计					
需求量	26 409	27 680	29 080	30 120	31 390
产量	22 075	23 925	25 796	26 166	28 949

注：该表中汽、柴油产量系三大石油公司主要炼油企业预计产量数据。加上其他炼油企业产量完全能够保障供应。

附件 3

2017 年各省（区、市）汽、柴油需求预测参考表

单位：万吨

	汽油	柴油	合计
北京	395	345	740
天津	230	390	620
河北	505	830	1 335
山西	335	490	825
内蒙古	370	700	1 070
辽宁	440	965	1 405
吉林	210	365	575
黑龙江	340	630	970
上海	365	370	735
江苏	910	1 170	2 080
浙江	835	905	1 740
安徽	320	595	915
福建	460	510	970
江西	305	485	790
山东	925	1 215	2 140
河南	510	910	1 420
湖北	425	755	1 180
湖南	435	620	1 055
广东	1 185	1 290	2 475
广西	375	655	1 030
海南	110	170	280
重庆	235	465	700
四川	580	755	1 335
贵州	255	400	655
云南	425	715	1 140
西藏	30	50	80
陕西	360	615	975
甘肃	130	405	535
青海	70	225	295
宁夏	80	285	365
新疆	240	720	960
合计	12 390	19 000	31 390

附件4

2013—2015年三大区域成品油质量升级重点项目表

序号	隶属	企业名称	区域	建设内容	投资/亿元	开始时间	完成时间	供应能力（万吨/年）		2012年一次加工能力	实施后一次加工能力
								国V汽油	国V柴油		
京津冀及周边地区											
1	中国石油	大港石化	天津	大港石化产品质量升级改造	15.37	2013	2014	130	270	500	500
2	中国石化	沧州分公司	河北	新建60万吨/年连续重整装置、80万吨/年柴油加氢装置改质	7.00	2015.2	2015.10	70	100	350	350
3	中国石化	石家庄炼化分公司	河北	120万吨/年连续重整装置、150万吨/年S Zorb装置、260万吨/年液相加氢增加二反、100万吨/年柴油加氢装置改质	16.40	2012.5	2015.10	210	236	500	800
4	中国海油	中海石油中捷石化有限公司	河北	改造250万吨/年常减压装置、80万吨/年催化裂化装置，新建60万吨/年芳构化装置、60万吨/年汽油加氢装置、80万吨/年柴油加氢装置及配套的公用工程系统	32.49	2014.8	2015.12	122	90	250	250
5	中国石化	齐鲁分公司	山东	新建150万吨/年S Zorb装置、260万吨/年柴油加氢装置增设二反	4.30	2014.7	2015.10	216	156	1 400	1 400
6	中国石化	济南分公司	山东	90万吨/年S Zorb装置扩改到120万吨/年、60万吨/年连续重整、160万吨/年柴油加氢增上二反	5.60	2012.6	2014.12	154	150	600	600

序号	隶属	企业名称	区域	建设内容	投资/亿元	开始时间	完成时间	供应能力/（万吨/年）		2012年一次加工能力	实施后一次加工能力
								国V汽油	国V柴油		
7	中国石化	青岛石油化工有限责任公司	山东	60万吨/年汽油后加氢装置升级改造	0.50	2014.8	2015.10	83	0	350	350
8	中国石化	胜利油田分公司胜利石化厂	山东	50万吨/年汽油后加氢装置升级改造、110万吨/年液相加氢装置增加二反、新建天然气制氢装置	3.50	2014.7	2015.10	53	82	150	350
9	中海油	中海沥青股份有限公司	山东	100万吨/年延迟焦化、120万吨/年柴油加氢精制等装置	17.61	2012.12	2015.3	0	90	350	350
小计					102.77			1 038	1 174	4 450	4 950
长三角地区											
10	中国石化	上海高桥分公司	上海	300万吨/年柴油加氢装置增加二反	1.20	2015.8	2015.10	240	380	1 130	1 130
11	中国石化	上海石油化工股份有限公司	上海	330万吨/年柴油加氢装置增加二反	1.00	2015.6	2015.10	264	510	1 400	1 600
12	中国石化	金陵分公司	江苏	新建150万吨/年S-Zorb装置，150万吨/年连续重整，新建300万吨/年柴油加氢和120万吨/年柴油转化装置	31.56	2014.8	2015.10	366	358	1 800	1 800
13	中国石化	扬子石油化工有限公司	江苏	新建90万吨/年S-Zorb装置、更换催化剂；370万吨/年柴油加氢更换进口的催化剂和内构件	5.00	2012.7	2015.10	140	320	800	1250

序号	隶属	企业名称	区域	建设内容	投资/亿元	开始时间	完成时间	供应能力（万吨/年）		2012年一次加工能力	实施后一次加工能力
								国V汽油	国V柴油		
小计					38.76			1 010	1 568	5 130	5 780
珠三角地区											
14	中国石化	广州分公司	广东		0.00		已建成	250	460	1 320	1 320
15	中国石化	茂名分公司	广东	新建 150 万吨/年 S-Zorb，150 万吨/年连续重整装置，新建 300 万吨/年柴油加氢装置，250 万吨/年柴油加氢装置增加二反	25.80	2014.3	2015.10	358	410	1 800	1 800
16	中国石化	湛江东兴石油化工有限公司	广东	200 万吨/年液相柴油加氢装置增加二反	1.00	2014.10	2015.10	140	200	500	500
17	中国海油	惠州炼化分公司	广东	50 万吨/年催化汽油加氢脱硫	1.07		已建成	118	478	1 200	1 200
18	中国石化	海南炼化有限公司	海南	120 万吨/年 S Zorb 装置，250 万吨/年柴油加氢	7.50		已建成	194	256	800	920
小计					35.37			1 060	1 804	5 620	5 740
合计					176.9			3 108	4 546	15 200	16 470

注：该表中项目系三大石油公司报送的主要炼油企业升级改造项目，涉及一次加工能力扩建的炼油项目需按程序核准。

附件5

2013—2017年全国成品油质量升级重点项目表

序号	隶属	企业名称	区域	建设内容	投资/亿元	开始时间	完成时间	供应能力/（万吨/年）		2012年一次加工能力	实施后一次加工能力
								国V汽油	国V柴油		
1	中国石化	北京燕山分公司	北京	120万吨/年S Zorb装置和260万吨/年柴油加氢装置；拟建150万吨/年连续重整、6.5万吨/年硫黄回收并将6万吨/年烷基化装置扩能改造到10万吨/年	28.10	2011.6	2016.8	322	305	1 050	1 050
2	中国石化	天津分公司	天津	在建200万吨/年柴油加氢装置。扩能至1 800万吨/年，主要包括100万吨/年连续重整、400万吨/年催化原料预处理装置（双系列）、350万吨/年催化裂化、120万吨/年S Zorb、60万吨/年气体分馏、12万吨/年MTBE、15万吨/年硫黄回收装置、扩能改造320万吨/年柴油加氢装置等	115.00	2016.6	2017.10	280	500	1 250	1 800
3	中国石油	大港石化	天津	大港石化产品质量升级改造	15.37	2013	2014	130	270	500	500
4	中国石油	华北石化	河北	华北石化炼油质量升级与安全环保技术改造工程	111.43	2013	2017	250	550	500	1000
5	中国石化	沧州分公司	河北	新建60万吨/年连续重整装置、80万吨/年柴油加氢装置改质	7.00	2015.2	2015.10	70	100	350	350
6	中国石化	石家庄炼化分公司	河北	120万吨/年连续重整装置、150万吨/年S Zorb装置，260万吨/年液相加氢增加二反、100万吨/年柴油加氢装置改质	16.40	2012.5	2015.10	210	236	500	800

序号	隶属	企业名称	区域	建设内容	投资/亿元	开始时间	完成时间	供应能力/（万吨/年）国V汽油	国V柴油	2012年一次加工能力	实施后一次加工能力
7	中国海油	中海石油中捷石化有限公司	河北	改造250万吨/年常减压装置和80万吨/年催化裂化装置，新建60万吨/年芳构化装置，80万吨/年汽油加氢装置，60万吨/年柴油加氢装置及配套的公用工程系统	32.49	2014.8	2015.12	122	90	250	250
8	中国石油	呼和浩特石化	内蒙古	120万吨/年汽油加氢装置和90万吨/年柴油加氢装置换剂改造	0.56	2015	2017	160	212	500	500
9	中国石油	锦西石化	辽宁	车用汽油国V标准治理升级工程	12.25	2014	2015	200	282	650	650
10	中国石油	锦州石化	辽宁	280万吨/年柴油加氢改质、100万吨/年催化汽油加氢脱硫改造、10万吨/年MTBE装置	15.00	2014	2015	220	180	650	650
11	中国石油	大连石化	辽宁	柴油质量升级项目、大连石化国V汽油质量升级	7.07	2014	2015	450	755	2 050	2 050
12	中国石油	抚顺石化	辽宁	液化气精制装置	0.78	2014	2015	148	395	1 170	1 170
13	中国石油	辽河石化	辽宁	40万吨/年催化汽油加氢装置增设脱砷设施、15万吨/年焦化汽油加氢装置改造为异构化	0.70	2015	2017	70	125	500	500
14	中国石油	辽阳石化	辽宁	循环氢脱硫装置	1.09	2014	2014	0	420	900	900

序号	隶属	企业名称	区域	建设内容	投资/亿元	开始时间	完成时间	供应能力/（万吨/年）		2012年一次加工能力	实施后一次加工能力
								国Ⅴ汽油	国Ⅴ柴油		
15	中国兵器	北方华锦化学工业集团有限公司	辽宁	新建一套80万吨/年柴油加氢精制装置，扩建600万吨/年常减压装置为700万吨/年，新建300万吨/年原油预处理装置，新建300万吨/年渣油加氢装置，300万吨/年催化裂化装置，120万吨/年汽油加氢装置，50万吨/年气体分馏装置，160万吨/年柴油液相加氢装置，90万吨/年碳二回收装置及烃联合装置，30万吨/年硫黄回收装置及两套10万吨/年硫黄回收装置	119.30	2014.6	2016.12	117	370	600	700
16	中国石油	吉林石化	吉林	160万吨/年柴油加氢精制、4万标立/小时制氢和2万吨硫黄回收联合装置	17.54	2014	2017	162	420	980	980
17	中国石油	大庆石化	黑龙江	130万吨/年柴油加氢精制装置、120万吨/年汽油氢精制和130万吨/年汽油加氢脱硫装置换剂改造	6.14	2014	2017	148	252	600	600
18	中国石油	大庆炼化	黑龙江	170万吨/年柴油加氢、14万吨/年MTBE装置深度脱硫	7.12	2014	2017	197	203	550	550
19	中国石油	哈尔滨石化	黑龙江	100万吨/年柴油加氢、90万吨/年汽油精制装置国Ⅴ升级改造、5万吨/年MTBE装置脱硫设施完善	5.27	2014	2017	140	156	300	300
20	中国石化	上海高桥分公司	上海	300万吨/年柴油加氢装置增加二反	1.20	2015.8	2015.10	240	380	1 130	1 130

序号	隶属	企业名称	区域	建设内容	投资/亿元	开始时间	完成时间	供应能力（万吨/年）国V汽油	国V柴油	2012年一次加工能力	实施后一次加工能力
21	中国石化	上海石油化工股份有限公司	上海	330万吨/年柴油加氢装置增加二反	1.00	2015.6	2015.10	264	510	1400	1600
22	中国石化	镇海炼化分公司	浙江	炼油老区结构调整，主要内容包括：1#常减压和3#常减压深拔改造、2#常减压装置适应性改造、2#催化裂化扩能改造、1#加氢裂化增加裂化部分改造、新建200万吨/年沸腾床渣油加氢等	48.00	2016.8	2017.10	300	520	2300	2300
23	中国石化	金陵分公司	江苏	新建150万吨/年S-Zorb装置，150万吨/年连续重整，新建300万吨/年柴油加氢和120万吨/年柴油转化装置	31.56	2014.8	2015.10	366	358	1800	1800
24	中国石化	扬子石油化工有限公司	江苏	新建90万吨/年S-Zorb柴油加氢增加二反，120万吨/年柴油加氢增加二反、更换催化剂；370万吨/年柴油加氢更换进口的催化剂和内构件	5.00	2012.7	2015.10	140	320	800	1250
25	中国石化	安庆分公司	安徽	150万吨/年S Zorb装置，220万吨/年油液相加氢增加二反	4.10	2016.8	2017.10	197	233	500	800
26	中国石化	福建炼化股份有限公司	福建	120万吨/年S Zorb装置，200万吨/年油加氢装置增加二反	3.50	2016.9	2017.10	175	450	1200	1200
27	中国中化	泉州石化公司	福建	新建、已核准	300.00	2012	2014	195	440	0	1200
28	中国石化	九江石化	江西	新建120万吨/年S-Zorb装置，150万吨/年柴油液相加氢装置增加二反，新建150万吨/年催化柴油加氢转化装置，10万吨/年立/时煤制氢装置扩能改造到15万标立/时	15.40	2014.2	2017.10	186	303	500	800

序号	隶属	企业名称	区域	建设内容	投资/亿元	开始时间	完成时间	供应能力（万吨/年）		2012年一次加工能力	实施后一次加工能力
								国V汽油	国V柴油		
29	中国石化	齐鲁分公司	山东	新建150万吨/年S Zorb装置、260万吨/年柴油加氢装置增设二反	4.30	2014.7	2015.10	242	206	1 400	1 400
30	中国石化	济南分公司	山东	90万吨/年S Zorb装置扩改到120万吨/年、60万吨/年连续重整，160万吨/年柴油加氢增上二反	5.60	2012.6	2014.12	154	150	600	600
31	中国石化	青岛炼油化工有限责任公司	山东	150万吨/年S Zorb装置，410万吨/年柴油加氢装置增加二反	4.40	2013.7	2016.5	300	266	1 200	1 200
32	中国石化	青岛石油化工有限责任公司	山东	60万吨/年汽油后加氢装置升级改造	0.50	2014.8	2015.10	83	0	350	350
33	中国石化	胜利油田分公司胜利石化厂	山东	50万吨/年汽油后加氢装置升级改造、110万吨/年液相加氢装置增加二反，新建天然气制氢装置	3.50	2014.7	2015.10	53	82	150	350
34	中国海油	中海石油东营石化有限公司	山东	350万吨/年原料预处理装置，200万吨/年催化裂化装置、35万吨/年气体分馏装置，60万吨/年劳构化装置、6万吨/年MTBE装置、180万吨/年柴油加氢精制装置、90万吨/年催化汽油加氢装置等10套工艺装置及配套辅助公用工程	46.01	2015.5	2017.8	130	161	150	350

序号	隶属	企业名称	区域	建设内容	投资/亿元	开始时间	完成时间	供应能力/（万吨/年）		2012年一次加工能力	实施后一次加工能力
								国V汽油	国V柴油		
35	中国海油	中海沥青股份有限公司	山东	100万吨/年延迟焦化、120万吨/年柴油加氢精制等装置	17.61	2012.12	2015.3	0	90	350	350
36	中国化工	昌邑石化	山东	180万吨/年柴油加氢改质项目、110万吨/年汽油加氢改造项目、8万吨/年MTBE脱硫技术改造、140万吨/年催化裂化烟气脱硫工程	9.00	2013.5	2016.10	124	208	600	500
37	中国化工	华星石化	山东	140万吨/年汽油加氢改质改造工程、180万吨/年柴油加氢改造项目、100万吨/年连续重整项目、8万吨/年MTBE脱硫项目、240万吨/年催化裂化烟气脱硫工程	22.60	2013.12	2016.3	165	251	700	600
38	中国化工	正和石化	山东	60万吨/年汽油加氢改质改造工程、70万吨/年柴油加氢改造工程、80万吨/年连续重整项目、140万吨/年柴油加氢改造、6万吨/年MTBE脱硫改造、140万吨/年催化裂化烟气脱硫工程	20.00	2013.12	2016.10	94	147	550	400
39	中国中化	中化弘润石油化工有限公司	山东	150万吨/年连续重整项目、100万吨/年柴油改质项目、30万吨/年烷基化项目、8万吨/年干气制苯乙烯项目	21.60	2014.1	2017.10	90	185	500	500

序号	隶属	企业名称	区域	建设内容	投资/亿元	开始时间	完成时间	供应能力/（万吨/年）		2012年一次加工能力	实施后一次加工能力
								国Ⅴ汽油	国Ⅴ柴油		
40	中国石化	武汉分公司	湖北	炼油脱瓶颈改造，240万吨/年渣油加氢，300万吨/年催化裂化，150万吨/年催化汽油吸附脱硫，150万吨/年连续重整，180万吨/年蜡油加氢改造为柴油加氢装置等	51.00	2016.10	2017.10	111	243	800	800
41	中国石化	长岭分公司	湖南	新建150万吨/年S-Zorb装置	2.80	2016.4	2017.10	240	190	1 150	1 150
42	中国石化	广州分公司	广东		0.00		已建成	250	460	1 320	1 320
43	中国石化	茂名分公司	广东	新建150万吨/年S-Zorb、150万吨/年连续重整装置，新建300万吨/年柴油加氢装置，250万吨/年柴油加氢装置增加二反	25.80	2014.3	2015.10	358	410	1 800	1 800
44	中国石化	湛江东兴石油化工有限公司	广东	200万吨/年液相柴油加氢装置增加二反	1.00	2014.10	2015.10	140	200	500	500
45	中国石化	惠州炼化分公司	广东	50万吨/年催化汽油加氢脱硫	1.07		已建成	118	478	1 200	1 200
46	中国海油	惠州炼化分公司	广东	新建1 000万吨/年常减压、480万吨/年催化裂化、260万吨/年重整、400万吨/年蜡油加氢处理、180万吨/年渣油加氢制、340万吨/年汽油加氢、240万吨/年柴油加氢、氢精制等16套炼油装置和13套化工装置	440.28	2013.12	2016.6	254	356	0	1 000

序号	隶属	企业名称	区域	建设内容	投资/亿元	开始时间	完成时间	供应能力（万吨/年）		2012年一次加工能力	实施后一次加工能力
								国V汽油	国V柴油		
47	中国石化	北海分公司	广西	汽油后加氢装置升级改造，60万吨/年连续重整装置扩能改造到80万吨/年，260万吨/年柴油加氢装置增加二反	2.70	2016.7	2017.10	160	180	500	500
48	中国石油	广西石化	广西	10万吨/年MTBE脱硫、50万吨/年催化轻汽油醚化	1.94	2014	2015	285	526	1 000	1 000
49	中国石化	海南炼化有限公司	海南	120万吨/年S Zorb装置，250万吨/年柴油加氢	7.50		已建成	194	256	800	920
50	中国石油	四川石化	四川	四川石化汽油质量升级，新建30万吨/年轻汽油醚化装置	7.17	2014	2015	203	360	1 000	1 000
51	中国石油	云南石化	云南	新建1 000万吨/年炼油装置	200.80	2013	2015	270	460	0	1 000
52	中国石油	长庆石化	陕西	140万吨/年柴油加氢、60万吨/年汽油加氢换剂、液化气脱硫改造	5.03	2014	2017	135	182	500	500
53	中国石化	西安分公司	陕西	汽油后加氢装置升级改造、30万吨/年柴油加氢增加二反、配套建设硫回收设施等	2.50	2014.5	2017.10	56	10	220	220
54	中国石油	兰州石化分公司	甘肃	300万吨/年柴油加氢、180万吨/年汽油加氢装置质量升级改造	9.60	2014	2017	230	360	1 050	1 050
55	中国石油	玉门油田分公司玉门炼厂	甘肃	70万吨/年柴油加氢、国V汽油质量升级项目（换剂）	5.08	2014	2017	50	70	250	250

序号	隶属	企业名称	区域	建设内容	投资/亿元	开始时间	完成时间	供应能力/（万吨/年）		2012年一次加工能力	实施后一次加工能力
								国V汽油	国V柴油		
56	中国石油	宁夏石化	宁夏	国V汽柴油升级（换剂，MTBE脱硫）	0.50	2015	2017	210	205	500	500
57	中国石油	乌鲁木齐石化	新疆	180万吨/年柴油加氢、MTBE增设脱硫设施	8.40	2014	2017	103	406	600	850
58	中国石油	独山子石化	新疆	80万吨/年催化汽油加氢装置改造	0.10	2015	2017	103	433	1 000	1 000
59	中国石油	克拉玛依石化	新疆	国V汽油质量升级及超稠油加工技术改造项目	60.78	2015	2017	166	260	600	900
60	中国石化	塔河炼化有限责任公司	新疆	30万吨/年异构化和60万吨/年连续重整，140万吨/年柴油加氢增加二反扩能改造到170万吨/年	9.00	2014.5	2017.10	52	20	400	400
合计					1 926.54			10 582	17 146	45 220	51 840

注：该表中项目系中央企业报送的主要炼油企业升级改造项目，涉及一次加工能力扩建的炼油项目需按程序核准。

附件6

2013—2017年主要炼油企业淘汰落后产能表

序号	隶属	企业名称	区域	淘汰内容	淘汰能力/（万吨/年）	完成时间/年	备注
1	中国石化	茂名分公司	广东	90万吨/年催化裂化、40万吨/年固定床重整	130	2013	
2	中国石化	安庆分公司	安徽	150万吨/年常减压、20万吨/年固定床重整、10万吨/年气分	180	2013	
3	中国石化	杭州石化	浙江	20+60万吨/年蒸馏、40万吨/年催化、20万吨/年焦化、25万吨/年柴油加氢、12万吨/年润滑油加氢、8万吨/年气分等	185	2013	
4	中国石化	石家庄炼化分公司	河北	80万吨/年催化裂化、35万吨/年固定床重整装置	115	2014	
5	中国石化	扬子石化公司	江苏	350万吨/年常减压、80万吨/年延迟焦化装置	430	2014	
6	中国石化	北京燕山分公司	北京	1.2万吨/年硫黄回收装置	1.2	2015	
7	中国石化	齐鲁分公司	山东	140万吨/年催化裂化装置	140	2015	
8	中国石化	金陵分公司	江苏	120万吨/年焦化装置	120	2017	需新200万吨/年渣油加氢装置建成投产

序号	隶属	企业名称	区域	淘汰内容	淘汰能力/（万吨/年）	完成时间/年	备注
9	中国石油	南充炼厂	四川	120万吨/年常减压、12万吨/年汽油芳构化、35万吨/年重油催化、16万吨/年汽油醚化、30万吨/年柴油调和、2.3万吨/年异丙醇脱沥青、6.5万吨/年酮苯脱蜡、8万吨/年白土精制、6万吨/年油品调和、1.5万吨/年成型包装	310	2014	
10	中国化工	山东昌邑石化有限公司	山东	100万吨/年常减压装置、150万吨/年常减压装置、30万吨/年催化裂化装置、4000Nm³/h制氢装置、2万吨/年MTBE装置	282	2015	
11	中国化工	正和集团石化股份有限公司	山东	50万吨/年常减压装置、20万吨/年催化裂化装置、5万吨/年气体分馏装置、2万吨/年MTBE装置、1.5万吨/年PP装置	78.5	2015	
12	中国化工	山东华星石油化工集团有限公司	山东	50万吨/年常减压装置、100万吨/年常减压装置、30万吨/年催化裂化装置、1.5万吨/年硫黄回收装置、5万吨/年PP装置	186.5	2013	
合　计					2 158		

附件 7

炼油企业先进指标体系表

指　标	项　目	新建炼油企业	既有炼油企业改扩建后
主要装置规模	常减压装置，万吨/年	≥1 500	≥800
	催化裂化装置，万吨/年	≥300	≥150
	加氢裂化装置，万吨/年	≥200	≥150
	连续重整装置，万吨/年	≥200	≥100
	重油加氢装置，万吨/年	≥200	≥150
主要技术经济指标	开工负荷率，%	≥85	≥85
	轻油收率，%	≥82	≥78
	综合商品率，%	≥95	≥94
	主要装置长周期运行	>3 年	≥3 年
主要能耗及物耗指标	综合能耗，千克标油/吨	<60	<63
	单位因数能耗，千克标油/吨当量	<7	<9
	加工损失率，%	<0.47	<0.55
	加工吨油耗新鲜水，吨/吨	<0.4	<0.5
	加工吨油排水，吨/吨	≤0.2	<0.3
主要质量指标	车用汽油	国 V 标准	国 V 标准
	车用柴油	国 V 标准	国 V 标准
	加氢能力占一次能力比例，%	≥100	≥85
主要环境保护指标	加工吨油二氧化硫排放总量，公斤	≤0.1	≤0.15
	二氧化硫排放，mg/m^3	≤200	<400
	污水排放 COD，mg/L	≤50	<60

注：参考国家炼油产业政策及相关环保排放标准。

关于深入推进大气污染防治重点地区及

粮棉主产区秸秆综合利用的通知

国家发展改革委　农业部

为贯彻落实国务院关于大气污染防治的部署，缓解秸秆废弃和焚烧带来的资源浪费及环境污染问题，深入推进大气污染防治重点地区（京津冀及周边、长三角区域）及粮棉主产区秸秆综合利用，现将有关事项通知如下：

一、进一步强化各级地方政府目标责任

各级政府要将秸秆综合利用作为推进节能减排、发展循环经济、治理大气污染、促进生态文明建设的重要内容，纳入各级地方政府的工作重点，并实行责任制进行考核和问责。一要加强组织领导。建立健全相关部门参与的秸秆综合利用协调机制，完善保障措施，形成共同推进秸秆综合利用的合力。二要确定目标任务。将秸秆综合利用年度目标逐级分解，并与下一级人民政府签署秸秆综合利用目标完成承诺书。三是开展秸秆综合利用目标年度考核，按照目标要求层层抓落实，一级考核一级。2014、2015 年，国家发展改革委、农业部将会同有关部门组织对重点地区秸秆综合利用年度目标完成情况进行考核，并将考核情况报送国务院，通报有关省级人民政府，在相关媒体上公布，接受社会监督。

二、统筹推进秸秆综合利用

按照国务院关于大气污染防治的部署要求，以及到 2015 年秸秆综合利用率超过 80% 的目标任务，各地区根据实际情况，编制 2014、2015 年度秸秆综合利用实施方案，组织实施秸秆综合利用重点工程，确保目标任务完成。一是大气污染防治重点地区要在现有基础上大幅度提高秸秆综合利用率，从根本上解决秸秆废弃

后的出路问题，有效缓解秸秆焚烧带来的资源环境压力。二是粮棉主产区要结合本地区秸秆综合利用规划和中期评估制定的目标任务，采取有效措施，确保按期完成"十二五"秸秆综合利用目标任务。各地要在巩固现有秸秆综合利用成效的基础上，围绕秸秆肥料化、饲料化、原料化、基料化和燃料化等领域，推进秸秆综合利用重点工程实施，促进秸秆综合利用率提高。

三、加强监督管理

各地要采取有效措施，加强秸秆收集、储运、利用等环节监督管理。一是各地要根据本地区农业生产特点，制定并出台粮食收获的留茬高度、机械化还田、捡拾打捆、储运等标准，并组织贯彻落实。按照农机补贴政策，把秸秆粉碎或打捆相关设备列入农机补贴范围。大气污染防治重点地区的标准、补贴等相关工作要在 2014 年完成。二是各地要抓好秸秆综合利用重点工程实施，加强项目管理，强化督促协调，落实项目建设责任，确保资金落实到位、项目顺利实施，并达到预期效果。三是各级政府要将秸秆综合利用目标完成情况与项目审批、生态文明先行示范区等创先争优挂钩。

四、加强秸秆综合利用宣传

要加强秸秆综合利用和禁烧方面的宣传培训，大力宣传农作物秸秆综合利用的重要意义以及焚烧的危害，做到家喻户晓，发挥新闻媒体对秸秆综合利用的舆论引导和对焚烧秸秆的监督作用，对各地秸秆焚烧现象曝光，在全社会范围内开展秸秆综合利用的经济、社会和生态效益等知识的科普宣传，用实际效果引导、教育农民群众，转变观念，为秸秆综合利用工作创造良好的社会舆论氛围。

各地要做好秸秆综合利用项目组织工作，省级发展改革委联合农业部门，于2014 年 2 月 10 日前将 2014、2015 年度综合利用实施方案，报国家发展改革委（环资司）和农业部（科教司）。

各省（区、市）发展改革委、农业部门要尽快将年度秸秆综合利用实施方案细化落实，5 月底前由省级人民政府出具《秸秆综合利用目标完成承诺书》报送国家发展改革委和农业部。

秸秆综合利用目标任务完成承诺书（示例）

根据国务院有关大气污染防治精神，以及国务院办公厅《关于加快推进农作物秸秆综合利用的意见》（国办发[2008]105 号）和我市秸秆综合利用规划提出的秸秆综合利用目标任务，为进一步加快推进秸秆综合利用，做出如下承诺：

一、加大秸秆综合利用推进力度，建立统筹协调机制，将秸秆综合利用作为推进节能减排、建设生态文明、大气污染防治的重要内容加以推进。

二、加大市级财政资金投入，强化政策引导，采取切实有效措施，强化对秸秆综合利用领域工作指导和监督检查。

三、将秸秆综合利用目标任务进行分解细化，层层落实，与各县（市、区）签订目标责任书；组织对各地市目标任务完成情况进行考核，对未完成目标任务的县（市、区）人民政府通报批评。

国家发展改革委、工业和信息化部
关于电解铝企业用电实行阶梯电价政策的通知

发改价格[2013]2530 号

各省（自治区、直辖市）发展改革委、物价局、经信委（工信委、工信厅），国家电网公司、南方电网公司、内蒙古电力公司，中国有色金属工业协会：

为贯彻落实《国务院关于化解产能严重过剩矛盾的指导意见》（国发[2013]41号）精神，更好地发挥价格杠杆在化解产能过剩、加快转型升级、促进技术进步、提高能效水平方面的积极作用，决定对电解铝企业用电实行阶梯电价政策。现将有关事项通知如下：

一、对电解铝企业用电实行阶梯电价

（一）电解铝企业铝液电解交流电耗（含义及计算方法见附件）不高于每吨13 700 千瓦时的，其铝液电解用电（含来自于自备电厂电量）不加价；高于每吨13 700 千瓦时但不高于 13 800 千瓦时的，其铝液电解用电每千瓦时加价 0.02 元；高于每吨 13800 千瓦时的，其铝液电解用电每千瓦时加价 0.08 元。

（二）电解铝企业用电阶梯电价按年执行，每年根据上年实际电耗水平执行相应的电价标准。

（三）国家将根据情况适时调整电解铝企业用电实行阶梯电价政策的交流电耗分档和加价标准。

二、严禁自行出台优惠电价措施

（一）各地要严格执行国家电价政策，不得自行降低对电解铝企业的用电价格，已经对电解铝企业用电实行电价优惠的，应立即纠正。

（二）各地要严格按照《国务院批转发展改革委、能源办关于加快关停小火电机组若干意见的通知》（国发[2007]2 号）有关规定，对电解铝企业自备电厂自发自用电量收取相应的政府性基金、附加和系统备用费，不得自行减免。

三、规范电解铝企业与发电企业电力直接交易行为

（一）电解铝企业铝液电解交流电耗高于每吨 13 700 千瓦时或节能目标考核为未完成等级的，不得与电力企业进行电力直接交易。

（二）电解铝企业铝液电解交流电耗不高于每吨 13 350 千瓦时的，省级人民政府有关部门应优先支持其参与电力直接交易，电量与电价由交易双方协商确定。

四、建立健全相关配套制度

（一）省级工业主管部门要完善辖区内电解铝企业的能源消费和统计管理体系，节能监察机构要加大监察工作力度，并对电解铝企业主要耗能设备、能源消耗情况及相关信息进行监管。

（二）电网企业要对电解铝企业铝液电解用电进行计量，计量装置应装设于电解铝企业整流器交流侧，并由质检部门或授权机构定期校验加封。对拥有自备电厂的电解铝企业，要在自备电厂发电机组出口端安装经质检部门或授权机构鉴定合格的电能计量装置并按期抄表。

（三）中国有色金属工业协会要加强对电解铝企业的指导和服务工作，建立电解铝企业的生产经营和能源消耗基础信息的数据库，并动态更新。

（四）电解铝企业要完善独立、可核查的能源计量和统计台账，保留铝液生产量原始记录及凭证；并将集控室原始生产数据信息至少保存三年，不得擅自修改或删除。

五、加强部门之间的分工协作

省级人民政府有关部门要明确阶梯电价政策甄别认定执行的程序，省级价格主管部门、工业主管部门、节能主管部门和电网企业要根据职责分工，密切协作，共同做好电解铝企业用电阶梯电价政策实施工作，确保阶梯电价政策执行到位。

（一）自 2014 年起，每年一季度内省级工业主管部门要对省内所有电解铝企业上一年铝液生产量及其耗电量进行统计、核查，确定其吨铝液电解交流电耗，

并将相关情况函告省级价格主管部门。

（二）省级价格主管部门要在每年 4 月 15 日前明确所有电解铝企业应执行的电价标准，向社会公布，并报国家发展改革委、工业和信息化部备案。

（三）省级电网企业应根据省级价格主管部门公布的企业名单和电价标准，按照抄见的铝液电解用电量（含来自于自备电厂电量）及时收取加价电费。

六、严格管理和规范使用加价电费资金

因实施阶梯电价政策而增加的加价电费，10%留电网企业用于弥补执行阶梯电价增加的成本，90%归地方政府使用，主要用于奖励能效先进企业，支持企业节能技术改造、淘汰落后和转型升级。对在一年内改造达标的企业，可将其缴纳的加价电费予以适当返还。具体加价电费资金管理使用办法由省级人民政府有关部门制定。

七、加强监督检查

省级价格主管部门要会同有关部门加强对电解铝企业用电阶梯电价政策落实情况的监督检查，并督促电网企业及时足额上缴加价电费资金。省级工业主管部门要将辖区内电解铝企业吨铝液电解交流电耗在官方网站上向社会公布，并动态更新，接受社会监督。国家发展改革委、工业和信息化部将组织力量不定期对电解铝企业执行阶梯电价政策情况进行核查和抽查，必要时进行交叉检查。

上述规定自 2014 年 1 月 1 日起执行。原对电解铝企业执行的差别电价和惩罚性电价政策相应停止执行。

京津冀地区散煤清洁化治理工作方案

为切实解决北京市、天津市、河北省（以下简称"京津冀"）地区散煤清洁化燃烧问题，依据《大气污染防治行动计划》和《京津冀及周边地区落实大气污染防治行动计划实施细则》，制定本工作方案。

一、总体要求

认真贯彻落实《大气污染防治行动计划》、《京津冀及周边地区落实大气污染防治行动计划实施细则》和《能源行业加强大气污染防治工作方案》，坚持散煤减量替代与清洁化替代并举、疏堵结合，通过提供清洁能源、落实优质煤源、建设洁净煤配送中心、推广先进民用炉具、制定标准、加强监管等措施，力争到2017年底解决京津冀区域民用散煤清洁化利用问题。

二、主要目标

经过四年努力，京津冀地区大力推广优质能源替代散煤，构建形成便捷、安全、清洁的煤炭供应和利用体系，促进空气环境质量显著改善。到2017年底，北京市、天津市和河北省地级以上城市建成区基本取消散煤使用，基本建立以县（区）为单位的全密闭配煤中心、覆盖所有乡镇村的洁净煤供应网络，优质低硫低灰散煤、洁净型煤在民用燃煤中的使用比例达到90%以上。

具体指标：到2016年底，北京市民用洁净煤使用量约达到430万吨/年，洁净煤利用率达到100%。到2017年底，天津市、河北省民用洁净煤使用量约分别达到270万吨/年、1 800万吨/年，洁净煤利用率达到90%以上。

三、重点任务

（一）积极落实优质煤源，畅通供应主渠道

神华、中煤等大型煤炭企业发挥资源和价格等优势，同时兼顾地方煤炭企业的积极性，形成优势互补，按照市场竞争规则，建立优质煤供应主渠道，保质保量地向京津冀地区供应符合地方标准的优质民用散煤，满足优质煤替代需求。

（二）建设和完善区域煤炭优质化配送中心

根据区域煤炭资源特点、煤炭用户的分布和对煤炭的质量需求，合理规划建设全密闭煤炭优质化加工和配送中心，通过选煤、配煤、型煤、低阶煤提质等先进的煤炭优质化加工技术，提高、优化煤炭质量，形成分区域优质化清洁化供应煤炭产品的布局。煤炭加工过程要贯彻清洁生产和循环经济理念，配套完善环境保护与综合利用措施。严格入选条件，优选地方煤炭经营企业，实现专业配送、封闭运行，保障清洁的煤炭供应。

（三）加大先进民用炉具的推广力度

民用优质散煤、洁净型煤等清洁煤产品，需配套先进节能炉具，充分提高煤炭资源利用效率，减少大气污染排放。制订民用先进炉具相关标准，建立民用先进炉具生产企业目录，拟定购买先进炉具的地方补贴政策。加大宣传力度，充分调动使用先进炉具的积极性。

（四）制定严格的民用煤炭产品质量地方标准

加快修订优质散煤、低排放型煤等民用煤炭产品质量的地方标准，对硫分、灰分、挥发分、排放指标等进行更严格的限制，不符合标准的煤炭坚决不允许销售。推行优质洁净、低排放煤炭产品的替代机制，全面取消劣质散煤的销售。

（五）强化煤炭产品质量监管

煤炭生产、加工、经营等企业必须生产和销售符合标准的煤炭产品，对于达不到相关标准的煤炭产品不允许销售。煤炭经营企业必须根据相关标准进行产品质量标识，无标识的煤炭产品不能销售。对煤炭生产、加工、经营等环节发现的产品质量问题，政府有关部门应依法进行处理。质量监督管理部门对煤炭产品进

行定期检查和不定期的抽查，建设具有良好市场竞争和可持续发展的市场。

（六）加强对煤炭供应和使用等环节的环保监督

各种煤堆、料堆实现全密闭储存或建设防风抑尘设施。在储存、装卸、运输过程中应采取有效防尘措施，控制扬尘污染。环保、工商、质检、煤炭经营监督管理等部门按照职责分工，严格查处劣质煤在本地区的销售和使用，加强对煤炭加工、存储地环保设施（洒水、苫布、抑尘网）的执法检查。建立煤炭管理信息系统，对煤炭供应、储存、配送、使用等环节实现动态监管。

（七）大力推广优质能源替代散煤

扩大城市高污染燃料禁燃区范围，逐步由城市建成区扩展到近郊，禁燃区内禁止使用散煤等高污染燃料，逐步实现无煤化。结合城市改造和城镇化建设，通过政策补偿和实施多类电价等措施，逐步推行天然气、电或生物质成型燃料等优质能源替代散煤，形成多途径、多通道减少散煤使用的格局。农村地区综合推广使用生物质成型燃料、沼气、太阳能等清洁能源，减少散煤使用。

四、计划安排

到 2017 年底，京津冀两市一省散煤优化替代总量将达到 2 500 万吨以上，具体任务计划参照地方报送数据制定，安排见附表（附后）。

神华集团、中煤集团等供应主渠道优质煤供应计划安排应保证：2014 年 1 135 万吨；2015 年 1 711 万吨；2016 年 2 205 万吨；2017 年及以后 2 435 万吨以上。

五、保障措施

（一）建立责任体系

建立由国家能源局牵头，会同国家发展改革委、环境保护部、质检总局、工商总局等部门和京津冀两市一省政府相关部门参加的京津冀散煤治理协调小组，统筹指导散煤清洁化治理工作。组织制定相关标准和措施，制定考核办法，负责散煤治理效果的检查考核工作。

地方政府是散煤治理的责任主体，按照分类施策的思路和要求，兼顾散煤减量替代与清洁化替代，负责本省（市）城中村、城乡结合部和农村地区等散煤清洁化治理工作实施方案的制定与落实，并建立责任制，明确地市（区）、县、乡（镇）和村（居民委员会）的责任。主要是组织好配煤中心的建设与改造，先进炉具的推广应用，相关补贴政策的制定与落实，煤炭质量的检验，组织好现有散煤营销体系与清洁煤炭供应企业的市场化衔接，加强监督检查，堵塞渠道淘汰劣质煤，建立应急保障机制，加强宣传引导等。

神华、中煤等大型煤炭企业是京津冀地区优质散煤的供应主体，要确保质量合格，价格优惠，数量满足市场需要的优质煤炭供应。

符合地方政府燃煤标准和准入条件的煤炭生产企业（包括原煤供应和型煤加工）、各级配煤中心和分销企业是优质散煤型煤供应和销售主体，要保证生产、采购和销售符合质量标准的散煤型煤，满足当地市场的需求。

（二）加快完善标准体系

由国家能源局会同国家发展改革委、环境保护部、质检总局、工商总局等部门组织两市一省尽快制订和完善配煤中心建设标准、煤炭质量标准、型煤标准和炉具标准等工作。

（三）建立质量监督管理体系

地方政府负责本地散煤质量检验体系的建立与完善，重点要完善和普及县乡质量监督检验布点和质检管理。组织执法队伍，加强煤炭经营监督管理及环保、工商、质检等部门的联合执法，严格执行质量标准，建立洁净煤标识系统，严厉打击配煤环节掺杂使假行为，堵塞劣质散煤的流通渠道，坚决淘汰劣质煤，防止劣质散煤"死而复生"。河北省要加强煤炭源头治理，防止劣质散煤流入市场。

（四）建立清洁煤供应市场机制

地方政府要加快储煤配煤基础设施建设和改造，建立散煤市场供应机制和市场交易平台，完善现有营销渠道，做好清洁煤年度计划，组织好清洁煤炭供应企业与大型用户及二级分销商的衔接，并做好市场监管工作。神华、中煤等主要煤炭供应企业，要保证煤炭质量，以最优惠价格供应京津冀散煤市场。

（五）建立完善散煤信息管理机制

地方政府要建立散煤监管信息制度，建立信息平台，监测市场信息，及时跟踪市场动态，并及时向京津冀散煤治理协调小组报送散煤治理情况。京津冀散煤治理协调小组要及时总结散煤治理工作的成功经验并进行推广，针对出现的问题及时协调解决。

（六）制定散煤价格监督管理办法

地方政府价格监督部门加强价格监控，严厉打击囤积居奇、随行涨价等行为，防止优质煤价格大幅波动。

（七）建立应急保障机制

地方政府要建立应急保障机制。重点做好集中储存设施建设管理，做好迎峰度冬工作和灾害性天气应急工作。要及时发现和化解各种矛盾。

（八）建立供需协调保障机制

国家发展改革委经济运行部门会同有关单位，做好清洁煤的产运需衔接协调工作。

（九）建立考核奖惩机制

京津冀散煤治理协调小组负责制定考核制度，要对散煤清洁化治理工作方案的执行情况进行监督检查。对执行方案不力的省（市）要进行通报，提出整改要求并督促落实。

（十）加强宣传引导

京津冀两市一省和各部门要加强宣传和引导，形成散煤清洁化治理的良好氛围。要加强对农村群众的政策宣传普及与节能炉具的使用指导工作。

附表：北京市、天津市、河北省散煤清洁化治理计划表

附表：

北京市散煤清洁化治理计划表

单位：万吨、亿元、个、万台

项目 ＼ 年度	2014		2015		2016		2017		合计	
	数量	资金计划	数量	资金计划	数量	资金计划	数量	资金计划	数量	资金计划
散煤减量替代	30		30		40				100	
散煤优化替代	155	7.8	126	14.1	84	18.3			365	40.2

项目＼年度	2014		2015		2016		2017		合计	
	数量	资金计划	数量	资金计划	数量	资金计划	数量	资金计划	数量	资金计划
改建配煤中心	10	0.3							10	0.3
储煤场			1	1.6					1	1.6
炉具更新	14	1.6	14	1.6	14	1.6	18	2	60	6.8
资金计划合计	9.7		17.3		19.9		2		48.9	

注：北京 2013 年已经完成散煤替代 66.3 万吨，到 2016 年全部可完成散煤替代 430 万吨。

天津市散煤清洁化治理计划表

单位：万吨、亿元、个、万台

项目＼年度	2014		2015		2016		2017		合计	
	数量	资金计划	数量	资金计划	数量	资金计划	数量	资金计划	数量	资金计划
散煤优化替代	180	9	30	10.5	30	12.0	30	13.5	270	45.0
新建堆场			7	0.97	6	0.84	3	0.42	16	2.23
新建配煤网点	369	0.36	17	0.17	19	0.19	17	0.17	89	0.89
炉具更新	12	1.32	24	2.64	60	6.6	24	2.64	120	13.2
资金计划合计	10.68		14.28		19.63		16.73		61.32	

河北省散煤清洁化治理计划表

单位：万吨、亿元、个、万台

项目＼年度	2014		2015		2016		2017		合计	
	数量	资金计划	数量	资金计划	数量	资金计划	数量	资金计划	数量	资金计划
散煤优化替代	800	40	420	61	380	80	200	90	1 800	271
新建配煤中心	35	4.9	49	6.86	36	5.1	16	2.5	136	19.36
炉具更新	252	27.8	160.1	17.7	116.3	12.8	51.6	5.7	580	64
资金计划合计	72.7		85.56		97.9		98.2		354.36	

说明：1. 上述计划表测算只包括 2014—2017 年期间替代煤炭量，不包括 2014 年前已替代的煤炭量和已发生的资金投入。

2. 经测算，河北省散煤优化替代量将在 1 800 万吨以上。

煤炭经营监管办法

中华人民共和国国家发展和改革委员会令　第 13 号

《煤炭经营监管办法》已经国家发展和改革委员会主任办公会讨论通过，现予发布，自 2014 年 9 月 1 日起施行。国家发展和改革委员会 2004 年 12 月 27 日发布的《煤炭经营监管办法》（国家发展和改革委员会令第 25 号）同时废止。

2014 年 7 月 30 日

第一章　总　则

第一条　为加强煤炭经营监督管理，规范和维护煤炭经营秩序，保障煤炭稳定供应，促进环境保护，根据《中华人民共和国煤炭法》和《中华人民共和国大气污染防治法》，制定本办法。

第二条　在中华人民共和国境内从事煤炭经营和监督管理活动，适用本办法。

第三条　本办法所称煤炭经营，是指企业或个人从事原煤、配煤及洗选、型煤加工产品经销等活动。

第四条　国家发展和改革委员会负责指导全国煤炭经营的监督管理，县级以上地方人民政府煤炭经营监督管理部门负责本行政区域内煤炭经营的监督管理。

第五条　国家发展和改革委员会会同国务院有关部门加强政策引导和支持，建立健全煤炭交易市场体系，培育对煤炭供应保障具有支撑作用的经营企业，鼓励具备条件的经营企业参与煤炭应急储备工作。

第六条　有关行业协会引导煤炭经营主体加强自律，配合煤炭经营监督管理部门开展工作，维护公平竞争的市场环境。

第二章　煤炭经营

第七条　从事煤炭经营活动应遵守有关法律、法规和规章，符合煤炭产业政策和行业标准，保证煤炭质量，促进环境保护。

第八条　煤炭经营企业在工商行政管理机关办理登记注册后，应于三十个工作日内向所在地的同级煤炭经营监督管理部门进行告知性备案。其中，在国家工商行政管理总局登记注册的企业，向其住所所在地的省级煤炭经营监督管理部门进行告知性备案。

煤炭经营企业备案内容包括企业名称、法定代表人、住所、储煤场地及设施、建立信用记录的社会征信机构情况。备案内容发生变化的，企业应在变更之日起三十个工作日内告知所在地煤炭经营监督管理部门。

第九条　对本行政区域内备案的煤炭经营企业名单，省级煤炭经营监督管理部门应通过公开发行的报刊、网站等予以公告，接受社会监督。

第十条　用于煤炭经营的储煤场地，布局应当科学合理，符合土地利用总体规划；不得设在风景名胜区、重要生态功能区等环境敏感区域；区域内不同储煤场地的布局应体现资源集约开发和节约利用；城市大型储煤场地应实现封闭储存或建设防风抑尘、防燃、污水处理设施，不得对周边环境造成污染。

省级煤炭经营监督管理部门会同国土、环保等部门制定本行政区域储煤场地合理布局规划。

第十一条　煤炭经营应取消不合理的中间环节。国家提倡有条件的煤矿企业直销，鼓励大型煤矿企业与耗煤量大的用户企业签订中长期直销合同。

第十二条　煤炭经营主体在煤炭装卸、储存、加工和运输过程中，应采取必要措施，减少无组织粉尘排放。

第十三条　加工经营民用型煤，应保证质量，方便群众，稳定供应。民用型煤应推行集中粉碎、定点成型、统一配送、连锁经营。

第十四条　鼓励加工、销售和使用洁净煤，推广动力配煤、工业型煤，节约能源，减少污染。

第十五条　煤炭经营主体应依法经营，公平竞争，禁止下列经营行为：

（一）采取掺杂使假、以次充好、数量短缺等欺诈手段；

（二）垄断和不正当竞争；

（三）违反国家有关价格规定，实施哄抬煤价或者低价倾销等行为；

（四）违反国家有关税收规定，偷漏税款；

（五）销售或进口高灰分、高硫分劣质煤炭，以及向城市高污染燃料禁燃区等范围内单位或个人销售不符合规定标准的煤炭；

（六）储煤场地违反合理布局要求，浪费资源、污染环境；

（七）违反法律、法规、规章、煤炭产业政策或行业标准的其他行为。

第十六条　从事煤炭运输的车站、港口及其他运输企业不得利用其掌握的运力作为参与煤炭经营、谋求不正当利益的手段。

第十七条　禁止行政机关设立煤炭供应的中间环节和额外加收费用。

第十八条　煤炭经营主体应严格执行国家有关煤炭产品质量管理的规定，其供应的煤炭产品质量应符合国家标准或行业标准。

用户对煤炭产品质量有特殊要求的，由买卖双方在煤炭买卖合同中约定。

第三章　监督管理

第十九条　县级以上地方人民政府煤炭经营监督管理部门加强与工商、质检、环保、国土等部门的协调配合，依法对煤炭经营活动进行监督管理。

第二十条　煤炭经营企业应在每年一季度，向办理备案的煤炭经营监督管理部门报告上年度有关经营信息，内容主要包括煤炭计量、质量、环保等规定或标准执行情况。对煤炭供应保障具有支撑作用的经营企业，应配合煤炭经营监督管理部门开展动态监测，按季度报告主要煤炭买卖合同履行等情况。

除涉及商业秘密的内容外，县级以上地方人民政府煤炭经营监督管理部门应向社会公示煤炭经营企业年度报告信息。

第二十一条　县级以上地方人民政府煤炭经营监督管理部门会同有关部门依据相关法律、法规和本办法，对煤炭经营主体依法经营以及备案、年度报告情况开展定期抽查。对煤炭供应保障具有支撑作用的经营企业，应对主要煤炭买卖合同履行等情况进行检查。

第二十二条　各类煤炭经营主体均应在有资质的社会征信机构建立企业及法定代表人的信用记录。各级煤炭经营监督管理部门加强煤炭经营信用体系建设，依法向社会征信机构开放，纳入统一的信用信息平台，并对违法失信行为予以公示。发生违法失信行为的企业或个人，在规定时间内改正的，应从违法失信公示名单中撤销。

第二十三条　国家发展和改革委员会建立统一的煤炭经营监督管理信息系统，实现对企业备案、年度报告、监督检查等信息管理以及煤炭经营活动的动态监测。

第二十四条　煤炭经营监督管理部门加强与相关部门的煤炭经营企业信用信息交换共享，推进协同监管。

第二十五条　煤炭经营监督管理部门实施监督管理所需经费，可通过本级财政预算现有渠道予以支持。

第四章　罚　则

第二十六条　煤炭经营企业未按规定备案或备案内容不真实；未按规定提交年度报告或报告内容不真实；未配合煤炭经营监督管理部门接受监督检查的，由县级以上地方人民政府煤炭经营监督管理部门责令限期改正，逾期不改的，列入违法失信名单并向社会公示。

第二十七条　用于煤炭经营的储煤场地不符合合理布局要求，或在煤炭装卸、储存、加工和运输过程中未采取必要措施、造成周边环境污染的，由县级以上地方人民政府煤炭经营监督管理部门责令限期改正，逾期不改的，列入违法失信名单并向社会公示。

第二十八条　销售或进口高灰分、高硫分劣质煤炭；向城市高污染燃料禁燃区等范围内单位或个人销售不符合规定标准煤炭的，由县级以上地方人民政府煤炭经营监督管理部门责令限期改正，逾期不改的，列入违法失信名单并向社会公示。

第二十九条　采取掺杂使假、以次充好等欺诈手段进行经营的，由县级以上地方人民政府煤炭经营监督管理部门责令停止经营，没收违法所得，并处违法所得一倍以上五倍以下的罚款，列入违法失信名单并向社会公示。

第三十条　煤炭经营监督管理部门的工作人员滥用职权、玩忽职守或者徇私舞弊的，依法给予行政处分；构成犯罪的，由司法机关依法追究刑事责任。

第五章　附　则

第三十一条　各省、自治区、直辖市人民政府煤炭经营监督管理部门，可以根据本办法对本行政区域的煤炭经营监督管理制定实施细则。

第三十二条　本办法自 2014 年 9 月 1 日起施行。国家发展和改革委员会 2004 年 12 月 27 日发布的《煤炭经营监管办法》（国家发展和改革委员会令第 25 号）同时废止。

国家发展改革委 工业和信息化部 质检总局 关于运用价格手段促进水泥行业产业结构调整 有关事项的通知

发改价格[2014]880 号

各省、自治区、直辖市发展改革委、经信委（工信委、工信厅）、物价局、质检局，国家电网公司、南方电网公司、内蒙古电力公司：

为落实《国务院关于化解产能过剩矛盾的指导意见》（国发[2013]41 号）有关要求，促进水泥行业技术进步，提高能源资源利用效率，改善环境，决定运用价格手段加快淘汰水泥落后产能，促进产业结构调整。现就有关事项通知如下：

一、对淘汰类水泥熟料企业生产用电实行更加严格的差别电价政策。对《产业结构调整指导目录（2011 年本）（修正）》明确淘汰的利用水泥立窑、干法中空窑（生产高铝水泥、硫铝酸盐水泥等特种水泥除外）、立波尔窑、湿法窑生产熟料的企业，其用电价格在现行目录销售电价基础上每千瓦时加价 0.4 元。

各地可以结合实际情况进一步加大差别电价实施力度，在上述规定基础上进一步扩大实施范围和提高加价标准。

二、对其他水泥企业生产用电实行基于能耗标准的阶梯电价政策。结合《水泥单位产品能源消耗限额》（GB 16780—2012），对其他水泥熟料及粉磨企业实施基于可比熟料（水泥）综合电耗水平的阶梯电价政策。具体办法另文下达。

三、完善差别电价执行程序。省级人民政府有关部门要明确淘汰类水泥熟料生产线（企业）差别电价甄别认定执行程序，省级发展改革部门、价格主管部门、工业主管部门和电网企业要根据职责分工，密切协作，共同做好差别电价政策实施工作，确保政策执行到位。

（一）各省（区、市）淘汰类水泥熟料生产线（企业）名单，由企业所在地省级工业主管部门会同发展改革部门在 2014 年 6 月底前，严格按照国家产业政策、环保标准等规定逐个进行甄别，并向社会公布，同时函告省级价格主管部门。

（二）省级价格主管部门根据省级工业主管部门和发展改革部门甄别提出的淘汰类水泥熟料生产线（企业）名单，及时明确其应执行的差别电价标准，并向社会公布，同时将有关情况报国家发展改革委、工业和信息化部备案。

（三）省级电网企业根据省级价格主管部门公布的企业名单和电价标准，按照抄见的水泥企业用电量收取加价电费，并及时将收费情况报省级发展改革部门、工业主管部门、价格主管部门备案。

四、严格生产许可证管理和行政执法。各级质检部门要进一步加强水泥生产线生产许可证管理。充分发挥生产许可证制度对淘汰落后产能的作用，凡不符合国家产业政策的水泥生产线，一律不予以换（发）生产许可证。

五、严格管理和规范使用加价电费资金。因实施差别电价政策而增加的加价电费，10%留电网企业用于弥补执行差别电价增加的成本，90%归地方政府使用，主要用于支持水泥行业节能技术改造、淘汰落后和转型升级。具体办法由省级人民政府有关部门制定。

六、加大监督检查力度。省级价格主管部门要会同有关部门加强对水泥熟料生产线（企业）用电差别电价政策落实情况的监督检查，督促电网企业及时足额上缴加价电费资金。省级工业主管部门要将辖区内淘汰类水泥熟料生产线（企业）在官方网站上向社会公布，并动态更新，接受社会监督。国家发展改革委、工业和信息化部将组织力量不定期对水泥熟料生产线（企业）执行差别电价政策情况进行核查和抽查，必要时进行交叉检查。各级质检部门要加大执法监管力度，严厉打击无证生产违法行为。

上述规定自 2014 年 7 月 1 日起执行。

国家发展改革委
工业和信息化部
质检总局
2014 年 5 月 5 日

工业和信息化部关于印发《京津冀及周边地区重点工业企业清洁生产水平提升计划》的通知

工信部节[2014]4 号

北京市、天津市、河北省、山西省、内蒙古自治区、山东省工业和信息化主管部门，有关中央企业，有关行业协会：

为贯彻落实《国务院关于印发大气污染防治行动计划的通知》（国发[2013]37号），加强工业领域大气污染防治工作，促进区域大气环境质量改善，我们制定了《京津冀及周边地区重点工业企业清洁生产水平提升计划》。现印发给你们，请认真贯彻执行。

工业和信息化部
2014 年 1 月 3 日

京津冀及周边地区重点工业企业清洁生产水平提升计划

为贯彻落实国务院《大气污染防治行动计划》（以下简称《大气十条》），加快推进京津冀及周边地区大气污染综合防治工作，促进区域大气环境质量持续改善，根据《京津冀及周边地区落实大气污染防治行动计划实施细则》，制定本提升计划，实施期限为 2013—2017 年。

一、区域清洁生产水平提升的必要性

京津冀及周边地区（包括北京市、天津市、河北省、山西省、内蒙古自治

区、山东省）是我国经济发展重点区域，也是污染物排放高度集中的区域之一。据测算，2011 年京津冀及周边地区排放的主要大气污染物二氧化硫为 638 万吨、氮氧化物 685 万吨、烟（粉）尘 421 万吨，均占全国相应总排放量的 30% 左右。其中，工业排放二氧化硫 577 万吨、氮氧化物 502 万吨、烟（粉）尘 354 万吨，分别占区域污染物排放总量的 90%、73% 和 84%，是京津冀及周边地区大气污染的重要源头；区域内钢铁、水泥、有色金属等重点工业行业排放的二氧化硫、氮氧化物和烟（粉）尘分别占工业排放的 24%、22% 和 49%，是大气污染物排放的重点行业。

近年来工业企业推行清洁生产，有效减少了大气污染物的产生量，但仍有大批先进适用的清洁生产技术和环保装备未得到全面推广应用大气污染物排放量大的状况未得到根本转变。认真贯彻落实《大气十条》"对钢铁、水泥、化工、石化、有色金属冶炼等重点行业进行清洁生产审核，针对节能减排关键领域和薄弱环节，采用先进实用技术、工艺和设备，实施清洁生产技术改造"的要求，编制并实施《京津冀及周边地区重点工业企业清洁生产水平提升计划》，对实现到 2017 年重点行业排污强度比 2012 年下降 30% 以上目标，加强京津冀及周边地区大气污染防治工作，从源头减少大气污染物的产生量，降低末端排放量，全面提升区域内工业企业清洁生产水平，增强区域工业可持续发展能力具有重要意义。

二、基本思路和主要目标

（一）基本思路

坚持源头减量、全过程控制原则，以削减二氧化硫、氮氧化物、烟（粉）尘和挥发性有机物产生量和控制排放量为目标，充分发挥企业主体作用，加强政策引导和支持，推广采用先进、成熟、适用的清洁生产技术和装备，加快推进重点行业和关键领域工业企业实施清洁生产技术改造，促进技术升级与产业结构调整相结合，全面提升京津冀及周边地区工业企业清洁生产水平，确保完成行业排污强度下降目标，促进区域环境大气质量持续改善。

（二）主要目标

到 2017 年底，京津冀及周边地区重点工业企业，通过实施清洁生产技术改造，可实现年削减主要污染物二氧化硫 25 万吨、氮氧化物 24 万吨、工业烟（粉）尘 11 万吨、挥发性有机物 7 万吨。具体分解指标如表：

地区 （企业）	主要污染物削减量/（t/a）			
	二氧化硫	氮氧化物	烟（粉）尘	挥发性有机物
北京市	600	6 000	200	400
天津市	16 000	2 200	2 700	1 600
河北省	89 000	74 100	23 300	1 800
山西省	5 000	11 500	9 300	8 800
内蒙古自治区	66 500	50 300	58 000	
山东省	29 900	37 300	5 500	6 400
区域内中央企业	43 000	58 600	11 000	51 000

三、主要任务

在钢铁、有色金属、水泥、焦化、石化、化工等重点工业行业，推广采用先进、成熟、适用的清洁生产技术和装备，实施工业企业清洁生产的技术改造，有效减少大气污染物的产生量和排放量。

（一）钢铁行业

采用石灰（石）-石膏法、氧化镁法、循环流化床等技术，主要实施烧结烟气脱硫技术改造，综合脱硫效率达到 70%以上。

采用湿式静电除尘器、袋式除尘器（覆膜滤料）、电袋复合除尘器、移动极板除尘器等技术装备，实施高效除尘技术改造。

（二）有色金属行业

采用动力波（或高效）湿法脱硫、有机溶液循环吸收脱硫、活性焦脱硫、金属氧化物脱硫等技术，实现制酸尾气等烟气脱硫技术改造。

采用铝电解槽上部多段式烟气捕集、新型电解铝干法净化、重有色金属冶炼湿法改干法等高效除尘技术措施，实施除尘技术改造。

（三）水泥行业

采用水泥炉窑低氮燃烧、分级燃烧和非选择性催化还原（SNCR）等技术，实施脱硝技术改造。

采用高效低阻袋式除尘技术，实施除尘系统改造。

（四）焦化行业（含钢铁联合企业焦化厂）

采用 HPF 工艺、栲胶工艺（TV）、真空碳酸钾工艺、FRC 工艺等焦炉煤气高效脱硫净化技术，实施焦炉煤气脱硫改造。

采用袋式除尘器（覆膜滤料）等高效除尘技术装备，实施除尘地面站改造。

（五）石化和化工行业

采用泄漏检测与修复（LDAR）技术、油罐区、加油站密闭油气回收利用技术、吸附吸收技术、高温焚烧技术等，实施有机工艺尾气治理技术改造。

采用高效密封存储技术、冷凝回收技术、吸附吸收技术、高温焚烧高效脱硫除尘技术等，实施化工含 VOC 废气净化技术改造。

（六）装备制造业

调整燃料结构，采用高温低氧燃烧等先进燃烧技术，减少锻造烟气中氮氧化物含量；使用高效混砂机配合袋式除尘器，从源头控制铸造粉尘排放；采用整体通风空调式、集中式、固定式、移动式等烟尘净化措施，对焊接、切割烟尘进行综合治理。

（七）工业锅炉

实施高效节能锅炉系统改造，推广高效煤粉技术，鼓励建立集中式锅炉专用煤加工中心，改善工业燃煤品质，对燃煤工业锅炉实施湿式静电除尘器、袋式除尘器等高效除尘技术改造。

四、保障措施

（一）组织实施清洁生产水平提升计划。地方工业主管部门、区域内中央企业，一是要根据本提升计划，2014 年 6 月底前完成本辖区和本企业集团实施计划制定工作，落实企业主体责任；二是要加强指导和考核，督促有关企业实施清洁生产技术改造项目，确保目标任务如期完成；三是要每年年底前报告计划落实情况。

（二）做好技术支持和信息咨询服务。有关行业协会、科研院所和咨询机构要充分发挥自身优势，做好技术引导、技术支持、技术服务和信息咨询、交流研讨等工作，推动京津冀及周边工业行业清洁生产水平提升，促进区域工业行业可持续发展能力。

（三）加强政策引导支持力度。充分利用工业转型升级、技术改造等专项资金，支持京津冀及周边地区清洁生产技术改造，对符合条件的项目优先给予支持。地方工业和信息化主管部门要充分利用中央和地方财政资金，加大对清洁生产技术改造项目的支持力度，促进项目顺利实施。

关于印发《机动车环保检验管理规定》的通知

环发[2013]38 号

各省、自治区、直辖市环境保护厅（局），新疆生产建设兵团环境保护局，解放军环境保护局：

　　为落实《国务院关于印发国家环境保护"十二五"规划的通知》（国发[2011]42号）、《国务院关于印发节能减排"十二五"规划的通知》（国发[2012]40 号）和《国务院关于重点区域大气污染防治"十二五"规划的批复》（国函[2012]146 号）要求，加强机动车环保检验管理，深化机动车污染防治工作，我部组织制定了《机动车环保检验管理规定》，现印发给你们。请结合本地区实际，认真组织实施。

　　附件：机动车环保检验管理规定

环境保护部

2013 年 4 月 2 日

附件

机动车环保检验管理规定

　　第一条　为加强机动车环保检验管理，深入推进机动车污染防治工作，依据《中华人民共和国大气污染防治法》和《中华人民共和国环境噪声污染防治法》，制定本规定。

　　第二条　本规定适用于机动车环保定期检验和环保监督抽测。机动车环保定期检验包括机动车登记时的环保检验和登记后的环保定期检验。

　　第三条　机动车环保定期检验由省级环保部门委托的机动车环保检验机构

（以下简称环检机构）承担，环保监督抽测由县级以上环保部门组织开展。

第四条　环检机构应按省级环保部门委托的业务范围和检验类别开展环保定期检验，接受环保部门的监督管理。

环检机构应与当地环保部门联网，实时上传环保检验数据，按照国家及地方在用机动车排放标准出具检验报告，并对检验结果承担法律责任。

第五条　对通过环保定期检验的机动车，环保部门应按照《机动车环保检验合格标志管理规定》（环发[2009]87号）核发机动车环保检验合格标志（以下简称环保标志）。

未通过环保定期检验的机动车，应在有相关资质的机动车维修厂进行排放控制的维修治理，经再次检验合格后，环保部门予以核发环保标志。

第六条　机动车环保定期检验周期原则上与机动车安全技术检验一致，主要根据车辆用途、载客载货数量、使用年限等情况确定（具体周期见附1）。

第七条　环保定期检验方法由省级环保部门依据当地空气质量状况和机动车污染防治等情况，按照国家或地方在用机动车排放标准确定。

国家大气污染防治重点区域和重点城市应优先选用简易工况法（以下简称工况法）。采用工况法的，省级环保部门应按照国家标准制定地方排放限值，经省级人民政府批准，报国务院环境保护行政主管部门备案后实施。

第八条　新购置机动车注册登记时应进行环保检验。环保检验包括检测尾气排放、查验排放控制装置、登记机动车环保管理信息（见附2）。

列入国家环保达标车型公告的新购置轻型汽油车，可免于注册登记时的尾气排放检测。

第九条　已注册登记的机动车原则上应在登记地进行机动车环保定期检验。因故不能在登记地进行环保定期检验的，可申请进行机动车异地环保定期检验，其检验流程由各省级环保部门自行规定。

第十条　已注册登记的机动车出现以下情况之一的，应重新进行机动车环保定期检验，并申领机动车环保标志。

（一）　更换发动机的；

（二）　营运机动车改为非营运或者非营运机动车改为营运的；

（三）　更换污染物排放控制装置的；

（四）　依法依规对污染物排放控制装置、燃料使用种类等进行改造的。

第十一条　对办理注销登记的机动车，城市环保部门应及时更新机动车环保管理信息，保存相关检验信息和技术资料至少两年。

第十二条　已注册登记的机动车所有权发生转移、机动车所有人住所跨城市迁移，办理转移登记或变更登记时，应符合迁入地现行机动车排放标准，迁入地城市环保部门应查验车辆排放控制装置，核对环保标志的有效性，并登记机动车环保管理信息（见附 2）；迁出地城市环保部门应及时更新机动车环保管理信息，保存相关检验信息和技术资料至少两年。

第十三条　县级以上环保部门应依据国家及地方法律、法规开展环保监督抽测，主要包括机动车停放地抽测和道路抽测。

环保监督抽测方法应采用国家或地方在用机动车排放标准规定的方法进行，原则上应与当地环保定期检验方法一致。城市环保部门可以采用遥感等方法筛选高排放车辆，进行道路抽测。

第十四条　对于环保检验中发现同一车型中排放超标车辆数超过 10 辆且超标比例高于 5%的，城市环保部门应填写《排放超标集中车型报告表》（见附 3），并向环境保护部报告。《排放超标集中车型报告表》将作为对机动车生产企业进行环保一致性检查的依据。

第十五条　机动车环保检验仪器设备的性能指标、程序控制、数据传输等应符合国家及地方的相应标准要求，并接受环保部门的监督管理。

第十六条　从事机动车环保检验的人员，应具备《在用机动车排放污染物检测机构技术规范》（环发[2005]15 号）要求的专业知识和技术水平，并持证上岗。环检机构技术负责人、质量负责人应通过国家或省级环保部门组织的专业技术培训和考核。

第十七条　各级环保部门应加强机动车环保检验监督管理机构建设，对辖区内环检机构和机动车环保检验工作依法进行管理。

省级环保部门依据《机动车环保检验机构发展规划编制工作指南》（环办[2010]65 号），组织制定并实施本辖区环检机构发展规划，并负责环检机构的监督抽查，每年抽查比例不少于 50%；城市环保部门负责本辖区环检机构的日常监督检查，每季度至少组织开展一次环检机构间的比对实验。

第十八条　各级环保部门应建立机动车环保管理信息系统，定期向上级环保部门报送环保检验信息。

第十九条　环保定期检验收费标准应执行省级价格主管部门的规定。

环保监督抽测不得收取费用。

第二十条　各地可视情况开展机动车噪声的环保检测工作。

第二十一条　各级环保部门要加强信息公开工作，及时公布机动车环保检验相关政策措施，公开环检机构委托评审、日常监管等相关信息，引导和动员公众参与机动车污染防治工作。

第二十二条　中国人民解放军的机动车环保检验管理规定，由军队环境保护主管部门制定。

第二十三条　本规定所称城市环保部门，是指直辖市、副省级城市、地级市、地区、自治州、盟环保部门。

第二十四条　本规定自 2013 年 5 月 1 日起施行。

附 1

环保定期检验周期

机动车应当从注册登记之日起，按照下列期限进行环保定期检验：

（一）营运载客汽车 5 年以内每年检验 1 次；超过 5 年的，每 6 个月检验 1 次；

（二）载货汽车和大型、中型非营运载客汽车 10 年以内每年检验 1 次；超过 10 年的，每 6 个月检验 1 次；

（三）小型、微型非营运载客汽车 6 年以内每 2 年检验 1 次；超过 6 年的，每年检验 1 次；超过 15 年的，每 6 个月检验 1 次；

（四）摩托车 4 年以内每 2 年检验 1 次；超过 4 年的，每年检验 1 次。

附 2

注册（转移、变更）登记机动车环保管理信息表

号牌号码	（尚未办理号牌的可空）
燃料类别	
车辆类型	
机动车品牌	
发动机型号	
车辆型号	
车辆识别代号	
使用性质	
初次登记时间	
转移地	
变更时间	

附3

排放超标集中车型报告表

编号：

机动车基本信息	车辆品牌	车辆型号	车辆生产厂家	车辆类型	燃料种类
机动车检测信息	检测车辆数		超标车辆数		超标率
机动车超标相关信息	（可附相关资料和照片）				
填报信息	填报单位				
	填报人/电话				
	填报时间				

（一式两份，加盖公章）

关于印发全国机动车环境管理能力建设
标准的通知

环发[2013]113 号

各省、自治区、直辖市、新疆生产建设兵团及计划单列市环境保护厅（局）：

为落实《大气污染防治行动计划》、《国务院关于重点区域大气污染防治"十二五"规划的批复》（国函[2012]146 号）有关要求，加强全国环保部门机动车环境管理能力建设，推进机动车环境管理机构标准化，提高机动车污染防治能力和水平，我部组织编制了《全国机动车环境管理能力建设标准》（试行）。经商财政部同意，现印发给你们，请参照执行。

附件：全国机动车环境管理能力建设标准（试行）

环境保护部

2013 年 9 月 25 日

附件

全国机动车环境管理能力建设标准（试行）

为保障机动车环境管理机构履行职能需要，加强机动车排污监控和管理，按照保障合理需要、厉行勤俭节约、科学合理配置的原则，制定本标准。

本标准为指导性标准，将根据机动车环境管理业务的整体规划统筹考虑、分步实施。现阶段将各地机动车环境管理机构能力建设分为一级和二级标准，列入《重点区域大气污染防治"十二五"规划》的地区执行一级标准，其他地区执行二级标准，鼓励有条件的地区进一步提高能力建设标准。

　　本标准规定了国家级、省级、地市级机动车环境管理机构能力建设标准，内容包括管理机构与人员、办公业务用房、硬件设备等。机动车环境管理机构能力建设及运行经费应分级保障，具体资产配置情况应当结合当地财力水平统筹考虑，并随着事业发展逐步实现配置标准。本标准与国家有关资产配置标准不符的，按国家有关规定执行。

一、机构与人员

表 1　省级和地市级机动车环境管理机构与人员要求

	省级		地市级	
	一级	二级	一级	二级
人员规模	不少于 30 人	不少于 25 人	不少于 20 人	不少于 15 人
人员学历（本科以上）	80%	60%	70%	50%
培训合格率	95%	90%	95%	90%

备注：
1. 省级和地市级机构设置和人员规模按照地方政府或机构编制管理部门有关规定执行，本标准提出人员规模的参考数；
2. "机动车环境管理机构"指行使机动车环境管理职能，能够对新生产机动车、在用机动车、非道路移动式机械、油气回收以及车用油品和添加剂实施有效监管的专门机构或部门；
3. "人员规模"指专职从事机动车污染管理工作的人员数量，不含兼职人员；
4. "培训合格率"指某一环境管理机构中，参加国家或省级环保部门组织的专业技术培训并考核合格的工作人员的比例。

二、办公业务用房

　　为满足日常工作需要，机动车环境管理机构应具有基本的办公和业务用房。办公业务用房应按照国家关于政府性楼堂馆所建设有关要求统筹安排。

表 2　机动车环境管理机构与环保检测机构业务用房标准

指标内容		国家级建设标准	省级建设标准		地市级建设标准	
			一级	二级	一级	二级
行政办公用房		人均 16～19 平方米	人均 16～19 平方米		人均 12～15 平方米	
特殊业务用房	监控大厅	100 平方米	200 平方米	200 平方米	100 平方米	100 平方米
	数据中心	300 平方米				

指标内容		国家级建设标准	省级建设标准		地市级建设标准	
			一级	二级	一级	二级
特殊业务用房	档案室	50平方米	自定	自定	自定	自定
	辅助用房	50平方米	50平方米	50平方米	自定	自定
环保检测机构用房	数值模型实验室	50平方米	/	/	/	/
	机动车排放实验室	7 000平方米	/	/	/	/
	油品实验室	1 000平方米	/	/	/	/

备注:

1. "行政办公用房"配备桌、椅、柜等办公设施,台式电脑、传真机、复印机、打印机和互联网设备;

2. "监控大厅"配备大屏幕显示系统,桌、椅、柜等办公设施;

3. "数据中心"包括数据控制室、机房等;

4. "档案室"应配备档案柜、桌、椅等办公设施;

5. "辅助用房"包括储备间、设备间、操作间等。

6. "环保检测机构用房"指国家级机构开展新车和车用油品环保监督性检测以及数值模型分析的业务用房。

三、硬件设备

机动车环境管理机构应具备必要的办公及业务设备,并按国家有关规定及时更新。

表3　国家级机动车环境管理机构与环保检测机构硬件设备标准

	指标内容	国家级建设标准
新车排放测试设备	标准比对车(发动机)	4台
	基准车	2台
	PEMS设备(气态和颗粒物)	2套
	轻型车稀释通道+高效颗粒过滤器(HEPA)、PM和PN测试设备	2套
	燃油蒸发加油机械	2个
	整车油耗仪	2个
	进气空调(发动机进气控制系统)	2台
	重型发动机瞬态实验台架	2台
	轻型发动机台架+排放测试系统	2套
	摩托车转鼓+摩托车排放测试系统	2套
	小通机发动机台架	8台
	通机排放测试系统	2套

	指标内容	国家级建设标准
新车排放 测试设备	傅立叶变换红外光谱分析仪	2台
	高效液相色谱仪	2台
	气相色谱-质谱联用仪	2台
	车用催化转化器中贵金属测定设备	2套
	实验室综合业务管理平台	2套
在用车排放 测试设备	标准双怠速设备	2套
	标准 ASM 设备	2套
	标准 V-MAS 设备	2套
	标准 IM195 设备	2套
	标准 Lug-down 设备	2套
	标准自由加速设备	2套
	标准遥感监测设备	2套
	标准比对车	2台
油品及添加剂 测试设备	油气回收检测设备	1台
	分光光度仪	1台
	原色吸收检测仪	1台
	马达法辛烷值检测仪	1台
	研究法辛烷值检测仪	1台
	氧化安定性检测仪	1台
	残炭检测仪	1台
	灰分检测仪	1台
	机械杂质检测仪	1台
	润滑性检测仪	1台
	运动粘度检测仪	1台
油品及添加剂 测试设备	凝点检测仪	1台
	冷滤点检测仪	1台
	十六烷值检测仪	1台
	十六烷值指数检测仪	1台
	密度检测仪	1台
	脂肪酸甲酯检测仪	1台
	自动定氮仪	1台
	傅立叶变换红外光谱分析仪	1台
	硫醇硫含量检测仪	1台
	气相色谱仪	1台
	荧光指示剂吸附检测仪	1台

	指标内容	国家级建设标准
车内空气质量检测设备	车内空气质量检测系统	2 套
机动车排放故障诊断设备	OBD 故障诊断仪	10 台
	OBD 解码器	5 台
办公设备	台式电脑	60 台
	固定电话	30 台
	打印机	12 台
	传真机	3 台
	复印机	3 台
	扫描仪	3 台
	笔记本电脑	30 台
	数码相机	8 台
	摄像机	8 台
	录音设备	8 台
	投影仪	2 台

表4 省级和地市级机动车环境管理机构硬件设备标准

	指标内容	省级建设标准		地市级建设标准	
		一级	二级	一级	二级
在用车排放监管专用设备	汽油车双怠速法设备	1 套	1 套	自定	自定
	汽油车工况法设备	1 套	1 套	自定	自定
	柴油车自由加速法设备	1 套	1 套	自定	自定
	柴油车加载减速法设备	1 套	1 套	自定	自定
	标准气体	1 套	1 套	自定	自定
	遥感监测设备	1 套	自定	自定	自定
	移动环保检测车	1 台	1 台	1 台	1 台
	便携式执法管理终端	10 套	5 套	10 套	5 套
	标准比对车	4 辆	3 辆	2 辆	1 辆
油品及添加剂测试设备	油气回收现场快速检测仪	2 台	1 台	至少 2 台	1 台
	燃料环保性能检测设备	自定	自定	自定	自定
	车用尿素检定仪	10 台	5 台	10 台	5 台
	车用清净剂检定仪	5 台	2 台	5 台	2 台
	移动式车用燃料采样分析设备	至少 1 台	自定	自定	自定

指标内容		省级建设标准		地市级建设标准	
		一级	二级	一级	二级
道路交通污染物监测设备	道路交通污染物监测站	1个	1个	2个	1个
	移动式道路交通污染物监测设备	自定	自定	自定	自定
	道路交通流量计	至少1套	至少1套	2套	1套
办公设备	台式电脑	1台/人	1台/人	1台/人	1台/人
	固定电话	1部/2人	1部/3人	1部/3人	1部/4人
	打印机	至少3台	至少3台	至少2台	至少2台
办公设备	传真机	1台	1台	1台	1台
	复印机、扫描仪	各1台	各1台	各1台	各1台
	笔记本电脑	1台/3人	1台/3人	1台/3人	1台/3人
	数码相机、摄像机	各2台	各1台	各2台	各1台
	投影仪	1台	1台	1台	1台

备注：

1．"新车排放测试设备"指用于新车生产一致性检查、在用符合性监督检查的轻型车、重型车、摩托车等机动车排放检测专用设备，可满足欧五排放标准要求；

2．"标准比对车（发动机）"指用于新车（发动机）或在用车环保检验机构排放测试设备比对的车（发动机）；

3．"基准车"指专门设计和定制，用于校准机动车排放测试设备测量精度的专用车辆；

4．"遥感监测设备"指采用遥感监测原理，在在用车监督执法中，用于识别高排放车辆的专用监测设备；

5．"移动环保检测车"指在停放地或道路对在用车的污染物排放状况进行监督抽测的专用车辆；

6．"油品及添加剂测试设备"指用于车用燃料中各项环保性能指标的专用检测设备和仪器，以及用于油气回收监督管理的检测设备；

7．"机动车排放故障诊断设备"指用于对国Ⅲ及以上排放标准车辆车载排放诊断仪进行读取、分析和处理的专用设备；

8．"在用车排放监管专用设备"指用于在用车环保定期检验仲裁和监管的设备，其中包括了气体分析仪、简易工况法检测设备以及烟度检测设备等专用仪器；

9．"便携式执法管理终端"指在机动车路检路查工作中用于查询车辆环保标志、型式核准和车辆 VIN 码等信息的设备；

10．"在用车排放监管专用设备"中列出了不同在用车检测方法对应的检测设备，省级和地市级环保部门应根据本地区使用的在用车检测方法选择相应的在用车检测设备；

11．一般公务用车配备按照同级财政部门有关规定执行。

四、全国机动车环境管理综合业务平台

为实现机动车环境管理信息化和网络化，全国机动车环境管理综合业务平台建设包括系统软件和数据库开发、系统硬件设备、网络硬件设备、机房设备等内容，其中省级和地市级业务平台软件由国家统一开发。

表5　国家级机动车环境管理综合业务平台建设标准

	指 标 内 容	国家级标准
系统软件	机动车综合管理业务系统	1 套
	排放因子与排放清单模型	1 套
	空气质量模型	2 套
	决策分析模型	1 套
数据中心	服务器	200 台
	机柜	20 个
	切换器（KVM）	20 个
	磁盘阵列	3 个
	高性能分析计算（刀片）服务器组	1 个
	核心交换机	2 台
	交换机	8 台
	路由器	2 台
	工作站	12 台
	防火墙	2 套
	入侵检测系统	2 套
	负载均衡管理设备	2 套
	千兆虚拟专用网络（VPN）网关产品	2 套
	VPN 接入客户端	400 个
	网络安全隔离与信息交换产品（网闸）	1 个
	A3 打印机	2 台
	不间断电源（UPS）	2 台
	空调	2 台
	操作系统	200 套
数据中心	数据库软件	2 套
	防病毒软件网络版及客户端	1 套
	应用服务器中间件	1 套
	服务器备份软件	2 套
	数据中心运行管理平台	1 套
	大型显示屏	16 台

表6　省级和地市级机动车环境管理综合业务平台建设标准

	指标内容	省级标准	地市级标准
系统软件	机动车综合管理业务系统	1套	1套
数据中心	服务器	10台	5台
	机柜	1个	1个
	路由器	1台	1台
	工作站	1台	1台
	防火墙	1套	1套
	A3打印机	1台	自定
	不间断电源（UPS）	1台	1台
	空调	1台	1台
	操作系统	1套	1套
	数据库软件	1套	自定
	防病毒软件网络版及客户端	1套	1套

备注：
"大型显示屏"用于实时显示和监控与机动车排放污染控制相关的信息和数据。

关于印发新生产机动车环保达标监管
工作方案的通知

环发[2014]115 号

各省、自治区、直辖市环境保护厅（局），工业和信息化主管部门，公安厅（局），工商行政管理局，质量技术监督局、各直属检验检疫局：

为贯彻落实《大气污染防治行动计划》，改善环境空气质量，从源头控制机动车污染，环境保护部、工业和信息化部、公安部、工商总局、质检总局决定在全国范围内联合开展新生产机动车环保达标监督检查工作。经国务院同意，现将《新生产机动车环保达标监管工作方案》印发给你们，请认真贯彻执行。

各有关部门要积极组织开展监督检查，以中重型柴油车为重点，在新车检验、生产、销售、注册登记等环节开展联合执法专项行动，并于 2014 年 9 月 30 日前将检查情况报送环境保护部。

附件：新生产机动车环保达标监管工作方案

环境保护部

2014 年 8 月 8 日

附件

新生产机动车环保达标监管工作方案

为贯彻落实《大气污染防治行动计划》，改善环境空气质量，从源头控制机动车污染，环境保护部、工业和信息化部、公安部、工商总局、质检总局（以下简称五部门）决定在全国范围内联合开展新生产机动车环保达标监督检查工作，特制定此方案。

一、总体要求

按照"全面监管、各司其职、部门联动、务求实效"的原则，建立机动车环保达标联合监管工作机制，严格实施国家机动车排放标准。坚持专项整治和日常监管相结合，以中重型柴油车为重点，在新车型检测、生产、销售、注册登记等环节开展联合执法，坚决打击制造、销售环保不达标机动车违法行为，减少机动车污染排放。

二、工作任务和分工

环境保护部总牵头，负责新生产机动车和发动机环保达标监督检查工作，解释机动车排放标准。工业和信息化部、公安部、工商总局、质检总局等部门积极配合，分别建立相应的工作机制，落实责任分工，抓好组织实施。

（一）新车型检测环节。加强新生产机动车和发动机检验机构监督管理，严厉打击出具虚假报告行为，确保新车定型达到排放标准要求。质检总局负责对检验机构资质认定及检验机构是否按照认证及标准要求开展排放认证、检验进行监督检查，环境保护部负责对检验机构是否按标准进行排放检验进行监督管理，工业和信息化部负责对油耗标准检验进行监督管理。对存在严重违法违规问题的检验机构，由质检总局依法出具处理意见，暂停其受理新车检验相应业务，环境保护部、工业和信息化部分别做出相应处理。

（二）新车生产环节。加强新生产机动车和发动机生产企业监督管理，严厉打击违规生产环保不达标车辆行为，确保用于国内销售的机动车和发动机达到排放标准要求。环境保护部会同工业和信息化部、质检总局负责确定检查企业和车型，通过抽样实验、查验排放控制关键部件、核对产品采购合同和进出库记录等方式开展机动车生产环保达标监督检查。质检总局负责机动车强制性产品认证监督管理，严格执法检查程序，对发现的违法违规行为依法处罚，在进口口岸对进口机动车环保达标情况进行监督管理，发现重大违法违规行为通报环保部门。工业和信息化部负责机动车产品节能管理，加强生产企业产品合格证的监督检查。

（三）市场销售环节。加强机动车销售企业监督管理，严厉打击销售不达标车辆违法行为，确保销售的机动车符合环保标准要求。环保部门对市场销售的车辆进行抽查，做好机动车环保达标配置查验技术判定，质检部门认定的检验机构做好有异议车辆鉴定仲裁，工商部门对环保部门抽查工作给予支持，做好机动车销售企业登记注册管理，并依法对销售经有关部门判定不达标车辆行为进行处罚。

（四）注册登记环节。严格新车注册登记查验把关，环保部门可在新车注册登记前查验新车环保关键部件，公安交管部门要积极配合环保部门开展查验工作，提供工作便利。对查验发现的不符合环保要求的机动车，各部门依法追究相关生产、销售企业责任。

三、保障措施

（一）严厉处罚，违法必究。对制造、销售环保不达标发动机和机动车的企业，各部门同时暂停或撤销其环保不达标相关车型产品及企业公告和强制性产品认证证书，质检、环保、工商部门按照相关法律法规要求依法进行处罚，责令企业限期整改，暂停各类环境保护资金支持。环境保护部牵头加强与刑事司法机关的衔接，推动出台相关司法解释，对涉嫌犯罪的案件，依法移送司法机关追究相关企业及责任人刑事责任。

（二）部门联动，信息共享。建立机动车管理部门会商和沟通协作机制，及时研究解决工作中遇到的问题。各部门加强协作执法和信息通报，定期交换进口机动车和发动机环保信息和环保不达标信息。严格审查和批准新机动车车型，确保机动车车型公告、认证信息一致。对监管中发现的环保违规行为应及时依法处理，各部门同时撤销环保不达标企业及产品各种批准手续。

（三）环保召回，落实责任。质检总局、环境保护部尽快研究出台机动车环保召回管理规定，对通过调查认定由设计和生产缺陷等原因导致车辆排放性能不达标的，要求生产企业承担主体责任，依法履行召回义务，对超标机动车进行环保召回，消除隐患。

（四）企业责任，行业自律。发动机和机动车生产、销售企业应积极配合监督检查工作，如实提供相关资料，不得拒绝接受监督检查。将发动机和机动车生产企业纳入企业环保信用评价体系管理，实行机动车生产、销售企业黑名单制度。加强对生产、销售企业的守法诚信教育，积极推进行业自律，督促企业依法经营，诚信经营。

（五）信息公开，舆论监督。各部门查处的机动车环保违规信息，应依法及时进行信息公开。充分发挥新闻媒体的舆论监督作用，广泛深入宣传国家机动车管理政策法规，充分调动社会公众的力量，及时发现机动车生产、销售等环节环保违法行为，通过社会舆论，约束企业经营行为，引导消费者绿色消费。

四、进度安排

各有关部门应加强机动车环保达标日常监管工作。2014 年 7 月起，全面组织开展新生产机动车环保达标监督检查工作，具体进度安排如下：

（一）对已发现问题依法依规严肃处理。针对媒体曝光及监督检查中发现问题的生产销售企业，对企业负责人进行约谈并予以通报，责令违规企业限期整改，撤销其有关产品公告和强制性产品认证证书，并向社会公开。

（二）开展机动车环保达标集中检查。7 月至 8 月，对新机动车和发动机检验机构、生产企业、销售企业开展机动车环保达标情况监督检查，首先在京津冀及周边地区、长三角、珠三角等重点区域部分城市和其他有条件的地区组织开展注册登记环节环保查验工作，并对 2014 年 1 月 1 日后注册登记的中重型柴油车逐一查验排放关键控制部件一致性。环境保护部汇总督查情况，11 月底前将监督检查结果报送国务院。

（三）公开和全面总结监督检查情况。11 月，经国务院同意后，监督检查结果向社会公开，并对监督检查中发现的问题认真梳理，提出有针对性的工作措施，部署 2015 年工作任务，建立机动车环保达标监督管理长效机制。

关于进一步做好新能源汽车推广应用
工作的通知

财建[2014]11 号

各省、自治区、直辖市、计划单列市财政厅（局）、科技厅（局、科委）、工业和信息化主管部门、发展改革委：

为加快新能源汽车产业发展，推进节能减排，促进大气污染治理，经国务院批准，2013 年，财政部、科技部、工业和信息化部、发展改革委启动了新能源汽车推广应用工作。从实施情况看，各项工作进展顺利，推广数量快速增加，市场规模不断拓展，政策效果已逐步显现。为进一步做好相关工作，现将有关事项通知如下：

一、按照《财政部 科技部 工业和信息化部 发展改革委关于继续开展新能源汽车推广应用工作的通知》（财建[2013]551 号，以下简称《通知》规定，纯电动乘用车、插电式混合动力（含增程式）乘用车、纯电动专用车、燃料电池汽车 2014 和 2015 年度的补助标准将在 2013 年标准基础上下降 10% 和 20%。现将上述车型的补贴标准调整为：2014 年在 2013 年标准基础上下降 5%，2015 年在 2013 年标准基础上下降 10%，从 2014 年 1 月 1 日起开始执行。

二、按照相关文件规定，现行补贴推广政策已明确执行到 2015 年 12 月 31 日。为保持政策连续性，加大支持力度，上述补贴推广政策到期后，中央财政将继续实施补贴政策。具体办法另行公布。

三、按现行办法规定，补助资金按季预拨、年度清算。请各生产企业于每年 4 月底、7 月底和 10 月底前将上一季度的新能源汽车销售情况及相关证明材料，通过注册所在地财政、科技部门，逐级上报至财政部、科技部，财政部、科技部将根据企业销售情况预拨补助资金。每年 1 月底前，按上述程序提交上年度的清算报告及产品销售、运营情况，包括销售发票、产品技术参数和牌照信息等，财政部等四部委组织专家审核清算。各级财政等部门要做好中央财政预拨付资金申请及年度清算工作，并按照财政国库管理制度规定及时拨付补助资金。

财政部

科技部

工业和信息化部

发展改革委

2014 年 1 月 28 日

关于严格控制重点区域燃煤发电项目规划
建设有关要求的通知

《国务院关于印发大气污染防治行动计划的通知》（国发[2013]37号，以下简称《行动计划》）明确"京津冀、长三角、珠三角区域（以下简称'重点区域'）力争实现煤炭消费总量负增长"，严格控制重点区域燃煤发电项目建设。为做好此项工作，现就有关要求通知如下：

一、充分认识大气污染防治工作的重要意义，坚决把《行动计划》落实到重点区域燃煤发电项目的规划布局、前期工作和建设运行等各个环节，严格控制重点区域建设燃煤发电项目，将煤炭等量替代纳入燃煤发电项目环境影响评价、节能评估审查工作范畴。重点区域包括北京市、天津市、河北省、江苏省、浙江省、上海市和广东省九地市（广州、深圳、珠海、佛山、江门、肇庆、惠州、东莞和中山）。

二、已纳入国家电力建设规划的燃煤发电项目，在《行动计划》印发前取得环评、能评批复的，经由省级人民政府主管部门书面承诺投产前落实煤炭等量替代后，可按企业投资项目核准暂行办法的有关规定报送核准。未取得环评批复的，在报送环评审批前，应明确煤炭替代方案；或由项目所在地省级政府主管部门提出不再纳入国家电力建设规划的建议。项目建成后耗煤量纳入全省煤炭消费总量统一控制。

三、根据《行动计划》要求，重点区域未来发电装机缺口主要通过接受区外来电、建设非化石能源发电等方式解决。重点区域新建项目禁止配套建设自备燃煤电站。除热电联产外，禁止审批新建燃煤发电项目。现有多台燃煤机组装机容量合计达到30万千瓦以上的，实施煤炭等量替代后可建设为大容量燃煤发电机组，并优先在沿海地区布局。重点区域新建燃煤机组的能效水平要达到国际领先水平。

四、重点区域规划建设燃煤发电项目应严格实施煤炭等量替代。燃煤发电项目可在本省内跨行业进行煤量替代，替代来源应为2013年起采取措施形成的煤炭削减量。

五、燃煤发电项目煤炭消耗量按照机组装机容量与类型确定（详见附件）。作为替代来源的关停设施、煤改气等燃料替代设施，其用煤量按照燃煤设施近 3 年实际耗煤量的平均值核定；企业节能技改减少的耗煤量按照实际形成的节煤量核定。

六、燃煤发电项目环境影响报告书和节能评估报告书应包含煤炭替代方案，明确煤炭替代来源及替代削减量，并由省级政府主管部门出具初步核定意见。环评文件批复或项目核准后，项目建设内容发生变化并导致耗煤量改变的，除按原有规定办理外，须落实新的煤炭替代方案。

七、煤炭替代方案中，环评、能评文件批复前已实际完成的煤炭削减量应分别达到如下标准：达到现行燃机排放标准的燃煤发电项目不低于 25%；热电联产或超超临界燃煤发电项目不低于 35%；其余项目不低于 50%。各项目均应在投产前完成全部煤炭削减量。

八、省级人民政府作为煤炭替代管理的责任主体，应责成省级主管部门落实煤炭替代方案。加强燃煤发电项目煤炭替代落实情况的跟踪检查，严禁重复替代。加快燃煤电厂脱硫、脱硝、除尘设施建设和改造，按期达到排放标准，并强化后续环保设施运行监管。做好本省煤炭替代统计工作，记录煤炭替代项目、替代煤炭量等信息，并于每年 2 月底前向社会公告。

九、每年上半年环境保护部会同有关部门对各省（区、市）上年度投产的燃煤发电项目煤炭替代方案落实情况进行检查，检查结果纳入《行动计划》年度考核。对煤炭替代方案未落实的，予以通报批评，责令限期整改，并按有关规定严格责任追究。电网企业和工程竣工环保验收单位不得对其进行并网调度和环保验收。

十、重点区域新建项目配套建设自备燃煤电站或未按照煤炭替代有关要求违规建设燃煤发电项目的，暂停对所在省（市）燃煤发电项目的环评、能评审批，并追究有关人员责任。

特此通知。
附件：燃煤发电机组耗煤量指导值（略）

国家发展改革委
环境保护部
2014 年 3 月 11 日

国家能源局　环境保护部关于开展生物质成型燃料锅炉供热示范项目建设的通知

国能新能[2014]295号

各省（市、区）发展改革委、能源局，环保厅（局）：

为贯彻落实国务院大气污染防治行动计划，按照国家发展改革委、国家能源局、环境保护部关于能源行业加强大气污染防治工作方案（发改能源[2014]506号）的要求，发展生物质能供热，替代化石能源，构建城镇可再生能源体系，防治大气污染，促进新型城镇化建设，现组织开展生物质成型燃料锅炉供热示范项目建设。有关事项通知如下：

一、示范项目建设目标

当前，防治大气污染形势严峻，大量燃煤锅炉供热需用清洁能源替代。生物质成型燃料锅炉供热是低碳环保经济的分布式可再生能源供热方式，是替代燃煤燃重油等化石能源锅炉供热、应对大气污染的重要措施，发展空间和潜力较大。

2014—2015年，拟在全国范围内，特别是在京津冀鲁、长三角、珠三角等大气污染防治形势严峻、压减煤炭消费任务较重的地区，建设120个生物质成型燃料锅炉供热示范项目，总投资约50亿元。2014年启动建设，2015年建成。通过示范建设，达到以下目标：

（一）打造低碳的新型可再生能源热力产业。通过示范建设，打造以低碳为特征的新型分布式可再生能源热力产业。建立生物质原料收集运输、成型燃料生产、生物质锅炉建设和热力服务于一体的产业体系，扩大生物质成型燃料锅炉供热市场，培育一批新型企业，加快发展生物质能供热新型产业。示范项目建成后，新增产值80亿元。

（二）形成一定的可再生能源供热能力。示范项目建成后，替代化石能源供热

120 万吨标煤。其中，生物质成型燃料锅炉民用供热面积超过 600 万平方米，工业供热超过 1 800 蒸吨/小时，减少 CO_2 排放超过 500 万吨、SO_2 排放超过 5 万吨。

（三）探索生物质成型燃料锅炉供热应用方式及商业模式。通过示范建设，在 10 个及以上的县城或工业园区实现主要由生物质供热，建立专业化投资建设运营的商业模式，提高生物质成型燃料锅炉供热市场化水平。

（四）建立简便高效的管理体系。通过示范建设，建立能源行业管理部门与环保部门对生物质成型燃料锅炉供热的简便高效的管理体系，将成型燃料锅炉供热纳入商品能源统计体系。

二、示范项目条件

生物质成型燃料锅炉供热新建、扩建项目；或对原有化石能源锅炉的改造项目。满足以下条件：

（一）项目规模不低于 20 吨/小时（14 兆瓦），其中单台生物质成型燃料锅炉容量不低于 10 吨/小时（7 兆瓦），且所有锅炉在同一个县级行政区域或工业园区内，由同一个企业建设经营。项目应具备稳定的热负荷；

（二）项目所使用的燃料为利用农林剩余物为原料加工生产的生物质成型燃料，所用锅炉为专用生物质成型燃料锅炉且配置袋式除尘器；

（三）项目应采用专业化投资建设运营模式，鼓励专业经营生物质热力的企业投资建设生物质成型燃料锅炉系统并负责运营服务；

（四）项目锅炉污染物排放需满足相应的国家（地方）排放标准要求。示范项目应按以下要求严格控制排放：烟尘排放浓度小于 30 毫克/立方米，SO_2 排放浓度小于 50 毫克/立方米，NO_x 排放浓度小于 200 毫克/立方米。10 吨/小时及以上容量的锅炉应安装环保部门认可的污染物排放自动监测设备；

（五）项目应在 2015 年 6 月底前完成备案手续，2015 年底前建成（或完成改造）投运。

三、示范项目管理程序

各省（区、市）发展改革委、能源局会同省级环保部门组织上报本地区生物质能供热示范项目，并组织项目实施，以及对项目运行的监管。

（一）组织示范项目。

各省（区、市）发展改革委、能源局应按照示范项目条件，组织具有良好示范效应、经济性较好、投资业主实力较强的项目，作为示范项目，并组织备案。2015 年 6 月底前，完成所有项目的备案手续。根据环境保护部办公厅、国家能源局综合司、商务部办公厅印发的《关于实施联合国开发计划署-中国生物质颗粒燃料示范项目有关问题的通知》（环办[2014]28 号），支持其中符合条件的项目纳入本示范项目。

（二）上报示范项目。

完成备案后，省级发展改革委、能源局应及时组织项目业主编制示范项目申请报告（申请报告编制大纲见附件 1）。

省级发展改革委、能源局会同省级环保主管部门对拟上报的项目进行初步审核，汇总示范项目情况，形成示范项目申请文件（申请文件大纲见附件 2），联合行文上报国家能源局、环境保护部。

（三）审查下达示范项目计划。

国家能源局、环境保护部对各地上报的示范项目进行审查，可委托中介机构或组织专家进行审查。对通过审查的项目，国家能源局、环境保护部联合发文下达示范项目计划。根据各地上报项目以及组织审查的情况，可分批下达示范项目计划。

（四）组织示范项目实施。

省级发展改革委、能源局牵头组织实施示范项目。省级环保主管部门加强对项目建设期间的环保监管，确保环保设施及监控设施安装到位。示范项目应于2015 年底前完成竣工验收。项目单位应及时向省级发展改革委、能源局提出竣工验收申请，省级发展改革委、能源局会同省级环保主管部门及时组织开展验收，未通过验收的，取消示范项目称号。全部项目完成竣工验收后，省级发展改革委、能源局会同省级环保主管部门编制完成示范项目验收总结报告（示范项目验收总结报告大纲见附件 3），联合上报国家能源局、环境保护部。

（五）示范项目运行监管。

省级发展改革委、能源局会同省级环保主管部门加强对示范项目建成后的运行监管。示范项目单位应于每年 6 月底、12 月底前上报项目运行情况报告，省级发展改革委、能源局汇总后形成示范项目总体运行情况报告，每年底前向国家能源局上报（示范项目运行情况报告大纲见附件 4）。

省级环保主管部门组织加强对示范项目的环保监管，开展大气污染物排放监测。对污染物排放不满足环保要求的项目，省级发展改革委、能源局会同省级环保主管部门提出取消示范项目的意见，上报国家能源局、环境保护部。国家能源局、环境保护部核实确认后，取消示范项目称号。

四、保障措施

（一）各省（区、市）发展改革委、能源局及各省级环保部门要将生物质成型燃料锅炉供热作为压减煤炭消费、淘汰燃煤锅炉以及秸秆禁烧的重要工作任务，纳入大气污染防治工作部署和考核体系，加强示范项目建设的组织领导。

（二）各省（区、市）发展改革委、能源局及各省级环保部门要积极推动生物质成型燃料锅炉供热在化工、机械、医药、食品、饮料、造纸、印染等用热消费大的工业领域以及民用供暖的应用，优先在这些领域开展示范项目建设。

（三）省级发展改革委、能源局会同省级环保部门，积极协调解决项目组织、建设和运行过程中的问题和困难，推动项目顺利实施和发挥效益。

（四）示范项目建成投运并经验收合格后，国家可再生能源基金将给予一定的奖励补助。

请各省级发改委、能源局及省级环保部门按照以上要求，组织生物质成型燃料锅炉供热示范项目，并请于 2014 年底前和 2015 年 6 月底前，分两批示范项目，联合上报国家能源局、环境保护部。

附件：

附件 1：生物质成型燃料锅炉供热示范项目 申请报告编制大纲

附件 2：生物质成型燃料锅炉供热示范项目 申请文件起草大纲

附表 1：××省（区、市）生物质成型燃料锅炉供热示范项目情况汇总表

附件 3：生物质成型燃料锅炉供热示范项目 验收总结报告大纲

附件 4：生物质成型燃料锅炉供热示范项目 运行情况报告大纲

附表 2：××省（区、市）生物质成型燃料锅炉供热示范项目运营情况表

国家能源局

环境保护部

2014 年 6 月 18 日

附件 1

生物质成型燃料锅炉供热示范项目
申请报告编制大纲

一、示范项目申请报告正文部分

1．概述。简要介绍项目名称、类型、项目业主、项目建设单位、建设地址、供热方式、供热面积或工业热负荷、投资、建设规模等。

2．项目业主或项目建设运营服务单位。简要介绍项目业主资产情况、主营业务、生物质能供热领域业绩和技术力量等；简要介绍专业化生物质锅炉供热建设运营单位情况、主营业务、生物质能供热领域业绩和技术力量等。

3．生物质能资源评价。介绍项目建设地址周边生物质资源情况、可获得量、能否满足项目用量需求。

4．热负荷。详细介绍项目热负荷类型（居民/商业采暖，工业供热）、现状供热方式、热负荷增长预测、项目设计热负荷和供热方式等。

5．建设条件。介绍项目的土地、水源、交通运输、供热管网等建设条件情况。

6．建设内容。介绍项目的锅炉台数、规模、供热方式、配套设施、供热管网等主要建设内容。

7．项目投资分析。简要介绍项目投资、资金筹措方案、经济评价主要结论（如项目内部收益率等）。

8．环境影响评价。介绍项目大气污染物排放情况（包括烟尘、SO_2、NO_x 等）以及项目大气污染治理、废水治理、灰渣治理及综合利用、噪声治理、粉尘治理等措施。

9．社会效益评价。测算项目建成后年节约供热标煤量、年减少 CO_2 等温室气体排放量、年减少烟尘、SO_2、氮氧化物等污染物排放量，以及项目对促进当地经济发展的贡献。

二、示范项目申请报告附件部分

1．项目可行性研究报告。

2．项目的备案文件。

3．项目环境影响评价报告（表）的批复文件。

4．项目其他支持性文件。

附件2

生物质成型燃料锅炉供热示范项目
申请文件起草大纲

一、总体情况

项目基本情况。项目总数、锅炉总数、锅炉总容量、总投资、工业热负荷、民用总供热面积等。

项目符合示范条件情况。项目是否完成备案；项目环评批复等支持性文件是否齐备；项目热负荷、大气污染物排放水平、建设进度等条件是否符合示范要求。

二、项目简介

简要介绍每个申报示范项目的情况，包括项目类型（新建/扩建/改造）、锅炉容量、建设地址、计划开工和投产日期、项目法人或项目建设运营单位、锅炉类型、工业供热负荷或民用供热面积、年供热量、年消耗生物质成型燃料量、总投资等情况，以及项目是否完成备案、是否取得环评批复等。填写附表1。

三、附件

每个项目的示范项目申请报告及附件。

附表 1：××省（区、市）生物质成型燃料锅炉供热示范项目情况汇总表

序号	项目名称	项目类型	项目业主	项目锅炉系统建设运营单位	热负荷		总投资/万元	供热建设内容	备案文号	预计供热投产日期	年耗生物质成型燃料量/吨	新增供热量		项目所在地的大气污染物排放标准/（毫克/立方米）			项目大气污染物排放浓度设计值/（毫克/立方米）		
					工业热负荷/（吨/小时）	居民供暖面积/万平米						万GJ	折合万吨标准煤	烟尘	SO$_2$	NO$_x$	烟尘	SO$_2$	NO$_x$
1																			
2																			
...																			
合计	—	—		—			—	—	—		—								

注："项目类型"一栏选填"新建生物质成型燃料锅炉、扩建生物质成型燃料锅炉、燃煤锅炉改生物质成型燃料锅炉、燃重油锅炉改生物质成型燃料锅炉、其他锅炉改生物质成型燃料锅炉"中一项。

附件 3

生物质成型燃料锅炉供热示范项目
验收总结报告大纲

一、验收总体情况

本省（区、市）生物质成型燃料锅炉供热示范项目总数、和建设规模；完成竣工验收项目数、具体项目名称、类型、建设规模和竣工验收日期等。

二、单个示范项目验收情况

分项目说明以下情况：

（一）项目基本情况。包括项目名称、所在县（市）、项目类型、主要建设内容、项目投资、设计单位、施工单位、监理单位、开工时间、竣工时间等；

（二）项目竣工建成规模，有无变更建设内容和建设标准等情况；

（三）项目投资情况，实际投资与项目概算的差异情况，超支的情况和原因；

（四）工程质量情况；建设工期情况，如建设工期延长，需说明原因；施工实施情况；监理简要情况；

（五）环境保护三同时验收情况；

（六）竣工决算报告编制情况；

（七）项目验收结论，包括项目是否通过验收，是否达到竣工验收交付生产（使用）的要求等。

三、验收总结

说明本省（区、市）生物质成型燃料锅炉供热示范项目按时完成（即 2015 年底前完成）竣工验收的项目数、比例及具体项目名称，延期完成竣工验收的项目数、比例、具体项目名称。评价项目建设和竣工验收进度是否符合预期。如项目建设进度偏慢，则需分析主要原因。分析总结项目实施中出现的问题和困难，提出改进的措施和建议。

附件 4

生物质成型燃料锅炉供热示范项目
运行情况报告大纲

一、总体情况

本省（区、市）生物质成型燃料锅炉供热示范项目总数、已投产项目数、具体项目名称、类型和投产日期；半年（或一年）来项目的供热和经营概况，替代燃煤供热量，大气污染物排放水平等。

二、供热情况

分项目说明供热情况，包括总供热量、平均工业热负荷或民用供热面积、消耗生物质成型燃料量、主要污染物排放水平以及替代燃煤燃重油等化石能源供热量等。填报附表 2。

三、经营情况

分项目说明经营情况，包括经营利润、成型燃料平均收购价格、其他主要生产成本等情况。填报附表 2。

附表 2：××省（区、市）生物质成型燃料锅炉供热示范项目运营情况表

填表时段：××年 1—6 月/1—12 月

序号	项目名称	项目类型	项目业主	项目锅炉系统建设运营单位	热负荷		年度累计耗生物质成型燃料/吨	供热量		项目实际大气污染物排放浓度/（毫克/立方米）			成型燃料到厂价格（元/吨）	年度累计经营收入/万元	年度累计经营利润/万元
					工业热负荷/（吨/小时）	居民供暖面积/万平米		万吉焦	折合万吨标准煤	烟尘	SO₂	NOₓ			
1															
2															
……															
合计	—	—	—	—			—						—		

注："项目类型"一栏选填"新建生物质成型燃料锅炉供热、扩建生物质成型燃料锅炉供热、燃煤锅炉改生物质成型燃料锅炉、燃重油锅炉改生物质成型燃料锅炉、其他锅炉改生物质成型燃料锅炉"中一项。

四、运营面临的主要困难和问题

从运行技术、市场需求、生产成本、经营利润、财税政策等多方面分析说明示范项目运营过程中面临的主要困难和问题。

五、主要建议

从改善项目经营状况，以及促进行业可持续健康发展等方面提出意见建议。

关于印发《煤电节能减排升级与改造行动计划（2014—2020 年）》的通知

发改能源[2014]2093 号

各省、自治区、直辖市、新疆生产建设兵团发展改革委（经信委、经委、工信厅）、环保厅、能源局，国家电网公司、南方电网公司，华能、大唐、华电、国电、中电投集团公司，神华集团、中煤集团、国投公司、华润集团，中国国际工程咨询公司、电力规划设计总院：

为贯彻中央财经领导小组第六次会议和国家能源委员会第一次会议精神，落实《国务院办公厅关于印发能源发展战略行动计划（2014—2020 年）的通知》（国办发[2014]31 号）要求，加快推动能源生产和消费革命，进一步提升煤电高效清洁发展水平，特制定了《煤电节能减排升级与改造行动计划（2014—2020 年）》，现印发你们，请按照执行。

附件：《煤电节能减排升级与改造行动计划（2014—2020 年）》

国家发展改革委
环 境 保 护 部
国 家 能 源 局
2014 年 9 月 12 日

附件

煤电节能减排升级与改造行动计划
（2014—2020 年）

为贯彻中央财经领导小组第六次会议和国家能源委员会第一次会议精神，落实《国务院办公厅关于印发能源发展战略行动计划（2014—2020 年）的通知》（国办发[2014]31 号）要求，加快推动能源生产和消费革命，进一步提升煤电高效清洁发展水平，制定本行动计划。

一、指导思想和行动目标

（一）指导思想。全面落实"节约、清洁、安全"的能源战略方针，推行更严格能效环保标准，加快燃煤发电升级与改造，努力实现供电煤耗、污染排放、煤炭占能源消费比重"三降低"和安全运行质量、技术装备水平、电煤占煤炭消费比重"三提高"，打造高效清洁可持续发展的煤电产业"升级版"，为国家能源发展和战略安全夯实基础。

（二）行动目标。全国新建燃煤发电机组平均供电煤耗低于 300 克标准煤/千瓦时（以下简称"克/千瓦时"）；东部地区新建燃煤发电机组大气污染物排放浓度基本达到燃气轮机组排放限值，中部地区新建机组原则上接近或达到燃气轮机组排放限值，鼓励西部地区新建机组接近或达到燃气轮机组排放限值。

到 2020 年，现役燃煤发电机组改造后平均供电煤耗低于 310 克/千瓦时，其中现役 60 万千瓦及以上机组（除空冷机组外）改造后平均供电煤耗低于 300 克/千瓦时。东部地区现役 30 万千瓦及以上公用燃煤发电机组、10 万千瓦及以上自备燃煤发电机组以及其他有条件的燃煤发电机组，改造后大气污染物排放浓度基本达到燃气轮机组排放限值。

在执行更严格能效环保标准的前提下，到 2020 年，力争使煤炭占一次能源消费比重下降到 62% 以内，电煤占煤炭消费比重提高到 60% 以上。

二、加强新建机组准入控制

（三）严格能效准入门槛。新建燃煤发电项目（含已纳入国家火电建设规划且具备变更机组选型条件的项目）原则上采用 60 万千瓦及以上超超临界机组，100 万千瓦级湿冷、空冷机组设计供电煤耗分别不高于 282、299 克/千瓦时，60 万千瓦级湿冷、空冷机组分别不高于 285、302 克/千瓦时。

30 万千瓦及以上供热机组和 30 万千瓦及以上循环流化床低热值煤发电机组原则上采用超临界参数。对循环流化床低热值煤发电机组，30 万千瓦级湿冷、空冷机组设计供电煤耗分别不高于 310、327 克/千瓦时，60 万千瓦级湿冷、空冷机组分别不高于 303、320 克/千瓦时。

（四）严控大气污染物排放。新建燃煤发电机组（含在建和项目已纳入国家火电建设规划的机组）应同步建设先进高效脱硫、脱硝和除尘设施，不得设置烟气旁路通道。东部地区（辽宁、北京、天津、河北、山东、上海、江苏、浙江、福建、广东、海南等 11 省市）新建燃煤发电机组大气污染物排放浓度基本达到燃气轮机组排放限值（即在基准氧含量 6%条件下，烟尘、二氧化硫、氮氧化物排放浓度分别不高于 10、35、50 毫克/立方米），中部地区（黑龙江、吉林、山西、安徽、湖北、湖南、河南、江西 8 省）新建机组原则上接近或达到燃气轮机组排放限值，鼓励西部地区新建机组接近或达到燃气轮机组排放限值。支持同步开展大气污染物联合协同脱除，减少三氧化硫、汞、砷等污染物排放。

（五）优化区域煤电布局。严格按照能效、环保准入标准布局新建燃煤发电项目。京津冀、长三角、珠三角等区域新建项目禁止配套建设自备燃煤电站。耗煤项目要实行煤炭减量替代。除热电联产外，禁止审批新建燃煤发电项目；现有多台燃煤机组装机容量合计达到 30 万千瓦以上的，可按照煤炭等量替代的原则建设为大容量燃煤机组。

统筹资源环境等因素，严格落实节能、节水和环保措施，科学推进西部地区锡盟、鄂尔多斯、晋北、晋中、晋东、陕北、宁东、哈密、准东等大型煤电基地开发，继续扩大西部煤电东送规模。中部及其他地区适度建设路口电站及负荷中心支撑电源。

（六）积极发展热电联产。坚持"以热定电"，严格落实热负荷，科学制定热电联产规划，建设高效燃煤热电机组，同步完善配套供热管网，对集中供热范围内的分散燃煤小锅炉实施替代和限期淘汰。到 2020 年，燃煤热电机组装机容量占煤电总装机容量比重力争达到 28%。

在符合条件的大中型城市，适度建设大型热电机组，鼓励建设背压式热电机组；在中小型城市和热负荷集中的工业园区，优先建设背压式热电机组；鼓励发展热电冷多联供。

（七）有序发展低热值煤发电。严格落实低热值煤发电产业政策，重点在主要煤炭生产省区和大型煤炭矿区规划建设低热值煤发电项目，原则上立足本地消纳，合理规划建设规模和建设时序。禁止以低热值煤发电名义建设常规燃煤发电项目。

根据煤矸石、煤泥和洗中煤等低热值煤资源的利用价值，选择最佳途径实现综合利用，用于发电的煤矸石热值不低于 5 020 千焦（1 200 千卡）/千克。以煤矸石为主要燃料的，入炉燃料收到基热值不高于 14 640 千焦（3 500 千卡）/千克，具备条件的地区原则上采用 30 万千瓦级及以上超临界循环流化床机组。低热值煤发电项目应尽可能兼顾周边工业企业和居民集中用热需求。

三、加快现役机组改造升级

（八）深入淘汰落后产能。完善火电行业淘汰落后产能后续政策，加快淘汰以下火电机组：单机容量 5 万千瓦及以下的常规小火电机组；以发电为主的燃油锅炉及发电机组；大电网覆盖范围内，单机容量 10 万千瓦级及以下的常规燃煤火电机组、单机容量 20 万千瓦级及以下设计寿命期满和不实施供热改造的常规燃煤火电机组；污染物排放不符合国家最新环保标准且不实施环保改造的燃煤火电机组。鼓励具备条件的地区通过建设背压式热电机组、高效清洁大型热电机组等方式，对能耗高、污染重的落后燃煤小热电机组实施替代。2020 年前，力争淘汰落后火电机组 1 000 万千瓦以上。

（九）实施综合节能改造。因厂制宜采用汽轮机通流部分改造、锅炉烟气余热回收利用、电机变频、供热改造等成熟适用的节能改造技术，重点对 30 万千瓦和 60 万千瓦等级亚临界、超临界机组实施综合性、系统性节能改造，改造后供电煤耗力争达到同类型机组先进水平。20 万千瓦级及以下纯凝机组重点实施供热改造，优先改造为背压式供热机组。力争 2015 年前完成改造机组容量 1.5 亿千瓦，"十三五"期间完成 3.5 亿千瓦。

（十）推进环保设施改造。重点推进现役燃煤发电机组大气污染物达标排放环保改造，燃煤发电机组必须安装高效脱硫、脱硝和除尘设施，未达标排放的要加快实施环保设施改造升级，确保满足最低技术出力以上全负荷、全时段稳定达标排放要求。稳步推进东部地区现役 30 万千瓦及以上公用燃煤发电机组和有条件的 30 万千瓦以下公用燃煤发电机组实施大气污染物排放浓度基本达到燃气轮机组排放限值的环保改造，2014 年启动 800 万千瓦机组改造示范项目，2020 年前力争完成改造机组容量 1.5 亿千瓦以上。鼓励其他地区现役燃煤发电机组实施大气污染物排放浓度达到或接近燃气轮机组排放限值的环保改造。

因厂制宜采用成熟适用的环保改造技术，除尘可采用低（低）温静电除尘器、电袋除尘器、布袋除尘器等装置，鼓励加装湿式静电除尘装置；脱硫可实施脱硫装置增容改造，必要时采用单塔双循环、双塔双循环等更高效率脱硫设施；脱硝可采用低氮燃烧、高效率 SCR（选择性催化还原法）脱硝装置等技术。

（十一）强化自备机组节能减排。对企业自备电厂火电机组，符合第（八）条淘汰条件的，企业应实施自主淘汰；供电煤耗高于同类型机组平均水平 5 克/千瓦时及以上的自备燃煤发电机组，应加快实施节能改造；未实现大气污染物达标排放的自备燃煤发电机组要加快实施环保设施改造升级；东部地区 10 万千瓦及以上自备燃煤发电机组要逐步实施大气污染物排放浓度基本达到燃气轮机组排放限值的环保改造。

在气源有保障的条件下，京津冀区域城市建成区、长三角城市群、珠三角区域到 2017 年基本完成自备燃煤电站的天然气替代改造任务。

四、提升机组负荷率和运行质量

（十二）优化电力运行调度方式。完善调度规程规范，加强调峰调频管理，优先采用有调节能力的水电调峰，充分发挥抽水蓄能电站、天然气发电等调峰电源作用，探索应用储能调峰等技术。

合理确定燃煤发电机组调峰顺序和深度，积极推行轮停调峰，探索应用启停调峰方式，提高高效环保燃煤发电机组负荷率。完善调峰调频辅助服务补偿机制，探索开展辅助服务市场交易，对承担调峰任务的燃煤发电机组适当给予补偿。

完善电网备用容量管理办法，在区域电网内统筹安排系统备用容量，充分发挥电力跨省区互济、电量短时互补能力。合理安排各类发电机组开机方式，在确保电网安全的前提下，最大限度降低电网旋转备用容量。支持有条件的地区试点实行由"分机组调度"调整为"分厂调度"。

（十三）推进机组运行优化。加强燃煤发电机组综合诊断，积极开展运行优化试验，科学制定优化运行方案，合理确定运行方式和参数，使机组在各种负荷范围内保持最佳运行状态。扎实做好燃煤发电机组设备和环保设施运行维护，提高机组安全健康水平和设备可用率，确保环保设施正常运行。

（十四）加强电煤质量和计量控制。发电企业要加强燃煤采购管理，鼓励通过"煤电一体化"、签订长期合同等方式固定主要煤源，保障煤质与设计煤种相符，鼓励采用低硫分低灰分优质燃煤；加强入炉煤计量和检质，严格控制采制化偏差，保证煤耗指标真实可信。

限制高硫分高灰分煤炭的开采和异地利用，禁止进口劣质煤炭用于发电。煤炭企业要积极实施动力煤优质化工程，按要求加快建设煤炭洗选设施，积极采用筛分、配煤等措施，着力提升动力煤供应质量。

（十五）促进网源协调发展。加快推进"西电东送"输电通道建设，强化区域主干电网，加强区域电网内省间电网互联，提升跨省区电力输送和互济能力。完善电网结构，实现各电压等级电网协调匹配，保证各类机组发电可靠上网和送出。积极推进电网智能化发展。

（十六）加强电力需求侧管理。健全电力需求侧管理体制机制，完善峰谷电价政策，鼓励电力用户利用低谷电力。积极采用移峰、错峰等措施，减少电网调峰需求。引导电力用户积极采用节电技术产品，优化用电方式，提高电能利用效率。

五、推进技术创新和集成应用

（十七）提升技术装备水平。进一步加大对煤电节能减排重大关键技术和设备研发支持力度，通过引进与自主开发相结合，掌握最先进的燃煤发电除尘、脱硫、脱硝和节能、节水、节地等技术。

以高温材料为重点，全面掌握拥有自主知识产权的600℃超超临界机组设计、制造技术，加快研发 700℃超超临界发电技术。推进二次再热超超临界发电技术示范工程建设。扩大整体煤气化联合循环（IGCC）技术示范应用，提高国产化水平和经济性。适时开展超超临界循环流化床机组技术研究。推进亚临界机组改造为超（超）临界机组的技术研发。进一步提高电站辅机制造水平，推进关键配套设备国产化。深入研究碳捕集与封存（CCS）技术，适时开展应用示范。

（十八）促进工程设计优化。制（修）订燃煤发电产业政策、行业标准和技术规程，规范和指导燃煤发电项目工程设计。支持地方制定严于国家标准的火电厂大气污染物排放地方标准。强化燃煤发电项目后评价，加强工程设计和建设运营经验反馈，提高工程设计优化水平。积极推行循环经济设计理念，加强粉煤灰等资源综合利用。

（十九）推进技术集成应用。加强企业技术创新体系建设，推动产学研联合，支持电力企业与高校、科研机构开展煤电节能减排先进技术创新。积极推进煤电节能减排先进技术集成应用示范项目建设，创建一批重大技术攻关示范基地，以工程项目为依托，推进科研创新成果产业化。积极开展先进技术经验交流，实现技术共享。

六、完善配套政策措施

（二十）促进节能环保发电。兼顾能效和环保水平，分配上网电量应充分考虑机组大气污染物排放水平，适当提高能效和环保指标领先机组的利用小时数。对大气污染物排放浓度接近或达到燃气轮机组排放限值的燃煤发电机组，可在一定期限内增加其发电利用小时数。对按要求应实施节能环保改造但未按期完成的，可适当降低其发电利用小时数。

（二十一）实行煤电节能减排与新建项目挂钩。能效和环保指标先进的新建燃煤发电项目应优先纳入各省（区、市）年度火电建设方案。对燃煤发电能效和环保指标先进、积极实施煤电节能减排升级与改造并取得显著成效的企业，各省级能源主管部门应优先支持其新建项目建设；对燃煤发电能效和环保指标落后、煤电节能减排升级与改造任务完成较差的企业，可限批其新建项目。

对按煤炭等量替代原则建设的燃煤发电项目，同地区现役燃煤发电机组节能改造形成的节能量（按标准煤量计算）可作为煤炭替代来源。现役燃煤发电机组按照接近或达到燃气轮机组排放限值实施环保改造后，腾出的大气污染物排放总量指标优先用于本企业在同地区的新建燃煤发电项目。

（二十二）完善价格税费政策。完善燃煤发电机组环保电价政策，研究对大气污染物排放浓度接近或达到燃气轮机组排放限值的燃煤发电机组电价支持政策。鼓励各地因地制宜制定背压式热电机组税费支持政策，加大支持力度。

对大气污染物排放浓度接近或达到燃气轮机组排放限值的燃煤发电机组，各地可因地制宜制定税收优惠政策。支持有条件的地区实行差别化排污收费政策。

（二十三）拓宽投融资渠道。统筹运用相关资金，对煤电节能减排重大技术研发和示范项目建设适当给予资金补贴。鼓励民间资本和社会资本进入煤电节能减排领域。引导银行业金融机构加大对煤电节能减排项目的信贷支持。

支持发电企业与有关技术服务机构合作，通过合同能源管理等方式推进燃煤发电机组节能环保改造。对已开展排污权、碳排放、节能量交易的地区，积极支持发电企业通过交易筹集改造资金。

七、抓好任务落实和监管

（二十四）明确政府部门责任。国家发展改革委、环境保护部、国家能源局会同有关部门负责全国煤电节能减排升级与改造工作的总体指导、协调和监管监督，分类明确各省（区、市）、中央发电企业煤电节能减排升级与改造目标任务。国家发展改革委、国家能源局重点加强对燃煤发电节能工作的指导、协调和监管，环境保护部、国家能源局重点加强对燃煤发电污染物减排工作的指导、协调和监督。

各省（区、市）有关主管部门，要及时制定本省（区、市）行动计划，组织各地方和电厂制定具体实施方案，完善政策措施，加强督促检查。国家能源局派出机构会同省级节能主管部门、环保部门等单位负责对各地区、各企业煤电节能减排升级与改造工作实施监管。各级有关部门要密切配合、加强协调、齐抓共管，形成工作合力。

（二十五）强化企业主体责任。各发电企业是本企业煤电节能减排升级与改造工作的责任主体，要按照国家和省级有关部门要求，细化制定本企业行动计划，加强内部管理，加大资金投入，确保完成目标任务。中央发电企业要积极发挥表率作用，及时将国家明确的目标任务分解落实到具体地方和电厂，力争提前完成，确保燃煤发电机组能效环保指标达到先进水平。

各级电网企业要切实做好优化电力调度、完善电网结构、加强电力需求侧管理、落实有关配套政策等工作，积极创造有利条件，保障各地区、各发电企业煤电节能减排升级与改造工作顺利实施。

（二十六）实行严格检测评估。新建燃煤发电机组建成后，企业应按规程及时进行机组性能验收试验，并将验收试验报告等相关资料报送国家能源局派出机构和所在省（区、市）有关部门。现役燃煤发电机组节能改造实施前，电厂应制定具体改造方案，改造完成后由所在省（区、市）有关部门组织有资质的中介机构进行现场评估并确认节能量，评估报告同时抄送国家能源局派出机构。省（区、市）有关部门可视情况进行现场抽查。

新建燃煤发电机组建成投运和现役机组实施环保改造后，环保部门应及时组织环保专项验收，检测大气污染物排放水平，确保检测数据科学准确，并对实施改造的机组进行污染物减排量确认。

（二十七）严格目标任务考核。国家发展改革委、环境保护部、国家能源局会同有关部门制定考核办法，每年对各省（区、市）、中央发电企业上年度煤电节能减排升级与改造目标任务完成情况进行考核，考核结果及时向社会公布。对目标任务完成较差的省（区、市）和中央发电企业，将予以通报并约谈其有关负责人。各省（区、市）有关部门可因地制宜制定对各地方、各企业的考核办法。

（二十八）实施有效监管检查。国家发展改革委、环境保护部、国家能源局会同有关部门开展煤电节能减排升级与改造专项监管和现场检查，形成专项报告向社会公布。省级环保部门、国家能源局派出机构要加强对燃煤发电机组烟气排放连续监测系统（CEMS）建设与运行情况及主要污染物排放指标的监管。各级环保部门要加大环保执法检查力度。

对存在弄虚作假、擅自停运环保设施等重大问题的，要约谈其主要负责人，限期整改并追缴其违规所得；存在违法行为的，要依法查处并追究相关人员责任。对存在节能环保发电调度实施不力、安排调频调峰和备用容量不合理、未充分发挥抽水蓄能电站等调峰电源作用、未有效实施电力需求侧管理等问题的电网企业，要约谈其主要负责人并限期整改。

（二十九）积极推进信息公开。国家能源局会同有关部门、行业协会等单位，建立健全煤电节能减排信息平台，制定信息公开办法。对新建燃煤发电项目，负责审批的节能主管部门、环保部门要主动公开其节能评估和环境影响评价信息，接受社会监督。

（三十）发挥社会监督作用。充分利用12398能源监管投诉举报电话，畅通投诉举报渠道，发挥社会监督作用促进煤电节能减排升级与改造工作顺利开展。国家能源局各派出机构要依据职责和有关规定，及时受理、处理群众投诉举报事项，及时通报有关情况；对违规违法行为，要及时移交稽查，依法处理。

附件：

1. 典型常规燃煤发电机组供电煤耗参考值
2. 燃煤电厂节能减排主要参考技术

附件1

典型常规燃煤发电机组供电煤耗参考值

单位：克/千瓦时

机组类型		新建机组设计供电煤耗	现役机组生产供电煤耗	
			平均水平	先进水平
100万千瓦级超超临界	湿冷	282	290	285
	空冷	299	317	302
60万千瓦级超超临界	湿冷	285	298	290
	空冷	302	315	307
60万千瓦级超临界	湿冷	303（循环流化床）	306	297
	空冷	320（循环流化床）	325	317

机组类型		新建机组 设计供电煤耗	现役机组生产供电煤耗	
			平均水平	先进水平
60 万千瓦级 亚临界	湿冷	—	320	315
	空冷	—	337	332
30 万千瓦级 超临界	湿冷	310（循环流化床）	318	313
	空冷	327（循环流化床）	338	335
30 万千瓦级 亚临界	湿冷	—	330	320
	空冷	—	347	337

注：不含燃用无烟煤的火焰锅炉机组。

附件 2

燃煤电厂节能减排主要参考技术

序号	技术名称	技术原理及特点	节能减排效果	成熟程度及 适用范围
一、新建机组设计优化和先进发电技术				
1	提高蒸汽参数	常规超临界机组汽轮机典型参数为 24.2 兆帕/566℃/566℃，常规超超临界机组典型参数为 25～26.25 兆帕/600℃/600℃。提高汽轮机进汽参数可直接提高机组效率，综合经济性、安全性与工程实际应用情况，主蒸汽压力提高至 27～28 兆帕，主蒸汽温度受主蒸汽压力提高与材料制约一般维持在 600℃，热再热蒸汽温度提高至 610℃或 620℃，可进一步提高机组效率	主蒸汽压力大于 27 兆帕时，每提高 1 兆帕进汽压力，降低汽机热耗 0.1% 左右。热再热蒸汽温度每提高 10℃，可降低热耗 0.15%。预计相比常规超超临界机组可降低供电煤耗 1.5～2.5 克/千瓦时	技术较成熟；适用于 66 万、100 万千瓦超临界机组设计优化
2	二次再热	在常规一次再热的基础上，汽轮机排汽二次进入锅炉进行再热。汽轮机增加超高压缸，超高压缸排汽为冷一次再热，其经过锅炉一次再热器加热后进入高压缸，高压缸排汽为冷二次再热，其经过锅炉二次再热器加热后进入中压缸	比一次再热机组热效率高出 2%～3%，可降低供电煤耗 8～10 克/千瓦时	技术较成熟；美国、德国、日本、丹麦等国家部分 30 万千瓦以上机组已有应用。国内有 100 万千瓦二次再热技术示范工程

序号	技术名称	技术原理及特点	节能减排效果	成熟程度及适用范围
3	管道系统优化	通过适当增大管径、减少弯头、尽量采用弯管和斜三通等低阻力连接件等措施，降低主蒸汽、再热、给水等管道阻力	机组热效率提高0.1%～0.2%，可降低供电煤耗0.3～0.6克/千瓦时	技术成熟；适于各级容量机组
4	外置蒸汽冷却器	超超临界机组高加抽汽由于抽汽温度高，往往具有较大过热度，通过设置独立外置蒸汽冷却器，充分利用抽汽过热焓，提高回热系统热效率	预计可降低供电煤耗约0.5克/千瓦时	技术较成熟；适用于66、100万千瓦超超临界机组
5	低温省煤器	在除尘器入口或脱硫塔入口设置1级或2级串联低温省煤器，采用温度范围合适的部分凝结水回收烟气余热，降低烟气温度从而降低体积流量，提高机组热效率，降低引风机电耗	预计可降低供电煤耗1.4～1.8克/千瓦时	技术成熟；适用于30～100万千瓦各类型机组
6	700℃超超临界	在新的镍基耐高温材料研发成功后，蒸汽参数可提高至700℃，大幅提高机组热效率	供电煤耗预计可达到246克/千瓦时	技术研发阶段

二、现役机组节能改造技术

序号	技术名称	技术原理及特点	节能减排效果	成熟程度及适用范围
7	汽轮机通流部分改造	对于13.5、20万千瓦汽轮机和2000年前投运的30万和60万千瓦亚临界汽轮机，通流效率低，热耗高。采用全三维技术优化设计汽轮机通流部分，采用新型高效叶片和新型汽封技术改造汽轮机，节能提效效果明显	预计可降低供电煤耗10～20克/千瓦时	技术成熟；适用于13.5万～60万千瓦各类型机组
8	汽轮机间隙调整及汽封改造	部分汽轮机普遍存在汽缸运行效率较低、高压缸效率随运行时间增加不断下降的问题，主要原因是汽轮机通流部分不完善、汽封间隙大、汽轮机内缸接合面漏汽严重、存在级间漏汽和蒸汽短路现象。通过汽轮机本体技术改造，提高运行缸效率，节能提效效果显著	预计可降低供电煤耗2～4克/千瓦时	技术成熟；适用于30～60万千瓦各类型机组
9	汽机主汽滤网结构型式优化研究	为减少主再热蒸汽固体颗粒和异物对汽轮机通流部分的损伤，主再热蒸汽阀门均装有滤网。常见滤网孔径均为$\varphi 7$，已开有倒角。但滤网结构及孔径大小需进一步研究	可减少蒸汽压降和热耗，暂无降低供电煤耗估算值	技术成熟；适于各级容量机组

序号	技术名称	技术原理及特点	节能减排效果	成熟程度及适用范围
10	锅炉排烟余热回收利用	在空预器之后、脱硫塔之前烟道的合适位置通过加装烟气冷却器，用来加热凝结水、锅炉送风或城市热网低温回水，回收部分热量，从而达到节能提效、节水效果	采用低压省煤器技术，若排烟温度降低30℃，机组供电煤耗可降低1.8克/千瓦时，脱硫系统耗水量减少70%	技术成熟；适用于排烟温度比设计值偏高20℃以上的机组
11	锅炉本体受热面及风机改造	锅炉普遍存在排烟温度高、风机耗电高，通过改造，可降低排烟温度和风机电耗。具体措施包括：一次风机、引风机、增压风机叶轮改造或变频改造；锅炉受热面或省煤器改造	预计可降低煤耗1.0～2.0克/千瓦时	技术成熟；适用于30万千瓦亚临界机组、60万千瓦亚临界机组和超临界机组
12	锅炉运行优化调整	电厂实际燃用煤种与设计煤种差异较大时，对锅炉燃烧造成很大影响。开展锅炉燃烧及制粉系统优化试验，确定合理的风量、风粉比、煤粉细度等，有利于电厂优化运行	预计可降低供电煤耗0.5～1.5克/千瓦时	技术成熟；现役各级容量机组可普遍采用
13	电除尘器改造及运行优化	根据典型煤种，选取不同负荷，结合吹灰情况等，在保证烟尘排放浓度达标的情况下，试验确定最佳的供电控制方式（除尘器耗电率最小）及相应的控制参数。通过电除尘器节电改造及运行优化调整，节电效果明显	预计可降低供电煤耗约2～3克/千瓦时	技术成熟；适用于现役30万千瓦亚临界机组、60万千瓦亚临界机组和超临界机组
14	热力及疏水系统改进	改进热力及疏水系统，可简化热力系统，减少阀门数量，治理阀门泄漏，取得良好节能提效效果	预计可降低供电煤耗2～3克/千瓦时	技术成熟；适用于各级容量机组
15	汽轮机阀门管理优化	通过对汽轮机不同顺序开启规律下配汽不平衡汽流力的计算，以及机组轴承载情况的综合分析，采用阀门开启顺序重组及优化技术，解决机组在投入顺序阀运行时的瓦温升高、振动异常问题，使机组能顺利投入顺序阀运行，从而提高机组的运行效率	预计可降低供电煤耗2～3克/千瓦时	技术成熟适用于20万千瓦以上机组

序号	技术名称	技术原理及特点	节能减排效果	成熟程度及适用范围
16	汽轮机冷端系统改进及运行优化	汽轮机冷端性能差，表现为机组真空低。通过采取技术改造措施，提高机组运行真空，可取得很好的节能提效效果	预计可降低供电煤耗 0.5～1.0 克/千瓦时	技术成熟；适用于 30 万千瓦亚临界机组、60 万千瓦亚临界机组和超临界机组
17	高压除氧器乏汽回收	将高压除氧器排氧阀排出的乏汽通过表面式换热器提高化学除盐水温度，温度升高后的化学除盐水补入凝汽器，可以降低过冷度，一定程度提高热效率	预计可降低供电煤耗约 0.5～1 克/千瓦时	技术成熟；适用于 10 万～30 万千瓦机组
18	取较深海水作为电厂冷却水	直流供水系统取、排水口的位置和型式应考虑水源特点，利于吸取冷水、温排水对环境的影响、泥沙冲淤和工程施工等因素。有条件时，宜取较深处水温较低的水。但取水水深和取排水口布置受航道、码头等因素影响较大	采用直流供水系统时，循环水温每降低 1℃，供电煤耗降低约 1 克/千瓦时	技术成熟；适于沿海电厂
19	脱硫系统运行优化	具体措施包括：①吸收系统（浆液循环泵、pH 值运行优化、氧化风量、吸收塔液位、石灰石粒径等）运行优化；②烟气系统运行优化；③公用系统（制浆、脱水等）运行优化；④采用脱硫添加剂。可提高脱硫效率、减少系统故障、降低系统能耗和运行成本、提高对煤种硫分的适应性	预计可降低供电煤耗约 0.5 克/千瓦时	技术成熟；适用于 30 万千瓦亚临界机组、60 万千瓦亚临界机组和超临界机组
20	凝结水泵变频改造	高压凝结水泵电机采用变频装置，在机组调峰运行可降低节流损失，达到提效节能效果	预计可降低供电煤耗约 0.5 克/千瓦时	技术成熟；在大量 30 万～60 万千瓦机组上得到推广应用
21	空气预热器密封改造	回转式空气预热器通常存在密封不良、低温腐蚀、积灰堵塞等问题，造成漏风率与烟风阻力增大，风机耗电增加。可采用先进的密封技术进行改造，使空气预热器漏风率控制在 6% 以内	预计可降低供电煤耗 0.2～0.5 克/千瓦时	技术成熟；各级容量机组

序号	技术名称	技术原理及特点	节能减排效果	成熟程度及适用范围
22	电除尘器高频电源改造	将电除尘器工频电源改造为高频电源。由于高频电源在纯直流供电方式时，电压波动小，电晕电压高，电晕电流大，从而增加了电晕功率。同时，在烟尘带有足够电荷的前提下，大幅度减小了电除尘器电场供电能耗，达到了提效节能的目的	可降低电除尘器电耗	技术成熟；适用于30万～100万千瓦机组
23	加强管道和阀门保温	管道及阀门保温技术直接影响电厂能效，降低保温外表面温度设计值有利于降低蒸汽损耗。但会对保温材料厚度、管道布置、支吊架结构产生影响	暂无降低供电煤耗估算值	技术成熟；适于各级容量机组
24	电厂照明节能方法	从光源、镇流器、灯具等方面综合考虑电厂照明，选用节能、安全、耐用的照明器具	可以一定程度减少电厂自用电量，对降低煤耗影响较小	技术成熟适用于各类电厂
25	凝汽式汽轮机供热改造	对纯凝汽式汽轮机组蒸汽系统适当环节进行改造，接出抽汽管道和阀门，分流部分蒸汽，使纯凝式汽轮机组具备纯凝发电和热电联产两用功能	大幅度降低供电煤耗，一般可达到10克/千瓦时以上	技术成熟；适用于12.5万～60万千瓦纯凝式汽轮机组
26	亚临界机组改造为超（超）临界机组	将亚临界老机组改造为超（超）临界机组，对汽轮机、锅炉和主辅机设备做相应改造	大幅提升机组热力循环效率	技术研发阶段

三、污染物排放控制技术

序号	技术名称	技术原理及特点	节能减排效果	成熟程度及适用范围
27	低（低）温静电除尘	在静电除尘器前设置换热装置，将烟气温度降低到接近或低于酸露点温度，降低飞灰比电阻，减小烟气量，有效防止电除尘器发生反电晕，提高除尘效率	除尘效率最高可达99.9%	低温静电除尘技术较成熟，国内已有较多运行业绩。低（低）温静电除尘技术在日本有运行业绩，国内正在试点应用，防腐问题国内尚未有实例验证

序号	技术名称	技术原理及特点	节能减排效果	成熟程度及适用范围
28	布袋除尘	含尘烟气通过滤袋，烟尘被粘附在滤袋表面，当烟尘在滤袋表面粘附到一定程度时，清灰系统抖落附在滤袋表面的积灰，积灰落入储灰斗，以达到过滤烟气的目的	烟尘排放浓度可以长期稳定在20毫克/标准立方米以下，基本不受灰分含量高低和成分影响	技术较成熟；适于各级容量机组
29	电袋除尘	综合静电除尘和布袋除尘优势，前级采用静电除尘收集80%～90%粉尘，后级采用布袋除尘收集细粒粉尘	除尘器出口排放浓度可以长期稳定在20毫克/标准立方米以下，甚至可达到5毫克/标准立方米，基本不受灰分含量高低和成分影响	技术较成熟；适于各级容量机组
30	旋转电极除尘	将静电除尘器末级电场的阳极板分割成若干长方形极板，用链条连接并旋转移动，利用旋转刷连续清除阳极板上粉尘，可消除二次扬尘，防止反电晕现象，提高除尘效率	烟尘排放浓度可以稳定在30毫克/标准立方米以下，节省电耗	技术较成熟；适用于30万～100万千瓦机组
31	湿式静电除尘	将粉尘颗粒通过电场力作用吸附到集尘极上，通过喷水将极板上的粉尘冲刷到灰斗中排出。同时，喷到烟道中的水雾既能捕获微小烟尘又能降电阻率，利于微尘向极板移动	通常设置在脱硫系统后端，除尘效率可达到70%～80%，可有效除去$PM_{2.5}$细颗粒物和石膏雨微液滴	技术较成熟；国内有多种湿式静电除尘技术，正在试点应用
32	双循环脱硫	与常规单循环脱硫原理基本相同，不同在于将吸收塔循环浆液分为两个独立的反应罐和形成两个循环回路，每条循环回路在不同pH值下运行，使脱硫反应在较为理想的条件下进行。可采用单塔双循环或双塔双循环	双循环脱硫效率可达98.5%或更高	技术较成熟；适于各级容量机组
33	低氮燃烧	采用先进的低氮燃烧器技术，大幅降低氮氧化物生成浓度	炉膛出口氮氧化物浓度可控制在200毫克/标准立方米以下	技术较成熟；适于各类烟煤锅炉

中华人民共和国国家发展和改革委员会
中华人民共和国环境保护部
中华人民共和国商务部
中华人民共和国海关总署
国家工商行政管理总局
国家质量监督检验检疫总局

令

第 16 号

为提高商品煤质量，促进煤炭高效清洁利用，特制定《商品煤质量管理暂行办法》，现予发布，自 2015 年 1 月 1 日起施行。

2014 年 9 月 3 日

商品煤质量管理暂行办法

第一章　总则

第一条　为贯彻落实国务院《大气污染防治行动计划》，强化商品煤全过程质量管理，提高终端用煤质量，推进煤炭高效清洁利用，改善空气质量，根据《中华人民共和国煤炭法》、《中华人民共和国产品质量法》、《中华人民共和国环境保护法》、《中华人民共和国大气污染防治法》、《中华人民共和国对外贸易法》、《中华人民共和国进出口商品检验法》等相关法律法规，制定本办法。

第二条　在中华人民共和国境内从事商品煤的生产、加工、储运、销售、进口、使用等活动，适用本办法。

第三条　商品煤是指作为商品出售的煤炭产品。不包括坑口自用煤以及煤泥、矸石等副产品。企业远距离运输的自用煤，同样适用本办法。

第四条　煤炭管理及有关部门在各自职责范围内负责建立煤炭质量管理制度并组织实施。

第二章　质量要求

第五条　煤炭生产、加工、储运、销售、进口、使用企业是商品煤质量的责任主体，分别对各环节商品煤质量负责。

第六条　商品煤应当满足下列基本要求：

（一）灰分（Ad）褐煤≤30%，其他煤种≤40%。

（二）硫分（St，d）褐煤≤1.5%，其他煤种≤3%。

（三）其他指标　汞（Hgd）≤0.6μg/g，砷（Asd）≤80μg/g，磷（Pd）≤0.15%，氯（Cld）≤0.3%，氟（Fd）≤200μg/g。

第七条　在中国境内远距离运输（运距超过600公里）的商品煤除在满足第六条要求外，还应当同时满足下列要求：

（一）褐煤

发热量（Qnet，ar）≥16.5MJ/kg，灰分（Ad）≤20%，硫分（St，d）≤1%。

（二）其他煤种

发热量（Qnet，ar）≥18MJ/kg，灰分（Ad）≤30%，硫分（St，d）≤2%。本条中运距是指（国产商品煤）从产地到消费地距离或（境外商品煤）从货物进境口岸到消费地距离。

第八条　对于供应给具备高效脱硫、废弃物处理、硫资源回收等设施的化工、电力及炼焦等用户的商品煤，可适当放宽其商品煤供应和使用的含硫标准，具体办法由国家煤炭管理部门商有关部门制定。

第九条　京津冀及周边地区、长三角、珠三角限制销售和使用灰分（Ad）≥16%、硫分（St，d）≥1%的散煤。

第十条　生产、销售和进口的煤炭应按照《商品煤标识》（GB/T 25209—2010）进行标识，标识内容应与实际煤质相符。

第十一条　不符合本办法要求的商品煤，不得进口、销售和远距离运输。煤炭进口检验及其监管，按《进出口商品检验法》等有关法律法规执行。

第十二条　承运企业对不同质量的商品煤应当"分质装车、分质堆存"。在储运过程中，不得降低煤炭的质量。

第十三条　煤炭生产、加工、储运、销售、进口、使用企业均应制定必要的煤炭质量保证制度，建立商品煤质量档案。

第三章　监督管理

第十四条　煤炭管理部门及有关部门在各自职责范围内依法对煤炭质量实施监管。煤炭生产、加工、储运、销售、进口、使用企业应当接受监管。

第十五条　煤炭管理部门及有关部门依法对辖区内的商品煤质量进行抽检，并将抽检结果通报国家发展改革委（国家能源局）等相关部门。

第十六条　煤炭管理部门及有关部门对煤炭生产、加工、储运、销售、使用企业实行分类管理。

第十七条　口岸检验检疫机构对本口岸进口商品煤的质量进行监督管理。每半年进行一次进口商品煤质量分析，上报国家质量监督检验检疫部门，抄送国家发展改革委（国家能源局）、商务部等相关管理部门。

第十八条　任何企业和个人对违反本办法的行为，均可向有关部门举报。有关部门应当及时调查处理，并为举报人保密。

第四章　法律责任

第十九条　商品煤质量达不到本办法要求的，责令限期整改，并予以通报；构成有关法律法规规定的违法行为的，依据有关法律法规予以处罚。

第二十条　采取掺杂使假、以次充好等违法手段进行经营的，依据相关法律法规予以处罚；构成犯罪的，由司法机关依法追究刑事责任。

第二十一条　对拒绝、阻碍有关部门监督检查、取证的，依法予以处罚；构成犯罪的，由司法机关依法追究刑事责任。

第二十二条　有关工作人员滥用职权、玩忽职守或者徇私舞弊的，依法予以行政处分；构成犯罪的，由司法机关依法追究刑事责任。

第五章　附则

第二十三条　本办法由国家发展改革委（国家能源局）会同有关部门负责解释。各地区及相关企业可根据本办法制定更严格的标准和实施细则。

第二十四条　本办法自 2015 年 1 月 1 日起施行。

第四篇
大气污染防治地方法规规章

北京市大气污染防治条例

（2014 年 1 月 22 日北京市第十四届人民代表大会第二次会议通过）

第一章　总　则

第一条　为了防治大气污染，改善本市大气环境质量，保障人体健康，推进生态文明建设，促进经济、社会可持续发展，根据有关法律、行政法规，结合本市实际情况，制定本条例。

第二条　本条例适用于本市行政区域内大气污染防治。

第三条　大气污染防治坚持以人为本、环境优先、政府主导、全民参与、科学有效、严防严治的原则。

第四条　大气污染防治应当坚持规划先行，转变经济发展方式，优化产业结构和布局，调整能源结构，综合运用法律、经济、科技、行政和宣传教育等措施。

第五条　大气污染防治，应当以降低大气中的细颗粒物浓度为重点，坚持从源头到末端全过程控制污染物排放，严格排放标准，实行污染物排放总量和浓度控制，加快削减排放总量。

第二章　共同防治

第六条　防治大气污染应当建立健全政府主导、区域联动、单位施治、全民参与、社会监督的工作机制。

第七条　市人民政府对本市的大气污染防治工作负总责，区、县人民政府在各自辖区范围内承担相应责任。

第八条　市人民政府应当根据污染防治的要求，建立统一有效、分工明确的监管治理体系，并加强整体统筹协调。

环境保护行政主管部门对大气污染防治实施统一监督管理，有关部门根据各自职责对大气污染防治实施监督管理。

第九条　市和区、县人民政府应当将大气环境保护工作纳入国民经济和社会发展规划，保障大气污染防治工作的财政投入。

第十条　市人民政府应当完善和落实城市总体规划，控制人口规模，优化空间布局，合理配置产业和教育、医疗等公共服务资源，减少生产、生活带来的污染。

第十一条　市人民政府应当鼓励和支持大气污染防治科学技术研究，组织开展大气污染成因和防治对策分析，推广应用先进大气污染防治技术，提高大气环境保护的科学技术水平。

第十二条　各级人民政府应当采取措施推进生态治理，提高绿化覆盖率，扩大水域面积，改善大气环境质量。

第十三条　市人民政府应当根据限期达标的工作目标，制定大气环境质量达标规划和严于国家规定的大气污染控制阶段措施，可以制定严于国家标准的本市大气污染物排放和控制标准，并组织实施。

第十四条　本市禁止新建、扩建高污染工业项目。市人民政府应当定期制定或者修订禁止新建、扩建的高污染工业项目名录、高污染工业行业调整名录和高污染工艺设备淘汰名录，并向社会公布。

第十五条　市和区、县人民政府应当制定和推行有利于防治大气污染的经济政策，引导企业调整能源结构，促进污染企业进行技术改造与产业升级，或者转产、退出。

第十六条　市人民政府应当按照污染者担责和谁污染、谁治理、谁付费的原则，确定并公布排污费征收事项和征收标准。

第十七条　市环境保护行政主管部门应当组织建立监测网络，负责统一组织开展大气环境质量监测，发布大气环境质量信息。

市环境保护行政主管部门所属环境监测机构发布空气质量日报、预报、空气重污染等专业信息。

市气象行政主管部门开展大气污染气象条件规律的研究，所属气象台站配合空气质量预报工作和生活服务指导。

第十八条　环境保护行政主管部门负责确定重点污染源单位名录，并依法向社会公开其向大气排放污染物的监督性监测数据信息。

第十九条　市环境保护行政主管部门及有关部门应当向社会公布因违反大气污染防治相关法律法规而受到相应处罚的企业及其负责人名单，并录入企业信用系统。

第二十条　环境保护行政主管部门应当鼓励和支持公众参与大气污染防治工作，聘请社会监督员，协助监督大气污染防治工作。

第二十一条　市人民政府应当制定空气重污染应急预案并向社会公布。

在大气受到严重污染，发生或者可能发生危害人体健康和安全的紧急情况时，市人民政府应当及时启动应急方案，按照规定程序，通过媒体向社会发布空气重污染的预警信息，并按照预警级别实施相应的应对措施，包括：责令有关企业停产或者限产、限制部分机动车行驶、禁止燃放烟花爆竹、停止工地土石方作业和建筑拆除施工、停止露天烧烤、停止幼儿园和学校户外体育课等。

有关排污单位应当执行本条第二款规定的应对措施。

第二十二条　市人民政府应当完善污染大气环境举报制度，向社会公开举报电话、网址等，明确有关政府部门的受理范围和职责。

有关政府部门在接到举报后，应当依法及时处理，并将处理结果向举报人反馈。

举报内容经查证属实的，有关部门应当给予举报人表彰或者奖励。

第二十三条　各级人民政府应当加强大气环境保护宣传，普及大气环境保护法律法规以及科学知识，提高公众的大气环境保护意识。新闻媒体、居民委员会、村民委员会、学校及社会组织配合政府开展宣传普及，促进形成保护大气环境的社会风气。

各级人民政府对在大气污染防治方面做出显著成绩的单位和个人，给予表彰或者奖励。

第二十四条　市人民政府应当在国家区域联防联控机构领导下，加强与相关省区市的大气污染联防联控工作，建立重大污染事项通报制度，逐步实现重大监测信息和污染防治技术共享，推进区域联防联控与应急联动。

第二十五条　市人民政府应当实行大气环境质量目标责任制和考核评价制度，定期公示考核结果。对市人民政府有关部门和区、县人民政府及其负责人的综合考核评价，应当包含大气环境质量目标完成情况和措施落实情况。

第二十六条　市和区、县人民政府应当每年向本级人民代表大会报告本行政区域的大气环境质量目标和大气污染防治规划的完成情况，并向社会公布。

第二十七条　各单位都有义务采取措施，防治生产建设或者其他活动对大气环境造成的污染。

第二十八条　向大气排放污染物的单位，应当遵守国家和本市规定的大气污染物排放和控制标准，并不得超过核定的重点大气污染物排放总量指标。

第二十九条　向大气排放污染物的单位，应当建立大气环境保护责任制度，明确单位负责人的责任。

第三十条　新建、改建、扩建向大气排放污染物的建设项目，应当进行环境影响评价审批。建设项目未通过环境影响评价的，不得开工建设。

建设单位在编制建设项目环境影响报告书时，应当依法征求有关单位、专家和公众的意见。

第三十一条　建设单位应当保证建设项目配套建设的大气污染防治设施与主体工程同时设计、同时施工、同时投入使用。

建设项目配套建设的大气污染防治设施经环境保护行政主管部门验收合格后，主体工程方可正式投入生产或者使用。

第三十二条　向大气排放污染物的单位，应当保持大气污染防治设施的正常使用。未经环境保护行政主管部门同意，不得擅自拆除或者闲置大气污染防治设施。

第三十三条　向大气排放污染物的单位，应当按照国家和本市有关规定，进行排污申报登记并缴纳排污费。

第三十四条　向大气排放污染物的单位，应当按照国家和本市有关规定设置大气污染物排放口。

除因发生或者可能发生安全生产事故需要通过应急排放通道排放大气污染物外，禁止通过前款规定以外的其他排放通道排放大气污染物。

第三十五条　向大气排放污染物的单位，应当按照规定自行监测大气污染物排放情况，记录监测数据，并按照规定在网站或者其他对外公开场所向社会公开。监测数据的保存时间不得低于五年。

向大气排放污染物的单位，应当按照有关规定设置监测点位和采样监测平台并保持正常使用，接受环境保护行政主管部门或者其他监督管理部门的监督性监测。

第三十六条　列入本市自动监控计划的向大气排放污染物的单位，应当配备大气污染物排放自动监控设备，并纳入环境保护行政主管部门的统一监控系统。

前款规定的向大气排放污染物的单位，负责维护自动监控设备，保持稳定运行和监测数据准确。

第三十七条　可能发生大气污染事故的单位应当制定大气污染事故和突发事件的应急预案，并负责应急处置和事后恢复。

第三十八条　公民负有依法保护大气环境的义务，应当遵守大气污染防治法律法规，树立大气环境保护意识，自觉践行绿色生活方式，减少向大气排放污染物。

第三十九条　公民、法人和其他组织有权要求市和区、县人民政府及其环境保护等有关部门公开大气环境质量、突发大气环境事件，以及相关的行政许可、行政处罚、排污费的征收和使用、污染物排放限期治理情况等信息。

第四十条 公民、法人和其他组织有权向环境保护行政主管部门或者其他有关部门，举报污染大气环境的单位和个人。

公民、法人和其他组织发现市和区、县人民政府及其环境保护行政主管部门或者其他有关部门不依法履行大气环境监督管理职责，可以向其上级人民政府或者监察机关举报。

第三章 重点污染物排放总量控制

第四十一条 本市对重点大气污染物实行排放总量控制，逐步减少污染物排放总量。

第四十二条 全市排放总量控制的目标以及区域、重点行业和重点企业的排放总量，由市环境保护行政主管部门根据国家要求，结合本市经济社会发展水平、环境质量状况、产业结构特点、交通运行状况等提出，报市人民政府批准后实施，并每年向社会公布。

区、县人民政府和重点行业主管部门应当根据本市大气污染物排放总量控制要求，制定年度总量控制计划，并组织落实。

第四十三条 本市对大气污染物实行排污许可证制度。排污许可证的发放范围及具体管理办法由市环境保护行政主管部门制定，报市政府批准后实施。

纳入排污许可证管理的排污单位，应当按照规定向市、区县环境保护行政主管部门申请核发排污许可证，并按照排污许可证载明的污染物种类、排放总量指标等要求排放污染物，逐步减少污染物排放总量。

第四十四条 排污单位的重点大气污染物排放总量由环境保护行政主管部门根据本市大气污染物排放和控制标准、清洁生产水平、重点大气污染物排放总量控制要求、产业布局和结构优化等因素，按照公开、公平、公正的原则核定。

第四十五条 本市在严格控制重点大气污染物排放总量、实行排放总量削减计划的前提下，按照有利于总量减少的原则，可以进行大气污染物排污权交易试点。具体办法由市人民政府制定。

第四十六条 现有排污单位的大气污染物排放总量指标，由环境保护行政主管部门核定取得。

纳入总量控制范围的新建、改建、扩建建设项目，应当在进行环境影响评价审批前取得重点大气污染物排放总量指标，并在环境影响评价文件中说明指标来源。

涉及民生的重点工程，排放总量指标不能满足需要的，经市人民政府同意后可以调剂取得，并向社会公开。

第四十七条　环境保护行政主管部门按照减量替代、总量减少的原则，审批环境影响评价文件。

通过减量替代获得大气污染物排放总量指标的建设项目，在替代的排放量未削减完成前，不得投入试生产，环境保护行政主管部门不予办理建设项目环境保护竣工验收手续。

第四十八条　未完成年度大气污染物排放总量控制任务的区域、行业，环境保护行政主管部门应当暂停审批该区域或行业内除民生工程以外的、排放该项污染物的建设项目环境影响评价文件；该项目的审批部门不得批准其建设。

第四章　固定污染源污染防治

第四十九条　本市按照循环经济和清洁生产的要求推动生态工业园区建设，通过合理规划工业布局，引导工业企业入驻工业园区。

新建排放大气污染物的工业项目，应当按照环保规定进入工业园区。工业园区目录由市经济信息化行政主管部门会同有关部门制定并公布。

第五十条　本市实施燃煤消耗总量控制。

市发展改革行政主管部门应当会同有关部门制定清洁能源利用发展规划，确定燃煤总量控制目标，并规定实施步骤，逐步削减燃煤总量。

区、县人民政府应当按照燃煤消耗总量控制目标，制定本行政区域削减燃煤和清洁能源改造计划并组织落实。

第五十一条　市人民政府划定并公布高污染燃料禁燃区，并根据空气质量改善要求，规定实施步骤，逐步扩大禁燃区范围。

在禁燃区内，禁止新建、扩建燃烧高污染燃料的设施；现有燃烧煤炭、重油、渣油等高污染燃料的设施，应当在市人民政府规定的期限内停止使用或者改用清洁能源。

第五十二条　本市禁止新建、扩建燃烧煤炭、重油、渣油的设施。

使用煤炭、重油、渣油为燃料的工业锅炉、炉窑、发电机组等设施，应当按照市人民政府规定的期限改用清洁能源。

远郊区、县燃煤供热设施应当在规定期限内实施清洁能源改造。

第五十三条　本市禁止新建、扩建炼油、水泥、炼焦、钢铁、有色金属冶炼、铸造、平板玻璃、陶瓷、沥青防水卷材、人造板、粘土砖等制造加工项目以及非金属矿采选等矿产资源开发项目。

列入前款和本条例第十四条规定名录的项目，市人民政府有关部门不得批准建设；列入调整和淘汰名录的行业、工艺和设备，相关企业应当在规定期限内调整退出。

依照本条第二款的规定，应当退出、关闭、搬迁的现有企业，市经济信息化行政主管部门应当事先向企业公告，听取企业意见。

第五十四条　本市禁止销售不符合标准的散煤及制品。

居民住宅生活用煤应当按照市人民政府的规定，使用符合标准的低硫优质煤。

提供饮食、洗浴、住宿等服务的单位，应当使用天然气、液化石油气、电或者以其他清洁能源为燃料。

第五十五条　市住房城乡建设、规划行政主管部门应当会同有关部门，推进既有建筑节能改造，执行新建建筑强制性节能标准，减少能源消耗和大气污染物排放。

第五十六条　市环境保护行政主管部门应当会同市质量技术监督部门，制定本市产品挥发性有机物含量限值标准。

在本市生产、销售、使用含挥发性有机物的原材料和产品的，其挥发性有机物含量应当符合本市规定的限值标准。

第五十七条　产生含挥发性有机物废气的生产和服务活动，应当在密闭空间或者设备中进行，并按照规定安装、使用污染防治设施；无法密闭的活动除外。

加油加气站、储油储气库和使用油罐车、气罐车等的单位，应当按照本市规定安装油气回收装置并保持正常使用，并每年向环境保护行政主管部门报送由检测资质机构出具的油气排放检测报告。

第五十八条　工业涂装企业应当按照本市有关规定，使用低挥发性有机物含量涂料，记录生产工艺、设施及污染控制设备的主要操作参数、运行情况，并建立记录生产原料、辅料的使用量、废弃量和去向，及其挥发性有机物含量的台账。台账的保存时间不得低于三年。

第五十九条　石油、化工及其他生产和使用有机溶剂的企业，应当采取措施对管道、设备进行日常维护、维修，减少物料泄漏，并对已经泄漏的物料及时收集处理。

第六十条　饮食服务、服装干洗和机动车维修等项目，应当设置油烟、异味和废气处理装置等污染防治设施并保持正常使用，防止影响周边环境。

在居民住宅楼、未配套设立专用烟道的商住综合楼、商住综合楼内与居住层相邻的商业楼层内，禁止新建、改建、扩建产生油烟、异味、废气的饮食服务、服装干洗和机动车维修等项目。

第六十一条　向大气排放粉尘、有毒有害气体或恶臭气体的单位，应当安装净化装置或者采取其他措施，防止污染周边环境。

第六十二条　任何单位和个人不得进行露天焚烧秸秆、树叶、枯草、垃圾、电子废物、油毡、橡胶、塑料、皮革等向大气排放污染物的行为。

任何单位和个人不得在政府划定的禁止范围内露天烧烤食品或者为露天烧烤食品提供场地。

第五章　机动车和非道路移动机械排放污染防治

第六十三条　本市根据国家大气环境质量标准和本市大气环境质量目标，对机动车实施数量调控。

本市优化道路设置和管理，减少机动车怠速和低速行驶造成的污染。

第六十四条　环境保护行政主管部门可以委托其所属的机动车排放污染监督监测机构，对机动车和非道路移动机械排放污染防治实施监督管理。

第六十五条　在本市销售机动车和非道路移动机械的生产企业，应当按照规定向市环境保护行政主管部门申报在本市销售的机动车和非道路移动机械排放污染物的数据和防治污染的有关材料。

市环境保护行政主管部门审查数据和材料后，对符合国家和本市规定排放、耗能标准的，纳入可以在本市销售的机动车车型和非道路移动机械目录。

在本市销售的机动车和非道路移动机械，应当符合国家和本市规定的排放标准并在耐久性期限内稳定达标。机动车和非道路移动机械经按照规定检测，因质量原因不能稳定达标排放的，由市环境保护行政主管部门取消其在本市的机动车车型和非道路移动机械目录。

第六十六条　符合本市新车污染物排放标准，或者经国家认可的检测机构检测确认与本市新车污染物排放标准相当的机动车，方可在本市办理注册登记或者转入手续。

第六十七条　在用机动车应当符合本市机动车排放标准，并定期进行排放污染检测；检测合格的，方可进行机动车安全技术检验，核发环保、安全检测合格标志。

进入本市行驶的外埠车辆，应当按照本市规定，进行排放污染检测；检测合格的，方可办理机动车进京手续。

具体检测管理办法由市环境保护行政主管部门会同有关部门制定。

第六十八条　环境保护行政主管部门可以在机动车停放地，对在用机动车排放污染进行检查和检测，并可以在公安机关交通管理部门配合下，对行驶中的机动车排放污染状况进行抽测。

第六十九条 机动车排放污染定期检测，由市环境保护行政主管部门委托的检测机构承担。检测机构应当严格按照规定对机动车排放污染进行检测。

市环境保护行政主管部门应当向社会公布前款规定的检测机构名单。

第七十条 机动车和非道路移动机械所有者或者使用者不得拆除、闲置或者擅自更改排放污染控制装置，并保持装置正常使用。

机动车所有者或者使用者在车载排放诊断系统报警后，应当及时对机动车进行维修，确保车辆达到排放标准。

第七十一条 机动车维修单位应当具备维修资质，按照技术规范对排放不达标的机动车进行维修，确保机动车排放达标。

第七十二条 市人民政府可以根据大气环境质量状况，在一定区域内采取限制机动车行驶的交通管理措施。

第七十三条 本市提倡公民绿色出行，每年开展城市无车日活动。市人民政府应当创造条件方便公众选择公共交通、自行车、步行的出行方式，减少机动车排放污染。

第七十四条 本市提倡环保驾驶。在学校、宾馆、商场、公园、办公场所、社区、医院的周边和停车场等不影响车辆正常行驶的地段，机动车驾驶员在停车三分钟以上时，应当熄灭发动机。

第七十五条 在用非道路移动机械向大气排放污染物，应当符合本市规定的排放标准。

环境保护行政主管部门可以根据大气环境质量状况，划定禁止高排放非道路移动机械使用的区域。

第七十六条 本市按照国家规定对机动车实行强制报废制度。机动车达到国家规定的使用年限，或者经修理、调整、采用控制技术后仍不符合国家排放标准要求，或者在检测有效期届满后连续三个检测周期内未能取得排放检测合格标志的，应当依法强制报废。

第七十七条 本市加快老旧公交、邮政、环卫、出租等车辆淘汰，鼓励发展小排量、低能耗和新能源车与清洁能源车，加快新能源车与清洁能源车的配套设施建设。

第七十八条 本市鼓励淘汰高排放机动车和非道路移动机械。市环境保护行政主管部门会同市财政、交通、公安、商务、质量技术监督等行政主管部门，根据本市大气环境质量状况和机动车、非道路移动机械排放污染状况，制定高排放在用机动车、非道路移动机械淘汰、治理和限制使用方案，报市人民政府批准后实施。

第七十九条　市环境保护行政主管部门会同市质量技术监督部门制定本市车用燃料标准。本市销售的车用燃料应当达到国家和本市规定的标准，并按照规定添加车用油品清净剂。

第六章　扬尘污染防治

第八十条　进行房屋建筑、市政基础设施施工、河道整治、建筑物拆除、物料运输和堆放、园林绿化等活动，应当采取措施，防止产生扬尘污染。

第八十一条　建设单位应当将防治扬尘污染的费用列入工程造价，并在工程承发包合同中明确施工单位防治扬尘污染的责任。

第八十二条　建设工程施工现场应当根据本市绿色施工的有关规定，采取下列措施：

（一）建设工程开工前，建设单位应当按照标准在施工现场周边设置围挡，施工单位应当对围挡进行维护；

（二）施工单位应当在施工现场出入口公示施工现场负责人、环保监督员、扬尘污染控制措施、举报电话等信息；

（三）施工单位应当对施工现场内主要道路和物料堆放场地进行硬化，对其他场地进行覆盖或者临时绿化，对土方集中堆放并采取覆盖或者固化措施；

（四）气象预报风速达到四级以上时，施工单位应当停止土石方作业、拆除作业及其他可能产生扬尘污染的施工作业；

（五）建设工程施工现场出口处应当设置冲洗车辆设施，按照本市规定安装视频监控系统；施工车辆经除泥、冲洗后方能驶出工地，不得带泥上路行驶；车辆清洗处应当配套设置排水、泥浆沉淀设施；

（六）建设工程施工现场道路及进出口周边一百米以内的道路不得有泥土和建筑垃圾；

（七）道路挖掘施工过程中，施工单位应当及时覆盖破损路面，并采取洒水等措施防治扬尘污染；道路挖掘施工完成后应当及时修复路面；

（八）国家和本市有关施工现场管理的其他规定。

本市将施工单位的施工现场扬尘违法行为，纳入本市施工企业市场行为信用评价系统。

第八十三条　煤炭、水泥、石灰、石膏、砂土等产生扬尘的物料应当密闭贮存；不具备密闭贮存条件的，应当在其周围设置不低于堆放物高度的围挡并有效覆盖，不得产生扬尘。

建筑土方、工程渣土、建筑垃圾应当及时运输到指定场所进行处置；在场地内堆存的，应当有效覆盖。

第八十四条　运输垃圾、渣土、砂石、土方、灰浆等散装、流体物料的，应当依法使用符合条件的车辆，安装卫星定位系统，密闭运输。

第八十五条　建筑垃圾资源化处置场、渣土消纳场、燃煤电厂贮灰场和垃圾填埋场应当实施分区作业，采取措施防治扬尘污染。

第八十六条　市市政市容行政主管部门应当会同市环境保护行政主管部门，制定道路清扫冲洗保洁标准。清扫单位应当严格执行清扫冲洗保洁标准，防治扬尘污染。

第八十七条　裸露地面应当按照下列规定进行绿化或者铺装：

（一）待开发的建设用地，建设单位负责对裸露地面进行覆盖；超过三个月的，应当进行临时绿化或铺装；

（二）市政道路及河道沿线、公共绿地的裸露地面，分别由交通、水务、园林绿化行政主管部门组织按照规划进行绿化或者铺装；

（三）其他裸露地面由使用权人或者管理单位负责进行绿化或者铺装，并采取防尘措施。

农业行政主管部门应当鼓励对裸露农田采取生物覆盖、留茬免耕等措施，防治扬尘污染。

第八十八条　本市严格控制矿产资源开采。在矿产资源开采过程中，应当采取措施防治大气污染。开采后应当进行生态修复。

第八十九条　本市施工工地禁止现场搅拌混凝土。由政府投资的建设工程以及在本市规定区域内的建设工程，禁止现场搅拌砂浆。其他建设工程在施工现场设置砂浆搅拌机的，应当配备降尘防尘装置。

本市禁止新建、扩建混凝土搅拌站；不符合环境治理规划的已建成企业，应当按照市人民政府的规定限期关闭。

第七章　法律责任

第九十条　造成大气污染危害的单位，有责任排除危害，并对直接遭受损失的单位或者个人赔偿损失。

赔偿责任和赔偿金额的纠纷，可以根据当事人的请求，由环境保护行政主管部门调解处理；调解不成的，当事人可以向人民法院起诉。当事人也可以直接向人民法院起诉。

第九十一条　环境保护行政主管部门和其他有关行政主管部门在大气污染防治工作中，有下列行为之一的，由行政监察机关责令改正，对直接负责的主管人员和其他直接责任人员依法给予行政处分；构成犯罪的，依法追究刑事责任：

（一）违法做出行政许可决定的；

（二）接到公民对污染大气环境行为的举报，不依法查处的；

（三）违反本条例规定不公开大气环境相关信息的；

（四）将征收的排污费截留、挤占或者挪作他用的；

（五）有滥用职权、玩忽职守的其他行为的。

第九十二条　违反本条例第二十一条第三款规定，有关排污单位拒不执行市人民政府责令停产、限产决定的，市环境保护行政主管部门可以查封排污设施，处五万元以上五十万元以下罚款；拒不执行停止工地土石方作业、建筑拆除施工或露天烧烤的应对措施的，由城市管理综合执法部门处一万元以上十万元以下罚款。

拒不执行机动车停驶和禁止燃放烟花爆竹的应对措施的，由公安机关依据有关规定予以处罚。

第九十三条　违反本条例第二十八条规定，向大气排放污染物不符合国家或本市大气污染物排放和控制标准的，由环境保护行政主管部门责令限期治理，处一万元以上十万元以下罚款；限期治理期间，由环境保护行政主管部门责令限制排放，不得新建、改建、扩建增加重点大气污染物排放总量的建设项目；逾期未完成治理任务的，由环境保护行政主管部门报经有批准权的人民政府批准，责令停业、关闭。向大气排放污染物超过排放总量指标的，由环境保护行政主管部门责令停止排污，处五万元以上五十万元以下罚款，并将超过排放总量指标的部分在核定下一年度排放总量指标时扣除；拒不停止排污的，可以查封排污设施。

第九十四条　违反本条例第三十条规定，建设项目未依法进行环境影响评价审批，擅自开工建设或者投入生产、使用的，由有审批权的环境保护行政主管部门责令停止建设或者生产、使用，处五万元以上二十万元以下的罚款；拒不停止建设或者生产、使用的，可以查封施工现场或者排污设施。

第九十五条　违反本条例第三十一条规定，需要配套建设的大气污染防治设施未建成、未经验收或者经验收不合格的，主体工程正式投入生产或者使用的，由环境保护行政主管部门责令停止生产或者使用，处一万元以上十万元以下的罚款。

第九十六条　违反本条例第三十二条规定，不正常使用大气污染防治设施，或者未经环境保护行政主管部门批准，擅自拆除、闲置大气污染防治设施的，由环境保护行政主管部门责令停止违法行为，限期改正，处五千元以上五万元以下罚款。

第九十七条　违反本条例第三十三条规定，未按照国家或本市规定进行排污申报登记的，由环境保护行政主管部门责令限期改正，处五千元以上五万元以下罚款。

第九十八条　违反本条例第三十四条规定，未按照规定设置大气污染物排放口或者通过其他排放通道排放大气污染物的，由环境保护行政主管部门责令限期改正，处二万元以上二十万元以下罚款。

第九十九条　违反本条例第三十五条第一款规定，未按照规定公布或者保存监测数据的，由环境保护行政主管部门责令限期改正，处一万元以上十万元以下罚款。

违反本条例第三十五条第二款规定，未按照规定设置监测点位或者采样平台的，由环境保护行政主管部门责令限期改正；逾期不改正的，处一万元以上十万元以下罚款。

第一百条　违反本条例第三十六条规定，未按照规定安装大气污染物排放自动监控设备，或者自动监控设备未稳定运行、数据不准确的，由环境保护行政主管部门责令限期改正，处二万元以上二十万元以下罚款。

第一百零一条　违反本条例第四十三条规定，应当取得而未取得排污许可证排放污染物的，由环境保护行政主管部门责令停止排污，处十万元以上五十万元以下罚款；拒不停止排污的，环境保护行政主管部门可以查封排污设施。未按照排污许可证的规定排放污染物的，由环境保护行政主管部门责令限期改正，处二万元以上二十万元以下罚款。

第一百零二条　违反本条例第四十七条第二款规定，在替代的排放量未削减完成前，建设项目投入试生产的，由环境保护行政主管部门责令停止试生产，处二万元以上二十万元以下罚款。

第一百零三条　违反本条例第五十一条规定，在禁燃区内新建、扩建燃烧高污染燃料的设施的，或者在规定的期限届满后，继续燃用煤炭、重油、渣油等高污染燃料的，由环境保护行政主管部门报同级人民政府责令限期拆除。

第一百零四条　违反本条例第五十二条第一款规定，新建、扩建燃烧煤炭、重油、渣油设施的，由环境保护行政主管部门报同级人民政府责令限期拆除，处二万元以上二十万元以下罚款。

违反本条例第五十二条第二款规定，燃用煤炭、重油、渣油的工业锅炉、炉窑、发电机组等设施未在规定的期限内实施清洁能源改造的，由环境保护行政主管部门报同级人民政府责令限期拆除。

第一百零五条　违反本条例第五十三条第一款、第二款规定的，由经济信息化行政主管部门报同级人民政府关停违法项目。

第一百零六条　违反本条例第五十四条第一款规定，销售不符合标准的散煤及制品的，由质量技术监督行政主管部门责令停止销售，处五千元以上五万元以下罚款。

违反本条例第五十四条第三款规定，不使用清洁能源的，由环境保护行政主管部门责令限期改正，处一万元以上十万元以下罚款。

第一百零七条　违反本条例第五十六条第二款规定，生产、销售含挥发性有机物的原材料和产品不符合本市规定标准的，由质量技术监督部门和工商行政管理部门依照有关法律法规规定予以处罚。

第一百零八条　违反本条例第五十七条第一款规定，未在密闭空间或者设备中进行产生含挥发性有机物废气的生产和服务活动或者未按规定安装并使用污染防治设施的，由环境保护行政主管部门责令停止违法行为，限期改正，处二万元以上十万元以下罚款；情节严重的，处十万元以上三十万元以下罚款。

违反本条例第五十七条第二款规定，未按照本市有关规定安装油气回收装置或者不正常使用的，由环境保护行政主管部门责令限期改正，处二万元以上二十万元以下罚款。

第一百零九条　违反本条例第五十八条规定，未按照规定使用低挥发性有机物含量涂料的，由环境保护行政主管部门责令改正，处二万元以上二十万元以下罚款；未按照要求记录或者保存相关数据和信息、弄虚作假的，由环境保护行政主管部门责令改正，处一万元以上十万元以下罚款。

第一百一十条　违反本条例第五十九条规定，未采取措施减少物料泄漏或者对泄漏的物料未及时收集处理的，由环境保护行政主管部门责令限期改正，处二万元以上二十万元以下罚款。

第一百一十一条　违反本条例第六十条第一款规定，不正常使用油烟、异味和废气处理装置等污染物处理设施的，由环境保护行政主管部门责令限期改正，处五千元以上五万元以下罚款。

第一百一十二条　违反本条例第六十一条规定，未安装净化装置或者采取其他措施防止污染周边环境的，由环境保护行政主管部门责令限期改正，处一万元以上五万元以下罚款。

第一百一十三条　违反本条例第六十二条第一款规定，露天焚烧秸秆、树叶、枯草的，由城市管理综合执法部门责令停止违法行为，可以处二百元以下罚款；露天焚烧垃圾、电子废物、油毡、沥青、橡胶、塑料、皮革的，由城市管理综合执法部门责令停止违法行为，处二千元以上二万元以下罚款。

违反本条例第六十二条第二款规定，在政府划定的禁止范围内露天烧烤食品或者为露天烧烤食品提供场地的，由城市管理综合执法部门责令停止违法行为，没收烧烤工具，处二千元以上二万元以下罚款。

第一百一十四条　违反本条例第六十五条第二款规定，销售未纳入本市目录的机动车和非道路移动机械的，由市环境保护行政主管部门责令停止违法行为，没收违法所得，可以处违法所得一倍以下的罚款。

违反本条例第六十五条第三款规定，销售不符合国家或本市规定标准的机动车和非道路移动机械的，由市环境保护行政主管部门责令停止违法行为，没收违法所得，可以处违法所得一倍以下的罚款；销售的机动车不符合注明的排放标准的，销售者应当负责修理、更换、退货；给购买机动车的消费者造成损失的，销售者应当赔偿损失。

第一百一十五条　违反本条例第六十七条第一款规定，在用机动车排放污染物超过规定排放标准的，由环境保护行政主管部门责令改正，对机动车所有者或者使用者处三百元以上三千元以下罚款；逾期未进行机动车排放污染定期检测的，由环境保护行政主管部门责令改正，每超过一个检测周期处五百元罚款。

第一百一十六条　违反本条例第六十九条第一款规定，检测机构未取得委托擅自进行机动车排放污染定期检测，或者未按照规定进行检测的，由环境保护行政主管部门责令停止违法行为，限期改正，处五千元以上五万元以下罚款；情节严重的，取消承担检测的资格。

第一百一十七条　违反本条例第七十条第一款规定，机动车和非道路移动机械所有者或者使用人拆除、闲置或者擅自更改排放污染控制装置的，由环境保护行政主管部门责令改正，处五千元以上一万元以下罚款。

违反本条例第七十条第二款规定，机动车所有者或者使用者在车载排放诊断系统报警后，未对机动车进行维修，车辆行驶超过二百公里的，由环境保护行政主管部门处三百元罚款。

第一百一十八条　违反本条例第七十二条规定，机动车进入限制行驶区域的，由公安机关交通管理部门责令停止违法行为并依法处罚。

第一百一十九条　违反本条例第七十五条第二款规定，在禁止区域内使用高排放非道路移动机械的，由环境保护行政主管部门责令停止违法行为，处五万元以上十万元以下罚款。

第一百二十条　违反本条例第七十九条规定，销售不符合国家或本市标准的车用燃料的，由工商行政主管部门责令停止销售，没收违法销售的产品，有违法所得的，没收违法所得，处违法销售金额一倍以上三倍以下的罚款；销售的车用油品不符合国家或本市车用油品清净性规定的，由环境保护行政主管部门责令限期改正违法行为，处一万元以上十万元以下罚款；情节严重的，由市商务行政主管部门吊销其经营资质。

第一百二十一条　违反本条例第八十一条规定，未将防治扬尘污染的费用列入工程造价即开工建设的，由住房城乡建设行政主管部门责令停止施工。

第一百二十二条　违反本条例第八十二条第一款规定的，对施工单位或者建设单位，由城市管理综合执法部门责令限期改正，处二千元以上二万元以下罚款；逾期未改正的，责令停工整顿。

第一百二十三条　违反本条例第八十三条规定的，由城市管理综合执法部门责令限期改正，处二千元以上二万元以下罚款；其中，对工业企业，由环境保护行政主管部门责令改正，处二千元以上二万元以下罚款；逾期未改正的，责令停工整顿。

第一百二十四条　违反本条例第八十四条规定的，由城市管理综合执法部门责令改正，处五百元以上三千元以下罚款。

第一百二十五条　违反本条例第八十五条规定的，由城市管理综合执法部门责令限期改正，处二千元以上二万元以下罚款；逾期未改正的，责令停工整顿。

第一百二十六条　违反本条例第八十八条规定，在矿产资源开采过程中未采取措施防治扬尘污染的，由环境保护行政主管部门责令限期改正，处二千元以上二万元以下罚款；逾期未改正的，责令停工整顿。

第一百二十七条　违反本条例第八十九条第一款规定的，由住房城乡建设行政主管部门责令限期改正，处二万元以上二十万元以下罚款；逾期未改正的，责令停工整顿。

违反本条例第八十九条第二款规定，新建、扩建混凝土搅拌站的，由市住房城乡建设行政主管部门责令关闭；不符合环境治理规划的已建成企业在规定期限内未关闭的，由市住房城乡建设行政主管部门关闭，处五万元以上二十万元以下罚款。

第一百二十八条　违反本条例，除第九十二条第二款、第一百零五条、第一百一十八条规定的情形外，受到罚款、没收等行政处罚两次以上的，做出处罚决定的部门可以在上一次罚款金额基础上加一倍进行处罚。

第一百二十九条　违反本条例规定，排放大气污染物，造成严重污染，构成犯罪的，依法追究刑事责任。

环境保护行政主管部门与公安机关应当建立健全大气污染案件行政执法和刑事司法衔接机制，完善案件移送、线索通报等制度。

第八章　附　则

第一百三十条　本条例自 2014 年 3 月 1 日起施行。2000 年 12 月 8 日北京市第十一届人民代表大会常务委员会第二十三次会议通过的《北京市实施〈中华人民共和国大气污染防治法〉办法》同时废止。

上海市大气污染防治条例

（2014 年 7 月 25 日上海市第十四届人民代表大会常务委员会
第十四次会议通过）

第一章 总 则

第一条 为防治大气污染，改善本市大气环境质量，保障公众健康，推进生态文明建设，促进经济社会可持续发展，根据《中华人民共和国环境保护法》、《中华人民共和国大气污染防治法》，结合本市实际情况，制定本条例。

第二条 条例适用于本市行政区域内大气污染防治。

第三条 防治大气污染是全社会的共同责任。

本市大气污染防治工作遵循以人为本、预防为主、防治结合、共同治理、区域联动、损害担责的原则。

第四条 本市各级人民政府应当加强对大气环境保护工作的领导，将大气环境保护工作纳入国民经济和社会发展计划，合理规划、调整城乡发展和产业布局，保证环境保护资金投入，采取大气污染防治有效措施，加大生态建设和治理力度，保护和改善大气环境。

第五条 环境保护行政主管部门对本市大气污染防治实施统一监督管理，并负责本条例的组织实施。区、县环境保护行政主管部门对本辖区内大气污染防治实施具体监督管理。

市和区、县发展改革、经济信息化、规划国土行政管理部门负责能源结构调整、产业结构调整和产业布局优化工作。

市和区、县公安交通、交通以及国家海事等行政管理部门根据各自职责，对机动车、船污染大气实施监督管理。

市和区、县建设、绿化市容、交通、房屋等行政管理部门根据各自职责，对扬尘污染大气实施监督管理。

市和区、县财政、农业、质量技术监督、工商、教育、卫生、城管执法、气象等部门在各自职责范围内协同实施本条例。

第六条 乡、镇人民政府和街道办事处可以在区、县环保部门的指导下，对管辖范围内的餐饮、汽修、五金加工、干洗等为社区配套服务单位的大气污染防治工作进行协调。

对因前款规定的单位排放大气污染物引发的纠纷，当事人可以向乡、镇人民政府或者街道办事处申请调解。

第七条 本市实行大气环境保护目标责任制和考核评价制度。市和区、县人民政府应当将大气环境保护目标和任务的完成情况作为对本级有关部门和下一级人民政府及其负责人考核的内容。考核结果应当作为政府和各有关部门绩效考核的重要内容，并向社会公布。

第八条 向大气排放污染物的单位和个人，应当加强内部管理，健全环境管理制度，采用先进的生产工艺和治理技术，防止和减少大气环境污染；造成大气环境污染的，应当依法承担法律责任。

第九条 本市鼓励和支持大气环境保护相关产业的发展，鼓励社会资本投入大气污染防治领域。

第十条 本市鼓励开展大气污染防治方面的科学技术研究以及国际、区域合作和交流，鼓励清洁能源的开发利用，推广先进的清洁能源技术和大气污染防治技术。

第十一条 本市倡导文明、节约、绿色的消费方式和生活方式。

企事业单位、社会组织和个人应当遵守大气污染防治法律、法规，履行保护大气环境的义务，参与大气环境保护工作。

各级人民政府及其有关部门应当加强宣传，普及大气环境保护的科学知识，营造保护大气环境的良好风气。教育行政管理部门应当逐步推进环境教育，将大气环境保护知识纳入学校教育内容，培养青少年的大气环境保护意识。

第十二条 在本市行政区域内的任何单位和个人有权对污染大气环境的行为，以及环保部门和其他有关行政管理部门及其工作人员不依法履行职责的行为进行举报。

市环保部门应当公布全市统一的举报电话，及时处理举报。举报线索经查证属实的，环保部门应当按照有关规定对举报人给予奖励。

本市新闻媒体应当开展大气环境保护法律、法规和大气环境保护科学知识的宣传，对违法行为进行舆论监督。

第十三条 市或者区、县人民政府对在防治大气污染、保护和改善大气环境方面成绩显著的单位和个人，应当给予表彰、奖励。

第二章　大气污染防治的监督管理

第十四条　市环保部门应当会同有关部门，组织编制本市大气污染防治规划，报市人民政府批准后组织实施。

市人民政府应当制定大气环境质量达标规划和阶段目标，采取严格的大气污染控制措施，保证本市在规定期限内达到国家规定的大气环境质量标准。

第十五条　本市按照国家规定划定大气环境质量功能区。市环保部门应当按照城市总体规划、环境保护规划目标和大气环境质量功能区的要求，提出本市大气污染重点整治地区及其整治目标、职责分工和限期达标计划的方案，报市人民政府批准后实施。

第十六条　本市实行大气污染物排放浓度控制和主要大气污染物排放总量控制相结合的管理制度。

向大气排放污染物的，其污染物排放浓度不得超过国家和本市规定的排放标准。

本市按照国务院规定的具体办法，对主要大气污染物排放实施总量控制。主要大气污染物名录由市环保部门根据国家要求和本市实际情况拟订，报市人民政府批准后公布。

第十七条　市环保部门应当根据国家核定的本市不同时期主要大气污染物排放总量和大气环境容量及社会经济发展水平，拟订本市不同时期主要大气污染物总量控制计划，报市人民政府批准后组织实施。

区、县环保部门根据本市主要大气污染物总量控制计划，结合本辖区实际情况，拟订本辖区主要大气污染物总量控制实施计划，经区、县人民政府批准后组织实施，并报市环保部门备案。

实施总量控制前已有的排污单位，其主要大气污染物排放总量指标，由市或者区、县环保部门依照国务院规定的条件和程序，按照公开、公平、公正的原则，根据各单位现有排放量、产业发展规划和清洁生产要求及本辖区主要大气污染物总量控制实施计划拟订，报同级人民政府核定。

第十八条　本市对主要大气污染物排放实施许可证制度。环保部门确定的排放大气污染物重点监管单位应当取得主要大气污染物排放许可证（以下简称排放许可证）；无排放许可证的，不得排放主要大气污染物。

实施总量控制前已有的排污单位，排放主要大气污染物未超过核定排放总量指标的，由市或者区、县人民政府核发排放许可证；排放主要大气污染物超过核定排放总量指标的，由市或者区、县环保部门责令限制生产或者停产整治。新建、扩建、改建排放主要大气污染物的项目，应当按照规定获得主要大气污染物排放总量指标，然后办理建设项目环境保护审批手续。该项目的大气污染物处理设施必须经过市或者区、县环保部门验收合格后，方可取得排放许可证。

申请排放许可证的条件，由市环保部门根据国家有关法律、行政法规的规定另行制定。

第十九条　本市鼓励开展主要大气污染物排放总量指标交易。市环保部门会同相关行政管理部门探索建立本市主要大气污染物排放总量指标交易制度，完善交易规则。

第二十条　市发展改革、经济信息化、环保、财政等行政管理部门可以研究制定相关政策，对因无排放许可证排放主要大气污染物、超过标准排放主要大气污染物，以及排放主要大气污染物超过核定排放总量指标等严重违法行为受到处罚的单位，在其改正违法行为之前，向其征收阶段性差别电价。

供电企业依照前款规定征收差别电价电费的，差别部分电费应当单独立账管理，上缴市级财政。

第二十一条　本市严格控制严重污染大气的产业发展。

市经济信息化行政管理部门会同市发展改革等相关行政管理部门制定本市产业结构调整指导目录时，应当根据本市大气环境质量状况，将严重污染大气的产业列入淘汰类目录。

市经济信息化、发展改革、规划国土和环保等有关部门应当逐步优化产业布局，将排放大气污染物的产业项目安排在城乡规划确定的工业园区内。工业园区管理机构应当完善相关环境基础设施，减少大气污染物排放。

第二十二条　乡、镇或者工业园区有下列情形之一的，环保部门可以暂停审批该区域内产生大气污染物的建设项目的环境影响评价文件：

（一）大气污染物排放量超过总量控制指标的；

（二）未按时完成淘汰高污染行业、工艺和设备任务的；

（三）未按时完成大气污染治理任务的；

（四）配套的环境基础设施不完备的；

（五）市人民政府规定的其他情形。

企业集团有前款第一项、第二项、第三项情形之一的，环保部门可以暂停审批该企业集团产生大气污染物的建设项目的环境影响评价文件。

第二十三条　市经济信息化行政管理部门应当会同市发展改革、环保等相关行政管理部门根据大气污染物排放标准，结合城市功能定位，定期制定和调整本市工业领域行业、工艺和设备淘汰名录，报市人民政府批准后公布实施。

列入前款名录范围的行业、工艺或者设备，应当在规定的期限内予以调整或者淘汰。

第二十四条　向大气排放污染物的单位，其大气污染物处理设施必须保持正常使用。拆除或者闲置大气污染物处理设施的，必须事先报经市或者区、县环保部门批准。

大气污染物处理设施因维修、故障等原因不能正常使用的，排污单位应当采取限产停产等措施，确保其大气污染物排放达到规定的标准，并立即向区、县环保部门报告。

第二十五条　鼓励排污单位和个人委托具有相应能力的第三方机构运营其污染治理设施或者实施污染治理。没有相应能力运营污染治理设施或实施污染治理的单位和个人，应当委托具有相应能力的第三方机构实施治理。排污单位和个人应当将委托第三方机构实施污染治理的情况向环保部门备案。

接受委托的第三方机构，应当遵守环境保护法律、法规和相关技术规范的要求。

第二十六条　各单位应当加强对生产设施和污染物处理设施的保养、检修，采取措施防止大气污染事故的发生。

排放或者可能泄漏有毒有害气体和含有放射性物质的气体或者气溶胶，可能造成大气污染事故的单位，必须按照有关规定制订应急预案，并报环保部门、民防部门以及其他有关部门备案。接受备案的部门，应当加强对备案单位的检查和技术指导。

发生突发大气污染事故的，有关单位应当立即启动应急预案，采取有效措施，防止污染危害扩大，并及时向环保部门报告。在危害或者可能危害人体健康和安全的紧急情况下，市或者区、县人民政府应当及时向当地居民公告，采取强制性应急措施，包括责令有关排污单位停止排放污染物，封闭部分道路，疏散受到或者可能受到污染危害的人员。

第二十七条　市环保部门应当会同市气象等相关部门根据大气环境质量状况，拟订本市环境空气质量重污染天气应急预案，报市人民政府批准后实施。

第二十八条　本市建立重污染天气分级预警和响应机制。

出现重污染天气时，市人民政府应当及时启动应急预案。根据不同的污染预警等级，向社会发布预警信息，并采取相应的响应措施。

根据应急预案的规定，环保、卫生、教育等有关部门应当通过新闻媒体及时发布公众健康提示及建议，提醒公众减少户外活动、降低室外工作强度等；环保、经济信息化、建设、交通、绿化市容、公安等有关部门应当采取暂停或限制排污单位生产、停止易产生扬尘的作业活动、限制机动车行驶、禁止燃放烟花爆竹等应急措施，并向社会公告，相关单位和个人应当服从和配合。

第二十九条　市环保、气象部门应当建立大气环境信息和气象信息共享、预测预报会商等相关工作机制，并联合发布空气质量预报信息。

第三十条　市和区、县环保部门负责本市大气环境质量的监测和对大气污染源的监督监测，建立和完善大气环境监测网络。

市环保部门统一发布本市大气环境质量信息。区、县环保部门应当按照规范发布本辖区内的大气环境质量信息。

第三十一条　使用额定蒸发量二十吨以上锅炉或者大气污染物排放量与其相当的窑炉的单位，以及市环保部门确定的排放大气污染物重点监管单位，必须配置大气污染物排放在线监测设备，并由环保部门纳入统一的监测网络。

在线监测设备作为环境污染治理设施的组成部分，应当保持正常运行。

在线监测取得的数据可以作为环境执法和管理的依据。

第三十二条　单位有下列情形之一的，应当按照环保部门的要求，通过新闻媒体定期公布排放大气污染物的名称、排放方式、排放总量、排放浓度、超标排放情况，以及防治污染设施的建设和运行情况等单位环境信息：

（一）列入大气污染物排放重点监管单位名单的；

（二）主要大气污染物排放量超过总量控制指标的；

（三）大气污染物超标排放的；

（四）国家和本市规定的其他情形。

市环保部门应当定期公布重点监管单位的监督监测信息。

第三十三条　市和区、县环保部门应当将企事业单位和其他生产经营者的大气环境违法信息纳入本市企业征信信息系统，定期向社会公布违法者名单。

第三章　防治能源消耗产生的污染

第三十四条　市和区、县人民政府应当采取措施，合理控制能源消费总量，逐步削减煤炭消费总量，改进能源结构，推广清洁能源的生产和使用。

市发展改革行政管理部门应当会同市相关行政管理部门，拟订本市煤炭消费总量削减目标和控制措施，报市人民政府批准后实施。区、县人民政府应当按照本市煤炭消费总量削减目标制定本行政区域的具体措施并组织实施。

第三十五条　市发展改革行政管理部门应当会同有关部门推进本市清洁能源建设，制定促进清洁能源发展、能源结构调整的相关政策。

除燃煤电厂外，本市禁止新建燃用煤、重油、渣油、石油焦等高污染燃料（以下统称高污染燃料）的设施；燃煤电厂的建设按照国家和本市有关规定执行。

除电站锅炉、钢铁冶炼窑炉外，现有燃用高污染燃料的设施应当在规定的期限内改用天然气、液化石油气、电或者其他清洁能源。市经济信息化行政管理部门应当会同有关部门制定具体推进计划。

尚未实施清洁能源替代的燃用高污染燃料的设施，必须配套建设脱硫、脱硝、除尘装置或者采取其他措施，控制二氧化硫、氮氧化物和烟尘等污染物排放量；燃料应当符合国家和本市规定的有关强制性标准和要求。

第三十六条　新建燃用天然气等清洁能源的锅炉、窑炉，应当采用低氮燃烧等氮氧化物控制措施。已建燃用天然气等清洁能源的锅炉、窑炉，应当在规定的期限内采用低氮燃烧的技术改造措施。

禁止锅炉、窑炉、单位使用的或者经营性的炉灶等设施排放明显可见的黑烟。

第四章　防治机动车、船排放污染

第三十七条　任何单位和个人不得制造、销售或者进口污染物排放超过规定排放标准的机动车。

销售有本市地方排放标准的机动车的，必须向市环保部门报送所售该型号机动车污染物排放情况的资料；不符合排放标准的，不得在本市销售。市环保部门应当定期公布污染物排放符合规定排放标准的机动车车型目录。

质量技术监督管理部门应当加强对本市制造、销售的机动车污染物排放标准符合性的监督检查，并向环保部门定期通报检查情况。

入境检验部门依法对进口机动车排气污染实施检验和监督。

第三十八条　在本市行驶的机动车、船向大气排放污染物，不得超过国家和本市规定的排放标准。

污染物排放超过国家和本市规定的排放标准的机动车，公安交通管理部门不予核发牌证。污染物排放超过规定排放标准的机动船，有关行政管理部门不予注册登记。

本市在用机动车应当按照机动车安全技术检验周期，在接受安全技术检测的同时接受排气污染定期检测。经检测合格的，方可上路行驶。环保部门可以对注册超过十年的机动车辆增加排气污染检测频次。

在用机动车未经机动车排气污染定期检测，或者经检测排放的污染物超过国家和本市规定的排放标准的，公安交通管理部门不予核发安全检验合格标志。

在本市行驶的机动车、船不得排放明显可见的黑烟。

第三十九条　机动车尾气处理装置应当保持正常使用。尾气排放车载诊断系统报警或者尾气处理装置保质期届满的，车主应当及时送修、更换，确保车辆达到排放标准。

第四十条　在本市使用的非道路移动机械向大气排放污染物，不得超过国家和本市规定的排放标准。非道路移动机械的所有者或者使用者应当向区、县环保部门申报非道路移动机械的种类、数量、使用场所等情况。

在本市使用的非道路移动机械不得排放明显可见的黑烟。

第四十一条　机动车维修单位，应当按照防治大气污染的要求和国家有关技术规范进行维修，使在用机动车达到规定的污染物排放标准。

机动车二级维护、发动机总成大修、整车大修的经营单位，应当按照规定配备排气污染物检测仪器设备。

机动车经过二级维护、发动机总成大修、整车大修及其他影响整车污染物排放的维修，污染物排放超过规定排放标准的，不得交付使用。

机动车经过前款所列项目维修后，在规定的维修质量保证期内正常使用时，其污染物排放超过规定排放标准的，机动车维修单位应当负责维修，使其达到规定的排放标准。

交通行政管理部门应当加强对机动车维修单位的监督管理。

第四十二条　市环保部门可以委托具有机动车检测资质的检测单位进行排气污染定期检测，并公布检测单位目录。未经市环保部门委托的，不得进行机动车排气污染定期检测。

接受市环保部门委托从事机动车排气污染定期检测的单位，必须按照国家和本市规定的检测方法和技术规范进行检测，如实提供检测报告，并定期将机动车排气污染检测情况报市环保部门备案。

市环保部门应当对接受委托从事机动车排气污染定期检测的单位进行监督、抽查，对提供不实的检测报告或者不按照规定的检测方法和技术规范进行机动车排气污染检测，情节严重的，撤销对其定期检测的委托。

第四十三条　公安交通管理部门、海事部门可以会同环保部门对在道路上行驶的机动车和在通航水域内行驶的机动船的污染物排放状况进行监督抽测。遥感监测取得的数据，可以作为环境执法的依据。

环保部门可以在机动车停放地对在用机动车的污染物排放状况进行监督抽测。

在用机动车车主或者驾驶人员以及在航机动船经营人员或者船员应当配合公安交通、海事和环保部门的监督抽测，不得拒绝、阻挠。

第四十四条　市环保部门应当按照国家有关规定对本市机动车统一核发环保

检验合格标志。

无环保检验合格标志的，不得上路行驶。对标识为高污染的机动车实施区域限行措施。高污染机动车的限行区域和限行时间，由市公安交通管理部门会同市环保、交通行政管理部门另行规定。

无环保检验合格标志或者被标识为高污染的道路运输车辆不得在本市从事道路运输经营。

第四十五条　污染物排放超过规定标准的在用机动车无法修复的，应当及时向公安交通管理部门办理机动车报废手续，并不得上路行驶。

第四十六条　本市交通、海洋以及海事、渔政等有监督管理权的部门，应当加强对机动船污染物排放的监督检查。

污染物排放超过规定标准的在用机动船，由有监督管理权的部门责令限期维修。

市交通行政管理部门应当会同有关部门推进建设码头岸基供电设施和低硫油供应设施。

第四十七条　市质量技术监督管理部门可以根据实际情况，会同有关部门制定严于国家标准的车、船、非道路移动机械燃料地方质量标准。

本市销售的车、船、非道路移动机械燃料必须符合国家和本市规定的质量标准。

本市自备燃料用于车、船、非道路移动机械的单位，其使用的燃料必须符合国家和本市规定的质量标准。

质量技术监督、环保、海事部门应当按照职责分工加强对本市燃油质量的监督检查，并定期发布检查结果。

第四十八条　市和区、县人民政府应当优先发展公共交通，倡导和鼓励公众使用公共交通、自行车等方式出行。

国家机关、事业单位、大型企业以及公交、环卫等行业应当率先推广使用新能源和清洁能源机动车。

第五章　防治废气、尘和恶臭污染

第四十九条　本市鼓励生产、使用低挥发性有机物含量的原料和产品。

市质量技术监督管理部门应当会同市环保部门指导相关行业协会定期公布低挥发性有机物含量产品和高挥发性有机物含量产品的目录。

列入高挥发性有机物含量产品目录的产品，应当在其包装或者说明中予以标注。

第五十条　本市医院、学校及幼托机构等环境敏感区域内禁止使用高挥发性有机物含量的产品。

本市在化工、表面涂装、包装印刷等重点行业逐步推进低挥发性有机物含量产品的使用。

使用财政资金的单位应当优先采购低挥发性有机物含量的产品。

第五十一条　市环保部门应当会同市质量技术监督等部门，制定本市重点行业挥发性有机物排放标准、技术规范。相关单位应当按照挥发性有机物排放标准、技术规范的规定，制定操作规程，组织生产管理。

原油和成品油码头、加油站、储油库、油罐车、服装干洗行业等应当配备挥发性有机物回收装置。

产生含挥发性有机物废气的生产经营活动，应当在密闭空间或者设备中进行，设置废气收集和处理系统，并保持其正常使用；造船等无法在密闭空间进行的生产经营活动，应当采取有效措施，减少挥发性有机物排放。

石油化工及其他使用有机溶剂的企业应当按照环保部门的规定建立泄漏检测与修复制度，发生泄漏的应当及时修复。

石油化工、化工等排放挥发性有机物的企业在计划维修、检修过程中，应当按照环保部门的规定，对生产装置系统的停运、倒空、清洗等环节实施挥发性有机物排放控制。

第五十二条　废弃物焚烧炉必须按照国家和本市规定的标准进行建设，由市环保部门验收合格后，方可投入使用。

废弃物焚烧炉的运行，应当严格遵守操作规程，防止产生二次污染，其排放的大气污染物不得超过规定的排放标准和排放总量指标。

第五十三条　本市禁止露天焚烧秸秆、枯枝落叶等产生烟尘的物质，以及沥青、油毡、橡胶、塑料、垃圾、皮革等产生有毒有害、恶臭或强烈异味气体的物质。

乡、镇人民政府和街道办事处应当对区域内违反前款规定的行为进行巡查和监督。

市发展改革、经济信息化、农业、环保、财政等有关部门应当制定相关政策，鼓励和引导农业生产方式转变和秸秆高效综合利用，区、县人民政府应当予以推进落实。

第五十四条　建设单位应当在施工承包合同中明确施工单位防治扬尘污染的责任。

施工单位应当按照施工技术规范中扬尘污染防治的要求文明施工，控制扬尘污染。符合市建设行政管理部门规定条件的建设工程，施工单位应当按照规定安装扬尘在线监测设施，扬尘在线监测设施的安装和运行费用列入工程概算。

第五十五条　装卸、运输易产生扬尘污染的物料的车辆，应当采用密闭化措施。运输单位和个人应当加强对车辆机械密闭装置的维护，确保设备正常使用，运输途中的物料不得沿途泄漏、散落或者飞扬。

装卸、运输易产生扬尘污染的物料的船舶应当采取覆盖措施。

第五十六条　堆放易产生扬尘污染的物料的港口、码头、堆场、混凝土搅拌站和露天仓库等场所应当采取围挡、遮盖、密闭和其他防治扬尘污染的措施，并符合下列防尘要求：

（一）地面进行硬化处理；

（二）采用混凝土围墙或者天棚储库，库内配备喷淋或者其他抑尘措施；

（三）采用输送设备作业的，应当在落料、卸料处配备吸尘、喷淋等防尘设施，并保持防尘设施的正常使用；

（四）在出口处设置车辆清洗的专用场地，配备运输车辆冲洗保洁设施；

（五）划分料区和道路界限，及时清除散落的物料，保持道路整洁，并及时清洗。

第五十七条　道路、广场和其他公共场所进行保洁作业的单位和个人，应当按照保洁作业技术规范中的扬尘污染防治要求作业。

第五十八条　植物栽种和养护作业应当符合绿化建设和养护技术规范中的扬尘污染防治要求。

第五十九条　下列范围内裸露土地应当依本条规定进行绿化或者铺装：

（一）单位范围内的裸露土地，由所在单位进行绿化或者铺装；

（二）闲置六个月以上的建设用地，由建设单位进行绿化或者铺装；

（三）市政道路、河道沿线、公共绿地的裸露土地，分别由交通、水务、绿化行政管理部门组织进行绿化或者铺装。

第六十条　禁止在人口集中地区和其他依法需要特殊保护的区域内，贮存、加工、制造或者使用产生强烈异味、恶臭气体的物质。

第六十一条　饮食服务业的经营者应当按照市环保部门的规定安装和使用油烟净化和异味处理设施以及在线监控设施，并保持正常运行，排放的油烟、烟尘等污染物不得超过规定的标准。

饮食服务业的经营者应当定期对油烟净化和异味处理装置进行清洗维护并保存记录，防止油烟和异味对附近居民的居住环境造成污染。环保部门应当对饮食服务经营场所的油烟和异味排放状况进行监督检查。

在本市城镇范围的居民住宅楼内，不得新建饮食服务经营场所。规划配套建设的饮食服务经营场所，应当在建筑结构上设计专用烟道等污染防治措施，保证油烟排放口设置高度及与周围居民住宅楼等建筑物距离控制符合环保要求。

在前款规定范围内新建的饮食服务经营场所，应当使用清洁能源。已建的饮食服务经营场所应当按照市人民政府规定的限期改用清洁能源。

第六十二条　产生粉尘、废气的作业活动具备收集或者消除、减少污染物排放条件的，作业单位和个人应当按照规定采取相应的防治措施，不得无组织排放。

第六十三条　本市根据实际需要逐步扩大烟花爆竹的禁止燃放区域，严格限制燃放时间。

第六章　长三角区域大气污染防治协作

第六十四条　市人民政府应当根据国家有关规定，与长三角区域相关省建立大气污染防治协调合作机制，定期协商区域内大气污染防治重大事项。

环保、发展改革、经济信息化、规划国土、建设、交通、公安交通、气象、海事等相关部门应当与周边省、市、县（区）相关部门建立沟通协调机制，采取措施，优化长三角区域产业结构和规划布局，促进清洁能源替代，统筹区域交通发展，强化大气环境信息共享及污染预警应急联动，协调跨界污染纠纷，实现区域经济、社会、环境协调发展。

第六十五条　本市有关部门在制定本条例第二十一条、第二十三条规定的产业结构调整指导目录和淘汰名录时，应当统筹考虑与长三角区域相关省的协调性。

第六十六条　市人民政府应当会同长三角区域相关省，及时组织实施机动车国家排放标准。

市人民政府应当会同长三角区域相关省，根据长三角区域大气污染防治需要，研究制定区域统一的货运汽车和长途客车更新淘汰标准，并采取车辆限行等措施，加快淘汰高污染车辆。

第六十七条　市交通行政管理部门应当与国家海事部门、长三角区域相关省有关部门加强协作，在本市逐步推进进入上海港的船舶使用低硫油，靠泊船舶采用岸基供电。

第六十八条　市人民政府应当会同长三角区域相关省，建立长三角区域重污染天气应急联动机制，及时通报预警和应急响应的有关信息，并可根据需要商请相关省、市采取相应的应对措施。

第六十九条　市环保等行政管理部门应当与长三角区域相关省有关部门建立沟通协调机制，对在省、市边界建设可能对相邻省、市大气环境产生影响的重大项目，及时通报有关信息。

第七十条   市人民政府应当会同长三角区域相关省，在防治机动车污染、禁止秸秆露天焚烧等领域，探索区域大气污染联动执法。

第七十一条   市人民政府应当与长三角区域相关省协商，将下列环境信息纳入长三角区域共享：

（一）大气污染源信息；

（二）大气环境质量监测信息；

（三）气象信息；

（四）机动车排气污染检测信息；

（五）企业环境征信信息；

（六）可能造成跨界大气影响的污染事故信息；

（七）各方协商确定的其他信息。

第七十二条   市环保部门应当加强与长三角相关省的大气污染防治科研合作，组织开展区域大气污染成因、溯源和防治政策、标准、措施等重大问题的联合科研，推动节能减排、污染排放、产业准入和淘汰等方面环境标准的统一。

第七章   法律责任

第七十三条   违反本条例规定的行为，法律和行政法规已有处罚规定的，从其规定。

第七十四条   环保部门和其他有关行政管理部门应当依法履行监督管理职责，有下列违法行为的，由所在单位或者上级主管部门对直接负责的主管人员和其他直接责任人员，依法给予行政处分；构成犯罪的，依法追究刑事责任：

（一）对应当予以受理的事项不予受理的；

（二）对应当予以查处的违法行为不予查处，致使公共利益受到严重损害的；

（三）滥用职权、徇私舞弊的；

（四）违反本条例规定，查封、扣押企事业单位和其他生产经营者的设施、设备的。

第七十五条   违反本条例第十八条规定，无排放许可证排放主要大气污染物的，由市或者区、县环保部门责令停止生产，并处五万元以上五十万元以下罚款；有排放许可证，排放主要大气污染物超过核定排放总量指标的，由环保部门责令限制生产或者停产整治，处一万元以上十万元以下罚款；情节严重的，由市或者区、县环保部门报请同级人民政府责令停业、关闭。

第七十六条   违反本条例第二十三条第二款规定，列入淘汰名录的行业、工艺或者设备逾期未调整或者淘汰的，相关企业由市或者区、县经济信息化行政管理部门报请同级人民政府责令停业、关闭。

第七十七条　违反本条例第二十四条第一款、第二款规定，有下列情形之一的，由市或者区、县环保部门责令停止生产，处一万元以上五万元以下的罚款：

（一）大气污染物处理设施未保持正常使用的；

（二）未经批准擅自拆除或者闲置大气污染物处理设施的；

（三）大气污染物处理设施因维修、故障等原因不能正常使用，未按照规定及时报告的。

第七十八条　违反本条例第二十五条第二款规定，接受委托的第三方机构，未按照法律、法规和相关技术规范的要求实施污染治理，或者在实施污染治理中弄虚作假的，由市或者区、县环保部门责令改正，处一万元以上十万元以下罚款。

第七十九条　违反本条例第二十六条第二款规定，未制订应急预案的，由市或者区、县环保部门责令改正；对拒不制订应急预案的单位，可以处二千元以上一万元以下罚款，并可以建议有关部门对直接负责的主管人员和其他直接责任人员给予行政处分。

第八十条　有关单位违反本条例第二十八条第三款规定，拒不执行暂停或限制生产措施的，由环保部门处二万元以上二十万元以下罚款；拒不执行扬尘管控措施的，由建设、交通、房屋等有关行政管理部门或城管执法部门依据各自职责处一万元以上五万元以下罚款；拒不执行机动车管控、禁止燃放烟花爆竹措施的，由公安机关依照有关规定予以处罚。

第八十一条　违反本条例第三十一条第一款规定，未按照规定配置大气污染物排放在线监测设备，或者拒绝纳入统一监测网络的，由市或者区、县环保部门责令改正，并处一万元以上十万元以下罚款。

第八十二条　违反本条例第三十二条第一款规定，未按照规定公布单位环境信息的，由市或者区、县环保部门责令公开，处一万元以上十万元以下罚款。

第八十三条　违反本条例第三十五条第三款、第六十一条第四款规定，在市人民政府规定的期限届满后继续使用高污染燃料的，由市或者区、县环保部门责令拆除或者没收燃用高污染燃料的设施。

违反本条例第三十五条第四款，使用燃料不符合国家和本市规定的有关强制性标准和要求的，由质量技术监督管理部门责令改正，可以处一万元以上十万元以下罚款。

第八十四条　违反本条例第三十六条第二款规定，锅炉、窑炉以及单位使用的或者经营性的炉灶等设施排放明显可见黑烟的，由市或者区、县环保部门责令改正，可以处五千元以上五万元以下罚款。

　　第八十五条　违反本条例第三十八条第一款、第五款规定，在本市行驶的机动车向大气排放污染物超过规定的排放标准或者排放明显可见黑烟的，由公安交通管理部门暂扣车辆行驶证，责令维修，可以处二百元以上二千元以下罚款；维修后经有资质的检测单位检测符合排放标准的，发还车辆行驶证。

　　违反本条例第三十八条第一款、第五款规定，在本市行驶的机动船向大气排放污染物超过规定的排放标准或者排放明显可见黑烟的，由海事部门责令改正，可以处一千元以上一万元以下罚款；情节严重的，处一万元以上五万元以下罚款。

　　第八十六条　违反本条例第三十九条规定，尾气排放车载诊断系统报警后，未及时送修的，轻型车行驶超过二百公里行驶里程、重型车行驶超过二十四小时行驶时间的，由环保部门责令改正，并处三百元罚款。擅自拆除机动车尾气处理装置的，由环保部门责令改正，并处三百元罚款。

　　第八十七条　违反本条例第四十条规定，在本市使用的非道路移动机械向大气排放污染物超过规定排放标准或者排放明显可见黑烟的，由环保部门责令改正，可以处五百元以上五千元以下罚款。

　　第八十八条　违反本条例第四十一条第三款规定，将维修后污染物排放仍超过规定排放标准的机动车交付使用的，由交通行政管理部门依照有关法律、法规处理。

　　第八十九条　违反本条例第四十二条第一款规定，未经市环保部门委托从事机动车排气污染定期检测的，由市环保部门责令停止违法行为，没收非法所得，可以并处五千元以上五万元以下罚款。

　　违反本条例第四十二条第二款规定，接受委托从事机动车排气污染定期检测的单位不按规定的检测方法和技术规范进行检测，由市环保部门责令改正，可以处三千元以上三万元以下罚款；提供不实的检测报告或者不按规定检测情节严重的，处三万元以上五万元以下罚款，并可以由负责资质认定的部门取消承担机动车定期检测的资格。

　　第九十条　违反本条例第四十三条第三款规定，在用机动车车主或者驾驶人员，以及在航机动船经营人员或者船员拒绝、阻挠公安交通、海事或者环保部门对机动车和机动船排气污染监督抽测的，由公安交通、海事或者环保部门依照有关法律、法规处理。

　　第九十一条　违反本条例第四十四条第三款规定，无环保检验合格标志或者被标识为高污染的道路运输车辆在本市从事道路运输经营的，由交通行政管理部门责令改正，可以处二百元以上二千元以下罚款。

第九十二条 违反本条例第四十五条规定，污染物排放超过规定标准无法修复的在用机动车上路行驶的，公安交通管理部门应当依照有关规定予以收缴、强制报废，并对机动车驾驶人依法予以处罚。

第九十三条 违反本条例第四十七条第二款规定，在本市销售不符合规定标准的车、船、非道路移动机械燃料的，由质量技术监督管理部门依照《中华人民共和国产品质量法》的规定处理。

违反本条例第四十七条第三款规定，自备的燃料不符合规定标准的，由环保部门、海事部门按照职责分工责令改正，处一万元以上十万元以下罚款。

第九十四条 违反本条例第五十一条第一款、第四款、第五款规定，单位违反挥发性有机物排放标准、技术规范进行运行管理的，由市或者区、县环保部门责令改正，可以处五千元以上五万元以下的罚款。

违反本条例第五十一条第二款、第三款规定，未配备挥发性有机物回收装置的，或者未在密闭空间或者设备中进行产生含挥发性有机物废气的生产经营活动，或者未设置废气收集和处理系统的，由环保部门责令停止违法行为，可以处一万元以上十万元以下罚款。

第九十五条 违反本条例第五十二条第二款规定，废弃物焚烧炉排放大气污染物超过规定的排放标准或排放总量指标的，市或者区、县环保部门可以责令限制生产或者停产整治，处一万元以上十万元以下罚款；情节严重的，由市或者区、县人民政府责令停业、关闭。

第九十六条 违反本条例第五十三条第一款规定，露天焚烧秸秆、枯枝落叶等产生烟尘的物质的，由环保部门责令停止违法行为，情节严重的，可以处二百元以下罚款；露天焚烧沥青、油毡、橡胶、塑料、垃圾、皮革等产生有毒有害、恶臭或强烈异味气体物质的，由环保部门责令停止违法行为，处二万元以下罚款。

第九十七条 违反本条例第五十四条第二款规定，施工单位未采取有效防尘措施或者未按照规定安装在线监测设施的，由工程有关行政管理部门责令改正，并处一千元以上一万元以下罚款；

违反本条例第五十五条第一款规定，运输车辆未采用密闭化措施，或者在运输过程中泄漏、散落、飞扬的，由公安交通管理部门或者绿化市容行政管理部门依照有关法律、法规处理；

违反本条例第五十五条第二款规定，船舶未采取覆盖措施的，由海事部门责令改正，处一千元以上一万元以下罚款；

违反本条例第五十六条规定，港口、码头及其堆场未采取有效扬尘防治措施的，由交通行政管理部门责令改正，处一千元以上一万元以下罚款；露天仓库和其他堆场未采取有效扬尘防治措施的，由环保部门责令改正，处一千元以上一万元以下罚款；混凝土搅拌站未采取有效扬尘防治措施的，由建设行政管理部门责令改正，处一千元以上一万元以下罚款；

违反本条例第五十七条、第五十八条规定，未按照规范进行清扫保洁作业，以及未按照规范进行植物栽种和养护作业的，由绿化市容行政管理部门责令改正，处一千元以上一万元以下罚款；

违反本条例第五十九条第一项的规定，单位未按照规定进行绿化或者铺装的，由环保部门责令改正，处一千元以上一万元以下罚款；违反本条例第五十九条第二项规定，建设单位未按照规定进行绿化或者铺装的，由建设行政管理部门责令改正，处一千元以上一万元以下罚款；

有本条第一款至第六款规定的情形，致使大气环境受到污染，情节严重的，由有关行政管理部门处一万元以上五万元以下罚款。

第九十八条　有下列行为之一的，由环保部门责令停止违法行为，污染较轻的可以处二百元以上三千元以下罚款；污染严重的可以处三千元以上五万元以下罚款：

（一）违反本条例第六十条规定，在人口集中地区和其他需要特殊保护的区域内，贮存、加工、制造或者使用产生强烈异味、恶臭气体的物质，造成周围环境污染的；

（二）违反本条例第六十一条第一款、第二款规定，饮食服务业的经营者未按照规定安装油烟净化和异味处理设施或在线监控设施、未保持设施正常运行或者未定期对油烟净化或异味处理设施进行清洗维护并保存记录的。

第九十九条　违反本条例第六十二条规定，作业单位和个人无组织排放粉尘或者废气的，由市或者区、县环保部门责令改正；拒不改正的，处五千元以上五万元以下罚款。

第一百条　为排放大气污染物的单位和个人提供生产经营场所的出租人，应当配合环保部门对出租场所内违反本条例规定行为的执法检查，提供承租人的有关信息。出租人拒不配合的，由环保部门处二千元以上两万元以下罚款。

第一百零一条　企事业单位和其他生产经营者违反本条例，除第二十八条、第三十二条、第六十一条规定的情形外，受到罚款处罚，被责令改正，拒不改正的，依法作出处罚决定的行政机关可以自责令改正之日的次日起，按照原处罚数额按日连续处罚。

第一百零二条　市或者区、县人民政府对排污单位作出责令停业、关闭决定的，以及市或者区、县环保部门对排污单位作出责令停产整治决定的，供电单位应当予以配合，停止对排污单位供电。

第一百零三条　排污单位违反本条例规定发生环境污染事故，或者违反本条例第十六条第二款、第十八条第一款和第二款、第二十八条第三款规定的，除对单位进行处罚外，环保等有关部门还可以对单位主要负责人和直接责任人员处一万元以上十万元以下的罚款。

第一百零四条　企事业单位和其他生产经营者违法排放大气污染物，造成或者可能造成严重污染的，环保部门可以查封、扣押造成污染物排放的设施、设备。

第一百零五条　违反本条例规定，排放大气污染物，构成犯罪的，依法追究刑事责任。

环保部门与公安机关应当建立健全大气污染案件行政执法和刑事司法的衔接机制。

第一百零六条　因污染大气环境造成损害的，应当依照《中华人民共和国侵权责任法》的有关规定承担侵权责任。

对污染大气环境，损害社会公共利益的行为，符合国家法律规定的社会组织可以依法向人民法院提起诉讼。

第一百零七条　当事人对环保部门和其他有关行政管理部门的具体行政行为不服的，可以依照《中华人民共和国行政复议法》或者《中华人民共和国行政诉讼法》的规定，申请行政复议或者提起行政诉讼。

当事人对具体行政行为逾期不申请复议，不提起诉讼，又不履行的，作出具体行政行为的行政管理部门可以申请人民法院强制执行，或者依法强制执行。

第八章　附　则

第一百零八条　本条例自 2014 年 10 月 1 日起施行。2001 年 7 月 13 日上海市第十一届人民代表大会常务委员会第二十九次会议通过的《上海市实施〈中华人民共和国大气污染防治法〉办法》同时废止。

陕西省大气污染防治条例

（2013 年 11 月 29 日陕西省第十二届人民代表大会常务委员会
第六次会议通过）

第一章　总　则

第一条　为防治大气污染，保护和改善大气环境，保障人体健康，促进经济社会可持续发展，根据《中华人民共和国大气污染防治法》等有关法律、行政法规，结合本省实际，制定本条例。

第二条　本条例适用于本省行政区域内的大气污染防治活动。

第三条　大气污染防治按照预防为主、防治结合的方针，坚持统筹兼顾、突出重点、分类指导的原则，合理规划布局，优化产业结构，推动科技进步，促进清洁生产，发展低碳经济和循环经济，保护和改善大气环境。

第四条　县级以上人民政府对本行政区域内的大气环境质量负责，根据本条例规定和大气污染防治要求制定大气污染防治规划，并将大气污染防治工作纳入国民经济和社会发展规划，保证投入，加强环境执法、监测能力建设，建立和完善大气污染防治工作目标责任考核制度，并将考核结果向社会公示。乡（镇）人民政府、街道办事处负责本辖区大气污染防治工作。

第五条　县级以上人民政府环境保护行政主管部门对大气污染防治实施统一监督管理。

县级以上人民政府其他有关行政主管部门根据本条例规定和各自职责，对大气污染防治实施监督管理。

第六条　本省实行大气污染物总量控制和浓度控制制度。排放大气污染物的，应当符合国家和地方排放标准和主要大气污染物排放总量控制指标。

第七条　县级以上人民政府及其有关部门应当采取措施，鼓励和支持大气污染防治科学技术研究，培养环保专业人才，推广先进适用技术，发展环保产业。

第八条　单位和个人有保护大气环境的权利和义务。有权对污染大气环境的行为进行检举和控告，有权对行使监督管理权的部门及其工作人员不依法履行职责的行为进行检举和控告；遵守大气污染防治法律法规，自觉履行大气污染防治法定义务和职业操守，树立大气环境保护意识，践行绿色生活方式，减少向大气排放污染物。

县级以上人民政府鼓励和支持社会团体和公众参与大气污染防治工作和公益活动，可以聘请社会监督员，协助监督大气污染防治工作。

第九条　各级人民政府及其行政主管部门和社会团体、学校、新闻媒体、群众性自治组织等单位，应当开展大气污染防治法律法规、科普知识宣传教育，倡导文明、节约、绿色消费方式和生活习惯，促进形成全社会保护大气环境的氛围。

第二章　一般规定

第十条　省质量技术监督、环境保护行政主管部门依据法律规定，结合本省大气环境质量状况及经济技术条件，可以制定和发布高于国家标准的本省大气环境质量标准、大气污染物排放标准和燃煤、燃油有害物质控制标准。

第十一条　省、设区的市人民政府及其有关部门，在组织编制工业、能源、交通、城市建设、自然资源开发的有关专项规划过程中，应当综合考虑规划实施对大气环境可能造成的影响，上报审批前依法进行环境影响评价。

第十二条　新建、扩建、改建的建设项目，应当依法进行环境影响评价。县级以上环境保护行政主管部门公示建设项目环境影响报告书受理情况后，公众意见较大或者认为对大气环境有重大影响的，应当组织听证会，公开听取利害关系人和社会公众的意见，听证结果作为审批环境影响评价的重要依据。

未取得主要大气污染物排放总量指标的建设项目，县级以上环境保护行政主管部门不得批准其环境影响评价文件。

第十三条　建设项目的大气污染防治设施应当与主体工程同时设计、同时施工、同时投入使用。建设项目在投入生产或者使用之前，其大气污染防治设施应当经审批该项目环境影响评价文件的环境保护行政主管部门验收合格。

向大气排放污染物的单位应当保证大气污染防治设施正常运行，不得擅自拆除、停止运行。防治设施发生故障应当及时维修，并报告县级以上环境保护行政主管部门，在规定期限内经维修仍不能正常运行的，主体生产设备应当同时停止运行。

第十四条　向大气排放污染物的企业事业单位和个体工商户，应当按照国家和本省规定设置大气污染物排放口。

禁止以规避监管为目的，在非紧急情况下使用大气污染物应急排放通道或者采取其他规避监管的方式排放大气污染物。

第十五条　向大气排放污染物的企业事业单位和个体工商户，应当按照国家和本省有关规定进行排污申报登记并缴纳排污费。

排污费按照排放的大气污染物种类、数量计征。征收的排污费用于大气污染防治，不得挪作他用。

第十六条　向大气排放工业废气、含有毒有害物质的大气污染物的企业事业单位，集中供热设施的运营单位，以及其他按照规定应当取得排污许可证方可排放大气污染物的企业事业单位，应当依法向县级以上环境保护行政主管部门申请排污许可证。排污许可证应当载明排放污染物的名称、种类、浓度、总量和削减量、排放方式、治理措施、监测要求等内容。

排污总量和削减量由县级以上环境保护行政主管部门依据大气污染物排污总量计划和相关技术规范核定。

向大气排放污染物的单位应当采取技术改造、完善环保设施等措施，落实核定的主要大气污染物排放总量控制指标和削减量。

第十七条　在区域大气污染物排放总量控制指标范围内，企业主要大气污染物排放总量指标实行有偿使用与交易制度。

省人民政府建立统一的排污权交易公共平台，排污权交易应当通过交易公共平台进行交易。交易价款实行收支两条线制度，用于大气污染防治。

排污权交易具体办法由省环境保护行政主管部门会同财政等有关部门制定。

第十八条　本省实施大气环境质量和大气污染源监测制度，建立环境空气质量监测体系和监控平台，按照国家有关监测和评价规范要求，对大气污染物实施监测。

县级以上环境保护行政主管部门根据监测结果在当地主要媒体统一发布本行政区域空气环境质量状况公报、空气质量日报等公共环境质量信息，各级气象主管部门所属的气象台（站）根据环境质量信息发布空气污染气象条件预报和生活服务指导。省环境保护行政主管部门应当定期公布设区的市的空气质量状况。

大气环境质量和大气污染源监测网络建设规划，由省环境保护行政主管部门会同气象等有关部门编制，报省人民政府批准后组织实施。

第十九条　向大气排放污染物的单位应当按照有关规定设置监测点位和采样监测平台，对其所排放的大气污染物进行自行监测或者委托有环境监测资质的单位监测。监测结果由单位主管环境工作的负责人审核签字，原始监测记录至少保存三年。

重点污染源单位应当安装运行管理监控平台和大气污染物排放自动监测设

备，与环境保护行政主管部门的监控平台联网，并保证监测设备正常运行和数据传输。重点污染源单位由省、设区的市环境保护行政主管部门根据本行政区域的环境容量、重点大气污染物排放总量控制指标的要求以及排污单位排放大气污染物的种类、数量和浓度等因素确定。

向大气排放污染物的单位，应当按照规定在网站、报刊、广播、电视等公众媒体平台公布其污染物排放情况等环境信息，接受公众监督。

排污单位的环境信息应当纳入公共信用信息征信系统。

第二十条　环境保护行政主管部门和其他主管部门对管辖范围内的向大气排放污染物的企业事业单位和个体工商户可以随机现场检查。被检查的企业事业单位和个体工商户应当如实反映情况，提供必要的资料。检查部门应当为被检查的企业事业单位和个体工商户保守技术秘密和业务秘密。

对造成或者可能造成严重大气污染以及可能导致环境执法证据灭失或者隐匿的，县级以上环境保护行政主管部门依法对有关设施、场所、物品、文件、资料采取查封、扣押、登记等证据保全措施。

第二十一条　逐步推行企业环境污染责任保险制度，降低企业环境风险，保障公众环境权益。

省环境保护行政主管部门根据区域环境敏感度和企业环境风险度，定期制定和发布强制投保环境污染责任保险行业和企业目录。

鼓励、引导强制投保目录以外的企业积极参加环境污染责任保险。

第二十二条　大气污染突发事故和突发事件的应急准备、监测预警、应急处置和事后恢复等工作按照国家和本省的有关规定执行。

在大气受到严重污染可能危害人体健康和安全的紧急情况下，省、设区的市人民政府应当及时启动相应应急预案，发布大气污染应急公告，可以采取责令排污单位限产停产，机动车限行，扬尘管控，中小学校、幼儿园停课以及气象干预等应对措施，并引导公众做好卫生防护。

第三章　防治措施

第一节　城市和区域大气污染防治

第二十三条　省环境保护行政主管部门会同省发展和改革行政主管部门，根据环境质量状况和环境容量，划定影响大气环境的产业、行业禁止布局区域和限制布局区域，明确范围、项目种类及时限要求，报省人民政府批准后实施。

第二十四条　县级以上人民政府根据上级人民政府批准的大气污染物排放总

量控制指标，制定本行政区域排放总量控制计划，逐年减量，并组织实施。

大气污染物排放总量控制计划由县级以上环境保护行政主管部门会同有关行政主管部门起草，报本级人民政府批准。

第二十五条　县级以上环境保护行政主管部门，对未完成年度大气污染物排放总量控制任务的区域，暂停审批排放大气污染物的建设项目环境影响评价文件，直至达到总量控制要求。

第二十六条　省人民政府根据国家重点区域大气污染防治规划的要求，在西安市及关中城市群等本省大气污染防治重点区域，建立区域合作制度，推动区域联防联控工作。

省人民政府应当与相邻省区建立省际间大气污染防治协作机制，实施环评会商、联合执法、信息共享、预警应急等措施，促进省际间大气污染联防联控。

第二十七条　重点区域设区的市、县（市、区）人民政府应当提高环境准入条件，执行重点行业污染物特别排放限值，制定大气污染限期治理达标规划，按照国家和本省规定的期限，达到大气环境质量标准。

第二十八条　设区的市、县（市、区）人民政府应当划定禁煤区和限煤区。

在禁煤区内的单位和个体工商户，在当地人民政府规定的期限内停止使用燃煤设施，改用天然气、液化石油气、电或者其他清洁能源。当地人民政府应当完善配套基础设施，制定相关鼓励、价格补贴政策。

在限煤区内禁止新建、扩建燃烧煤炭、重油、渣油的工业设施，逐步减少燃煤设施的使用。禁止生产、销售不符合标准的生活用型煤。

第二十九条　设区的市、县（市、区）人民政府应当统筹规划城市建设，在城镇规划区全面发展集中供热，优先使用清洁燃料。

在燃气管网和集中供热管网覆盖的区域，不得新建、扩建燃烧煤炭、重油、渣油的供热设施，原有分散的中小型燃煤供热锅炉应当限期拆除或者改造。

第三十条　城市人民政府编制或者修改城市规划时，按照有利于大气污染物扩散的原则，合理规划城市建设空间布局，控制建筑物的密度、高度，预留城市通风廊道。

第三十一条　各级人民政府应当保护天然植被，加强植树种草、城乡绿化、治沙防尘工作，增加绿地和水域面积，改善大气环境质量。

在城市建筑物密集区，建筑物的所有人、使用人或者管理人应当充分利用建筑物屋顶、屋面进行绿化；新建建筑物设计应当将屋顶、屋面绿化要求纳入建设项目设计文件。

屋顶、屋面绿化应当按照技术规范的要求设计、施工，防止对建筑物和居民生活造成不利影响。屋顶、屋面绿化技术规范，由省住房和城乡建设行政主管部门会同有关主管部门制定。

第二节　工业大气污染防治

第三十二条　县级以上人民政府应当制定扶持优惠政策，鼓励支持地热能、风能、太阳能和生物质能等清洁能源的开发利用，逐步削减燃煤总量。

省发展改革部门会同省环境保护等有关行政主管部门制定本省清洁能源发展规划和燃煤总量控制计划，报省人民政府批准后组织实施。设区的市、县级人民政府根据清洁能源发展规划和燃煤总量控制计划，制定本行政区域实施方案并组织实施。

第三十三条　企业应当优先采用能源和原材料利用效率高、污染物排放量少的清洁生产技术、工艺和装备，减少大气污染物的产生和排放。

第三十四条　限制高硫分、高灰分煤炭的开采。新建的所采煤炭属于高硫分、高灰分的煤矿，应当配套建设煤炭洗选设施；已建成的所采煤炭属于高硫分、高灰分的煤矿，应当限期建成配套的煤炭洗选设施，使煤炭中的硫分、灰分达到规定的标准。

县级以上人民政府采取有利于煤炭清洁利用、能源转化的经济、技术政策和措施，鼓励坑口发电和煤层气、煤矸石、粉煤灰、炉渣资源的综合利用。

第三十五条　锅炉生产企业的锅炉产品应当达到国家规定的锅炉容器大气污染物初始排放标准，并在产品上标明燃料要求和污染物排放控制指标。达不到规定要求的，不得生产、销售。

第三十六条　火电厂（含热电厂、自备电站）和其他燃煤企业排放烟尘、二氧化硫、氮氧化物等大气污染物超过排放标准或者总量控制指标的，应当配套建设除尘、脱硫、脱硝装置或者采取其他控制大气污染物排放的措施。

水泥、石油、合成氨、煤气和煤焦化、有色金属、钢铁等生产过程中排放含有硫化物和氮氧化物气体的，应当配备脱硫、脱硝装置。

鼓励燃煤企业采用先进的除尘、脱硫、脱硝、脱汞等多种大气污染物协同控制的技术和装备。

第三十七条　工业生产中产生的可燃性气体应当回收利用，不具备回收利用条件而向大气排放的，应当进行污染防治处理。

可燃性气体回收利用装置不能正常作业的，应当及时修复或者更新。在回收利用装置不能正常作业期间确需排放可燃性气体的，应当将排放的可燃性气体充分燃烧或者采取其他减轻大气污染的措施。

第三十八条　企业应当通过技术创新、产业转型升级等方式改进生产工艺设备，减少大气污染物的产生和排放。

省人民政府工业和信息化行政主管部门按照国家淘汰落后生产工艺设备和产品指导目录的规定，会同省发展和改革、环境保护行政主管部门提出本省淘汰落后生产工艺设备和产品的企业名录及工作计划，报省人民政府批准后公布并组织实施。

淘汰的落后生产设备，企业不得转让使用。

第三十九条　排放总量替代项目未完成拆除、关停被替代项目的，县级以上环境保护行政主管部门不予办理替代项目环境保护竣工验收手续，替代项目不得投入生产或者运行。

第四十条　县级以上人民政府应当鼓励支持大气环境高污染企业实施技术改造、技术升级或者自愿关闭、搬迁、转产，并在财政、价格、税收、土地、信贷、政府采购等方面给予优惠、补助或者奖励。具体办法由省环境保护行政主管部门会同省财政、工业和信息化、发展和改革行政主管部门制定。

第三节　交通运输大气污染防治

第四十一条　县级以上人民政府应当优先发展公共汽车、轨道交通等公共交通事业，规划、建设和设置有利于公众乘坐公共交通运输工具、步行或者使用非机动车的道路、公共交通枢纽站、自行车租赁服务、充电加气等基础设施，实施公共交通财政补贴，合理控制机动车保有量，降低机动车出行量和使用强度。

设区的市人民政府可以根据大气污染防治需要和机动车排放污染状况，划定机动车限行区域、时段，并向社会公告。

第四十二条　生产、进口、销售机动车、船、航空器使用的燃料，应当符合国家和本省燃料有害物质控制标准。

设区的市可以在本行政区域实施高于本省标准的机动车、船用燃油标准。

县级以上质量技术监督、环境保护、工商行政管理、商务、民航等行政主管部门依据各自职责，对生产、进口、销售燃料的有害物质含量达标情况实施监督管理。

第四十三条　县级以上人民政府应当采取措施，鼓励发展电动、燃气等新能源汽车，推广使用清洁燃料，加快充电桩、加气站等配套基础设施建设，支持在用机动车加装其他燃料系统，鼓励柴油车、出租车每年更换高效尾气净化装置，完善柴油车车用尿素供应体系，减少机动车污染物排放。

国家机关和公交、出租车、环卫等行业购置、更新车辆应当优先选购新能源汽车，并享受国家和省有关税费、信贷、财政补贴等优惠政策。

县级以上公安机关交通管理部门、质量技术监督行政主管部门应当做好在用机动车加装其他燃料系统的管理和变更工作。

第四十四条　省环境保护行政主管部门应当根据机动车保有量和增长情况，编制机动车排气检测站点规划。

已取得资质认定的机动车检验机构，受省环境保护主管部门委托对机动车污染物排放进行定期检测。

机动车检验机构按照国家检测技术规范要求进行检测，保证检测数据真实、客观、有效，对检测结果负责，保证送检者的知情权。机动车检验机构按照有关规定与所在地环境保护行政主管部门联网，及时传送定期检测数据。

交通运输、渔业行政主管部门可以委托已取得资质认定的承担机动船舶检验机构，定期对机动船舶污染物排放进行检测。

机动车船排气污染检测按照省价格主管部门核定的收费标准收取费用。

第四十五条　经机动车检验机构排气检测合格的机动车，由县级以上环境保护行政主管部门核发环境保护分类合格标志；排气检测不合格的机动车，应当及时维护并在三十日内进行复检。

未取得环境保护分类合格标志的机动车，不得上路行驶。

第四十六条　县级以上环境保护行政主管部门可以在机动车停放地对在用公交、出租、客货运输车辆的环保检验合格标志、污染物排放状况进行检查和检测。

县级以上环境保护行政主管部门会同公安机关交通管理部门，对行驶中的机动车污染物排放状况采用遥感检测的方式实施抽检。抽检不得收取费用。

被检查、检测和抽检的单位和个人，应当予以配合。

第四十七条　农业机械、工程机械等非道路用动力机械向大气排放污染物应当符合国家或者本省规定的排放标准。

非道路用动力机械超过规定排放标准的，应当限期治理，经治理仍不符合规定标准的，由县级以上环境保护、住房和城乡建设、农业机械等行政主管部门责令停止使用。

第四十八条　设区市人民政府应当实施老旧机动车强制报废制度，采取措施引导、鼓励、支持淘汰大气污染物高排放的机动车（含三轮汽车、低速货车）和非道路用动力机械。

第四节　有毒有害物质大气污染防治

第四十九条　县级以上人民政府按照确保安全的原则，合理规划有毒有害物质生产、储存专门区域，加强对有毒有害物质生产、储存、运输、使用的监督管理。

禁止在专门区域外新建、改建、扩建有毒有害物质生产建设项目。

第五十条　设区的市、县（市、区）人民政府应当推广秸秆等生物质综合利用技术，划定秸秆等生物质禁烧区。

禁止露天焚烧沥青、油毡、废油、橡胶、塑料、皮革、垃圾等产生有毒有害气体的物料，确需焚烧处理的，应当采用专用焚烧装置；禁止在人口集中地区未密闭或者未使用烟气处理装置加热沥青。

提倡和鼓励移风易俗，开展文明、绿色节庆、祭祀活动。各类节庆、宗教、殡葬、祭祀等活动应当遵守有关法律、法规规定，在规定的时间、区域和地点燃放烟花爆竹、烧香、焚烧祭品。环境保护、公安、民政、宗教、城市管理等行政主管部门应当提供相关服务，加强日常监管，减少对大气环境的影响。

第五十一条　城市人民政府应当合理规划餐饮业布局。新建、改建、扩建产生油烟、废气的饮食服务项目选址，应当遵守下列规定：

（一）不得设在居民住宅楼、未设立配套规划专用烟道的商住综合楼、商住综合楼内与居住层相邻的楼层；

（二）不得在城市人口集中区域进行露天烧烤、骑墙（窗）烧烤。

本条例实施前已建成的餐饮服务项目，其经营许可到期后，不符合前款规定的，环境保护、食品药品监督、公安消防等管理部门不再核发相关证照，工商行政管理部门不予办理登记。

第五十二条　餐饮业经营者必须采取下列措施，防止对大气环境造成污染：

（一）使用清洁能源；

（二）油烟不得排入下水管道；

（三）设置油烟净化装置，并保证其正常运行，实现达标排放；

（四）设置餐饮业专用烟道，专用烟道的排放口应当高于相邻建筑物高度或者接入其公用烟道；

（五）定期对油烟和异味处理装置等污染物处理设施进行清洗维护并保存记录；

（六）营业面积一千平方米以上的餐饮，应当按照有关规定安装油烟在线监控设施。

第五十三条　鼓励采用先进生产工艺、推广使用低毒、低挥发性的有机溶剂，支持非有机溶剂型涂料、农药、缓释肥料生产和使用，减少挥发性有机物排放。

石化、有机化工、电子、装备制造、表面涂装、包装印刷、服装干洗等产生含挥发性有机物废气的生产经营单位，应当使用低挥发性有机物含量涂料或溶剂，在密闭环境中进行作业，安装使用污染治理设备和废气收集系统，保证其正常使用，记录原辅材料的挥发性有机物含量、使用量、废弃量，生产设施以及污染控制设备的主要操作参数、运行情况和保养维护等事项。

禁止在居民住宅楼、商住综合楼内与居住层相邻的楼层新建、扩建服装干洗场所。

生产、销售、使用可挥发性有机物的单位，应当建立泄漏检测与修复制度，及时收集处理泄漏物料。

第五十四条　科学教育、医疗保健、餐饮住宿、娱乐购物、文化体育、交通运输等公共场所建筑物的室内装修竣工后，应当由具有法定资质的监测机构进行室内空气质量监测，并在显著位置公示监测结果。经监测不合格的，不得投入使用。

第五十五条　向大气排放恶臭气体的单位，应当采取有效治理措施，防止周围居民受到污染。

在机关、学校、医院、居民住宅区等地方，禁止从事石油化工、油漆涂料、塑料橡胶、造纸印刷、饲料加工、养殖屠宰、餐厨垃圾处置等产生有毒有害或者恶臭气体的生产活动。

垃圾填埋场、污水处理厂的选址、建设和运行应当符合国家规定要求，并采取措施收集、处理恶臭气体，减少对大气环境质量的危害。

第五节　扬尘污染防治

第五十六条　从事房屋建筑、道路、市政基础设施、矿产资源开发、河道整治及建筑拆除等施工工程、物料运输和堆放及其他产生扬尘污染的活动，必须采取防治措施。

县级以上人民政府及其住房和城乡建设、环境保护、交通运输、国土资源、水利、市政园林等行政主管部门应当加强对施工工程作业的监督管理，并将扬尘污染的控制状况作为环境综合整治考核的内容。

第五十七条　建设单位应当在施工前向工程主管部门、环境保护行政主管部门提交工地扬尘污染防治方案，将扬尘污染防治纳入工程监理范围，所需费用列入工程预算，并在工程承包合同中明确施工单位防治扬尘污染的责任。

第五十八条　施工单位应当按照工地扬尘污染防治方案的要求施工，在施工现场出入口公示扬尘污染控制措施、负责人、环保监督员、扬尘监管行政主管部门等有关信息，接受社会监督，并采取下列防尘措施：

（一）城市市区施工工地周围应当设置硬质材料围挡，工地内暂未施工的区域应当覆盖、硬化或者绿化，暂未开工的建设用地，由土地使用权人负责对裸露地面进行覆盖，超过三个月的，应当进行绿化；

（二）施工工地内堆放水泥、灰土、砂石等易产生扬尘污染物料和建筑垃圾、工程渣土，应当遮盖或者在库房内存放；

（三）土方、拆除、洗刨工程作业时应当分段作业，采取洒水压尘措施，缩短起尘操作时间；气象预报风速达到四级以上或者出现重污染天气状况时，城市市区应当停止土石方作业、拆除工程以及其他可能产生扬尘污染的施工；

（四）建筑施工工地进出口处应当设置车辆清洗设施及配套的排水、泥浆沉淀设施，运送建筑物料的车辆驶出工地应当进行冲洗，防止泥水溢流，周边一百米以内的道路应当保持清洁，不得存留建筑垃圾和泥土。

第五十九条　堆存、装卸、运输煤炭、水泥、石灰、石膏、砂土、垃圾等易产生扬尘的作业，应当采取遮盖、封闭、喷淋、围挡等措施，防止抛洒、扬尘。

第六十条　建筑垃圾、渣土消纳场、垃圾填埋场和污水处理厂，应当按照相关标准和要求采取防止扬尘的措施。

第六十一条　城市道路、广场等公共场所清扫保洁应当采取清扫车负压清洁，增加冲洗频次，降低地面积尘负荷。

第六十二条　露天开采、加工矿产资源，应当采取喷淋、集中开采、运输道路硬化绿化等措施防止扬尘污染。

第六十三条　城市市区施工工地禁止现场搅拌混凝土和砂浆，强制使用预拌混凝土和预拌砂浆。

其他区域的建设工程在现场搅拌砂浆的，应当配备降尘防尘装置。

第四章　法律责任

第六十四条　违反本条例第十三条第二款规定，擅自拆除、停止运行大气污染防治设施或者防治设施不正常运行的，由县级以上环境保护行政主管部门责令限期改正，处一万元以上十万元以下罚款。

第六十五条　违反本条例第十四条第一款规定，未按照规定设置大气污染物排放口的，由县级环境保护行政主管部门责令限期改正，处一万元以上五万元以下罚款。

违反本条例第十四条第二款规定，以规避监管的方式排放大气污染物的，由县级以上环境保护行政主管部门责令改正，处五万元以上五十万元以下罚款。

第六十六条　违反本条例第十六条规定，未取得排污许可证的，由县级以上环境保护行政主管部门责令限期补办，处五万元以上十万元以下罚款；超过排污许可证核定的总量指标排污的，责令限期治理，处超出总量指标部分应缴纳排污费数额二倍以上五倍以下罚款。

第六十七条　违反本条例第十九条规定，有下列行为之一的，由县级以上环境保护行政主管部门责令限期改正，处一万元以上十万元以下罚款：

（一）未按照规定设置监测点位、采样平台或者安装自动监测设备的；

（二）自动监测设备未按照规定与监控平台联网或者不能正常运行、传输数据的；

（三）未按照规定公布污染物排放情况等环境信息的。

第六十八条　违反本条例第二十八条第二、三、四款规定，在禁煤区超过规定期限继续使用燃煤设施，在限煤区内新建、扩建燃烧煤炭、重油、渣油的工业设施，生产、销售不符合标准的生活用型煤的，由县级环境保护行政主管部门责令限期改正，处五万元以上二十万元以下罚款。

第六十九条　违反本条例第三十六条第一、二款规定，未按照规定配备除尘、脱硫、脱硝装置的，由县级以上环境保护行政主管部门责令限期改正，处十万元以上五十万元以下罚款。

第七十条　违反本条例第四十五条、第四十六条规定，未取得环境保护分类合格标志上路行驶的，由环境保护行政主管部门按每辆车五百元处以罚款；经抽检不合格的，责令限期维护和复检，逾期不复检或者复检不合格上路行驶的，撤销环境保护分类合格标志，按每辆车一千元处以罚款。

第七十一条　违反本条例第五十一条、第五十二条，未按照规定设置餐饮服务业或者采取大气污染防治措施的，由县级环境保护行政主管部门会同城市管理等主管部门责令限期改正，处五万元以上二十万元以下罚款。

第七十二条　违反本条例第五十三条第二、三、四款规定，生产经营单位未按规定要求作业的，由县级环境保护行政主管部门责令限期改正，处五万元以上三十万元以下罚款。

第七十三条　违反本条例第五十四条规定，公共场所建筑物室内装修竣工后未经监测或者监测不合格投入使用的，由县级环境保护行政主管部门责令限期改正，处一万元以上五万元以下罚款。

第七十四条　违反本条例第五十八条、第五十九条、第六十条、第六十二条、第六十三条规定，未采取扬尘污染防治措施的，由县级环境保护行政主管部门责令限期改正，处二万元以上五万元以下罚款。

第七十五条　从事环境监测、环境影响评价文件和竣工验收报告编制、环境监理、技术评估等有关技术服务单位，弄虚作假或者伪造、虚报、瞒报有关数据的，由县级以上环境保护行政主管部门责令限期改正，没收违法所得，并处违法所得一倍以上三倍以下罚款；情节严重的，依法降级或者吊销资格证书；构成犯罪的，依法追究刑事责任。

第七十六条　违反本条例规定，企业事业单位违法排放大气污染物，受到罚款处罚，被责令限期改正，逾期不改正的，依法作出行政处罚决定的行政机关可以按照原处罚数额按日连续处罚，直至依法责令停产停业或者关闭。

第七十七条　违反本条例规定的其他行为，法律、法规已有处罚规定的，从其规定。

第七十八条　依照本条例规定，对个人作出一万元以上、对单位作出十万元以上罚款处罚决定的，应当告知当事人有要求举行听证的权利。

第七十九条　因大气环境污染事件造成环境公益损害的，法律规定的机关和其他组织可以向人民法院提起公益诉讼。

因大气环境污染事件造成损害的，受害人可以依法向人民法院提起诉讼，要求停止侵害、赔偿损失。

第八十条　违反本条例规定，向大气排放污染物造成重大环境污染事故，致使公私财产遭受重大损失或者人身伤亡的严重后果，构成犯罪的，依法追究刑事责任。

第八十一条　环境保护行政主管部门和其他有关行政主管部门及其工作人员在大气污染防治管理工作中有下列行为之一的，由行政监察机关责令改正，对直接负责的主管人员和其他直接责任人员依法给予行政处分；构成犯罪的，由司法机关依法追究刑事责任：

（一）违法批准环境影响评价文件；

（二）未依法实行排污许可证制度；

（三）对污染大气环境的行为不依法查处；

（四）未依法公开大气环境相关信息；

（五）挤占、截留或者挪用排污费；

（六）其他滥用职权、玩忽职守、徇私舞弊的行为。

第五章　附则

第八十二条　本条例自 2014 年 1 月 1 日起施行。

天津市煤炭经营使用监督管理规定

（2013 年 11 月 28 日天津市人民政府第 20 次常务会议通过）

第一章 总 则

第一条 为了改善环境空气质量，规范煤炭经营、使用和管理活动，根据《中华人民共和国煤炭法》、《中华人民共和国大气污染防治法》等法律、法规，结合本市实际情况，制定本规定。

第二条 本市行政区域内的煤炭经营、使用和监督管理活动，适用本规定。

第三条 煤炭经营使用监督管理应当坚持总量控制、合理布局、严管煤质、排放达标、节约用煤、强化监管的原则。

第四条 各区县人民政府应当根据本市大气污染防治的要求，统筹做好本辖区的煤炭经营使用监督管理工作，对大气环境质量负责，使本辖区的大气环境质量达到规定的标准。

第五条 市和区县商务行政主管部门负责煤炭经营的监督管理工作。

市和区县环境保护行政主管部门负责用煤单位炉前煤的污染物含量、大气污染防治设施的正常使用和储煤场地扬尘的监督管理工作。

市经济和信息化行政主管部门及区县工业经济行政主管部门负责组织、协调、指导清洁生产促进工作，会同相关部门督促企业节约用煤。

市质量技术监督行政主管部门负责组织制定本市煤炭经营使用地方质量标准。市和区县质量技术监督行政主管部门依职能负责对煤炭检验机构进行监督管理。

市和区县工商行政管理部门负责对不符合本市煤炭经营使用地方质量标准的煤炭及其制品的销售实施监督管理。

发展改革、公安、交通等有关部门依照各自职责共同做好煤炭经营使用监督管理工作。

第六条 本市相关行业协会应当加强对煤炭经营企业的自律管理，协助煤炭经营监督管理部门做好工作。

第七条　任何单位和个人有权对违反本规定的行为，按照商务、环保、工商等监督管理部门的职责分工向其举报。受理部门应当及时处理，为举报人保密。

第二章　煤炭经营

第八条　市商务行政主管部门应当根据本市城乡规划，结合本市环境保护的要求，制定本市经营性煤炭堆场（以下简称堆场）和民用煤配送网点的布局和总量控制计划。

第九条　煤炭经营企业所存煤炭应当集中存放在堆场。

禁止在本市外环线以内设置堆场。

堆场和民用煤配送网点应当按照布局要求进行设置，并符合环境保护的要求。

第十条　煤炭经营企业应当保证煤炭质量，确保供应本市的煤炭符合本市煤炭经营使用地方质量标准。

采用直供方式的用煤单位，应当确保采购的煤炭符合本市煤炭经营使用地方质量标准。

购销煤炭双方订立的合同，应当具有煤炭质量条款，并符合本市煤炭经营使用地方质量标准。

第十一条　煤炭经营企业应当建立煤炭购销台账，载明煤炭购销数量、购销渠道及煤炭检验报告，并保留两年。

第十二条　煤炭经营企业和用煤单位运输、装卸、储存、加工煤炭，应当符合本市环境保护要求，采取防护措施，防止自燃和煤粉尘污染。

第十三条　堆场的经营者应当对其储煤场地采用防风抑尘网（墙）同时配套苫盖、喷淋设施，有条件的应当采取密闭措施。

民用煤配送网点的储煤场地应当采取密闭措施。

第三章　煤炭使用

第十四条　用煤单位应当使用符合本市煤炭经营使用地方质量标准的煤炭。

用煤单位应当建立用煤台账，明确用煤量、用煤来源、煤质及煤炭检验报告，并保留两年。

第十五条　用煤单位排放大气污染物，应当符合国家和本市环境保护标准，并不得超过大气污染物排放量指标。

第十六条　用煤单位必须安装烟气净化装置或者采取其他防护措施，并保证大气污染防治设施的正常使用。

拆除、关闭或者闲置大气污染防治设施的，应当事先报所在地环境保护行政主管部门批准。

第十七条　钢铁、电力、石化、供热、建材等重点行业用煤单位的储煤场地应当采取密闭措施。其他用煤单位的储煤场地应当采用防风抑尘网（墙）同时配套苫盖、喷淋及监控设施。

第十八条　对年综合耗能5000吨标准煤以上的用煤单位，应当按照国家和本市规定，实施强制性清洁生产审核。

实施强制性清洁生产审核的用煤单位，应当将审核结果在本地区主要媒体上公布，接受公众监督，但涉及商业秘密的除外。

第四章　监督检查

第十九条　市质量技术监督行政主管部门会同市发展改革、商务、环境保护等监督管理部门确定煤炭经营使用地方质量标准，并向社会公布。

第二十条　商务行政主管部门应当加强对堆场、煤炭经营企业、民用煤配送网点的动态管理，加强日常监管。

环境保护行政主管部门定期对用煤单位炉前煤的污染物含量，污染物的处理设施、污染物排放情况开展检查，对储煤场地的扬尘进行检查，发现违法行为及时依法予以处理。

工商行政管理部门对不符合本市煤炭经营使用地方质量标准的煤炭及其制品的销售进行检查，发现违法销售的及时依法予以处理。

第二十一条　商务、环境保护、工商等监督管理部门的工作人员进行监督检查时，有权检查堆场、煤炭经营企业、民用煤配送网点或者用煤单位执行煤炭法律、法规的情况，查阅台账等有关资料，进入现场进行检查。堆场、煤炭经营企业、民用煤配送网点或者用煤单位应当予以配合。

第二十二条　对煤炭经营使用的监督、检查所需经费列入本级财政预算。

第二十三条　煤炭监督管理相关部门应当共享共用管理信息，及时通报堆场、煤炭经营企业、民用煤配送网点或者用煤单位的有关情况。

第五章　法律责任

第二十四条　不符合本市堆场和民用煤配送网点的布局和总量控制计划，未取得营业执照擅自设置堆场和民用煤配送网点的，由商务行政主管部门会同工商行政管理部门予以取缔。

第二十五条　煤炭经营企业所存煤炭不集中存放在堆场的，由商务行政主管部门责令停止违法行为，限期改正，可处 3 万元以下罚款。

第二十六条　煤炭经营企业未依照本规定建立煤炭购销台账，并保留两年的，由商务行政主管部门责令改正，可处 1 万元以下罚款。

第二十七条　堆场、煤炭经营企业、民用煤配送网点或者用煤单位违反国家和本市环境保护相关法律、法规的，由环境保护行政主管部门依法予以处罚。

用煤单位未依照本规定建立用煤台账，并保留两年的，由环境保护行政主管部门责令改正，可处 1 万元以下罚款。

第二十八条　销售不符合本市煤炭经营使用地方质量标准的煤炭及其制品的，由工商行政管理部门责令停止销售，限期改正，可处 3 万元以下罚款。

第二十九条　煤炭监督管理相关部门及其工作人员违反规定，有下列行为之一的，对其主要负责人和其他责任人员依法给予处分；构成犯罪的，依法追究刑事责任：

（一）利用职务从事或者参与煤炭经营的；

（二）在煤炭监督管理工作中有玩忽职守、滥用职权、徇私舞弊等行为的。

第六章　附　则

第三十条　本规定自 2014 年 1 月 1 日起施行。

重庆市主城区尘污染防治办法

（2013年5月29日重庆市人民政府第11次常务会议通过）

第一章　总　则

第一条　为了防治主城区尘污染，改善大气环境质量，保障人体健康，根据《中华人民共和国大气污染防治法》、《重庆市环境保护条例》等法律、法规，制定本办法。

第二条　本办法所称尘污染，是指在工程建设、建（构）筑物拆除、土地整治、绿化建设、物料运输与堆放、清扫保洁、采（碎）石取土、餐饮经营、工业生产等活动中产生的扬尘、粉尘、油烟、烟尘对大气环境造成的污染。

第三条　本办法适用于本市主城区的尘污染防治及相关管理活动。

前款所称主城区是指本市城乡总体规划所确定的主城区域范围。

第四条　市人民政府对主城区尘污染防治工作实行年度目标责任制。

主城各区人民政府（含主城区域内市人民政府设立的具有尘污染防治职能的新区、开发区、园区等管理机构，下同），应当按照市人民政府的统一部署，采取有效措施，实现尘污染防治目标。

行政监察、环境保护、政务督查等部门（机构）应当加强对尘污染防治工作的监督检查。

第五条　环境保护主管部门对尘污染防治工作实施统一监督管理。其主要职责是：

（一）拟定尘污染防治规划、年度目标及任务分解方案，经本级人民政府批准后组织实施；

（二）组织开展尘污染防治监测，并每日公布相关信息；

（三）承办本级人民政府对尘污染防治情况巡查、督办、考核的具体工作；

（四）负责生产经营企业固定场所尘污染防治的监督管理；

（五）法律、法规规定的其他职责。

市政、公安、交通、水利、发展改革、国土房管、城乡建设、城乡规划、经济和信息化、园林绿化等主管部门，应当按照有关法律、法规和本办法规定的职责做好尘污染防治工作。

第六条　市和主城各区人民政府应当加大尘污染防治资金投入，保障尘污染防治工作的需要。

第七条　任何单位和个人有权对造成尘污染的行为进行检举和投诉。

环境保护主管部门和其他承担尘污染监督管理职责的部门，应当设立监督电话和举报信箱并向社会公布，受理检举和投诉。

第二章　污染防治

第八条　工程建设、建（构）筑物拆除、土地整治、绿化建设等项目的建设单位，应当将尘污染防治费用列入工程概算，并在施工承包合同中明确施工单位的尘污染防治义务。

施工单位应当按照尘污染防治技术规范，结合工程实际情况，制定尘污染防治方案，编制尘污染防治预算，在开工前分别报市政管理部门和对本工程尘污染防治负有监督管理职责的主管部门备案。

第九条　施工作业应当遵守下列规定：

（一）工地周围按规范要求设置不低于 1.8 米的围墙或者硬质密闭围挡；

（二）对工地进出口及场内道路予以硬化，并采取冲洗、洒水等措施控制扬尘；

（三）设置车辆清洗设施及配套的沉沙井、截水沟，对驶出工地的车辆进行冲洗；

（四）产生大量泥浆的施工，应当配备相应的泥浆池、泥浆沟，防止泥浆外流，废浆应当用密闭罐车外运；

（五）露天堆放河沙、石粉、水泥、灰浆、灰膏等易扬撒的物料以及 48 小时内不能清运的建筑垃圾，设置不低于堆放物高度的密闭围栏并对堆放物品予以覆盖；

（六）建筑面积 1 000 平方米或混凝土用量 500 立方米以上的建设工程，使用预拌混凝土；

（七）禁止从 3 米以上高处抛撒建筑垃圾或者易扬撒的物料；

（八）对开挖、爆破、拆除、切割等施工作业面（点）进行封闭施工或者采取洒水、喷淋等控尘降尘措施。

第十条　房屋建设施工应当随建筑物墙体上升，同步设置高于作业面且符合安全要求的密目式安全网。

建筑垃圾应当在申请项目竣工验收前清除。

第十一条　市政工程建设以及维护施工需要开挖的，应当分片或者分段开挖。

废料和弃土应当于当日清运；当日不能清运完毕的，应当进行覆盖。

第十二条　拆除建（构）筑物应当对裸露泥地进行覆盖、简易铺装或者绿化。

第十三条　未开工或者停工的建设用地，由土地使用权人负责对裸露地面进行覆盖或者绿化；超过 3 个月的，应当进行绿化。

第十四条　绿化建设施工，除遵守本办法第九条的有关规定外，还应当遵守以下规定：

（一）待用泥土或种植后当天不能清运的余土以及 48 小时内未种植的树穴，应当予以覆盖；

（二）对行道树池进行绿化或覆盖；

（三）绿化带、花台的种植泥土不得高于绿化带、花台边沿。

第十五条　适宜绿化的裸露地，责任人应当在园林绿化管理部门规定的期限内绿化；不适宜绿化的，应当硬化处理。

责任人按照以下方式确定：

（一）裸露地在机关、企事业等单位的，该单位为责任人；

（二）裸露地在居民小区内的，该小区物业管理单位为责任人；

（三）裸露地在道路两侧、河道两岸等公共区域的，该道路、河道管理者为责任人。

第十六条　易产生尘污染的露天堆场、仓库，应当遵守以下规定：

（一）对地面进行硬化；

（二）设置不低于堆放高度的密闭围栏并对堆放物品予以覆盖；

（三）在货物装卸处配备吸尘、喷淋等防尘设施，并确保正常使用；

（四）在进出口处设置车辆清洗设施，车辆冲洗干净后方可驶出；

（五）及时清除散落物质，保持堆放场及道路清洁。

现有露天堆场、仓库不符合前款规定的，应当在本办法公布之日起 2 个月内完成整改。

第十七条　新建、扩建、改建或大修城市道路，应当采用具有吸尘降尘功能的材料铺设路面。

连接主城区城市道路的未硬化路口，应当进行硬化。

第十八条　清扫保洁作业，应当遵守有关法律法规和城市环境卫生作业规范。

第十九条　运输建筑垃圾、泥浆和易洒漏扬散物质，应当使用符合国家和本市有关技术规定的密闭运输车辆。

市政主管部门应当会同公安交通管理部门对行驶的运输建筑垃圾、泥浆和易洒漏扬散物质车辆是否符合规定要求进行检查。

第二十条　建筑垃圾消纳场应当按照规划设立，并遵守下列规定：

（一）与城区道路、居民社区相连接部分设置不低于 1.8 米的硬质密闭围挡；

（二）出口及场内道路予以硬化并按控尘规范要求进行洒水或者冲洗；

（三）设置车辆清洗设施及配套的沉沙井，车辆冲洗干净后方可驶出；

（四）对非作业区进行绿化或者铺设防尘网。

第二十一条　市人民政府划定的禁止采（碎）石区域内，不得从事采（碎）石生产。

市人民政府划定的限制采（碎）石区域内，不得扩大采（碎）石场生产规模；现有的采（碎）石生产应当配套建设、使用尘污染治理设施，达标排放。

第二十二条　禁止在主城区、其他区县（自治县）人民政府所在地的城市建成区无公共烟道的综合楼、住宅楼内新建、扩建餐饮、加工、维修等产生油烟、废气、异味的项目。

第二十三条　禁止新建、扩建燃煤火电厂和机立窑、湿法窑、立波尔窑、干法中空窑等水泥生产线以及其他严重污染大气环境的工业设施。

现有的机立窑、湿法窑、立波尔窑、干法中空窑等水泥生产线应当按照产业政策要求予以淘汰。

现有的燃煤火电厂以及其他污染大气环境的工业设施，应当在规定期限内配套建设污染治理设施，确保达标排放。

第二十四条　禁止违反国家和本市规定使用高污染燃料。

禁止在市和区县（自治县）人民政府划定的无煤区销售、使用燃煤。禁止在市和区县（自治县）人民政府划定的基本无煤区新建、扩建产生烟（粉）尘的燃煤设施；现有的，应当限期转产或搬迁。

第二十五条　工业生产排放的烟尘、粉尘按照有关法律法规规章的规定进行控制。

第三章　监督管理

第二十六条　市政、城乡建设、城乡规划、国土房管、交通、水利、园林绿化等主管部门，负责制定本行业尘污染防治技术规范并监督实施。

第二十七条　环境保护主管部门和有关行政管理部门应当按照各自职责，对尘污染防治进行现场检查。被检查单位或者个人应当如实反映情况，提供有关资料，不得拒绝或者阻挠检查。

城乡建设、城乡规划、国土房管、交通、水利、园林绿化等行政管理部门在监督管理过程中发现尘污染违法行为，应当及时移送市政主管部门依法查处。

第二十八条　主城各区人民政府、市政府有关部门、有关单位应当在大气污染预警与应急处置预案中纳入尘污染预警与应急处置内容，并根据大气环境污染预警等级启动相应的应急处置措施。

第二十九条　企业因尘污染违法行为受到行政处罚后拒不改正的，由作出处罚决定的行政主管部门将企业不良行为信息纳入企业联合征信系统并依法公开。

第四章　法律责任

第三十条　国家机关及其工作人员、企事业单位中由国家机关任命的人员违反本办法规定，滥用职权、玩忽职守、徇私舞弊的，由任免机关或者监察机关责令限期改正，情节严重的，按照有关规定给予处分；涉嫌犯罪的，移送司法机关处理。

第三十一条　违反本办法第九条、第十条、第十一条、第十二条、第十三条、第十四条、第二十条规定之一的，由市政主管部门责令改正，处 5 000 元以上 20 000 元以下罚款。

第三十二条　违反本办法第八条规定的，由市政主管部门责令改正，处 2 000 元以上 10 000 元以下罚款。

第三十三条　违反本办法第十五条第一款规定，由园林绿化管理部门责令限期改正；逾期未改正的，园林绿化管理部门可以依法委托有关单位代履行，费用由负有绿化或者硬化责任的责任人承担。

第三十四条　违反本办法第十六条规定，由环境保护主管部门或其他依法行使监督管理权的部门责令限期改正；逾期未改正的，处 3 000 元以上 10 000 元以下罚款；造成尘污染的，处 10 000 元以上 20 000 元以下罚款。

第三十五条　违反本办法第二十一条第一款规定的，由环境保护主管部门责令关闭，限期恢复植被，处 10 000 元以上 30 000 元以下罚款；逾期未恢复的，环境保护主管部门可以依法委托代履行，费用由负有恢复植被责任的单位承担。

违反本办法第二十一条第二款规定的，由环境保护主管部门责令限期改正，处 10 000 元以上 30 000 元以下罚款。

第三十六条　违反本办法第十九条、第二十二条、第二十三条、第二十四条规定的，按照有关法律法规规定处罚。

第五章　附　则

第三十七条　本市主城区以外区、县（自治县）的镇、街道可以参照本办法执行，具体范围由区、县（自治县）人民政府划定并公布。

第三十八条　本办法自 2013 年 8 月 1 日起施行。《重庆市主城尘污染防治办法》（重庆市人民政府令第 188 号）同时废止。

江苏省大气颗粒物污染防治管理办法

（2013年5月10日江苏省人民政府第7次常务会议通过）

第一章　总　则

第一条　为防治大气颗粒物污染，着重解决以细颗粒物为重点的大气污染问题，改善空气质量，保障人体健康，根据《中华人民共和国大气污染防治法》等法律、法规，结合本省实际，制定本办法。

第二条　本省行政区域内大气颗粒物污染防治以及相关监督管理活动，适用本办法。

第三条　大气颗粒物污染防治应当坚持预防优先、防治结合、综合治理的原则，重点防治施工、物料堆放和运输过程中产生的扬尘，强化工业烟尘、粉尘污染防治，控制机动车排气污染，积极推进秸秆综合利用，削减大气颗粒物排放总量。

第四条　排放大气颗粒物的单位和个人是污染防治的责任主体。

县级以上地方人民政府应当加强大气颗粒物污染防治工作的组织领导，加大大气颗粒物污染防治投入，建立联席会议制度，完善大气颗粒物污染防治工作体制和机制，推进区域大气污染联防联控，实施环境空气质量达标管理，改善大气环境质量。

第五条　县级以上地方人民政府环境保护行政主管部门负责工业烟尘、粉尘污染防治的监督管理，对机动车排气污染防治实施统一监督管理，加强空气质量监测，发布环境空气质量状况信息。

县级以上地方人民政府住房和城乡建设、规划、城市市容环境卫生、城市园林绿化等部门应当根据各自职责，监督管理城市道路积尘、绿化养护、房屋建筑和市政基础设施等工程施工及其物料堆放、装卸、运输等产生扬尘的污染防治工作，负责渣土处置场的规划、建设与管理工作。

县级以上地方人民政府交通运输（港口）行政主管部门负责交通工程施工以

及港口码头、交通工程物料堆放和装卸扬尘污染防治的监督管理，对机动车维修、营运车辆检测实施行业监管。

县级以上地方人民政府农业、水行政主管部门分别负责农业、水利工程施工及其物料堆放和装卸扬尘污染防治的监督管理。

县级以上地方人民政府发展改革、经济和信息化、公安、国土资源、商务、价格、质量技术监督等部门根据各自职责，做好大气颗粒物污染防治相关监督管理工作。

乡（镇）人民政府（街道办事处、开发区、工业园区）应当明确人员，组织督促落实大气颗粒物污染防治措施。

第六条　县级以上地方人民政府及其相关部门应当加大信息公开力度，组织公布城市环境空气质量、不利气象条件预报等信息，建立大气颗粒物污染重大问题专家论证和公开征求意见制度，保障公民的知情权和参与权。

第七条　县级以上地方人民政府及其相关部门应当组织开展大气颗粒物污染防治知识的宣传教育，增强全社会自觉保护大气环境的意识。

鼓励公众举报各类大气颗粒物污染行为。经查证属实的，由县级以上地方人民政府有关部门予以奖励。

第二章　污染防治

第八条　大气污染防治分重点控制区和一般控制区，实施差异化管理和控制要求。沿江设区的市（南京、无锡、常州、苏州、南通、扬州、镇江、泰州市）为重点控制区，其他设区的市（徐州、淮安、连云港、盐城、宿迁市）为一般控制区。

第九条　县级以上地方人民政府应当推进产业结构调整，淘汰落后生产工艺、设备，提高大气颗粒物污染防治和监督管理水平，削减工业烟尘、粉尘排放总量。重点控制区严格限制火电、钢铁、水泥等行业的高污染项目。

第十条　新建、扩建、改建向大气排放颗粒物的项目，应当遵守国家有关建设项目环境保护管理的规定，积极推行环境监理制度。鼓励、引导建设单位委托环境监理单位对大气颗粒物污染防治设施的设计、施工进行监理。

第十一条　向大气排放烟尘、粉尘的工业企业，应当采取有效的污染防治措施，确保污染物达标排放。

产生烟尘、粉尘的生产和物料运输等环节，应当采取密闭、吸尘、除尘等有效措施，将无组织排放转变为有组织达标排放。

第十二条　钢铁、火电、建材等大气颗粒物污染防治重点行业应当按照国家和省有关规定，进行高效除尘技术升级改造，确保烟尘、粉尘排放符合相关标准。

第十三条 港口码头、建设工地和钢铁、火电、建材等企业的物料堆放场所应当按照要求进行地面硬化，并采取密闭、围挡、遮盖、喷淋、绿化、设置防风抑尘网等措施。物料装卸可以密闭作业的应当密闭，避免作业起尘。大型煤场、物料堆放场所应当建立密闭料仓与传送装置。

建设工地、物料堆放场所出口应当硬化地面并设置车辆清洗设施，运输车辆冲洗干净后方可驶出作业场所。施工单位和物料堆放场所经营管理者应当及时清扫和冲洗出口处道路，路面不得有明显可见泥土印迹，鼓励出入口实行机械化清扫（冲洗）保洁。

第十四条 承担物料运输的单位和个人应当对物料实施密闭运输，运输过程中不得泄漏、散落或者飞扬。

第十五条 设区的市、县（市）人民政府应当组织制定区域供热规划，逐步扩大供热管网覆盖范围，推进用热单位集中供热。

工业园区（工业集中区）应当根据需要配备完善的供热系统，实行用热单位集中供热。城市建成区应当结合大型发电或者热电企业，实行集中供热。集中供热管网覆盖范围内禁止新建燃煤供热锅炉，原有分散的燃煤供热锅炉应当限期拆除。集中供热管网未覆盖地区原有锅炉不能稳定达标排放的，应当进行高效除尘改造或者改用清洁燃料。

第十六条 工程建设单位应当承担施工扬尘的污染防治责任，将扬尘污染防治费用列入工程概算。工程建设单位应当要求施工单位制定扬尘污染防治方案，并委托监理单位负责方案的监督实施。

第十七条 工程建设施工单位应当遵守建设施工现场环境保护的规定，建立相应的责任管理制度，制定扬尘污染防治方案并按照方案施工，有效控制扬尘污染。

工程建设施工单位不得将建筑渣土交给个人或者未经核准从事建筑渣土运输的单位运输。运输过程中因抛洒滴漏或者故意倾倒造成路面污染的，由运输单位或者个人负责及时清理。

第十八条 房屋、建（构）筑物拆除施工单位应当配备防尘抑尘设备，对拆除过程中产生的扬尘污染控制负责。拆除房屋或者其他建（构）筑物时应当设置围挡，采取持续加压喷淋措施，抑制扬尘产生。需爆破作业的，应当在爆破作业区外围洒水喷湿。

气象预报风速达到 5 级以上时，应当停止房屋或者其他建（构）筑物爆破或者拆除。

拆除工程完毕后不能在 15 日内开工建设的，应当对裸土地面进行覆盖、绿化或者铺装。

第十九条　县级以上地方人民政府城市市容环境卫生管理部门应当积极推行道路机械化清扫保洁和清洗作业方式，按照作业规范要求，合理安排作业时间，适时增加作业频次，提高作业质量。鼓励用中水等进行路面冲洗作业，做到城市道路无明显可见积尘，路面应见本色。县级以上地方人民政府市政行政主管部门应当及时修复破损路面，缩短裸露时间。

到 2015 年，一般控制区城市建成区主要车行道机扫率达到 70%以上，重点控制区达到 90%以上。

第二十条　公共绿地、绿化带等各类绿地的管理维护单位负责绿化养护扬尘污染防治。

新建的公共绿地、绿化带内的裸土应当覆盖，树池、花坛、绿化带等覆土不得高于边沿。绿化施工结束后应当及时清理现场。

第二十一条　县级以上地方人民政府应当划定禁止或者限制未持有绿色环保检验合格标志机动车行驶的区域和时间。禁止排放黑烟等可视污染物的机动车在城市道路行驶。

第二十二条　县级以上地方人民政府应当加强城市规划对餐饮服务业布局和设置的引导，合理设置、调整餐饮经营点。禁止在非商用建筑内建设排放油烟的餐饮经营项目。

餐饮经营者应当安装油烟净化设施，有效防治油烟污染。营业面积在 500 平方米以上或者就餐座位数在 250 座以上的餐饮企业，应当安装油烟在线监控设施。油烟净化设施以及在线监控设施应当定期进行维护保养，保证正常使用，不得闲置或者拆除。

第二十三条　矿山开采应当做到边开采、边治理，及时修复生态环境。废石、废渣、泥土等应当堆放到专门存放地，并采取围挡、设置防尘网或者防尘布等防尘措施；施工便道应当进行硬化并做到无明显积尘。

采矿权人在采矿过程中以及停办或者关闭矿山前，应当整修被损坏的道路和露天采矿场的边坡、断面，恢复植被，并按照规定处置矿山开采废弃物，整治和恢复矿山地质环境，防止扬尘污染。

第二十四条　禁止露天焚烧秸秆、沥青、油毡、橡胶、塑料、皮革、垃圾、假冒伪劣产品以及其他产生烟尘的物质。

禁止在城市主次干道两侧、居民居住区以及公园、绿地管护单位指定的区域外露天烧烤食品。

第三章　监督管理

第二十五条　县级以上地方人民政府应当按照国家规定划定高污染燃料禁燃区。该区域内的单位和个人应当在规定期限内停止燃用高污染燃料，改用天然气、液化石油气或者其他清洁能源。

县级以上地方人民政府发展改革部门负责清洁能源规划的制定并组织实施，大力发展清洁能源。鼓励重点控制区开展煤炭消费总量控制试点。

第二十六条　县级以上地方人民政府应当组织划定城市扬尘污染控制区，明确城市扬尘污染控制区的控制目标和控制措施。

第二十七条　县级以上地方人民政府住房和城乡建设等部门应当加强工程建设施工现场的监督检查，建立施工单位扬尘污染防治考评制度，并将考评结果记入其信用档案。

设区的市、县（市）人民政府负责房屋、建（构）筑物拆除的行政主管部门应当加强拆除作业现场的监督检查，督促拆除施工单位落实各项防尘抑尘措施。

第二十八条　设区的市、县（市）人民政府应当组织规划、建设专用的建筑渣土处置场，规范处置行为，推进资源综合利用，减少二次扬尘。

实行建筑渣土运输处置行政许可制度。县级以上地方人民政府城市市容环境卫生行政主管部门应当加强监管力度，综合运用监控系统、全球卫星定位系统等科技信息手段，规范渣土运输处置作业，查处抛洒滴漏、随意倾倒、处置行为。

第二十九条　县级以上地方人民政府城市市容环境卫生、公安、交通运输、规划等部门根据各自职责，做好物料运输和处置的扬尘污染防治工作。

第三十条　向大气排放扬尘污染物的，应当按照规定缴纳扬尘排污费。扬尘排污费征收和使用办法由省财政、价格和环境保护行政主管部门制定。

第三十一条　省人民政府发展改革、能源部门会同经济和信息化、商务、环境保护、价格行政主管部门协调有关单位组织高品质车用燃油的供应，推进车用燃油低硫化，降低车用燃油燃烧的颗粒物排放强度，积极推广使用清洁车用能源。

第三十二条　县级以上地方人民政府环境保护和交通运输行政主管部门应当落实在用车辆环保检验与维修（I/M）制度。不达标车辆应当限期维修，维修合格后方可上路行驶；经维修仍不达标的，予以报废。

环境保护、公安和交通运输行政主管部门应当开展机动车排气污染防治联合执法，对排放黑烟等明显可视污染物的机动车责令检测维修。

第三十三条　县级以上地方人民政府建立由发展改革、农业、农机、经济和信息化、环境保护、财政、科技、公安、交通运输等部门参加的协调机制，有关部门应当按照各自职责分工，密切配合，共同做好秸秆综合利用和秸秆禁烧工作。

乡（镇）人民政府（街道办事处）应当将秸秆禁烧工作部署落实到村（居）民委员会。

第三十四条 县级以上地方人民政府国土资源行政主管部门应当对采矿权人履行整治和恢复矿山地质环境义务的情况进行监督检查。

县级以上地方人民政府环境保护、城市市容环境卫生管理部门应当加强对露天焚烧、露天烧烤等行为的监督管理。

第三十五条 县级以上地方人民政府应当划定限制和禁止燃放烟花爆竹的区域，规定燃放时间、地点以及种类。

公安机关应当加强烟花爆竹禁止和限制燃放规定执行情况的检查，依法处理违反燃放规定的行为。

第三十六条 大气颗粒物浓度未达到国家和省阶段性目标的设区的市、县（市），应当制定限期达标方案；已达到相关目标的，应当制定持续改善方案，并组织实施。

第三十七条 省人民政府环境保护行政主管部门会同其他有关部门制定大气颗粒物污染防治工作评估和考核办法，定期对设区的市、县（市）人民政府及其有关部门开展大气颗粒物污染防治工作情况进行抽查、评估和考核，并将结果报省人民政府并通报当地人民政府。

第四章 法律责任

第三十八条 县级以上地方人民政府及其负有大气颗粒物污染防治监督管理职责部门的工作人员，违反本办法规定，滥用职权、玩忽职守的，依法予以行政处分；构成犯罪的，依法追究刑事责任。

第三十九条 违反本办法第十三条规定，港口码头、建设工地和钢铁、火电、建材等企业的物料堆放场所，未采取有效扬尘防治措施，致使大气环境受到污染的，由环境保护行政主管部门或者住房和城乡建设、交通运输、农业、水利等其他依法行使监督管理权的部门责令限期改正，处2 000元以上2万元以下罚款；对逾期仍未达到当地环境保护规定要求的，可以责令其停工整顿。

第四十条 违反本办法第十四条规定，承担物料运输的单位和个人未对物料实施密闭运输，造成物料泄漏、散落或者飞扬的，由城市市容环境卫生管理部门责令停止违法行为，限期改正，可以处500元以上5 000元以下罚款。

第四十一条 违反本办法规定，有下列行为之一的，由住房和城乡建设、交通运输、农业、水利等行政主管部门根据各自职责责令限期改正，可以处 2 000

元以上 2 万元以下罚款；对逾期仍未达到当地环境保护规定要求的，可以责令其停工整顿。

（一）违反第十七条规定，未制定扬尘污染防治方案或者未按照方案施工的；

（二）违反第十八条第一款规定，拆除房屋或者其他建（构）筑物时未设置围挡、采取持续加压喷淋等有效抑尘措施，或者未在爆破作业区外围洒水喷湿的；

（三）违反第十八条第二款规定，气象预报风速达到 5 级以上，进行房屋或者其他建（构）筑物爆破或者拆除的；

（四）违反第十八条第三款规定，拆除工程完毕后 15 日内不能开工，裸土地面未进行覆盖、绿化或者铺装的。

第四十二条　违反本办法第二十四条第二款规定，在城市主次干道两侧、居民居住区或者公园、绿地管理部门指定区域外露天烧烤食品的，由城市市容环境卫生管理部门责令改正，处 500 元以上 2 000 元以下罚款。

第四十三条　违反本办法第二十五条第一款规定，在划定的高污染燃料禁燃区内，超过规定期限燃用高污染燃料的，由环境保护行政主管部门责令拆除或者没收燃用高污染燃料的设施。

第四十四条　违反本办法第三十六条规定，设区的市、县（市）人民政府未制定限期达标方案，或者在规定期限内未完成目标任务的，由上级人民政府通报批评，上级环境保护行政主管部门督促其限期达标；环境保护行政主管部门可以暂停审批该地区排放大气颗粒物建设项目的环境影响评价文件。

第四十五条　违反本办法规定，法律、法规、规章已有处罚规定的，从其规定。实行相对集中行政处罚权的，按照国家和省有关规定执行。

第五章　附　则

第四十六条　本办法所称大气颗粒物污染，是指工程施工、工业生产、物料转运与堆放、交通运输、矿山开采、绿化养护、露天焚烧、烟花爆竹燃放、餐饮经营等活动中排放的烟尘、粉尘和扬尘等颗粒状物质，对大气造成的污染。

本办法所称高污染燃料，是指原（散）煤、煤矸石、粉煤、煤泥、燃料油（重油和渣油）、各种可燃废物、直接燃用的生物质燃料（树木、秸秆、锯末、稻壳、蔗渣等）以及污染物含量超过国家规定限值的固硫蜂窝型煤、轻柴油、煤油和人工煤气。

本办法所称物料，是指易产生扬尘污染的物料，包括建筑垃圾、工程渣土、煤炭、砂石、灰土、灰浆、灰膏等。

第四十七条　本办法自 2013 年 8 月 1 日起施行。

辽宁省扬尘污染防治管理办法

（2013 年 5 月 2 日辽宁省第十二届人民政府第 4 次常务会议通过）

第一条　为了防治扬尘污染，改善环境空气质量，保障人民群众身体健康，根据《中华人民共和国大气污染防治法》等法律、法规，结合我省实际，制定本办法。

第二条　本办法所称扬尘污染，是指建设工程施工、建筑物拆除、道路保洁、物料运输与堆存、采石取土、养护绿化等活动产生的松散颗粒物质对环境空气和人体健康造成的不良影响。

第三条　本办法适用于我省行政区域内扬尘污染防治与管理活动。

第四条　省、市、县（含县级市、区，下同）环境保护行政主管部门负责对本行政区域内扬尘污染防治实施统一监督管理。

住房城乡建设、城市管理、交通运输、公安等部门按照各自职责，做好扬尘污染防治的有关工作。

第五条　市、县人民政府应当将扬尘污染防治工作纳入环境保护规划，研究制定有关政策措施，建立扬尘污染防治长效管理制度，保护和改善环境空气质量。

第六条　市、县环境保护行政主管部门应当会同有关部门制定本行政区域扬尘污染防治具体方案，报本级人民政府批准后实施。

第七条　省、市、县环境保护行政主管部门应当建立扬尘污染环境监测制度，建立扬尘污染环境监测网络，定期公布扬尘污染状况的信息。

第八条　产生扬尘污染的单位，应当按照规定向所在地环境保护行政主管部门申报排放扬尘污染物的种类、作业时间以及作业地点，并制定扬尘污染防治责任制度，采取防治措施，保证扬尘排放达到国家和省规定的标准。

建设单位与施工单位签订施工合同，应当明确扬尘污染防治责任，将扬尘污染防治费用列入工程预算。

在城市市区内，主要施工工地出口、料堆等易产生扬尘的位置，应当按照规定安装视频监控设施，并与城市扬尘视频监控系统联网。

第九条 对可能产生扬尘污染的建设项目，建设单位依法向环境保护行政主管部门提交环境影响评价文件时，应当包括扬尘污染防治措施的内容。

对可能产生扬尘污染且未取得环境影响评价审批文件的建设项目，审批部门不得批准，建设单位不得开工建设。

第十条 建设单位应当对施工期产生扬尘污染的建设项目实行施工期环境监理。环境监理单位应当将扬尘污染防治纳入环境监理细则，发现扬尘污染违法行为的，应当要求施工单位立即改正，并及时报告建设单位及有关行政主管部门。

第十一条 建设工程施工应当遵守下列防尘规定：

（一）施工工地周围应当设置连续、密闭的围挡。在市、县城区内的施工现场，其高度不得低于 2.5 米；在乡（镇）内的施工现场，其高度不得低于 1.8 米；

（二）施工工地地面、车行道路应当进行硬化等降尘处理；

（三）易产生扬尘的土方工程等施工时，应当采取洒水等抑尘措施；

（四）建筑垃圾、工程渣土等在 48 小时内未能清运的，应当在施工工地内设置临时堆放场并采取围挡、遮盖等防尘措施；

（五）运输车辆在除泥、冲洗干净后方可驶出作业场所，不得使用空气压缩机等易产生扬尘的设备清理车辆、设备和物料的尘埃；

（六）需使用混凝土的，应当使用预拌混凝土或者进行密闭搅拌并采取相应的扬尘防治措施，严禁现场露天搅拌；

（七）闲置 3 个月以上的施工工地，应当对其裸露泥地进行临时绿化或者铺装；

（八）对工程材料、砂石、土方等易产生扬尘的物料应当密闭处理。在工地内堆放，应当采取覆盖防尘网或者防尘布，定期采取喷洒粉尘抑制剂、洒水等措施；

（九）在建筑物、构筑物上运送散装物料、建筑垃圾和渣土的，应当采用密闭方式清运，禁止高空抛掷、扬撒。

第十二条 道路与管线施工，除遵守本办法第十一条的规定外，还应当遵守下列防尘规定：

（一）施工机械在挖土、装土、堆土、路面切割、破碎等作业时，应当采取洒水、喷雾等措施；

（二）对已回填后的沟槽，应当采取洒水、覆盖等措施；

（三）使用风钻挖掘地面或者清扫施工现场时，应当向地面洒水。

第十三条 道路保洁作业应当遵守下列防尘规定：

（一）城市主要道路推广使用高压清洗车等机械化清扫冲刷方式；

（二）采用人工方式清扫道路的，应当符合市容环境卫生作业规范；

（三）路面破损的，应当采取防尘措施，及时修复；

（四）下水道的清疏污泥应当在当日清运，不得在道路上堆积。

第十四条　绿化建设和养护工程应当遵守下列防尘规定：

（一）气象部门发布大风警报、霾天气预警等扬尘污染天气预警期间，应当停止平整土地、换土、原土过筛等作业；

（二）栽植行道树，所挖树穴在48小时内不能栽植的，对树穴和栽种土应当采取覆盖等扬尘污染防治措施。行道树栽植后，应当当天完成余土及其他物料清运，不能完成清运的，应当进行遮盖；

（三）3 000平方米以上的成片绿化建设作业，应当在绿化用地周围设置不低于1.8米的硬质密闭围挡，在施工工地内设置车辆清洗设施以及配套的排水、泥浆沉淀设施，运输车辆应当在除泥、冲洗干净后方可驶出施工工地。

第十五条　运输砂石、渣土、土方、垃圾等的车辆应当采取蓬盖、密闭等措施，防止在运输过程中因物料遗撒或者泄漏而产生扬尘污染。

第十六条　码头、堆场和露天仓库堆放物料的，应当遵守下列防尘规定：

（一）堆场的场坪、路面应当进行硬化处理，并保持路面整洁；

（二）堆场周边应当配备高于堆存物料的围挡、防风抑尘网等设施，大型堆场应当配置车辆清洗专用设施；

（三）对堆场物料应当采取相应的覆盖、喷淋等防风抑尘措施；

（四）露天装卸物料应当采取洒水、喷淋等抑尘措施，密闭输送物料应当在装卸处配备吸尘、喷淋等设施。

第十七条　市、县人民政府可以根据扬尘污染防治的需要，划定禁止从事砂石、石灰石开采和加工等易产生扬尘污染活动的区域。

第十八条　施工单位扬尘污染控制情况应当纳入建筑企业信用管理系统，定期公布，作为招投标的重要依据。

产生扬尘污染单位的环境违法信息应当录入省信用数据交换平台，作为实施失信惩戒联动的依据。

第十九条　省、市环境保护行政主管部门应当建立城市扬尘污染防治考核评价制度，将城市扬尘污染防治作为对市、县人民政府大气环境保护考核评价的重要内容。

第二十条　环境保护行政主管部门及有关部门应当加强对扬尘污染防治的监督检查。被检查的单位或者个人应当如实提供与检查内容有关的资料，不得隐瞒、拒绝，不得阻挠监督检查。

第二十一条　环境保护行政主管部门及有关部门应当建立扬尘污染投诉和举报制度，公布举报电话和电子信箱。受理举报和投诉后，应当及时赶赴现场依法调查处理，并将处理结果告知举报人或者投诉人。

第二十二条　违反本办法第十条规定，有下列行为之一的，由环境保护行政主管部门责令限期改正，有违法所得的，处违法所得 3 倍的罚款，但是最高不得超过 3 万元；没有违法所得的，处 1 万元罚款：

（一）施工期产生扬尘污染的建设项目，建设单位未实行施工期环境监理的；

（二）对发现的扬尘污染违法行为，环境监理单位未要求施工单位立即改正的。

第二十三条　违反本办法第十一条、第十二条规定，施工单位未按照要求采取扬尘污染防治措施，产生扬尘污染的，由承担管理职责的住房城乡建设或者城市管理部门根据职责分工责令限期改正，处 5 000 元罚款；造成严重后果的，处 2 万元罚款；拒不改正的，依法责令其停工整顿。

第二十四条　违反本办法第十三条规定，道路保洁作业单位有下列情形之一，产生扬尘污染的，由承担管理职责的住房城乡建设或者城市管理部门责令限期改正，处 1 000 元以上 5 000 元以下罚款：

（一）采用人工方式清扫道路不符合市容环境卫生作业规范的；

（二）对破损路面未采取防尘措施并及时修复的；

（三）对下水道的清疏污泥未当日清运并在道路上堆积的。

第二十五条　违反本办法第十四条规定，绿化和养护作业单位未按要求采取扬尘污染防治措施，产生扬尘污染的，由住房城乡建设或者当地政府指定的行政主管部门责令限期改正，处 5 000 元以上 1 万元以下罚款；逾期未改正的，可以责令其停工整顿。

第二十六条　违反本办法第十五条规定，运输砂石、渣土、土方、垃圾等的车辆未采取蓬盖、密闭等措施，产生扬尘污染的，由市容和环境卫生主管部门责令停止违法行为，采取补救措施，处 1 000 元罚款。

第二十七条　违反本办法第十六条规定，码头、堆场、露天仓库未按要求采取扬尘污染防治措施，产生扬尘污染的，由环境保护行政主管部门责令限期改正，处 1 万元罚款；造成严重后果的，处 2 万元罚款。

第二十八条　违反本办法第十七条规定，在禁止区域内从事砂石、石灰石开采和加工等易产生扬尘污染活动的，由环境保护行政主管部门责令停止违法行为，处 2 万元罚款。

第二十九条　环境保护行政主管部门和其他有关部门工作人员在扬尘污染防治工作中，有下列行为之一的，由监察机关或者任免机关依照人事管理权限依法给予行政处分；构成犯罪的，依法追究刑事责任：

（一）利用职务之便谋取不正当利益的；

（二）不履行法定职责，造成后果的；

（三）违法进行处罚或者采取强制措施的；

（四）有其他滥用职权、徇私舞弊、玩忽职守行为的。

第三十条　本办法自 2013 年 7 月 1 日起施行。

浙江省机动车排气污染防治条例

（2013 年 11 月 22 日浙江省第十二届人民代表大会常务委员会
第六次会议通过）

第一章 总 则

第一条 为了防治机动车排气污染，保护和改善大气环境，保障公众身体健康，根据《中华人民共和国大气污染防治法》和有关法律、行政法规，结合本省实际，制定本条例。

第二条 本省行政区域内机动车排气污染的防治，适用本条例。

本条例所称机动车，是指由内燃机驱动的车辆，铁路机车、拖拉机除外。

第三条 县级以上人民政府应当将机动车排气污染防治纳入环境保护规划和环境保护目标责任制，制定相关政策措施，健全工作协调机制，加强对机动车排气污染防治工作落实情况的监督。

第四条 县级以上人民政府应当优化城市功能和布局规划，优先发展公共交通、绿色交通，推广智能交通管理，改善道路通行状况，减少机动车排气污染。

鼓励机动车排气污染防治先进技术的开发和应用。

第五条 县级以上人民政府环境保护主管部门对机动车排气污染防治实施统一监督管理。环境保护主管部门可以委托其所属的机动车排气污染防治管理机构承担机动车排气污染防治监督管理的具体工作。

公安、交通运输、质量技术监督、工商行政管理、商务等有关部门依照各自职责，做好机动车排气污染防治相关工作。

第六条 县级以上人民政府及有关部门应当加强机动车排气污染防治法律、法规和有关知识的宣传教育；机关、团体、企业事业单位及其他组织应当加强文明交通和绿色出行的宣传教育；新闻媒体应当开展相关公益宣传、加强舆论监督。

第七条 鼓励单位和个人对机动车排气污染违法行为进行投诉、举报。对提供违法行为线索并查证属实的，环境保护主管部门应当予以表彰或者奖励。

第二章　预防和控制

第八条　省人民政府根据国家有关规定，可以决定对本省新购机动车提前执行国家阶段性机动车污染物排放标准。

在本省申请注册登记和转入登记的机动车应当符合国家、省规定的机动车污染物排放标准。对不符合污染物排放标准的机动车，公安机关交通管理部门不予办理机动车注册登记和转入登记。

第九条　省标准化主管部门会同省环境保护主管部门对在用机动车制定分阶段、逐步严格的机动车污染物排放限值标准（以下简称排放限值标准），报省人民政府批准后公布实施。

第十条　省人民政府根据国家有关规定，可以提前执行国家阶段性车用燃油标准。

销售车用燃油的经营者应当提供符合规定标准的车用燃油，并明示车用燃油标准。

第十一条　设区的市人民政府可以根据城市发展规模和大气环境质量状况，采取相应措施合理控制机动车保有量。

市、县人民政府可以根据大气环境质量状况和机动车排气污染程度，采取划定限制或者禁止通行区域、限制停车等措施减少机动车出行量。

在大气污染严重的情况下，市、县人民政府应当按照相关应急预案，及时采取限制、禁止机动车通行等临时措施。

第十二条　县级以上人民政府应当合理规划、推进清洁能源汽车的燃料补给、充换电、维修等配套设施建设，采取财政补贴、提供通行便利、停车收费优惠等措施，鼓励使用清洁能源汽车。

县级以上人民政府及有关部门应当采取措施，逐年提高新增或者更新的城市公共汽车、出租汽车、公务用车等车辆中清洁能源汽车的比例。其中，国家和省确定的大气污染防治重点城市每年新增或者更新的城市公共汽车中清洁能源汽车的比例达到百分之五十以上。

第十三条　在用机动车实行环保检验合格标志管理。环保检验合格标志（以下简称环保标志）分为绿色环保标志和黄色环保标志。具体管理办法由省环境保护主管部门会同省公安、交通运输部门制定，报省人民政府批准后公布实施。

上道路行驶的机动车，应当取得并放置环保标志。

第十四条　市、县人民政府应当采取划定限制或者禁止通行区域、经济补偿等措施加快淘汰黄色环保标志机动车。

国家和省确定的大气污染防治重点城市的中心城区禁止摩托车通行。

第十五条　禁止生产、销售燃油助力车，禁止燃油助力车上道路行驶。

第十六条　机动车所有人或者使用人应当保持机动车配置的排气污染控制装置处于正常工作状态。

禁止擅自拆除、闲置机动车排气污染控制装置。

第三章　检测和治理

第十七条　在用机动车应当定期进行排气污染检测。

机动车排气污染检测属于机动车安全技术检验项目，与机动车安全技术检验的其他项目按规定周期同时进行。小型、微型非营运载客汽车，按照国家有关规定接受初次机动车安全技术检验时，免予进行排气污染检测。

机动车经排气污染检测符合排放限值标准的，环境保护主管部门应当核发环保标志；经排气污染检测不符合排放限值标准的，环境保护主管部门不予核发环保标志，公安机关交通管理部门不予核发机动车安全技术检验合格标志。

第十八条　环境保护主管部门应当委托具备下列条件的机动车排气污染检测机构实施排气污染检测：

（一）具有法人资格；

（二）场所、设备、人员符合国家和省有关标准和规范要求；

（三）经质量技术监督部门计量认证合格。

环境保护主管部门与排气污染检测机构办理委托手续时，应当明确检测事项、技术规范、委托期限、权利义务等内容。

环境保护主管部门应当向社会公告委托的排气污染检测机构的名称、地址、服务内容等基本信息。

第十九条　省、设区的市人民政府及有关部门应当按照统一规划、合理布局、方便群众和社会化运作的原则，编制机动车检验机构发展规划并向社会公布。

鼓励机动车安全技术检验机构、营运车辆综合性能检验机构一并开展机动车排气污染检测。机动车安全技术检验机构、营运车辆综合性能检验机构符合本条例第十八条第一款规定条件并提出申请的，环境保护主管部门应当依法与其办理委托手续。单独设立排气污染检测机构的，其检测场所应当临近已有的机动车安全技术检验机构。

第二十条　排气污染检测机构应当遵守下列规定：

（一）按照国家和省规定的检测方法、技术规范和排放限值标准进行检测，并如实出具检测报告；

（二）机动车排气污染检测所使用的相关计量器具应当符合计量法律、法规和计量技术规范要求；

（三）按照规定向环境保护主管部门实时报送排气污染检测信息；

（四）执行价格部门核定的机动车排气污染检测收费标准；

（五）依法应当遵守的其他规定事项。

排气污染检测机构不得从事任何形式的机动车排气污染维修业务。

排气污染检测机构应当健全管理制度，提供便捷服务，公开委托证书、检测方法、检测流程、排放限值标准、收费标准和监督投诉电话等，接受社会监督。

第二十一条　营运机动车经排气污染检测机构检测合格的，营运车辆综合性能检验机构在规定检验期限内不得对其污染物排放状况重复进行收费检测。

第二十二条　在用机动车经排气污染检测不符合排放限值标准的，应当限期维修、重新进行排气污染检测。

机动车维修经营者应当按照机动车排气污染防治的要求和有关技术规范进行维修，保证维修质量并按照规定明确质量保证期。维修完成后，应当向委托修理方提供维修合格证明、维修清单。

第二十三条　在用机动车经排气污染检测不符合排放限值标准且无法修复的，应当按照国家有关规定予以强制报废。

商务、公安、环境保护等部门应当加强对报废机动车回收拆解活动的监督管理。

第四章　监督管理

第二十四条　县级以上人民政府及有关部门规划、建设的道路视频监控系统，应当具备机动车排气污染检测信息识别功能。

县级以上人民政府根据机动车排气污染防治工作的需要，可以在城市主要出入口和主要交通干道设置机动车排气污染自动检测系统。

第二十五条　环境保护、公安、交通运输、质量技术监督、工商行政管理、商务等部门应当加强协作配合，建立机动车排气污染防治工作会商机制，定期通报机动车排气污染防治工作情况，研究采取相关措施，提高机动车排气污染防治监督管理效率。

第二十六条　环境保护主管部门应当建立和完善包括机动车基本数据、排气污染检测、排气监督抽测、环保标志管理、机动车排气污染维修等信息在内的大气污染防治监督管理信息数据库。公安机关交通管理、交通运输等部门应当予以配合。

环境保护主管部门应当定期向社会公开机动车排气污染防治工作情况。

第二十七条   环境保护主管部门应当建立健全监督管理制度，通过网络实时监控、检测、查访等措施，对排气污染检测机构的运行情况、检测过程和检测结果进行监督，提高检测程序的规范性、检测设备的可靠性和从业人员的素质。

第二十八条   对排放黑烟明显的、被投诉举报的和经机动车排气污染自动检测系统筛选可能不符合规定排放限值标准的机动车，环境保护主管部门应当对其进行排气监督抽测。

环境保护主管部门可以在机动车停放地对机动车进行排气监督抽测；需要对道路上行驶的机动车进行排气监督抽测的，公安机关交通管理部门应当予以配合。排气监督抽测应当快捷、便民，当场明示抽测结果，不得妨碍道路交通安全和畅通，不得收取费用。

经排气监督抽测，机动车不符合排放限值标准的，由环境保护主管部门扣留环保标志，责令机动车所有人或者使用人限期维修、重新进行排气污染检测。机动车所有人或者使用人对排气监督抽测结果有异议的，可以要求到排气污染检测机构进行复检。

机动车逾期未维修或者重新检测不符合排放限值标准的，其环保标志予以注销，不得上道路行驶。

第二十九条   未取得环保标志的非本省籍机动车，有下列情形之一的，应当在本省进行排气污染检测，申领环保标志：

（一）在本省有固定营运线路的；

（二）在本省营运三个月以上的；

（三）本省常住人员使用的。

环境保护主管部门应当会同公安机关交通管理、交通运输等部门，加强对非本省籍机动车排气污染的监督管理。

第三十条   商务部门应当加强对车用燃油经营许可的监督管理。

质量技术监督部门、工商行政管理部门应当按照各自职责加强对车用燃油质量的监督管理。

第三十一条   省价格主管部门应当科学测算、合理核定机动车排气污染检测收费标准，并向社会公布。

价格主管部门应当加强对排气污染检测机构执行收费标准情况的监督管理。

第三十二条   环境保护主管部门应当开通电话、网络等投诉、举报渠道，为公众投诉、举报提供方便。

环境保护主管部门对投诉、举报的机动车排气污染违法行为，应当依法及时进行调查处理，公安、交通运输等部门应当予以配合。

第五章　法律责任

　　第三十三条　违反本条例规定的行为，法律、法规已有法律责任规定的，从其规定。

　　第三十四条　违反本条例规定，有下列行为之一的，由公安机关交通管理部门予以处罚：

　　（一）违反本条例第十三条第二款规定，机动车取得但未放置环保标志上道路行驶的，责令改正，可以处警告或者五十元罚款；

　　（二）违反本条例第二十八条第四款规定，机动车环保标志被注销后上道路行驶的，扣留安全技术检验合格标志，责令重新申领环保标志，处二百元罚款；

　　（三）违反本条例第二十九条第一款规定，未取得环保标志的非本省籍机动车在本省上道路行驶的，处二百元罚款。

　　第三十五条　违反本条例第十六条第二款规定，擅自拆除、闲置机动车排气污染控制装置的，由环境保护主管部门责令改正，处五百元以上二千元以下罚款。

　　第三十六条　违反本条例第二十条规定，排气污染检测机构有下列情形之一的，由环境保护主管部门责令改正，处一万元以上五万元以下罚款：

　　（一）未按照规定向环境保护主管部门报送机动车排气污染检测信息的；

　　（二）从事机动车排气污染维修业务的；

　　（三）在检测中弄虚作假的。

　　有前款第三项情形，情节严重的，环境保护主管部门应当取消对该机构从事机动车排气污染检测的委托。

　　第三十七条　违反本条例第二十一条规定，营运车辆综合性能检验机构在规定检验期限内对营运机动车污染物排放状况重复进行检测并收取费用的，由道路运输管理机构责令退还违法收取的费用，可以处违法收取费用一倍以上五倍以下罚款。

　　第三十八条　在机动车排气污染防治监督管理工作中，有关部门及其工作人员有下列行为之一的，由有权机关按照管理权限责令改正，并对直接负责的主管人员和其他直接责任人员依法给予处分：

　　（一）对不符合国家和省机动车污染物排放标准的机动车办理注册登记、转入登记的；

　　（二）未按照规定核发环保标志、机动车安全技术检验合格标志的；

　　（三）未按照规定委托排气污染检测机构的；

（四）要求机动车所有人或者使用人到其指定的场所接受排气污染检测或者机动车维修服务的；

（五）不履行监督管理职责，对应当查处的行为不予查处的；

（六）有其他玩忽职守、滥用职权、徇私舞弊行为的。

第六章　附　则

第三十九条　本条例中下列用语的含义：

（一）清洁能源汽车，是指以清洁能源取代汽油、柴油作为动力来源的环保型汽车，包括混合动力汽车、天然气汽车、纯电动汽车、燃料电池汽车等。

（二）燃油助力车，是指已被国家明令淘汰、装有燃油动力装置的两轮或者三轮车辆。

第四十条　装载机、推土机、压路机、沥青摊铺机、非公路用卡车、挖掘机、叉车等非道路移动机械，应当符合国家规定的排气污染物排放限值标准。

环境保护主管部门应当会同交通运输、质量技术监督等部门采取备案管理、排气监督抽测等措施，加强对非道路移动机械排气污染的监督管理。

第四十一条　本条例自 2014 年 3 月 1 日起施行。

辽宁省机动车污染防治条例

（2013 年 9 月 27 日辽宁省第十二届人民代表大会常务委员会
第四次会议通过）

第一章　总　则

第一条　为了防治机动车污染，保护和改善大气环境，保障人体健康，促进社会、经济、环境的协调发展，根据《中华人民共和国大气污染防治法》等法律、法规，结合本省实际，制定本条例。

第二条　本条例所称机动车，是指以燃油、燃气为动力能源或者辅助动力能源的各种车辆，但铁路机车和拖拉机除外。

本条例所称机动车污染，是指机动车排放的污染物对大气环境所造成的污染。

第三条　本省行政区域内机动车污染的防治，适用本条例。

第四条　省、市、县（含县级市、区，下同）人民政府应当将机动车污染防治工作纳入本行政区域环保规划和环保目标责任制。加快建立完善机动车污染防治监督管理体系和工作协调机制，督促有关部门做好机动车污染防治监督管理工作，保护和改善大气环境质量。

第五条　省、市、县环境保护行政主管部门（以下简称环保部门），对本行政区域内机动车污染防治实施统一监督管理。

公安、交通、质量技术监督、经济和信息化、工商行政管理、物价等部门在各自职责范围内，对机动车污染防治实施监督管理。

第六条　机动车排放污染物应当执行规定的排放标准。

省人民政府依据国家有关规定，可以决定对本省新购机动车执行严于国家规定的现阶段机动车排放标准；对在用机动车执行分阶段排放标准，并定期向社会公告。

第七条　省、市、县人民政府应当加强机动车使用天然气、电力等清洁能源的研究和推广工作，制定政策和措施，鼓励使用节能环保机动车。

第八条　市、县人民政府应当在城乡规划、交通建设等方面体现机动车污染防治的要求，优先发展绿色交通，改善道路通行条件，鼓励公众选择对环境无污染的出行方式，控制机动车污染物排放总量。

市人民政府应当根据城乡规划和机动车污染物排放总量情况，合理控制本行政区域的机动车保有量。

第二章　预防与控制

第九条　省人民政府应当编制规划，市、县人民政府根据省人民政府规划制定具体政策和措施，扶持城市公共交通采用清洁能源。新增和更新的城市公交车应当使用天然气、电力等清洁能源，出租车应当使用双燃料等清洁能源。在用的城市公交车、出租车应当按照省人民政府规划逐步使用天然气、双燃料等清洁能源。

市人民政府应当加快建设机动车天然气加气站、充换电站。

第十条　禁止生产、进口或者销售污染物排放超过规定排放标准的机动车。

对污染物排放未达到本省执行的国家标准的机动车，公安机关交通管理部门不予办理注册登记和转入登记手续。

第十一条　生产、进口、销售的车用燃油、燃气应当符合国家标准。

销售车用燃料的单位应当在显著位置明示质量标准。

质量技术监督、工商行政管理等部门应当加强对车用燃油、燃气质量的监督检查。

第十二条　市人民政府可以根据本行政区域大气环境质量状况和机动车污染物排放程度，划定禁止或者限制机动车行驶的区域、时段和车型，设置显著警示标志，向社会公告。

第十三条　从事公共客运、道路运输经营的单位以及大型厂矿，应当建立机动车维修保养制度，将机动车污染物排放指标纳入车辆技术管理和维修项目，并按照规定向所在地环保部门申报登记机动车污染物排放状况，具体办法由省人民政府制定。

第十四条　机动车所有人和使用人应当保持机动车污染物排放控制装置的正常运行，不得擅自拆除或者改装机动车污染控制装置。

环保部门应当加强改装机动车污染物排放管理，严禁改装机动车污染物超标排放。

第三章　检验与治理

第十五条　对机动车按照有关规定进行环保定期检验。

机动车环保定期检验周期应当与安全技术检验同步。环保定期检验的方法与技术规范，由省环保部门结合空气质量状况和机动车污染防治等情况，按照国家或者省在用机动车排放标准确定，并向社会公布实施。

新购的清洁能源汽车和列入国家环保达标车型公告的新购轻型汽油车，办理注册登记时免予环保检验。

第十六条 省环保部门可以委托已取得公安机关资质认定的承担机动车年检的单位，按照规范对机动车污染物排放进行环保检验。

机动车所有人和使用人可以按照规定自行选择机动车环保检验机构进行环保检验。

第十七条 机动车环保检验机构应当取得法定资质，并遵守下列规定：

（一）按照规定的检验方法、技术规范和排放标准进行检验，出具真实、准确的检验报告；

（二）检验设备应当按照国家有关规定，经法定计量检定机构周期检定合格；

（三）向环保部门实时传送检验数据；

（四）执行省价格行政主管部门核定的机动车污染物排放检验收费标准；

（五）建立机动车污染物排放检验档案；

（六）不得从事机动车污染物排放维修治理业务；

（七）法律、法规规定的其他事项。

机动车环保检验机构应当公开检验资质、制度、程序、方法，以及污染物排放限值、收费标准、监督投诉电话等，接受社会监督。

第十八条 对机动车实行环保检验合格标志管理制度。环保检验合格标志按照国家规定分为绿色环保检验合格标志和黄色环保检验合格标志。环保检验合格标志的具体管理办法按照国家和省有关规定执行。

经环保检验达不到排放标准的机动车，应当在规定的期限内维修并进行复检；经复检达到排放标准的，核发相应的环保检验合格标志。

环保检验合格标志由省环保部门统一印制。禁止转让、转借、伪造、变造机动车环保检验合格标志。核发机动车环保检验合格标志不得收取费用。

第十九条 机动车所有人或者使用人对机动车环保检验机构的检验结果有异议的，可以在接到检验结果通知书之日起五个工作日内，向所在地市、县环保部门申请复检；市、县环保部门应当自接到复检申请之日起七个工作日内组织复检。

第二十条 机动车经检验不符合在用机动车排放标准的，环保部门不予核发环保检验合格标志，不得上路行驶。

对未取得环保检验合格标志的机动车，公安机关交通管理部门不予核发机动车安全技术检验合格标志；交通运输行政主管部门不予办理营运机动车定期审验合格手续。

第二十一条　机动车环保检验不符合排放标准，经修理和调整或者采用控制技术后，仍无法达到排放标准的，依照有关规定予以强制报废。

市、县人民政府应当组织有关部门加强报废机动车管理，禁止报废机动车进入市场交易。

第二十二条　市人民政府应当按照有关规定，根据机动车污染防治的需要，采取经济鼓励、限制行驶等措施加快更新淘汰具有黄色环保检验合格标志的机动车。

第二十三条　市人民政府可以根据当地实际情况对机动车环保检验合格标志实行智能化管理，并可以在城市出入口和主要交通干道设置机动车环保检验合格标志自动检验系统。

第四章　监督管理

第二十四条　环保部门应当与公安、交通等部门建立和完善机动车污染防治监督管理信息系统，建立机动车污染监管平台，并定期向社会公布机动车污染防治情况。

第二十五条　环保部门可以采取技术手段对高排放机动车进行监督抽测。实施监督抽测不得收取费用。

第二十六条　环保部门及其他有关部门应当建立机动车污染投诉和有奖举报制度，公布举报电话和电子信箱，接受举报和投诉。受理举报和投诉后，应当依法调查处理，并将处理结果告知举报人或者投诉人。

环保部门可以聘请社会监督员，协助开展机动车污染监督工作。

第五章　法律责任

第二十七条　违反本条例规定，生产、进口、销售不符合规定标准的机动车和车用燃油、燃气的，由质量技术监督部门、工商行政管理部门依照有关法律、法规规定予以处罚。

第二十八条　违反本条例规定，机动车违反交通管制，进入污染防治限行区域的，由公安机关交通管理部门处二百元罚款。

第二十九条　违反本条例规定，公共客运、道路运输经营单位以及大型厂矿拒绝申报登记机动车污染物排放状况的，由环保部门责令限期改正，逾期不改正的，处二万元罚款。

第三十条　违反本条例规定，机动车所有人或者使用人擅自拆除或者改装机动车污染物排放控制装置，造成装置失效的，由环保部门责令限期改正，处五千元罚款。

第三十一条　违反本条例规定，机动车经环保部门监督抽测达不到排放标准的，由环保部门责令限期维修、复检；逾期不复检的，由环保部门处三百元罚款；复检达不到排放标准的，由环保部门撤销相应的环保检验合格标志。

第三十二条　违反本条例规定，未取得资质从事机动车环保检验的，由环保部门责令停止违法行为，没收违法所得，处二万元罚款；情节严重的，处四万元罚款。

违反本条例规定，机动车环保检验机构出具虚假检验报告或者从事机动车污染物排放维修治理业务的，由环保部门责令停止违法行为，限期改正，处一万元罚款；有违法所得的，没收违法所得；情节严重的，省环保部门取消其机动车环保检验资质，并处三万元罚款。

第三十三条　环境保护、公安、交通、质量技术监督、经济和信息化、工商等行政管理部门及其工作人员，在机动车污染防治监督管理工作中，有下列行为之一的，由其上级行政机关或者监察机关责令改正，对直接负责的主管人员和其他直接责任人员依法给予处分；构成犯罪的，依法追究刑事责任：

（一）不按照规定办理机动车登记的；

（二）不按照规定核发机动车环保检验合格标志的；

（三）对机动车环保检验机构及其检验行为，不履行监督管理职责的；

（四）对未取得环保检验合格标志的机动车核发安全技术检验合格标志或者对未取得环保检验合格标志的营运机动车办理定期审验合格手续的；

（五）违反规定要求机动车所有人和使用人到指定的检验机构进行环保检验的；

（六）对生产、进口、销售不符合规定标准的机动车和车用燃油、燃气的行为不依法查处的；

（七）其他滥用职权、玩忽职守、徇私舞弊的行为。

第六章　附　则

第三十四条　本条例自 2013 年 12 月 1 日起施行。

山东省机动车排气污染防治规定

（2013 年 10 月 8 日山东省人民政府第 16 次常务会议通过）

第一条　为了加强机动车排气污染防治，保护和改善大气环境，保障公众身体健康，推进生态文明建设，根据国务院《大气污染防治行动计划》和《山东省机动车排气污染防治条例》，结合本省实际，制定本规定。

第二条　本规定适用于本省行政区域内的机动车排气污染防治。

第三条　县级以上人民政府应当将机动车排气污染防治工作纳入本行政区域环境保护目标责任制和综合考核评价体系，制定和实施高污染机动车淘汰、限制通行以及车用燃油升级等政策措施，控制机动车排放污染物总量。

第四条　县级以上人民政府环境保护主管部门对本行政区域内机动车排气污染防治工作实施统一监督管理。

经济和信息化、公安、财政、交通运输、质量技术监督、工商行政管理等部门，按照各自职责做好机动车排气污染防治的有关工作。

第五条　县级以上人民政府应当制定政策措施，鼓励机动车排气污染防治新技术的开发应用，组织推广新能源汽车并规划建设相应的充电、加气等配套设施和柴油车车用尿素供应体系。

公共交通、环境卫生等行业和政府机关应当率先使用新能源汽车。

第六条　设区的市、县（市、区）人民政府应当优化城市功能和路网布局，推广智能交通管理，优先发展公共交通事业，加强步行、自行车交通系统建设，并根据实际情况制定和实施错峰上下班等具体措施。

第七条　实行黄色环保检验标志机动车（以下简称黄标车）淘汰补贴制度。

对自愿提前淘汰黄标车并经审核符合规定条件的，给予补贴。具体办法由省财政部门会同有关部门制定并向社会公布。

第八条　设区的市人民政府应当制定和完善黄标车淘汰补贴工作程序，设立专门的黄标车淘汰补贴办理窗口，为办理黄标车淘汰补贴手续提供便捷服务。

第九条　对黄标车实行限制通行制度。在本省设区的市的城市建成区，自

2013 年 12 月 1 日起禁行黄标车；其他限制通行区域或者道路，由省人民政府另行规定并向社会公布。

第十条 公安机关交通管理部门应当加强对黄标车禁行区域和道路的管控，依法查验机动车环保检验标志，及时查处黄标车进入禁行区域和道路的违规行为。

第十一条 交通运输部门应当加强对营运机动车的监督管理，支持引导黄标车进行更新改造，并按规定对达到营运期限的黄标车及时办理退出手续。

第十二条 生产、销售的车用燃油应当符合下列国家标准：

（一）自 2014 年 1 月 1 日起，车用汽油达到国家第四阶段标准；

（二）自 2015 年 1 月 1 日起，车用柴油达到国家第四阶段标准；

（三）自 2018 年 1 月 1 日起，车用汽油、柴油达到国家第五阶段标准。

第十三条 经济和信息化部门应当采取措施做好车用燃油调整升级工作，保证车用燃油稳定供应。

车用燃油的生产、销售企业应当做好车用燃油生产工艺和生产、销售设施、设备的调整升级，保证车用燃油质量。

禁止生产、销售不符合规定标准的车用燃油。

第十四条 质量技术监督、工商行政管理部门应当加强对车用燃油质量的监督管理，及时查处生产、销售不合格车用燃油等违法行为。

第十五条 环境保护主管部门应当会同公安、交通运输等部门加强对机动车排气污染防治情况的监督检查，建立机动车排气污染防治监督管理信息系统，推广使用机动车排气遥测装置，并定期向社会公布机动车排气污染防治情况。

第十六条 县级以上人民政府、有关部门及其工作人员，在机动车排气污染防治工作中，有下列行为之一的，由其上级行政机关或者监察机关责令改正，对直接负责的主管人员和其他直接责任人员依法给予处分；构成犯罪的，依法追究刑事责任：

（一）不按规定制定和实行黄标车淘汰补贴制度的；

（二）不按规定查处进入禁行区域和道路的黄标车的；

（三）不按规定查处生产、销售不符合规定标准的车用燃油等违法行为的；

（四）其他滥用职权、玩忽职守、徇私舞弊的行为。

第十七条 本规定自 2013 年 12 月 1 日起施行。

后 记

当前，我国正处于全面建设小康社会的关键时期，大气污染问题已经成为当前十分突出的环境问题。本书力求通过对大气环境管理相关的法律法规、政策规章、部委文件、地方经验以及环境标准进一步分类梳理和归纳，使其条理性和针对性更强，便于从事环境保护管理人员在工作和学习时查阅。

本书在环境保护部的主持下，在环境保护部污染防治司的指导下，由环境保护部环境规划院负责编写，参与书稿撰写的有：杨金田、燕丽、贺晋瑜、汪旭颖、雷宇等。由于水平有限，加之时间仓促，书中难免有不妥之处，敬请各位同仁批评指正、多提宝贵意见，以便在环境管理实践中正确运用和再编时进一步修改完善。最后，特别感谢环境保护部污染防治司逯世泽、李丽娜等同志对本书的编写工作给予地悉心指导和大力支持！

作者

2014 年 12 月